Quantenfeldtheorie und das Standardmodell der Teilchenphysik

Owe Philipsen

Quantenfeldtheorie und das Standardmodell der Teilchenphysik

Eine Einführung

 Springer Spektrum

Owe Philipsen
Institut für Theoretische Physik/ITP
Universität Frankfurt
Frankfurt am Main, Deutschland

ISBN 978-3-662-57819-3   ISBN 978-3-662-57820-9   (eBook)
https://doi.org/10.1007/978-3-662-57820-9

Die Deutsche Nationalbibliothek verzeichnet diese Publikation in der Deutschen Nationalbibliografie; detaillierte bibliografische Daten sind im Internet über http://dnb.d-nb.de abrufbar.

Springer Spektrum

Verantwortlich im Verlag: Margit Maly

Springer Spektrum ist ein Imprint der eingetragenen Gesellschaft Springer-Verlag GmbH, DE und ist ein Teil von Springer Nature
Die Anschrift der Gesellschaft ist: Heidelberger Platz 3, 14197 Berlin, Germany

Meinen Eltern

Vorwort

Das voliegende Buch ist aus einsemestrigen Vorlesungen entstanden, die an den Universitäten Münster und Frankfurt gehalten wurden. Eine Gemeinsamkeit beider Standorte ist der Beginn der Ausbildung in Theoretischer Physik im ersten Semester, sodass die Klassische Mechanik, die Elektrodynamik und die Quantenmechanik mit Abschluss des vierten Semesters bekannt sind. Dies eröffnet die Möglichkeit, bereits im fünften Semester, und damit noch im Bachelorstudiengang, in die Quantenfeldtheorie einzusteigen, mit einem kurzen Umweg über die relativistische Quantenmechanik, die sonst häufig Bestandteil eines Kurses in fortgeschrittener Quantenmechanik ist. Die Hörerschaft solcher Kurse ist typischerweise ein Gemisch von Fünftsemestern bis hin zu Doktorandinnen und Doktoranden. Für Hörer bzw. Leser, die mit der relativistischen Quantenmechanik schon vertraut sind, kann alternativ auch mit einer Einführung in die Gruppentheorie im Anhang begonnen und dann im vierten Kapitel in die Feldtheorie eingestiegen werden.

Ziel dieses Buches ist es, sowohl ein grundlegendes Verständnis der Quantenfeltheorie als auch der Symmetrien und wesentlichen Aussagen des Standardmodells der Teilchenphysik zu vermitteln, das heute zur Allgemeinbildung all derjenigen angehenden Physiker gehören sollte, die sich mit den Eigenschaften elementarer Materie beschäftigen wollen. Der quantenfeldtheoretische Formalismus wird in dieser Einführung nur so weit entwickelt, wie er zum Verständnis der Konstruktion des Standardmodells und zur Berechnung von Wirkungsquerschnitten einfacher Prozesse nötig ist. Insbesondere beschränken sich praktische Rechnungen von Feynmandiagrammen auf Baumgraphenniveau. Vakuumfluktuationen, das Renormierungsprogramm und das Phänomen laufender Kopplungen werden qualitativ besprochen und in den Formalismus eingebaut, praktische Rechnungen dazu jedoch auf einen Folgekurs verschoben.

Obgleich einige moderne, von Symmetrieprinzipien ausgehende deduktive Darstellungen eleganter und direkter sein mögen, folgt der Aufbau dieses Buches im Wesentlichen historischen Entwicklungen und älteren Darstellungen. Nach den Erfahrungen aus dem Vorlesungsbetrieb bietet diese Vorgehensweise Gelegenheit, neben den Inhalten das Zusammenspiel von Theorie und Experiment, die Übersetzung zwischen Phänomenologie und Mathematik und das Entstehen von weiterführenden Ideen aus Irrtümern zu beobachten und für den eigenen Gebrauch zu üben.

Die Quantenfeldtheorie ist ein faszinierend komplexes Fachgebiet, dessen tieferes Verständnis einen langen Lernprozess mit viel Übung voraussetzt und auch „alte Hasen" immer wieder neu herausfordert. Ich bedanke mich an dieser Stelle bei allen Lehrern, Mitarbeitern und Kollegen, an deren Begeisterung, Wissen und Denken ich auf meinem eigenen wissenschaftlichen Weg teilhaben durfte. Dank gebührt auch meinen Vorlesungsassistenten aus den letzten Jahren, Jens Langelage, Stefano Lottini, Michael Fromm, Wolfgang Unger, Francesca Cuteri und Jonas Scheunert, die nicht nur Übungsaufgaben zusammengestellt, korrigiert und neu erfunden haben, sondern auch als engagierte Diskussionspartner zur Klärung jeglicher Fragen stets zur Verfügung standen. Nicht zu unterschätzen sind auch die Beiträge aller Studentinnen und Studenten, die durch aktive Mitarbeit und immer neue Fragen für Verbesserungen der Darstellung und eine stets anregende und motivierende Atmosphäre gesorgt haben. Herzlichen Dank auch an Andrea Obermeyer für die LaTex-Übertragung der ersten handschriftlichen Notizen und an Frau Groth und Frau Maly vom Springer-Verlag für die angenehme Zusammenarbeit.

Frankfurt am Main, 2018   Owe Philipsen

Inhaltsverzeichnis

Einführung

1

Inhaltsverzeichnis

1.1 Quantenfeldtheorie und Teilchenphysik

Quantenfeldtheorie ist ein allgemeiner Formalismus zur Beschreibung von quantenmechanischen Vielteilchensystemen. Sie ist die theoretische Grundlage für zahllose Anwendungen in verschiedenen Disziplinen der modernen Physik, wie der Elementarteilchenphysik, der Kosmologie, der Physik der kondensierten Materie und der Theorie von Phasenübergängen. Je nach betrachtetem physikalischem System wird die konkrete Quantenfeldtheorie zu seiner Beschreibung unterschiedliche Eigenschaften aufweisen. Hier interessieren wir uns für die theoretische Beschreibung der Elementarteilchenphysik. In diesem Fall ermöglicht der quantenfeldtheoretische Formalismus die zur einheitlichen Erfassung aller physikalischen Phänomene notwendige Zusammenführung von Quantenmechanik und spezieller Relativitätstheorie.

Die Teilchenphysik ist die Wissenschaft der elementaren Bausteine der Materie und ihrer Wechselwirkungen. Sie unterscheidet sich methodisch von anderen Disziplinen, wo verschiedenste Modelle zur Erklärung verschiedener physikalischer Phänomene entwickelt werden. Einfachste Beispiele aus der kondensierten Materie sind die van-der-Waals-Theorie zur Beschreibung von Gasen oder das Isingmodell zur Beschreibung des Ferromagnetismus. Diese liefern eine effiziente (d. h. möglichst einfache) Beschreibung kollektiver Phänomene von komplexen Systemen, auch wenn uns klar ist, dass Gase nicht aus Billardkugeln und Kristallgitter nicht aus

© Springer-Verlag GmbH Deutschland, ein Teil von Springer Nature 2018
O. Philipsen, *Quantenfeldtheorie und das Standardmodell der Teilchenphysik,*
https://doi.org/10.1007/978-3-662-57820-9_1

zweikomponentigen Spins bestehen, sondern beide aus einer Unmenge von Atomen oder Molekülen unter bestimmten und sehr komplexen Bedingungen. In der Teilchenphysik untersucht man demgegenüber die immer weitergehende Zerlegung von Materie in ihre ursprünglichsten Bestandteile auf der Suche nach den fundamentalen Kräften zwischen ihnen, also dessen, was nach Goethes Faust „die Welt im Innersten zusammenhält".

In einer quantenmechanischen Verallgemeinerung des Mikroskops im optischen Bereich, wo man für eine höhere Auflösung kurzwelligeres Licht benötigt, sind in Streuexperimenten gemäß dem Welle-Teilchen-Dualismus Teilchenstrahlen mit immer höheren Energien nötig, um immer kleinere räumliche Strukturen zu untersuchen. Daher ist experimentelle Teilchenphysik zu einem gewissen Grad synonym mit Hochenergiephysik und findet maßgeblich an immer größeren Teilchenbeschleunigern statt. Solche Beschleunigerexperimente werden zunehmend durch Satellitenexperimente ergänzt. Diese liefern eine Fülle von Daten hochenergetischer Teilchen im All oder der kosmologischen Hintergrundstrahlung, die im Rahmen des kosmischen Urknallmodells stark durch die Teilchenphysik beeinflusst ist und daher entsprechende Rückschlüsse zulässt. Zunehmendes Gewicht kommt auch terrestrischen und raumbasierten Neutrinoexperimenten sowie Gravitationswellenmessungen zu.

Es ist klar, dass das Verständnis der Urbausteine aller Materie den historischen Entwicklungen der Naturforschung unterworfen war und ist. Die jeweils „beste" gültige Beschreibung der elementaren Struktur der Materie konnte bislang zu jedem Zeitpunkt lediglich als vorläufig aufgefasst werden, wie ein Blick auf den historischen Verlauf der Teilchenphysik verdeutlicht (Tab. 1.1). Deren konzeptionellen Beginn mag man im 5. Jahrhundert v. Chr. bei Demokrit sehen, der anstelle der vier Elemente Feuer, Wasser, Luft und Erde das Atom als „unteilbares Teilchen"und Grundbaustein aller Materie postulierte. Die Wiederkehr dieses Konzepts in der Naturwissenschaft der Neuzeit findet sich um 1808 bei Dalton in dessen Atomtheorie der chemischen Elemente. Spätestens mit den Streuexperimenten Rutherfords 1909 wurde jedoch klar, dass die Atome, die die chemischen Elemente repräsentieren, keineswegs unteilbar und elementar sind, sondern Bindungszustände aus Atomkernen und Elektronen darstellen. Die Atomkerne bestehen wiederum aus Nukleonen, den Protonen und Neutronen.

Sämtliche Elemente des Periodensystems bestehen somit aus drei Sorten von Teilchen. Faszinierenderweise präsentiert uns die Natur jedoch eine verwirrende Vielfalt weiterer Teilchen, deren „Funktion" im Bauplan des Universums keineswegs verstanden ist. Beim radioaktiven Zerfall instabiler Elemente treten die sehr schwach wechselwirkenden und daher schwer nachweisbaren Neutrinos auf. In Beschleunigerexperimenten und in der kosmischen Höhenstrahlung finden sich schwerere Verwandte des Elektrons, das Myon und das Tauon oder Tau-Lepton, die jedoch instabil sind und nach kurzer Zeit zerfallen. In Streuexperimenten mit Nukleonen findet man einen ganzen „Zoo" weiterer, meist instabiler Teilchen wie Pionen, ρ-Mesonen, Kaonen usw. Gemäß der Einstein'schen Äquivalenz von Energie und Masse, $E = mc^2$, werden mit zunehmender Kollisionsenergie immer schwerere Teilchen produziert, und es erscheint offensichtlich, dass nicht alle elementar sein können. Dies führte

Tab. 1.1 Grober historischer Abriss zur Entwicklung der Teilchenphysik

5. Jh. v. Chr.	Demokrit	Postuliert Atome („unteilbare Teilchen")
1808	Dalton	Atomtheorie der chemischen Elemente, Gesetz der multiplen Proportionen
1897	Thomson	Elektron
1919	Rutherford	Proton
1932	Chadwick	Neutron
1932	Anderson	Positron (Antimaterie!), theoretisch 1928 von Dirac vorhergesagt
1937	Anderson, Neddermeyer	Myon
ab ≈1947		Teilchenzoo: Pionen, ρ-Mesonen, Kaonen, ...
1956	Cowan, Reines	Neutrino, theoretisch 1930 von Pauli vorhergesagt
1964	Gell-Mann, Zweig	Postulat von Quarks als Substruktur von Hadronen, insbesondere Nukleonen
1968		Experimenteller Nachweis von Quarks in tief inelastischen Streuprozessen
1974	Richter, Ting	J/ψ-Mesonen aus Charm-Quarks, theoretisch 1970 von Glashow, Iliopoulos und Maiani vorhergesagt
1975	Perl	Tau-Lepton
1977	Lederman	Bottomonium, Mesonen aus Bottom-Quarks, theoretisch 1973 von Kobayashi und Maskawa vorhergesagt
1995	CDF+D0 Kollaborationen	Top-Quark, theoretisch 1973 von Kobayashi und Maskawa vorhergesagt
2012	CMS+ATLAS Kollaborationen	Higgs-Boson, theoretisch 1964 von Brout, Englert, Guralnik, Hagen, Higgs und Kibble vorhergesagt
Heute		Hunderte von Teilchen sind bekannt, alle beschrieben durch einige fundamentale Teilchen und vier Wechselwirkungen → **Standardmodell der Teilchenphysik**

1964 zum Vorschlag von Quarks als gemeinsamer Unterstruktur stark wechselwirkender Teilchen wie der Nukleonen.

Heute sind uns etliche hundert Teilchen bekannt und in einigem Detail in ihren Eigenschaften vermessen. Stand 2018 werden ausnahmslos alle von ihnen durch einige fundamentale Teilchen und vier zwischen ihnen wirkenden Kräften beschrieben:

- Die starke Wechselwirkung
- Die elektromagnetische Wechselwirkung

- Die schwache Wechselwirkung
- Die Gravitation

Unter diesen spielt die Gravitation eine Sonderrolle, da die sie beschreibende Allgemeine Relativitätstheorie rein klassisch und keine Quantenfeldtheorie ist. Die gravitative Wechselwirkung von Elementarteilchen ist jedoch um so viele Größenordnungen schwächer als die anderen Wechselwirkungen, dass sie für die weitaus meisten Fragen der Teilchenphysik vollständig vernachlässigt werden kann. Die nach heutigem Stand fundamentalen Teilchen und ihre verbleibenden drei quantenmechanischen Wechselwirkungen werden im sogenannten Standardmodell der Teilchenphysik zusammengefasst und einheitlich beschrieben. Dessen mathematische Struktur entspricht einer Eichquantenfeldtheorie, d. h. einer Quantenfeldtheorie mit speziellen lokalen Symmetrieeigenschaften, die wir nach und nach im Detail besprechen wollen.

1.2 Das Standardmodell der Teilchenphysik

Das Standardmodell der Teilchenphysik besteht aus 12 fermionischen Materieteilchen, die als fundamental betrachtet werden und in drei „Generationen"oder „Familien"gruppiert sind, vier Typen von Austauschteilchen, die in Quantenfeldtheorien die Kräfte vermitteln, sowie dem Higgsboson (Abb. 1.1).

Abb. 1.1 Der Teilcheninhalt des Standardmodells der Teilchenphysik

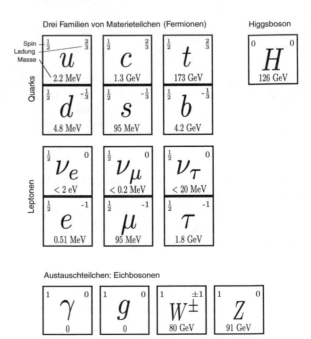

Die Leptonen sind das bekannte Elektron, das Myon und das Tauon oder Tau-Lepton, das sind jeweils einfach negativ geladene Fermionen mit Spin 1/2 aber sehr unterschiedlicher Masse, sowie die zugehörigen ungeladenen Neutrinos, ebenfalls mit Spin 1/2. Neutrinos wurden lange für masselos gehalten, seit den 1990er-Jahren wissen wir jedoch aus Neutrinooszillationsexperimenten, dass dies nicht der Fall ist. Während die Experimente die Existenz endlicher Neutrionomassen recht zweifelsfrei nachweisen, sind deren Absolutwerte so klein, dass sie bislang nicht direkt gemessen werden konnten und lediglich obere Schranken besitzen.

Die verschiedenen Typen von Quarks werden als „Flavours" bezeichnet und tragen die Namen up, down, strange, charm, bottom und top. Sie sind ebenfalls Fermionen mit Spin 1/2, tragen aber gebrochenzahlige elektrische Ladung. Die Quarkmassen umspannen einen riesigen Bereich, die leichteste und schwerste liegen um fünf Größenordnungen auseinander.

Zu jedem Lepton und Quark gibt es ein entsprechendes Antiteilchen mit gleicher Masse und Spin, aber entgegengesetzter Ladung. Die geladenen Antileptonen werden durch ihre Ladung gekennzeichnet, e^+, μ^+, τ^+, während Antineutrinos und Antiquarks mit einem Querstrich notiert werden $\bar{\nu}_e$, $\bar{u}$, ...

Wechselwirkungen werden in einer Quantenfeldtheorie durch Kraftfelder beschrieben, deren Feldquanten Austauschteilchen entsprechen. Im Standardmodell gibt es vier Typen von bosonischen Austauschteilchen mit Spin 1, das Photon, die W- und Z-Bosonen sowie die Gluonen. Tab. 1.2 gibt die vom jeweiligen Teilchen vermittelte Kraft und ihre jeweilige Reichweite und Stärke an. Das Graviton entspräche einem Austauschteilchen mit Spin 2 für eine (postulierte) Theorie der Quantengravitation. Bis heute haben wir jedoch keine experimentellen Hinweise

Tab. 1.2 Die bekannten fundamentalen Wechselwirkungen und ihre Austauschteilchen. Die Stärke der Wechselwirkung hängt in Quantenfeldtheorien von der Energie ab, mit der die Prozesse ablaufen. Die Angaben beziehen sich auf Energien bis zu wenigen GeV

Wechselwirkung	Phänomene	Reichweite	Relative Stärke	Austausch-teilchen
Starke (QCD)	Bindet Quarks zu Nukleonen und diese zu Kernen	$\sim 10^{-15}$ m	1	Gluonen
Elektro-magnetische (QED)	Elektrizität, Licht, Atomkräfte, ...	∞	10^{-2}	Photonen
Schwache	Radioaktiver Zerfall	$\sim 10^{-18}$ m	10^{-15}	W- und Z-Bosonen
Gravitative	Erdanziehung, Planetenbewegung, Kosmologie, ...	∞	10^{-41}	Gravitonen

für eine Quantentheorie der Gravitation, die somit bis auf Weiteres separat von der Quantenfeldtheorie des Standardmodells zu betrachten ist.

Das Higgsboson ist ein (instabiles) Materieteilchen mit Spin 0 und im Rahmen des Standardmodells über eine interessante Dynamik für die Massen aller elementaren Materieteilchen sowie der W- und Z-Bosonen verantwortlich. Es wurde als letztes aller genannten fundamentalen Teilchen 2012 am Large Hadron Collider des CERN entdeckt.

Stand 2018 sind alle im Standardmodell als fundamental betrachteten Teilchen experimentell nachgewiesen und sämtliche vorhergesagten Wechselwirkungen in Streuexperimenten bis hinunter zu einer Längenskala von 10^{-20} m verifiziert!

1.3   Der Teilchenzoo

Alle bekannten und neu entdeckten, zuverlässig vermessenen Teilchen werden mit ihren Eigenschaften von der „Particle Data Group"(PDG) in einer offiziellen Liste geführt, die ständig erweitert und auf dem neuesten Stand gehalten wird. Sie ist neben etlichen Übersichtsartikeln zu verschiedenen Aspekten des Standardmodells und seiner experimentellen Überprüfung kostenfrei auf der Internetseite der PDG zu finden:

http://pdg.lbl.gov

Alle Teilchen werden durch ihre Masse, ihre Lebensdauer bzw. Zerfallsrate, die möglichen Zerfallskanäle sowie eine ganze Reihe von Quantenzahlen klassifiziert. Diese beschreiben die sogenannte „innere Struktur"der Teilchen basierend auf verschiedenen Symmetrien, die wir nach und nach besprechen werden. Beispiele für Quantenzahlen sind:

- Spin J (Bosonen: $J = 0, 1, 2, \ldots$; Fermionen $J = 1/2, 3/2, 5/2, \ldots$)
- elektrische Ladung in Einheiten von e
- Parität $P = \pm 1$
- Ladungskonjugation $C = \pm 1$
- Flavour-Quantenzahlen:

  Isospin: $I_z = +1/2\ (u)$, $I_z = -1/2\ (d)$
  Strangeness: $S = -1\ (s)$, $S = +1\ (\bar{s})$
  Charm: $C' = +1\ (c)$, $C' = -1\ (\bar{c})$
  Bottomness: $B' = -1\ (b)$, $B' = +1\ (\bar{b})$
  Topness: $T = +1\ (t)$, $T = -1\ (\bar{t})$

- Leptonzahl:

  $L = +1$ für $e, \mu, \tau, \nu_e, \nu_\mu, \nu_\tau$
  $L = -1$ für $e^+, \mu^+, \tau^+, \bar{\nu}_e, \bar{\nu}_\mu, \bar{\nu}_\tau$

- Baryonzahl:

$$B = +1/3 \text{ für } u, d, c, s, t, b$$
$$B = -1/3 \text{ für } \bar{u}, \bar{d}, \bar{c}, \bar{s}, \bar{t}, \bar{b}$$

Während Leptonen nur an der elektromagnetischen und schwachen Wechselwirkung teilnehmen, sind die Quarks zusätzlich an der starken Wechselwirkung beteiligt, die sich wesentlich von den anderen beiden unterscheidet. Im Gegensatz zu den Leptonen können Quarks niemals isoliert auftreten und somit auch nicht direkt beobachtet werden. Sie treten stattdessen immer in Form von Mehrquarkzuständen auf, die durch die starke Kraft gebunden sind und als Hadronen bezeichnet werden. Das charakteristische Phänomen der starken Wechselwirkung, die Konstituenten in Bindungszustände „einzuschließen", wird als Confinement bezeichnet. Bei den Hadronen unterscheidet man wiederum zwei verschiedene Typen: die bosonischen Mesonen, die jeweils aus einem Quark und einem Antiquark bestehen, sowie die fermionischen Baryonen, die jeweils aus drei Quarks bestehen. In diesen tatsächlich beobachteten Teilchen addieren sich die elektrischen Ladungen der Konstituentenquarks jeweils zu einer ganzzahligen Ladung. Beispiele für Mesonen sind die Pionen, Beispiele für Baryonen sind die Nukleonen:

- Pion: $\pi^+ = u\bar{d}$ ($J = 0$, $P = -$, $I = 1$, $I_z = +1$, ...)
- Proton: $p = uud$ ($J = 1/2$, $P = +$, $I = 1/2$, $I_z = +1/2$, ...)
- Neutron: $n = udd$ ($J = 1/2$, $P = +$, $I = 1/2$, $I_z = -1/2$, ...)

Durch die vielfältigen Kombinationsmöglichkeiten von Quarks und Antiquarks verschiedener Flavours und dynamisch erzeugter Bindungsenergien lässt sich der gesamte „Zoo" hadronischer Teilchen unterschiedlichster Quantenzahlen erklären.

1.4 Natürliche Einheiten

Die in der Teilchenphysik gebräuchlichen „natürlichen Einheiten" sind definiert durch die Wahl

$$\hbar = c = k_B = 1 \tag{1.1}$$

(vgl. mit dem CGS-System in der Elektrodynamik, in dem $4\pi\epsilon_0 = 1$). Um den Zusammenhang mit dem SI-System herzustellen, beginnen wir mit der Energie. Diese hat in SI-Einheiten die Dimension Joule, das wir in der Mechanik durch Kilogramm, Meter und Sekunde, oder in der Elektrodynamik durch Coulomb und Volt ausdrücken,

$$[E] = \text{J} = \text{kg}\,\text{m}^2/\text{s}^2 = \text{CV}. \tag{1.2}$$

In Teilchenbeschleunigern werden geladene Teilchen durch elektrische Felder beschleunigt. Ihre Energie wird daher am einfachsten in Elektronenvolt, eV, angegeben. Ein eV entspricht der Energie einer Elementarladung nach Beschleunigung durch eine Spannung von 1V. Es ist somit

$$1\,\text{eV} = 1{,}602 \cdot 10^{-19}\,\text{CV} = 1{,}602 \cdot 10^{-19}\,\text{J},$$
$$1\,\text{GeV} = 10^9\,\text{eV} = 1{,}602 \cdot 10^{-10}\,\text{J}. \tag{1.3}$$

Da die Energie eines subatomaren Teilchens offensichtlich auch nach der enormen Beschleunigung durch 10^9 V (und nahe der Lichtgeschwindigkeit) in SI-Einheiten noch immer winzig ist, spart uns das eV die Verwendung einiger Zehnerpotenzen. Ähnlich verhält es sich mit Impuls und Masse. Diese haben in SI-Einheiten die Dimensionen

$$[m] = \text{kg}, \quad [\mathbf{p}] = \text{kg\,m/s}. \tag{1.4}$$

Die Energie-Impuls-Beziehung für ein relativistisches Teilchen lautet

$$E^2 = (mc^2)^2 + \mathbf{p}^2 c^2 \equiv m'^2 + \mathbf{p}'^2. \tag{1.5}$$

Wenn die linke Seite in $(\text{eV})^2$ angegeben wird, muss dies auch für die rechte Seite gelten. Hierfür haben wir modifizierte Impulse und Massen eingeführt, die jeweils in eV, also in der gleichen Einheit wie die Energie, gemessen werden,

$$\mathbf{p}' \equiv \mathbf{p}c, \quad m' \equiv mc^2, \quad [\mathbf{p}'] = [m'] = \text{eV}. \tag{1.6}$$

Ebenso verfahren wir mit Zeit- und Längeneinheiten, für Letztere wird im subatomaren Bereich im SI-System das Fermi verwendet,

$$[t] = s, \quad [l] = 1\,\text{fm} = 10^{-15}\,\text{m}. \tag{1.7}$$

Die quantenmechanische de-Broglie-Beziehung verknüpft die Wellenlänge mit dem Impuls, sodass auch sie neue Einheiten erhält,

$$|\mathbf{p}| = \hbar \frac{2\pi}{\lambda}, \quad |\mathbf{p}'| = \hbar c \frac{2\pi}{\lambda}. \tag{1.8}$$

Wir definieren entsprechend modifizierte Längen und Zeiten

$$l' \equiv \frac{l}{\hbar c}, \quad t' \equiv \frac{t}{\hbar} \tag{1.9}$$

und finden nach Einsetzen der Werte für $\hbar, c$ in SI-Einheiten

$$[l'] = \frac{\text{fm}}{\hbar c} = \frac{1}{197{,}3\,\text{MeV}}, \tag{1.10}$$

$$[t'] = \frac{s}{\hbar} = 1{,}52 \cdot 10^{24} \frac{1}{\text{GeV}}. \tag{1.11}$$

Es verbleibt noch die Temperatur, mit der SI-Dimension Kelvin, $[T] = K$.

$$T' \equiv k_B T, \quad 10^4 k_B K = 0{,}861 \text{ eV}. \tag{1.12}$$

Wir erkennen die Vorteile dieses Einheitensystems: sämtliche dimensionsbehafteten Größen werden in Potenzen von Energieeinheiten, oder alternativ mittels (1.10) in Längeneinheiten, angegeben und neben unpraktischen Zehnerpotenzen werden wir in allen Formeln die Konstanten $\hbar, c, k_B$ los.

Aufgaben

1.1 Natürliche Einheiten, $\hbar = c = 1$: Wieviel ist 1 kg in GeV und 1 s in GeV^{-1}? Damit kann die Newton'sche Gravitationskonstante, $G_N = 6{,}67 \cdot 10^{-11}$ m^{3}kg^{-1}s^{-2} in natürlichen Einheiten ausgedrückt werden. Was ist der entsprechende Wert der Planckmasse $M_P = G_N^{-1/2}$?

Teilchen in klassischer Mechanik und Quantenmechanik

Inhaltsverzeichnis

Bevor wir in den eigentlichen Stoff einsteigen, beginnen wir mit einer kurzen Wiederholung der Behandlung von Teilchen in der klassischen und Quantenmechanik, um die benötigten Begriffe und Formalismen bereitzustellen und einige Notation festzulegen. Ebenso wiederholen wir die Grundzüge der speziellen Relativitätstheorie und ihrer kovarianten Formulierung sowie ihrer Anwendung auf die Kinematik von Streuproblemen.

2.1 Klassische Mechanik

In der klassischen Mechanik werden Teilchen als Punkte mit Masse m betrachtet. Der Zustand eines Teilchens ist zu jeder Zeit vollständig festgelegt durch Angabe seiner Koordinaten und Geschwindigkeit,

$$\mathbf{r}(t), \quad \mathbf{v}(t) = \frac{d\mathbf{r}}{dt}(t) = \dot{\mathbf{r}}(t).$$

© Springer-Verlag GmbH Deutschland, ein Teil von Springer Nature 2018
O. Philipsen, *Quantenfeldtheorie und das Standardmodell der Teilchenphysik*,
https://doi.org/10.1007/978-3-662-57820-9_2

Die Teilchentrajektorie für die Bewegung in einem zeitunabhängigen Potenzial $V(\mathbf{r})$ ist gegeben durch die Lösung der Newton'schen Bewegungsgleichung,

$$m\frac{d^2\mathbf{r}}{dt^2} = -\nabla V(\mathbf{r}) = \mathbf{F}(\mathbf{r}), \tag{2.1}$$

und wird durch die Angabe zweier Anfangsbedingungen wie $\mathbf{r}(t_0)$ und $\dot{\mathbf{r}}(t_0)$ eindeutig bestimmt.

Im Ergebnis äquivalent aber flexibler ist der Hamilton-Lagrange-Formalismus. Die Lagrangefunktion ist definiert durch die Differenz aus kinetischer und potenzieller Energie und eine Funktion der Koordinaten und Geschwindigkeiten,

$$L(\mathbf{r}, \dot{\mathbf{r}}) = T - V = \frac{m}{2}\dot{\mathbf{r}}^2 - V(\mathbf{r}). \tag{2.2}$$

Die zugehörige Wirkung ist das Zeitintegral über die Lagrangefunktion

$$S = \int_{t_0}^{t_1} dt\ L(\mathbf{r}, \dot{\mathbf{r}}). \tag{2.3}$$

Das Hamilton'sche Prinzip besagt: bei Variationen der möglichen Teilchentrajektorien um $\delta\mathbf{r}(t)$ mit festen Randbedingungen $\mathbf{r}(t_0) = \mathbf{r}_0$ und $\mathbf{r}(t_1) = \mathbf{r}_1$ minimiert die tatsächliche physikalische Trajektorie $\mathbf{r}(t)$ die Wirkung, sodass $\delta S = 0$. Nach kurzer Variationsrechnung ist dies äquivalent mit den Euler-Lagrange-Gleichungen

$$\frac{\partial L}{\partial r^i} - \frac{d}{dt}\frac{\partial L}{\partial \dot{r}^i} = 0, \quad i = 1, 2, 3. \tag{2.4}$$

Diese sind identisch mit den Newton'schen Bewegungsgleichungen. Der Vorteil dieses Verfahrens liegt darin, dass es auf Vielteilchensysteme und Feldtheorien verallgemeinerbar ist und das Auffinden der Bewegungsgleichungen deutlich erleichtert. Ein wesentlicher und in der Teilchenphysik besonders wichtiger Punkt ist, dass die Symmetrien der Wirkung und der Lagrangefunktion sich in (zunächst klassische) Erhaltungsgesetze für physikalische Größen übersetzen.

Eine Legendretransformation von $L(\mathbf{r}, \dot{\mathbf{r}})$ mittels der kanonisch konjugierten Impulse,

$$p^i(\mathbf{r}, \dot{\mathbf{r}}) \equiv \frac{\partial L(\mathbf{r}, \dot{\mathbf{r}})}{\partial \dot{r}^i}, \tag{2.5}$$

führt auf die Hamiltonfunktion, die von Koordinaten und kanonisch konjugierten Impulsen abhängt,

$$H(\mathbf{p}, \mathbf{r}) \equiv \mathbf{p}\,\dot{\mathbf{r}}(\mathbf{p}, \mathbf{r}) - L(\mathbf{r}, \dot{\mathbf{r}}(\mathbf{p}, \mathbf{r})) = T + V. \tag{2.6}$$

Es sei darauf hingewiesen, dass hierzu (2.5) aufgelöst werden muss, sodass $\dot{\mathbf{r}}(\mathbf{p}, \mathbf{r})$ eine Funktion der Impulse und Koordinaten ist. H entspricht der Energie des Teilchensystems. Aus der Hamiltonfunktion lassen sich direkt die Hamilton'schen Bewegungsgleichungen ableiten,

$$\dot{r}^i = +\frac{\partial H}{\partial p^i}, \quad \dot{p}^i = -\frac{\partial H}{\partial r^i}. \tag{2.7}$$

Diese sind wiederum identisch zu den Euler-Lagrange-Gleichungen. Der Hamiltonformalismus wird insbesondere für den Übergang zur Quantenmechanik mittels des Korrespondenzprinzips verwendet.

2.2 Quantenmechanik

Wir formulieren die Quantenmechanik mittels kanonischer Quantisierung. (Die in mancher Hinsicht elegantere Pfadintegralquantisierung erfordert zusätzliches mathematisches Rüstzeug und lässt in der Quantenfeldtheorie den Zusammenhang zwischen Teilchen und Feldern weniger offensichtlich erscheinen.)

Die kanonische Quantisierung einer Theorie geschieht in zwei Schritten:

- Ersetze dynamische Variablen durch Operatoren, die wir durch „Hüte" kennzeichnen, z. B.

  Ort: $\mathbf{r} \to \hat{\mathbf{r}}$,
  Impuls: $\mathbf{p} \to \hat{\mathbf{p}}$,
  Energie: $E = H(\mathbf{r}, \mathbf{p}) \to \hat{H}(\hat{\mathbf{r}}, \hat{\mathbf{p}})$ (Hamiltonoperator).

- Fordere Kommutatorrelationen für die kanonisch konjugierte Operatoren
  $[\hat{r}^i, \hat{p}^j] = \hat{r}^i \hat{p}^j - \hat{p}^j \hat{r}^i = i\delta_{ij}, \quad [\hat{r}^i, \hat{r}^j] = 0, \quad [\hat{p}^i, \hat{p}^j] = 0.$

Der physikalische Zustand eines Systems wird durch Zustandsvektoren $|\psi\rangle$ aus einem Hilbertraum beschrieben, mit

$$\langle\psi| = (|\psi\rangle)^\dagger. \tag{2.8}$$

Das Skalarprodukt zweier Zustandsvektoren entspricht der (i.a. komplexen) Übergangsamplitude $\langle\psi_1|\psi_2\rangle$. Das Betragsquadrat der Übergangsamplitude ist die Wahrscheinlichkeit w für Übergänge zwischen den beiden Zuständen,

$$w(|\psi_1\rangle \to |\psi_2\rangle) = |\langle\psi_1|\psi_2\rangle|^2. \tag{2.9}$$

Messgrößen sind reelle Zahlen und entsprechen Erwartungswerten hermitescher oder selbstadjungierter Operatoren $\hat{O} = \hat{O}^\dagger$ in Zuständen oder Übergangsmatrixelementen, z. B.

$$O = \langle\psi|\hat{O}|\psi\rangle \quad \text{oder} \quad O_{12} = \langle\psi_1|\hat{O}|\psi_2\rangle. \tag{2.10}$$

Aufgrund des Wahrscheinlichkeitscharakters der Quantenmechanik haben Erwartungswerte im Allgemeinen eine Varianz,

$$(\Delta O)^2 = \langle \psi | (\hat{O} - O)^2 | \psi \rangle. \tag{2.11}$$

Eine Ausnahme bilden Eigenzustände eines Operators, für die

$$\hat{O} | \psi \rangle = O | \psi \rangle, \quad \Rightarrow \Delta O = 0 \tag{2.12}$$

gilt. Ein Zustand kann nicht gleichzeitig Eigenzustand zweier nicht kommutierender Observablen sein. Diese erfüllen die verallgemeinerte Heisenberg'sche Unschärferelation,

$$\Delta A \, \Delta B \geqslant \frac{1}{2} \left| \langle \psi | [\hat{A}, \hat{B}] | \psi \rangle \right|. \tag{2.13}$$

Beispiele sind die Operatoren für Koordinaten und Impulse,

$$\hat{r} | \mathbf{r} \rangle = \mathbf{r} | \mathbf{r} \rangle, \quad \hat{\mathbf{p}} | \mathbf{p} \rangle = \mathbf{p} | \mathbf{p} \rangle. \tag{2.14}$$

Die zugehörigen Eigenzustände sind orthonormal und vollständig, d. h.

$$\langle \mathbf{r}' | \mathbf{r} \rangle = \delta(\mathbf{r}' - \mathbf{r}), \quad 1 = \int \mathrm{d}^3 r \, | \mathbf{r} \rangle \langle \mathbf{r} |, \tag{2.15}$$

mit analogen Ausdrücken für die Impulse. Jedes vollständige System von Eigenzuständen kann als Basis des Hilbertraums dienen und definiert dann eine Darstellung der Zustandsvektoren. Insbesondere erhält man Schrödingers Wellenfunktion in Orts- oder Impulsdarstellung durch Projektion des Zustandsvektors auf die Eigenzustände der gewählten Basis,

$$\psi(\mathbf{r}) = \langle \mathbf{r} | \psi \rangle, \quad \psi(\mathbf{p}) = \langle \mathbf{p} | \psi \rangle. \tag{2.16}$$

Entsprechend berechnet sich der Erwartungswert einer Observablen z. B. in Ortsdarstellung zu

$$\langle \psi | \hat{O} | \psi \rangle = \int \mathrm{d}^3 x \, \psi^*(\mathbf{r}, t) \left(\hat{O} \psi \right)(\mathbf{r}, t) \tag{2.17}$$

mit

$$\left(\hat{O} \psi \right)(\mathbf{r}, t) = \langle x | \hat{O} | \psi \rangle = \int \mathrm{d}^3 y \, \langle x | \hat{O} | y \rangle \langle y | \psi \rangle$$
$$= \int \mathrm{d}^3 y \, O(x, y) \psi(y), \tag{2.18}$$

wobei der Operatorkern $O(x, y)$ der Matrixdarstellung von $\hat{O}$ mit kontinuierlichen Indizes entspricht.

Die dynamische Entwicklung eines Systems kann in der Quantenmechanik auf verschiedene äquivalente Arten beschrieben werden:

- **Das Schrödingerbild:**
  Im Schrödingerbild sind die Zustandsvektoren Funktionen der Zeit (wir unterdrücken hier die Orts- oder Impulsabhängigkeit in den Argumenten),

$$|\psi(t)\rangle. \tag{2.19}$$

Ihre Zeitentwicklung ist dann gegeben durch die Schrödingergleichung,

$$i\frac{\partial}{\partial t}|\psi(t)\rangle = \hat{H}|\psi(t)\rangle. \tag{2.20}$$

Im Folgenden betrachten wir stets zeitunabhängige Hamiltonoperatoren,

$$\partial_t \hat{H} = 0. \tag{2.21}$$

In diesem Fall erhält man die formale Lösung der Schrödingergleichung zu

$$|\psi(t)\rangle = e^{-i\hat{H}(t-t_0)}|\psi(t_0)\rangle. \tag{2.22}$$

Essentiell für die Interpretation der Wellenfunktion als Wahrscheinlichkeitsamplitude ist die Existenz einer direkt von der Schrödingergleichung abgeleiteten Kontinuitätsgleichung,

$$\frac{\partial\rho}{\partial t} = -\nabla\cdot\mathbf{j}, \tag{2.23}$$

mit

$$\rho(\mathbf{r},t) = \psi^*(\mathbf{r},t)\psi(\mathbf{r},t),$$
$$\mathbf{j}(\mathbf{r},t) = \frac{1}{2im}\left(\psi^*\nabla\psi - (\nabla\psi^*)\psi\right). \tag{2.24}$$

Integrieren wir die Kontinuitätsgleichung über ein Volumen V, so erhalten wir

$$\int_V d^3r\,\frac{\partial\rho}{\partial t} = -\int_V d^3r\,\nabla\cdot\mathbf{j}$$
$$\frac{\partial}{\partial t}\int_V d^3r\,\rho = -\int_S d\mathbf{S}\cdot\mathbf{j}. \tag{2.25}$$

Hierbei haben wir auf der linken Seite Integration und Differenziation vertauscht und auf der rechten Seite den Gauß'schen Integralsatz verwendet, d. h. $d\mathbf{S}$ bezeichnet ein Flächenelement der das Volumen V berandenden Fläche S. In dieser Form erkennen wir einen Erhaltungssatz: ρ entspricht einer Ladungsdichte und $\mathbf{j}$ einem Strom dieser Ladung durch die Randfläche des Volumens. Sind die Randbedingungen so, dass $\mathbf{j} = 0$ am Rand, so ist die im Volumen eingeschlossene Ladung erhalten. Die Tatsache, dass

$$\psi^*(\mathbf{r},t)\psi(\mathbf{r},t) \geqslant 0, \tag{2.26}$$

erlaubt es, die Ladungsdichte als Wahrscheinlichkeitsdichte und die Kontinuitätsgleichung als Erhaltung der Wahrscheinlichkeiten zu interpretieren. Insbesondere
bedeutet dies auch Teilchenzahlerhaltung in der Quantenmechanik: Betrachten
wir ein nichtwechselwirkendes Teilchen in einem Kasten, so kann es weder verschwinden noch können zusätzliche Teilchen hinzukommen.

• **Das Heisenbergbild:**
In der alternativen Beschreibung von Heisenberg steckt die Zeitabhängigkeit ausschließlich in den Operatoren, während Zustände zeitunabhängig sind,

$$\frac{\partial}{\partial t}|\psi_H\rangle = 0, \quad \hat{O}_H = \hat{O}_H(t). \tag{2.27}$$

Dies ist natürlich ebensogut möglich, da Operatoren und Zustandsvektoren keinen
beobachtbaren physikalischen Größen entsprechen, sondern lediglich mathematische Objekte sind. Erwartungswerte von Operatoren dagegen entsprechen physikalischen Größen und diese dürfen natürlich nicht vom gewählten Bild abhängen.
Also muss

$$\langle\psi(t)|\hat{O}|\psi(t)\rangle = \langle\psi(t_0)|e^{i\hat{H}(t-t_0)}\hat{O}e^{-i\hat{H}(t-t_0)}|\psi(t_0)\rangle$$

$$\overset{!}{=}\langle\psi_H|\hat{O}_H(t)|\psi_H\rangle \tag{2.28}$$

gelten, so dass wir die Abbildung zwischen den beiden Bildern ablesen als

$$\hat{O}_H(t) \equiv e^{i\hat{H}(t-t_0)}\hat{O}e^{-i\hat{H}(t-t_0)},$$

$$|\psi_H\rangle \equiv e^{-i\hat{H}(t-t_0)}|\psi(t_0)\rangle. \tag{2.29}$$

Für zeitunabhängige Hamiltonoperatoren ist $\hat{H}_H = \hat{H}$. Aus diesen Definitionen
folgt per Differenziation und mit der Definition

$$\partial_t \hat{O}_H \equiv e^{i\hat{H}(t-t_0)}\partial_t \hat{O}e^{-i\hat{H}(t-t_0)} \tag{2.30}$$

direkt die Heisenberggleichung für Operatoren

$$i\frac{d\hat{O}_H(t)}{dt} = [\hat{O}_H, H] + i\partial_t \hat{O}_H. \tag{2.31}$$

Betrachten wir weiter Observablen, die im Schrödingerbild nicht explizit zeitab-
hängig sind, $\partial_t \hat{O} = 0$. Für $[\hat{O}_H, \hat{H}] = 0$ ist dann

$$\frac{d\hat{O}_H}{dt} = 0. \tag{2.32}$$

Damit ist auch der Erwartungswert $\langle\hat{O}\rangle$ zeitunabhängig und O eine Erhaltungsgröße.

Speziell für die Operatoren $\hat{\mathbf{r}}$, $\hat{\mathbf{p}}$ erhalten wir die zur Hamilton'schen Mechanik analogen Operatorgleichungen

$$\frac{d}{dt}\hat{\mathbf{r}} = [\hat{\mathbf{r}}, \hat{H}],$$

$$\frac{d}{dt}\hat{\mathbf{p}} = [\hat{\mathbf{p}}, \hat{H}]. \tag{2.33}$$

2.3 Spezielle Relativitätstheorie

Alle empirische Erfahrung ist im Einklang mit den Einstein'schen Postulaten der speziellen Relativitätstheorie:

- Naturgesetze haben in allen gleichförmig gegeneinander bewegten Inertialsystemen die gleiche Form.
- Die Lichtgeschwindigkeit im Vakuum ist konstant und unabhängig von der Geschwindigkeit der Lichtquelle.

In der Elementarteilchenphysik, wo sich Teilchen in hochenergetischen Streuexperimenten annähernd mit Lichtgeschwindigkeit bewegen, sind die zunächst verblüffend erscheinenden Konsequenzen der speziellen Relativitätstheorie alltäglich und glänzend bestätigt. Gemäß dieser Postulate haben Raum und Zeit keine absolute Bedeutung und sind miteinander verknüpft. Zur mathematischen Beschreibung der Raumzeit fassen wir Orts- und Zeitkoordinaten in einem kontravarianten Vierervektor mit hochgestelltem Index zusammen,

$$x^\mu, \quad \mu = 0, 1, 2, 3 \quad \text{mit} \quad (x^0, x^1, x^2, x^3) \equiv (ct, x, y, z) = (ct, \mathbf{x}), \tag{2.34}$$

wobei wir im Folgenden wieder $c = 1$ setzen. Weiter definieren wir einen kovarianten Vierervektor mit unterem Index

$$x_\mu \quad \text{mit} \quad (x_0, x_1, x_2, x_3) \equiv (t, -x, -y, -z) = (t, -\mathbf{x}), \tag{2.35}$$

also $x_0 = x^0$, aber $x_i = -x^i$, $i = 1, 2, 3$. Konventionellerweise gehören griechische Indizes zu Vierervektoren und laufen von 0 bis 3, lateinische Indizes zu Dreiervektoren mit Werten von 1 bis 3. Der Zusammenhang zwischen ko- und kontravarianten Vierervektoren wird durch den metrischen Tensor hergestellt,

$$(g^{\mu\nu}) \equiv \begin{pmatrix} 1 & & & \\ & -1 & & \\ & & -1 & \\ & & & -1 \end{pmatrix} = (g_{\mu\nu}), \tag{2.36}$$

der ein Abstandsquadrat zwischen benachbarten Raumzeitpunkten definiert,

$$(ds)^2 = \sum_{\mu,\nu=0}^{3} g_{\mu\nu} dx^\mu dx^\nu = g_{\mu\nu} dx^\mu dx^\nu. \tag{2.37}$$

In der zweiten Gl. (2.37) haben wir die Einstein'sche Summenkonvention eingeführt, d. h., über wiederholte Indizes wird stets summiert, sofern nichts Anderes gesagt wird. Der metrische Tensor lässt sich auch zum „Indexziehen" verwenden,

$$x^\mu = g^{\mu\nu} x_\nu, \quad x_\mu = g_{\mu\nu} x^\nu, \quad g^{\mu\rho} g_{\rho\nu} = g^\mu{}_\nu = \delta^\mu{}_\nu, \tag{2.38}$$

mit dem Kroneckerdelta $\delta^\mu{}_\nu$. Skalarprodukte zwischen Vierervektoren sind als Produkte von ko- und kontravariantem Vierervektor definiert,

$$x \cdot y \equiv x^\mu y_\mu = g_{\mu\nu} x^\mu y^\nu = x^0 y^0 - \mathbf{x} \cdot \mathbf{y}. \tag{2.39}$$

Die Vierervektoren mit der angegebenen Metrik bilden den Minkowskiraum.

Auch Differenzialoperatoren lassen sich zu Vierervektoren zusammenfassen, wobei die Ableitung nach einer Variablen mit unterem Index eine Größe mit oberem Index ergibt und umgekehrt,

$$\partial_\mu = \frac{\partial}{\partial x^\mu} \; ; \; (\partial_\mu) = \left(\frac{\partial}{\partial x^0}, \nabla \right),$$
$$\partial^\mu = \frac{\partial}{\partial x_\mu} = g^{\mu\nu} \partial_\nu \; ; \; (\partial^\mu) = \left(\frac{\partial}{\partial x^0}, -\nabla \right). \tag{2.40}$$

Der aus der Elektrodynamik bekannte D'Alembert-Operator entspricht dem Skalarprodukt der Ableitungen

$$\Box \equiv \partial_\mu \partial^\mu = \partial_0^2 - \nabla^2. \tag{2.41}$$

Der Raumzeitabstand zwischen zwei Ereignissen bzw. Punkten im Minkowskiraum ist die Quadratwurzel aus

$$s^2 \equiv (x - y)^2 = (x - y)^\mu (x - y)_\mu = (x^0 - y^0)^2 - (\mathbf{x} - \mathbf{y})^2. \tag{2.42}$$

Betrachten wir nun das Aussenden eines Lichtsignals bei y, also zum Zeitpunkt y^0 am Ort $\mathbf{y}$. Dann sind die räumlichen Koordinaten $\mathbf{x}$ der sich ausbreitenden Wellenfront gegeben durch

$$|\mathbf{x} - \mathbf{y}| = x^0 - y^0, \quad \Rightarrow \quad s^2 = (x - y)^2 = 0. \tag{2.43}$$

Somit bezeichnet $s^2 = 0$ den Lichtkegel, dessen Projektion auf die x^0 und die x^1, x^2-Achsen in Abb. 2.1 gezeigt ist. Ereignisse innerhalb des Lichtkegels haben zeitartige Abstände zu y, d. h., $|x^0 - y^0| > |\mathbf{x} - \mathbf{y}|$ oder $s^2 = (x - y)^2 > 0$. Nur sie stehen in kausalem Zusammenhang mit y und können y beeinflussen oder von ihm

Abb. 2.1 Der Lichtkegel um
y. Ereignisse außerhalb des
Lichtkegels können in
keinem kausalen
Zusammenhang mit y stehen

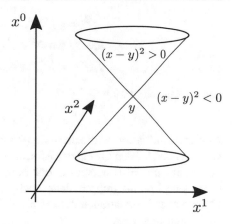

beeinflusst werden. Punkte außerhalb des Lichtkegels haben raumartige Abstände, $|x^0 - y^0| < |\mathbf{x} - \mathbf{y}|$ oder $s^2 = (x - y)^2 < 0$, und können keinerlei kausalen Zusammenhang mit y haben.

Wir betrachten nun allgemeine Koordinatentransformationen zu neuen, gestrichenen Koordinaten,

$$x'^\mu = x'^\mu(x^0, x^1, x^2, x^3). \tag{2.44}$$

Der Begriff Vierervektor bezeichnet nicht einfach ein vierkomponentiges Objekt, sondern ist genauer über sein Transformationsverhalten unter Koordinatentransformationen definiert. Allgemeiner sind Tensoren der n-ten Stufe koordinatenabhängige Größen, die sich kovariant gemäß folgender Regeln transformieren:

Tensor 0. Stufe/Skalar	$A' = A$
kontravarianter Tensor 1. Stufe/Vektor	$A'^\mu = \frac{\partial x'^\mu}{\partial x^\nu} A^\nu$
kovarianter Tensor 1. Stufe/Vektor	$A'_\mu = \frac{\partial x^\nu}{\partial x'^\mu} A_\nu$
kontravarianter Tensor 2. Stufe	$A'^{\alpha\beta} = \frac{\partial x'^\alpha}{\partial x^\mu} \frac{\partial x'^\beta}{\partial x^\nu} A^{\mu\nu}$
kovarianter Tensor 2. Stufe	$A'_{\alpha\beta} = \frac{\partial x^\mu}{\partial x'^\alpha} \frac{\partial x^\nu}{\partial x'^\beta} A_{\mu\nu}$
gemischter Tensor 2. Stufe	$A'^\beta_\alpha = \frac{\partial x^\mu}{\partial x'^\alpha} \frac{\partial x'^\beta}{\partial x^\nu} A^\nu_\mu$
...	

Hier interessieren wir uns speziell für Transformationen zwischen verschiedenen Inertialsystemen. Diese sind aufgrund der Homogenität und Isotropie der Raumzeit linear,

$$x'^\mu = \Lambda^\mu{}_\nu x^\nu + a^\mu, \quad \Lambda^\mu{}_\nu = \left(\frac{\partial x'^\mu}{\partial x^\nu}\right). \tag{2.45}$$

Die $\Lambda^\mu{}_\nu$ entsprechen Rotationen im Minkowskiraum, die a^μ Translationen um einen konstanten Vierervektor. Aus der Konstanz der Lichtgeschwindigkeit in allen Inertialsystemen folgt, dass generell Viererabstände in allen Inertialsystemen gleich sind, $s'^2 = s^2$. Dies ergibt eine Bedingung an die Transformationsmatrizen,

$$s'^2 = g_{\mu\nu} \Lambda^\mu_{\ \rho} \Lambda^\nu_{\ \sigma} s^\rho s^\sigma \overset{!}{=} g_{\rho\sigma} s^\rho s^\sigma, \tag{2.46}$$

$$g_{\rho\sigma} = g_{\mu\nu} \Lambda^\mu_{\ \rho} \Lambda^\nu_{\ \sigma}, \tag{2.47}$$

$$g_{\rho\sigma} = \Lambda^{T\,\mu}_{\rho} g_{\mu\nu} \Lambda^\nu_{\ \sigma} \tag{2.48}$$

oder in Matrixnotation

$$\Lambda^T \cdot g \cdot \Lambda = g. \tag{2.49}$$

Alle Transformationen, die diese Bedingung erfüllen, erhalten die Länge von Vierervektoren und heißen Lorentztransformationen. Die Menge aller Lorentztransformationen mit $a^\mu = 0$ entspricht der Menge aller $O(3, 1)$-Matrizen und bildet die homogene Lorentzgruppe, siehe auch Anhang A.6. Kombiniert man sie mit der Gruppe aller Translationen $\Lambda = 0$, $a^\mu \neq 0$, so heißt sie inhomogene Lorentzgruppe oder Poincarégruppe.

Die Determinante der Matrixgleichung (2.49) ist

$$\det \Lambda^T \det g \det \Lambda = \det g, \tag{2.50}$$

sodass

$$\det \Lambda = \pm 1. \tag{2.51}$$

Man nennt Transformationen mit $\det \Lambda = 1(-1)$ eigentliche (uneigentliche) Lorentztransformationen. Eine weitere Unterscheidung folgt aus der 00-Komponente von (2.47),

$$1 = g_{\mu\nu} \Lambda^\mu_0 \Lambda^\nu_0 = \left(\Lambda^0_0 \right)^2 - \left(\Lambda^i_0 \right)^2, \quad \Rightarrow |\Lambda^0_0| \geqslant 1. \tag{2.52}$$

Transformationen mit $\Lambda^0_0 \geqslant 1$ heißen orthochron, solche mit $\Lambda^0_0 \leqslant -1$ nicht orthochron. Insgesamt unterscheiden wir also vier Kategorien von Lorentztransformationen:

  i) eigentlich, orthochron
 ii) eigentlich, nicht orthochron
iii) uneigentlich, orthochron
 iv) uneigentlich, nicht orthochron

Betrachten wir einige Beispiele:

- **3d Rotationen:**

$$t' = t, \quad \mathbf{x}' = R\mathbf{x}, \tag{2.53}$$

mit einer orthogonalen (3×3)-Matrix R, $R^{-1} = R^T$,

$$\Rightarrow \Lambda = \begin{pmatrix} 1 & 0 \\ 0 & R \end{pmatrix}. \tag{2.54}$$

$\det \Lambda = \det(R) = \pm 1$, orthochron.

- **Boost in x-Richtung (analog in y- oder z-Richtung):**
  Zwei Intertialsysteme bewegen sich mit v relativ zueinander in x-Richtung,

$$(t', x', y', z') = (\gamma(t \pm \beta x), \gamma(x \pm \beta t), y, z), \qquad \beta \equiv v, \quad \gamma \equiv \frac{1}{\sqrt{1 - v^2}},$$
$$(2.55)$$

$$\Rightarrow \Lambda = \begin{pmatrix} \gamma & \pm\gamma\beta & 0 & 0 \\ \pm\gamma\beta & \gamma & 0 & 0 \\ 0 & 0 & 1 & 0 \\ 0 & 0 & 0 & 1 \end{pmatrix}. \tag{2.56}$$

Geht für $v \to 0$ in die Einheitsmatrix über: eigentlich, orthochron.

- **Zeitumkehr:**

$$t' = -t, \quad \mathbf{x}' = \mathbf{x}. \tag{2.57}$$

$$\Lambda = \begin{pmatrix} -1 & 0 & 0 & 0 \\ 0 & +1 & 0 & 0 \\ 0 & 0 & +1 & 0 \\ 0 & 0 & 0 & +1 \end{pmatrix}. \tag{2.58}$$

Uneigentlich, nicht orthochron.

- **Paritätstransformation (Raumspiegelung):**

$$t' = t, \quad \mathbf{x}' = -\mathbf{x}. \tag{2.59}$$

$$\Lambda = \begin{pmatrix} +1 & 0 & 0 & 0 \\ 0 & -1 & 0 & 0 \\ 0 & 0 & -1 & 0 \\ 0 & 0 & 0 & -1 \end{pmatrix}. \tag{2.60}$$

Uneigentlich, orthochron.

Jede beliebige homogene Lorentztransformation lässt sich als Produkt aus diesen vier Typen darstellen. Grundlegend für unsere Konstruktion von Quantenfeldtheorien ist der folgende Erfahrungssatz:

Sämtliche physikalischen Gesetze des Standardmodells der Teilchenphysik sind in allen Inertialsystemen gleich, die durch eigentliche, orthochrone Poincarétransformationen auseinander hervorgehen.

2.3.1 Energie und Impuls relativistischer Teilchen

Die Weltlinie eines Teilchens in einem beliebigen Inertialsystem Σ ist gegeben durch seinen Vierervektor als Funktion der Zeit,

$$\Sigma: \qquad x^\mu(t) = (t, \mathbf{x}(t)). \tag{2.61}$$

Im Ruhesystem Σ' des Teilchens wird die Weltlinie dagegen nur durch die Eigenzeit τ einer mitgeführten Uhr parametrisiert,

$$\Sigma': \qquad dx'^\mu \equiv (d\tau, 0). \tag{2.62}$$

Wegen $(dx')^2 = (d\tau)^2$ ist die Eigenzeit offenbar ein Lorentzskalar. Mit $(dx')^2 = (dx)^2$ folgt daraus

$$d\tau^2 = dt^2 - d\mathbf{x}^2 = dt^2 \left(1 - \left(\frac{d\mathbf{x}}{dt}\right)^2\right) = dt^2 \left(1 - \mathbf{v}^2\right). \tag{2.63}$$

Einem Zeitintervall $(t_2 - t_1)$ im Inertialsystem Σ enspricht also die Eigenzeit

$$\tau = \int_{t_1}^{t_2} dt \sqrt{1 - \mathbf{v}^2} \tag{2.64}$$

im Ruhesystem Σ' des Teilchens. Wenn wir den Vierervektor x^μ nach der Eigenzeit ableiten, erhalten wir wieder einen Vierervektor, während die Ableitung nach t keinen Vierervektor ergibt. Daher ist die Vierergeschwindigkeit definiert durch

$$u^\mu \equiv \frac{dx^\mu}{d\tau} = \frac{1}{\sqrt{1 - \mathbf{v}^2}} \begin{pmatrix} 1 \\ \mathbf{v} \end{pmatrix} = \begin{pmatrix} \gamma \\ \gamma\mathbf{v} \end{pmatrix}. \tag{2.65}$$

Den Viererimpuls erhalten wir dann durch Multiplikation mit der Masse (Lorentzskalar),

$$p^\mu \equiv mu^\mu, \tag{2.66}$$

wobei die Nullkomponente der Energie des Teilchens entspricht und der Dreiervektor im Limes kleiner Geschwindigkeiten in den bekannten nichtrelativistischen Dreierimpuls übergeht,

$$p^0 = mu^0 = m\gamma = E, \quad \mathbf{p} = m\gamma\mathbf{v} = m\mathbf{v} + O(v^3). \tag{2.67}$$

Das Quadrat des Viererimpulses,

$$p^2 = m^2 u^2 = m^2 \left[\frac{1}{1 - v^2} - \frac{v^2}{1 - v^2}\right] = m^2, \tag{2.68}$$

ist wie erwartet ein Lorentzskalar und mit dem Quadrat der Ruhemasse identisch. Weil andererseits $p^2 = E^2 - \mathbf{p}^2$ ist, folgt die Energie-Impuls-Beziehung für relativistische Teilchen,

$$E^2 = m^2 + \mathbf{p}^2. \tag{2.69}$$

2.3.2 Die Wirkung relativistischer freier Teilchen

Alternativ lässt sich die relativistische Kinematik auch aus der klassischen Wirkung herleiten, die durch Symmetrieprinzipien konstruiert wird. Damit die aus der klassischen Wirkung abgeleiteten Bewegunsgleichungen relativistisch kovariant sind, muss die Wirkung selbst invariant unter Lorentztransformationen, d. h. ein Lorentzskalar sein. In der Definition (2.3) ist das nicht manifest, da die Zeit im Integralmaß keine kovariant transformierende Größe darstellt. Wir machen daher für eine relativistisch invariante Wirkung einen Ansatz, indem wir stattdessen die Eigenzeit des Teilchens, eine Lorentzinvariante, als Integralmaß verwenden,

$$S = -\alpha \int_{\tau_1}^{\tau_2} d\tau, \quad \alpha > 0, \tag{2.70}$$

wobei α eine reell positive Konstante ist. Ein solches S ist manifest relativistisch invariant und die daraus folgenden Bewegunsgleichungen transformieren automatisch kovariant, d. h., sie haben in allen Inertialsystemen dieselbe Form. Schreiben wir unter Benutzung von (2.63) wieder auf die Zeit des Laborsystems um, so identifizieren wir die zugehörige Lagrangefunktion,

$$S = -\alpha \int_{t_1}^{t_2} dt \, \sqrt{1 - v^2}, \quad \Rightarrow \quad L = -\alpha\sqrt{1 - v^2}. \tag{2.71}$$

Die Konstante α legen wir fest, indem wir verlangen, dass für nichtrelativistische Geschwindigkeiten die bekannte nichtrelativistische Lagrangefunktion reproduziert werden muss. Entwickeln in $v \ll 1$ ergibt

$$L = -\alpha \left(1 - \frac{1}{2}v^2 + \ldots \right) = -\alpha + \alpha\frac{v^2}{2} + \ldots \tag{2.72}$$

Der erste Term ist unabhängig von Koordinaten und Geschwindigkeiten und trägt somit nicht zu den Bewegungsgleichungen bei, er kann also weggelassen werden. Der zweite Term muss damit im nichtrelativistischen Grenzfall in die nichtrelativistische kinetische Energie übergehen. Wir identifizieren somit $\alpha = m$ und

$$L = -m\sqrt{1 - v^2}. \tag{2.73}$$

Dreierimpuls und Energie des freien Teilchens folgen nun gemäß dem kanonischen Formalismus,

$$p^i = \frac{\partial L}{\partial v^i} = \frac{mv^i}{\sqrt{1 - v^2}}, \tag{2.74}$$

$$H = \mathbf{p} \cdot \mathbf{v} - L = \frac{m}{\sqrt{1 - v^2}} = E. \tag{2.75}$$

2.3.3 Kinematik von Teilchenkollisionen

Streuexperimente werden in verschiedenen Laborkonfigurationen durchgeführt: als sogenannte „Fixed-Target-Experimente", wo das Projektil auf ein im Laborsystem ruhendes Streuzentrum trifft, oder als Kollision einander entgegenlaufender Teilchenstrahlen wie Protonen und Antiprotonen oder Elektronen und Positronen. Abgesehen von verschiedenen Laborsituationen kann es auch aus rechentechnischen Gründen vorteilhaft sein, zwischen verschiedenen Inertialsystemen hin und her zu wechseln. Besonders nützlich ist das Schwerpunktsystem („Centre of Mass System"oder CMS), in dem der Schwerpunkt der beiden kollidierenden Teilchen ruht, da die gesamte Energie der kollidierenden Teilchen der nachfolgenden Reaktion zur Verfügung steht. Wir vergleichen am Beispiel einer Zwei-nach-Zwei-Streuung,

$$a + b \longrightarrow c + d,$$

die Fixed-Target-Situation mit dem Schwerpunktsystem. In jedem Inertialsystem gilt natürlich Energie- und Impulserhaltung und somit Viererimpulserhaltung,

$$p_a + p_b = p_c + p_d. \tag{2.76}$$

Das Schwerpunktsystem und die zugehörige Schwerpunktsenergie $\sqrt{s}$ sind definiert durch

$$0 = \mathbf{p}_a + \mathbf{p}_b = \mathbf{p}_c + \mathbf{p}_d, \tag{2.77}$$
$$\sqrt{s} \equiv E_a + E_b = E_c + E_d. \tag{2.78}$$

Aufgrund der Impulserhaltung laufen die Teilchen im Schwerpunktsystem vor und nach der Streuung mit gleichen Impulsbeträgen diametral aufeinander zu bzw. von einander weg,

$$|\mathbf{p}_a| = |\mathbf{p}_b|, \quad |\mathbf{p}_c| = |\mathbf{p}_d|. \tag{2.79}$$

Der Streuwinkel berechnet sich wie im Laborsystem aus dem Skalarprodukt eines einlaufenden und gestreuten Drehimpulsvektors, Tab. 2.1

Bezeichnen wir jetzt das Ruhesystem von Teilchen b mit ungestrichenen und das Schwerpunktsystem mit gestrichenen Variablen. Die Umrechnung zwischen Inertialsystemen geschieht am einfachsten unter Verwendung von relativistischen Invarianten. Eine solche Variable ist das Quadrat der Schwerpunktsenergie, das sich im Schwerpunktsystem als Quadrat eines Vierervektors ausdrücken lässt,

$$s' = \left(p'_a + p'_b \right)^2 = \left(p'_c + p'_d \right)^2. \tag{2.80}$$

Offenbar hat diese Lorentzinvariante in *jedem* Inertialsystem denselben Wert,

$$s' = s = (p_a + p_b)^2 = (p_c + p_d)^2. \tag{2.81}$$

Wir können dies benutzen, um nicht lorentzinvariante Größen wie die Energie E_a des einlaufenden Teilchens im Laborsystem vollständig durch Lorentzinvarianten auszudrücken,

$$s = p_a^2 + 2p_a \cdot p_b + p_b^2 = m_a^2 + 2E_a m_b + m_b^2, \tag{2.82}$$

$$E_a = \frac{s - m_a^2 - m_b^2}{2m_b}. \tag{2.83}$$

Ebenso finden wir für den zugehörigen Dreierimpuls

$$\begin{aligned}
|\mathbf{p}_a| &= \sqrt{E_a^2 - m_a^2} \\
&= \frac{1}{2m_b} \left[(s - m_a^2 - m_b^2)^2 - 4m_a^2 m_b^2 \right]^{1/2} \\
&= \frac{1}{2m_b} \left[s^2 + m_a^4 + m_b^4 - 2s m_a^2 - 2s m_b^2 - 2m_a^2 m_b^2 \right]^{1/2} \\
&= \frac{1}{2m_b} w(s, m_a^2, m_b^2).
\end{aligned} \tag{2.84}$$

Die Wurzel im vorletzten Ausdruck taucht in kinematischen Rechnungen häufig auf und wird daher als eigenständige, symmetrische Funktion ihrer drei Variablen definiert,

$$w(x, y, z) \equiv \left[x^2 + y^2 + z^2 - 2xy - 2xz - 2yz \right]^{1/2}. \tag{2.85}$$

Die Herleitung der entsprechenden Formeln für die Energien und Impulse im Schwerpunktsystem sei dem Leser als Übung überlassen.

Tab. 2.1 Kinematik für $2 \to 2$-Streuung im Fixed-Target- und Schwerpunktsystem

Fixed Target im Laborsystem: Schwerpunkt- oder CMS-System:

$$p_a = \begin{pmatrix} E_a \\ \mathbf{p}_a \end{pmatrix}, \quad p_b = \begin{pmatrix} m_b \\ 0 \end{pmatrix},$$

$$p_c = \begin{pmatrix} E_c \\ \mathbf{p}_c \end{pmatrix}, \quad p_d = \begin{pmatrix} E_d \\ \mathbf{p}_d \end{pmatrix},$$

$$\cos\theta = \frac{\mathbf{p}_a \cdot \mathbf{p}_c}{|\mathbf{p}_a||\mathbf{p}_c|}.$$

$$p_a = \begin{pmatrix} E_a \\ \mathbf{p}_a \end{pmatrix}, \quad p_b = \begin{pmatrix} E_b \\ -\mathbf{p}_a \end{pmatrix},$$

$$p_c = \begin{pmatrix} E_c \\ \mathbf{p}_c \end{pmatrix}, \quad p_d = \begin{pmatrix} E_d \\ -\mathbf{p}_c \end{pmatrix},$$

$$\cos\theta = \frac{\mathbf{p}_a \cdot \mathbf{p}_c}{|\mathbf{p}_a||\mathbf{p}_c|}.$$

Durch Umformen der Viererimpulserhaltung (2.76) und Quadrieren erhalten wir zwei weitere gebräuchliche Lonrentzinvarianten,

$$t = (p_a - p_c)^2 = (p_b - p_d)^2, \tag{2.86}$$

$$u = (p_a - p_d)^2 = (p_b - p_c)^2. \tag{2.87}$$

Die Invarianten s, t und u werden als Mandelstamvariablen bezeichnet, die nicht unabhängig voneinander sind. Wie wir eben gesehen haben, legt die Schwerpunkts-energie bei bekannten Massen die Gesamtenergie und den Gesamtimpuls aller am Prozess beteiligten Teilchen fest. Als weitere unabhängige Variable bleibt der Streu-winkel, der in direkter Beziehung zu t steht,

$$\begin{aligned} t &= m_a^2 + m_c^2 - 2 p_a \cdot p_c \\ &= m_a^2 + m_c^2 - 2(E_a E_c - |\mathbf{p}_a||\mathbf{p}_c| \cos \theta). \end{aligned} \tag{2.88}$$

Die Variable u erhalten wir durch Vertauschen oder „Kreuzen" der Teilchen c und d aus der Variablen t. Man findet nach einfacher Rechnung für die Mandelstamvariablen die Beziehung

$$s + t + u = m_a^2 + m_b^2 + m_c^2 + m_d^2. \tag{2.89}$$

Aufgaben

2.1 Aus der Definition der Hamiltonfunktion eines eindimensionalen Systems

$$H(x, p) \equiv p\dot{x} - L(x, \dot{x})$$

leite man die Hamilton'schen Bewegungsgleichungen her,

$$\frac{\partial H}{\partial x} = -\dot{p}, \qquad \frac{\partial H}{\partial p} = \dot{x}.$$

Hinweis: Beachten Sie, welches die unabhängigen Variablen der jeweiligen Funktionen sind.

2.2 Seien Poissonklammern mit $\{\cdot, \cdot\}$ und Kommutatoren mit $[\cdot, \cdot]$ bezeichnet. Man zeige, dass die klassischen Drehimpulskomponenten $L^i = \varepsilon_{ijk} x^j p^k$ und die quantenmechanischen Drehimpulsoperatoren $\hat{L}^i = \varepsilon_{ijk} \hat{x}^j \hat{p}^k$ folgende Gleichungen erfüllen,

$$\{L^i, L^j\} = \varepsilon_{ijk} L^k,$$

$$[\hat{L}^i, \hat{L}^j] = \varepsilon_{ijk} \hat{L}^k.$$

Hinweis: Benutzen Sie die fundamentalen Beziehungen $\{x^i, p^j\} = \delta_{ij}$, $[\hat{x}^i, \hat{p}^j] = i\delta_{ij}$.

2.3 Ausgehend von der Schrödingergleichung für die Wellenfunktion $\psi(\mathbf{r}, t)$

$$\left(-\frac{\nabla^2}{2m} + V(\mathbf{r})\right)\psi(\mathbf{r}, t) = i\frac{\partial}{\partial t}\psi(\mathbf{r}, t)$$

zeige man, dass die Wahrscheinlichkeitsdichte $\rho = \psi^*\psi$ eine Kontinuitätsgleichung

$$\frac{\partial}{\partial t}\rho + \nabla \cdot \mathbf{j} = 0$$

erfüllt, wobei

$$\mathbf{j} = \frac{1}{2im}\left\{\psi^*\nabla\psi - \left(\nabla\psi^*\right)\psi\right\}.$$

Hinweis: Betrachten Sie $\psi^* \cdot$ (Schrödingergl.) $- \psi \cdot$ (Schrödingergl.)*.

2.4 Eine infinitesimale Lorentztransformation und ihre Inverse können geschrieben werden als

$$x'^\alpha = (g^{\alpha\beta} + \delta\omega^{\alpha\beta})x_\beta, \qquad x^\alpha = (g^{\alpha\beta} + \delta\omega'^{\alpha\beta})x'_\beta,$$

mit $\delta\omega^{\alpha\beta}$, $\delta\omega'^{\alpha\beta} \ll 1$. Benutzen Sie die Definition der Inversen, um zu zeigen, dass $\delta\omega'^{\alpha\beta} = -\delta\omega^{\alpha\beta}$. Zeigen Sie, dass mit der Erhaltung der Norm $\delta\omega^{\alpha\beta} = -\delta\omega^{\beta\alpha}$ gilt.

2.5 Beweisen Sie Gl. (2.89). Benutzen Sie die Gleichung, um zu zeigen, dass für eine Streuung zweier Teilchen mit Masse m in zwei Teilchen mit Masse M stets gilt

$$s \geqslant 4m^2, \quad t \leqslant 0, \quad u \leqslant 0.$$

2.6 Im LEP Speicherring am CERN wurden Kollisionen gegenläufiger, gleich beschleunigter Elektronen und Positronen durchgeführt, sodass die Gesamtenergie im Schwerpunktsystem der Masse des Z-Bosons ($m_z = 91$ GeV) entsprach. Was war die Geschwindigkeit der Teilchen vor der Kollision? Welche Geschwindigkeit benötigt ein Elektron, das an einem ruhenden Positron gestreut wird, für dieselbe Schwerpunktsenergie des Systems?

Relativistische Wellengleichungen

3

Inhaltsverzeichnis

Bevor wir uns mit Quantenfeldtheorien befassen, verfolgen wir in diesem Kapitel zunächst die historische Entwicklung der Bemühungen, die Quantenmechanik in Schrödingers Formulierung auf relativistische Systeme auszudehnen. Dazu konstruieren wir nacheinander relativistisch kovariante Wellengleichungen für Teilchen mit Spin 0, 1/2 und 1 und diskutieren ihre möglichen physikalischen Anwendungen. Obwohl wir inzwischen wissen, dass eine relativistische Quantenmechanik nur begrenzte Gültigkeit hat, trainieren wir bei ihrer Formulierung neben vielen technischen Details, die wir später weiterverwenden werden, die physikalische Interpretation von Gleichungen und lernen die Gründe verstehen, die eine feldtheoretische Formulierung der Teilchenphysik notwendig machen.

© Springer-Verlag GmbH Deutschland, ein Teil von Springer Nature 2018
O. Philipsen, *Quantenfeldtheorie und das Standardmodell der Teilchenphysik*,
https://doi.org/10.1007/978-3-662-57820-9_3

3.1 Die Klein-Gordon-Gleichung

Die Konstruktion von Wellengleichungen für relativistische Teilchen erfolgte historisch zunächst analog zur nichtrelativistischen Schrödingergleichung, die wir zur Vorbereitung rekapitulieren wollen. Ausgangspunkt ist die Beschreibung eines freien Teilchens mit Energie E und Impuls $\mathbf{p}$ durch die Wellenfunktion einer ebenen Welle, die wir zur Unterscheidung von nachfolgenden Fällen mit $\phi(\mathbf{x}, t)$ bezeichnen. Um die Wellenfunktion relativistisch kovariant zu machen, benutzen wir im Exponenten das Viererskalarprodukt der Koordinaten und Impulse,

$$\phi(\mathbf{x}, t) \sim e^{-i(E \cdot t - \mathbf{p} \cdot \mathbf{x})} = e^{-ipx}. \tag{3.1}$$

Für eine ebene Welle gelten

$$E\phi = i\frac{\partial}{\partial t}\phi, \quad \mathbf{p}\phi = -i\nabla\phi, \tag{3.2}$$

was beim Übergang von Observablen zu Operatoren auf die Korrespondenzregeln

$$E \to \hat{H} = i\partial_t, \tag{3.3}$$
$$\mathbf{p} \to \hat{\mathbf{p}} = -i\nabla \tag{3.4}$$

führt. Ebene Wellen erfüllen somit die Schrödingergleichung

$$i\frac{\partial}{\partial t}\phi(t, \mathbf{x}) = \hat{H}\phi(t, \mathbf{x}). \tag{3.5}$$

Die Forderung der nichtrelativistischen Energie-Impuls-Beziehung für ein freies Teilchen führt mit dem Korrespondenzprinzip auf den Hamiltonoperator,

$$E = \frac{p^2}{2m} \quad \Rightarrow \quad \hat{H} = \frac{\hat{\mathbf{p}}^2}{2m}, \tag{3.6}$$

und damit auf die Schrödingergleichung für ein freies Teilchen,

$$i\frac{\partial}{\partial t}\phi(t, \mathbf{x}) = -\frac{\nabla^2}{2m}\phi(t, \mathbf{x}). \tag{3.7}$$

Um zu einer relativistischen Verallgemeinerung zu gelangen, ist die Erfüllung der relativistischen Energie-Impuls-Beziehung zu fordern,

$$E^2 = \mathbf{p}^2 + m^2. \tag{3.8}$$

Eine Möglichkeit zur Definition des Hamiltonoperators ist dann

$$\hat{H} = \sqrt{\hat{\mathbf{p}}^2 + m^2}. \tag{3.9}$$

Die Verwendung der Wurzel birgt jedoch unerwünschte Eigenschaften. Funktionen eines Operators sind nur über die zugehörigen Taylorreihen definiert. In unserem Fall beinhaltet die Anwendung von $\hat{H}$ auf eine Wellenfunktion die Angabe von unendlich vielen Ableitungen. Abgesehen von den damit verbundenen mathematischen Hürden ist dies wegen

$$\phi(x + a) = \phi(x) + \phi'(x)a + \frac{1}{2!}\phi''(x)a^2 + \cdots \tag{3.10}$$

häufig gleichbedeutend mit Informationen von anderen Punkten. Solche Theorien bezeichnet man als nichtlokal. Wir umgehen diese Schwierigkeiten, indem wir zunächst das Quadrat des Hamiltonoperators definieren,

$$\hat{H}^2 = \hat{\mathbf{p}}^2 + m^2, \tag{3.11}$$

und eine zugehörige Wellengleichung formulieren,

$$-\partial_t^2 \phi(t, \mathbf{x}) = \hat{H}^2 \phi(t, \mathbf{x}). \tag{3.12}$$

Einsetzen des Hamiltonoperators ergibt nun entsprechend

$$\begin{aligned} E^2 \phi(t, \mathbf{x}) &= (\mathbf{p}^2 + m^2)\phi(t, \mathbf{x}), \\ -\partial_t^2 \phi(t, \mathbf{x}) &= (-\boldsymbol{\nabla}^2 + m^2)\phi(t, \mathbf{x}), \end{aligned} \tag{3.13}$$

und damit die Klein-Gordon-Gleichung

$$(\partial_t^2 - \nabla^2 + m^2)\phi(t, \mathbf{x}) = 0. \tag{3.14}$$

Die relativistische Kovarianz der Gleichung wird offensichtlich, wenn wir auf Vierernotation wechseln,

$$(\partial_\mu \partial^\mu + m^2)\phi(x) = 0. \tag{3.15}$$

Wenn wir mit einer Lorentztransformation in ein anderes Inertialsystem umrechnen, muss die Gleichung nach dem Relativitätsprinzip dieselbe Form behalten, d. h.

$$(\partial_\mu \partial^\mu + m^2)\phi(x) = 0 \xrightarrow[\text{LT}]{} (\partial'_\mu \partial'^\mu + m^2)\phi'(x') = 0. \tag{3.16}$$

Da der Ausdruck in Klammern ein Lorentzskalar ist, muss auch die Wellenfunktion wie ein Lorentzskalar transformieren,

$$\phi'(x') = \phi(x). \tag{3.17}$$

Damit haben wir eine relativistisch kovariante Gleichung für die Dynamik von skalaren ebenen Wellen gefunden.

Beim Einsetzen der ebenen Wellen in die Klein-Gordon-Gleichung stoßen wir jedoch auf ein zunächst verblüffendes Phänomen. Wir erhalten die Energie-Impuls-Beziehung in quadratischer Form und mathematisch somit auch Lösungen mit scheinbar negativer Energie,

$$(p^0)^2 = \mathbf{p}^2 + m^2,$$
$$p^0 = \pm\sqrt{\mathbf{p}^2 + m^2}. \tag{3.18}$$

Zunächst vereinbaren wir, mit E nur die positive Wurzel p^0 zu bezeichnen,

$$E(\mathbf{p}) \equiv +\sqrt{\mathbf{p}^2 + m^2}, \tag{3.19}$$

und $p^0 = \pm E(\mathbf{p})$ für die beiden Lösungen zu schreiben. Wie im Fall der Schrödingergleichung erhalten wir die allgemeine Lösung der Klein-Gordon-Gleichung durch Superposition von ebenen Wellen, indem wir die Welle zu jedem Impuls mit zunächst beliebigen Koeffizienten mutliplizieren,

$$\phi(x) = \int d^3p \left[N_+(\mathbf{p}) e^{-i(E(\mathbf{p})t - \mathbf{p}\cdot\mathbf{x})} + N_-(\mathbf{p}) e^{-i(-E(\mathbf{p})t - \mathbf{p}\cdot\mathbf{x})} \right]$$
$$= \int d^3p \left[N_+(\mathbf{p}) e^{-i(E(\mathbf{p})t - \mathbf{p}\cdot\mathbf{x})} + N_-(-\mathbf{p}) e^{i(E(\mathbf{p})t - \mathbf{p}\cdot\mathbf{x})} \right], \tag{3.20}$$

wobei wir im zweiten Term $\mathbf{p} \to -\mathbf{p}$ substituiert haben, sodass sich beide Exponenten wieder als Viererskalarprodukt ausdrücken lassen. Man beachte, dass einfaches Weglassen der Wellen mit negativen p^0 bei der Konstruktion von Wellenpaketen zu Inkonsistenzen wie z. B. dem Kleinparadox führt, in dem die Wahrscheinlichkeitsdichte der an einem Potenzialwall reflektierten Teilwelle größer ist als die der einlaufenden Welle. Eine Diskussion dieses Problems findet sich z. B. in [1]. Wir werden diese Lösungen daher zunächst mathematisch mitnehmen und ihren physikalischen Gehalt später diskutieren.

Wir wissen bereits, dass $\phi(x)$ ein Lorentzskalar ist. Aufgrund der Integration über nur räumliche Impulskomponenten ist das für die Fourierkoeffizienten der allgemeinen Lösung nicht der Fall. Man definiert deswegen alternative Fourierkoeffizienten

$$a(\mathbf{p}) \equiv (2\pi)^3 \, 2E(\mathbf{p}) \, N_+(\mathbf{p}),$$
$$b^*(\mathbf{p}) \equiv (2\pi)^3 \, 2E(\mathbf{p}) \, N_-(-\mathbf{p}), \tag{3.21}$$

sodass

$$\phi(x) = \int \frac{d^3p}{(2\pi^3)E(\mathbf{p})} \left[a(\mathbf{p}) \, e^{-ipx} + b^*(\mathbf{p}) e^{ipx} \right]. \tag{3.22}$$

Durch Verwendung der vierdimensionalen Deltafunktion lässt sich nun beweisen, dass das so erweiterte Integralmaß eine Lorentzinvariante ist,

$$\frac{d^3p}{(2\pi)^3 \, 2E(\mathbf{p})} = \frac{d^4p}{(2\pi)^3} \, \delta(p^2 - m^2) \, \Theta(p_0). \tag{3.23}$$

Damit sind jede Teilwelle, die Fourierkoeffizienten $a(\mathbf{p})$, $b^*(\mathbf{p})$ und die Gesamtwellenfunktion jeweils manifeste Lorentzskalare.

Ähnlich wie im Fall der Schrödingergleichung lässt sich direkt aus der Klein-Gordon-Gleichung eine Kontinuitätsgleichung herleiten, in diesem Fall in kovarianter Form,

$$\partial_\mu j^\mu = 0 = \partial_t \rho + \nabla \cdot \mathbf{j}. \tag{3.24}$$

Der erhaltene Viererstrom ist

$$j^\mu = i(\phi^* \partial^\mu \phi - (\partial^\mu \phi^*)\phi) = (\rho, \mathbf{j}), \tag{3.25}$$

mit den zeitlichen und räumlichen Komponenten

$$\rho = i(\phi^* \partial_0 \phi - \phi \partial_0 \phi^*),$$
$$\mathbf{j} = -i(\phi^* \nabla \phi - \phi \nabla \phi^*). \tag{3.26}$$

Dementsprechend kann $\rho(x)$ wiederum als Ladungsdichte interpretiert werden, deren zeitliche Änderung innerhalb eines Volumens V dem Fluss eines Stromes durch die Oberfläche S entspricht. Bei näherer Betrachtung stellen wir jedoch fest, dass diese Ladungsdichte nicht als Wahrscheinlichkeitsdichte interpretiert werden kann, da der zugehörige Ausdruck nicht positiv definit ist.

Die Ausdehnung der Schrödingergleichung für freie Teilchen auf den relativistischen Fall führt somit zwar auf eine kovariante Wellengleichung. Diese weist jedoch Lösungen mit scheinbar negativen Energien auf und verbietet eine Wahrscheinlichkeitsinterpretation von $\phi(x)$ im Schrödinger'schen Sinne.

3.2 Die Diracgleichung

Man könnte vermuten, das Auftreten negativer Energien sei der doppelten Zeitableitung bzw. dem Auftreten des Quadrats des Hamiltonoperators in der Klein-Gordon-Gleichung geschuldet. Dirac schlug daher vor, die Konstruktion der Wellengleichung so zu modifizieren, dass sie analog zur Schrödingergleichung linear in der Zeitableitung wird, d. h. zu verlangen

$$i\partial_t \psi = \hat{H}\psi. \tag{3.27}$$

Damit die Wellengleichung mit dem gesuchten Hamiltonoperator die relativistische Energie-Impuls-Beziehung $E^2 = \mathbf{p}^2 + m^2$ erfüllen kann, müssen Zeit- und Ortsableitung in derselben Potenz auftreten. Wir machen also den linearen Ansatz

$$\hat{H} = \frac{1}{i}\nabla \cdot \boldsymbol{\alpha} + \beta m. \tag{3.28}$$

Die Koeffizienten $\boldsymbol{\alpha}$, β sind nun so zu wählen, dass $E^2 = \mathbf{p}^2 + m^2$ erfüllt ist. Hierzu setzen wir den Ansatz in die Wellengleichung ein und differenzieren anschließend die ganze Gleichung nach der Zeit,

$$i\partial_0 \psi = \frac{1}{i}(\alpha^1 \partial_1 \psi + \alpha^2 \partial_2 \psi + \alpha^3 \partial_3 \psi) + \beta m\psi, \tag{3.29}$$

$$i\partial_0^2 \psi = \frac{1}{i}(\alpha^1 \partial_0 \partial_1 \psi + \alpha^2 \partial_0 \partial_2 \psi + \alpha^3 \partial_0 \partial_3 \psi) + \beta m\partial_0\psi. \tag{3.30}$$

Nun eliminieren wir die Zeitableitung auf der rechten Seite durch Einsetzen der oberen in die untere Gleichung,

$$\partial_0^2 \psi = \sum_{i=1}^{3} (\alpha^i)^2 \, \partial_i^2 \psi - m^2 \beta^2 \, \psi$$

$$+ \sum_{\substack{i \neq j \\ i,\,j=1}}^{3} \frac{1}{2}(\alpha^i \alpha^j + \alpha^j \alpha^i) \, \partial_i \, \partial_j \, \psi$$

$$+ im \sum_{j=1}^{3} (\alpha^j \beta + \beta\alpha^j) \, \partial_j \, \psi. \tag{3.31}$$

Einsetzen der ebenen Welle $\psi \sim e^{-i\,p\cdot x}$ führt dann auf

$$-E^2 \psi = -\sum_{i=1}^{3} (\alpha^i)^2 \, (p^i)^2 \, \psi - m^2 \beta^2 \, \psi$$

$$- \sum_{\substack{i \neq j \\ i,\,j=1}}^{3} \frac{1}{2}(\alpha^i \, \alpha^j + \alpha^j \alpha^i) \, p^i p^j \, \psi$$

$$- m \sum_{j=1}^{3} (\alpha^j \beta + \beta\alpha^j) \, p^j \, \psi. \tag{3.32}$$

Damit dies mit der physikalischen Energie-Impuls-Relation identisch wird, muss für die Koeffizienten gelten

$$\alpha^{i\,2} = \beta^2 = 1\,,$$
$$\alpha^i \alpha^j + \alpha^j \alpha^i = 0 \quad \text{für } i \neq j,$$
$$\alpha^i \beta + \beta\alpha^i = 0. \tag{3.33}$$

Wir sehen sofort, dass diese Bedingungen mit Zahlen nicht erfüllbar sind. Insbesondere müssten nach der letzten Bedingung entweder die α^i oder β gleich null sein, was der ersten Zeile widerspricht. Man beachte jedoch, dass wir in (3.32, 3.33) beim Ausmultiplizieren die Reihenfolge der Faktoren beibehalten haben. Diese spielt dann eine Rolle, wenn wir die α^i, β als Matrizen wählen, wodurch (3.33) zu gleichzeitig erfüllbaren Matrixgleichungen werden. Weitere Bedingungen an die Matrizen folgen, wenn wir verlangen, dass der Hamiltonoperator selbstadjungiert sei, $\hat{H} = \hat{H}^\dagger$. Wegen (3.28) gilt dann auch

$$\alpha^i = \alpha^{i\dagger}, \quad \beta = \beta^\dagger. \tag{3.34}$$

Selbstadjungierte Matrizen sind diagonalisierbar. Aus der ersten Gl. (3.33) schließen wir dann, dass die $\boldsymbol{\alpha}$, β nur Eigenwerte ± 1 haben können. Weiter ist

$$\text{Tr}(\alpha^i) = \text{Tr}(\alpha^i \beta^2) = \text{Tr} (\underbrace{\beta \alpha^i}_{=-\alpha^i \beta} \beta) = -\text{Tr}(\alpha^i), \tag{3.35}$$

wobei wir in der zweiten Gleichung die Zyklizität der Spur benutzt haben. Analoge Gleichungen gelten für $\text{Tr}(\beta)$, und wir finden, dass die Koeffizientenmatrizen spurlos sein müssen,

$$\text{Tr}(\alpha^i) = 0 \,, \quad \text{Tr}(\beta) = 0. \tag{3.36}$$

Da die Spur die Summe aus Eigenwerten ± 1 ist, benötigen wir eine gerade Dimension der Koeffizientenmatrizen. Um vier linear unabhängige Matrizen zu erhalten, müssen diese mindestens vierdimensional sein. Die genannten Einschränkungen legen die Matrizen noch nicht vollständig fest, sodass verschiedene konkrete Darstellungen möglich sind. Die gebräuchlichste beruht auf Verwendung der bekannten Paulimatrizen σ^i

$$\sigma^1 = \begin{pmatrix} 0 & 1 \\ 1 & 0 \end{pmatrix}, \; \sigma^2 = \begin{pmatrix} 0 & -i \\ i & 0 \end{pmatrix}, \; \sigma^3 = \begin{pmatrix} 1 & 0 \\ 0 & -1 \end{pmatrix}, \tag{3.37}$$

und lautet in (2×2)-Blockform

$$\alpha^i = \begin{pmatrix} 0 & \sigma^i \\ \sigma^i & 0 \end{pmatrix}, \; \beta = \begin{pmatrix} \mathbb{1} & 0 \\ 0 & -\mathbb{1} \end{pmatrix}. \tag{3.38}$$

Damit haben wir eine explizite Form für einen Hamiltonoperator, der linear in Zeit- und Raumableitungen ist und die relativistische Energie-Impuls-Beziehung für freie Teilchen erfüllt. Setzen wir in die Wellengleichung (3.27) ein, so erhalten wir die Diracgleichung,

$$i \, \partial_0 \, \psi = \frac{1}{i} \boldsymbol{\alpha} \cdot \nabla \psi + m \, \beta \, \psi. \tag{3.39}$$

Man beachte, dass die matrixwertigen Koeffizienten α^i und β auch eine andere Art der Wellenfunktion ψ implizieren. Offensichtlich entspricht der Hamiltonoperator einer (4×4)-Matrix, die auf ein vierkomponentiges Objekt wirken muss,

$$\psi = \begin{pmatrix} \psi_1 \\ \psi_2 \\ \psi_3 \\ \psi_4 \end{pmatrix}, \tag{3.40}$$

einen sogenannten Diracspinor. Diese Bezeichnung basiert auf dem Verhalten des
Objekts unter Lorentztransformationen, das wir im nächsten Abschnitt diskutieren werden. Man beachte, dass die Indizes dieses Objekts die Spinorkomponenten
bezeichnen und nichts mit den Raumzeitindizes von Vierervektoren zu tun haben!

Zum Studium der Kovarianzeigenschaften bringen wir die Diracgleichung noch
in Vierernotation. Hierzu definieren wir die vier Gammamatrizen

$$\gamma^0 \equiv \beta, \quad \gamma^i \equiv \beta\alpha^i = \begin{pmatrix} 0 & \sigma^i \\ -\sigma^i & 0 \end{pmatrix}, \quad i = 1, 2, 3. \tag{3.41}$$

Ausgehend von den α^i, β beweist man leicht folgende Eigenschaften,

$$\gamma^\mu\gamma^\nu + \gamma^\nu\gamma^\mu = \{\gamma^\mu, \gamma^\nu\} = 2g^{\mu\nu}, \quad \gamma^{0\dagger} = \gamma^0, \quad \gamma^{i\dagger} = -\gamma^i. \tag{3.42}$$

Multiplizieren wir die Diracgleichung (3.39) mit β durch, finden wir

$$i\beta\partial_0\psi = -\beta\boldsymbol{\alpha}i\nabla\,\psi + m\psi \tag{3.43}$$

und damit die Diracgleichung in Vierernotation,

$$(i\,\gamma^\mu\partial_\mu - m)\,\psi(x) = 0. \tag{3.44}$$

Von der Kovarianz dieser Gleichung müssen wir uns im nächsten Abschnitt erst
noch überzeugen, indem wir das Transformationsverhalten eines Diracspinors ψ
unter Lorentztransformationen studieren.

Im Folgenden werden wir häufig den sogenannten adjungierten Diracspinor $\bar{\psi}$
benötigen. Dieser ist definiert durch

$$\bar{\psi} \equiv \psi^\dagger\gamma^0. \tag{3.45}$$

Wenn wir den Spinor als Spalte notieren wie in (3.40), dann wird der adjungierte
Spinor als Zeile notiert und dementsprechend von links an Matrizen im Spinorraum
multipliziert. Wenn wir die gesamte Diracgleichung hermitesch konjugieren und von
rechts mit γ^0 multiplizieren, erhalten wir

$$\overline{(i\gamma^\mu\partial_\mu - m)\psi(x)} = [(i\gamma^\mu\partial_\mu - m)\psi(x)]^\dagger\gamma^0 = \partial_\mu\psi^\dagger(x)(-i\gamma^{\mu\dagger})\gamma^0 - m\psi^\dagger(x)\gamma^0$$
$$= \partial_\mu\psi^\dagger(x)\gamma^0(-i\gamma^0\gamma^{\mu\dagger}\gamma^0) - m\psi^\dagger(x)\gamma^0 = 0, \tag{3.46}$$

wobei wir in der letzten Gleichung im ersten Term eine $1 = (\gamma^0)^2$ eingeschoben
haben. Nun benutzen wir die Eigenschaften (3.42) und haben

$$-i\gamma^0\gamma^{0\dagger}\gamma^0 = -i\gamma^0\,,$$
$$-i\gamma^0\gamma^{i\dagger}\gamma^0 = i\gamma^0\gamma^i\gamma^0 = i(2g^{i0} - \gamma^i\gamma^0)\gamma^0 = -i\gamma^i, \tag{3.47}$$

sodass

$$\partial_\mu \bar{\psi}(x)(-i\gamma^\mu) - m\bar{\psi}(x) = 0. \tag{3.48}$$

Der adjungierte Diracspinor erfüllt also eine adjungierte Diracgleichung. Definieren wir eine partielle Ableitung, die auf Funktionen links von ihr wirkt, lässt sich die adjungierte Diracgleichung auch kompakter schreiben als

$$\bar{\psi}(x)(i\gamma^\mu \overleftarrow{\partial_\mu} + m) = 0. \tag{3.49}$$

Aus der Diracgleichung und ihrer Adjungierten lässt sich wieder eine zugehörige Kontinuitätsgleichung herleiten. Wir kombinieren (3.44) und (3.49) zu

$$\bar{\psi}(x)\left(\gamma^\mu(\overleftarrow{\partial_\mu} + \partial_\mu)\right)\psi(x) = \partial_\mu\left(\bar{\psi}(x)\gamma^\mu\psi(x)\right) = 0, \tag{3.50}$$

d. h. es gibt einen erhaltenen Viererstrom

$$j^\mu(x) = \bar{\psi}(x)\gamma^\mu\psi(x) = (\rho, \mathbf{j}), \tag{3.51}$$
$$\rho = \bar{\psi}\gamma^0\psi = \psi^\dagger\psi = \psi_1^*\psi_1 + \psi_2^*\psi_2 + \psi_3^*\psi_3 + \psi_4^*\psi_4,$$
$$\mathbf{j} = \bar{\psi}\boldsymbol{\gamma}\psi = \psi^\dagger\boldsymbol{\alpha}\psi.$$

Wir werden im nächsten Abschnitt sehen, dass es sich bei j^μ tatsächlich um einen Vierervektor handelt. Die zugehörige Dichte $\rho(x)$ ist manifest positiv definit und somit als Wahrscheinlichkeitsdichte interpretierbar.

3.3 Lorentzkovarianz der Diracgleichung

Wir wollen das Verhalten der Diracgleichung unter Lorentztransformationen bestimmen. Wir wissen, dass ∂^μ ein Vierervektor ist, während γ^μ einen Satz konstanter Matrizen darstellt. Das Transformationsverhalten von ψ notieren wir in allgemeinster Form als Matrixmultiplikation,

$$\psi(x) \longrightarrow \psi'(x') = S(\Lambda)\psi(x) = S(\Lambda)\psi(\Lambda^{-1}x'). \tag{3.52}$$

Hierbei ist $S(\Lambda)$ eine (4×4)-Matrix im Spinorraum, die von der konkreten Lorentztransformation Λ abhängt und auf die Komponenten von ψ wirkt. Lorentzkovarianz bedeutet, dass die Diracgleichung dieselbe Form in allen Inertialsystemen hat, also

$$(i\gamma^\mu\partial_\mu - m)\psi(x) = 0 \xrightarrow[\text{LT}]{} (i\gamma^\mu\partial'_\mu - m)\psi'(x') = 0. \tag{3.53}$$

Um die Transformationsmatrix für den Diracspinor explizit zu konstruieren, vergleichen wir die Gleichung in den gestrichenen und ungestrichenen Inertialsystemen, indem wir alles auf gestrichene Variablen umschreiben. Es ist

$$\partial_\mu = \frac{\partial}{\partial x^\mu} = \frac{\partial x'^\sigma}{\partial x^\mu}\frac{\partial}{\partial x'^\sigma} = \Lambda^\sigma{}_\mu \partial'_\sigma. \tag{3.54}$$

Damit lauten die Gleichungen in den beiden Inertialsystemen:

ungestrichen: $(i\gamma^\mu\partial_\mu - m)\psi(x) = (i\gamma^\mu\Lambda^\sigma{}_\mu\partial'_\sigma - m)\psi(\Lambda^{-1}x') = 0$ (3.55)

gestrichen: $(i\gamma^\mu\partial'_\mu - m)\psi'(x') = (i\gamma^\sigma\partial'_\sigma - m)S(\Lambda)\psi(\Lambda^{-1}x') = 0$ (3.56)

Wir multiplizieren die ungestrichene Gleichung von links mit $S(\Lambda)$ und erhalten

$$\left(iS(\Lambda)\gamma^\mu\Lambda^\sigma{}_\mu\partial'_\sigma - mS(\Lambda)\right)\psi(\Lambda^{-1}x') = 0,$$

$$\left(iS(\Lambda)\gamma^\mu\Lambda^\sigma{}_\mu S^{-1}(\Lambda)\partial'_\sigma - m\right)S(\Lambda)\psi(\Lambda^{-1}x') = 0, \tag{3.57}$$

wobei wir in der zweiten Zeile im ersten Term eine Einheitsmatrix $1 = S^{-1}S$ eingeschoben haben. Damit (3.57) gleich der ursprünglichen gestrichenen Gl. (3.56) ist, muss gelten

$$S(\Lambda)\gamma^\mu\Lambda^\sigma{}_\mu S^{-1}(\Lambda) = \gamma^\sigma \quad \text{oder} \quad \gamma^\mu\Lambda^\sigma{}_\mu = S^{-1}(\Lambda)\gamma^\sigma S(\Lambda). \tag{3.58}$$

Dies ist eine Bedingung an den Zusammenhang zwischen den Matrizen Λ, die auf Vierervektoren im Minkowskiraum wirken, und den Transformationsmatrizen $S(\Lambda)$, die im Spinorraum wirken. Es bleibt noch eine explizite Konstruktion $S(\Lambda)$ zu finden, die dieser Bedingung genügt. Dazu betrachten wir zunächst eine infinitesimale Lorentztransformation,

$$\Lambda^\mu{}_\nu = \delta^\mu{}_\nu + \delta\omega^\mu{}_\nu, \tag{3.59}$$

mit einem antisymmetrischen Tensor $\delta\omega^{\mu\nu} = -\delta\omega^{\nu\mu}$ und $|\delta\omega^{\mu\nu}| \ll 1$. Die Transformationsmatrix S muss nun ebenfalls eine Funktion dieses Tensors sein, und wir machen den Ansatz als Potenzreihe,

$$S(\Lambda(\delta\omega)) = 1 - \frac{i}{4}\delta\omega^{\mu\nu}\sigma_{\mu\nu} + \cdots \tag{3.60}$$

Damit die Transformation nichttrivial ist, müssen auch die Koeffizienten antisymmetrisch sein, $\sigma^{\mu\nu} = -\sigma^{\nu\mu}$. Weil S eine Matrix im Spinorraum ist, müssen die $\sigma^{\mu\nu}$ ebenfalls (4×4)-Matrizen im Spinorraum sein. Für die inverse Transformationsmatrix gilt analog

$$S^{-1}(\Lambda(\delta\omega)) = 1 + \frac{i}{4}\delta\omega^{\mu\nu}\sigma_{\mu\nu} + \cdots, \tag{3.61}$$

so dass $S^{-1}(\Lambda)S(\Lambda) = 1 + O(\delta\omega^2)$ erfüllt ist. Wir setzen in (3.58) ein, behalten wieder nur Terme linear in $\delta\omega$ und finden

$$\gamma^\mu \delta\omega^\sigma{}_\mu = \frac{i}{4} \delta\omega^{\mu\nu} [\sigma_{\mu\nu}, \gamma^\sigma]. \tag{3.62}$$

Die linke Seite können wir antisymmetrisieren und $\delta\omega^{\mu\nu}$ ausklammern, sodass

$$\gamma^\mu \delta\omega^\sigma{}_\mu = \gamma_\mu \delta\omega^{\sigma\mu} = \frac{1}{2}(\gamma_\mu g^\sigma{}_\nu \delta\omega^{\nu\mu} - \gamma_\mu g^\sigma{}_\nu \delta\omega^{\mu\nu})$$

$$= \frac{1}{2}(\gamma_\nu g^\sigma{}_\mu - \gamma_\mu g^\sigma{}_\nu) \delta\omega^{\mu\nu}. \tag{3.63}$$

Die vereinfachte Bedingung an die Transformationsmatrizen lautet nun

$$2i(\gamma_\nu g^\sigma{}_\mu - \gamma_\mu g^\sigma{}_\nu) = [\gamma^\sigma, \sigma_{\mu\nu}]. \tag{3.64}$$

Da die $\sigma^{\mu\nu}$ im Spinorraum wirken, liegt es nahe, sie aus den bereits bekannten Gammamatrizen zu konstruieren. Die Antisymmetrie in den Indizes lässt sich durch den Kommutator realisieren, und man prüft leicht, dass

$$\sigma_{\mu\nu} = \frac{i}{2}(\gamma_\mu \gamma_\nu - \gamma_\nu \gamma_\mu) = \frac{i}{2}[\gamma_\mu, \gamma_\nu] \tag{3.65}$$

die Bedingung (3.64) erfüllt. Damit haben wir explizit die Transformationsmatrix $S(\Lambda)$ für infinitesimale Lorentztransformationen im Spinorraum konstruiert. Endliche Lorentztransformationen lassen sich durch Grenzwertbildung aus unendlich vielen infinitesimalen erhalten. Hierzu reparametrisieren wir die infinitesimale Lorentztransformation durch einen skalaren Drehwinkel $\delta\omega$ um eine Achse spezifiziert durch den Einheitstensor $I^{\mu\nu}$,

$$\delta\omega^{\mu\nu} = \delta\omega\, I^{\mu\nu}. \tag{3.66}$$

Weiter zerlegen wir die Transformation mit einem endlichen Drehwinkel ω in N kleine Schritte, $\omega = N\delta\omega$. Diese führen wir hintereinander aus und nehmen dann den Grenzwert $\delta\omega \to 0$, $N \to \infty$ bei festem ω,

$$S(\Lambda(\omega)) = \lim_{N\to\infty} \left(1 - \frac{i}{4}\frac{\omega}{N}\sigma_{\mu\nu} I^{\mu\nu}\right)^N = \exp\left(-\frac{i}{4}\omega\sigma_{\mu\nu} I^{\mu\nu}\right). \tag{3.67}$$

Damit kennen wir das Verhalten eines Diracspinors unter allgemeinen Lorentztransformationen und haben die Kovarianz der Diracgleichung nachgewiesen.

Wie man leicht überprüft, transformiert der adjungierte Diracspinor mit der inversen Transformationsmatrix

$$\bar{\psi}'(x') = \bar{\psi}(x)S^{-1}(\Lambda). \tag{3.68}$$

Nun können wir uns als Nächstes auch davon überzeugen, dass der erhaltene Strom (3.51) tatsächlich als Vierervektor transformiert.

3.4 Bilineare Kovarianten

Bei der späteren Konstruktion von Wirkungen und Observablen werden wir häufig auf Bilinearformen aus $\bar{\psi}$ und ψ stoßen, deren Verhalten unter Lorentztransformationen wir daher systematisch untersuchen wollen. Eine allgemeine Bilinearform $\bar{\psi}(x)\Gamma\psi(x)$ mit einer beliebigen (4×4)-Matrix Γ im Spinorraum transformiert demnach gemäß

$$\bar{\psi}'(x')\Gamma\psi'(x') = \bar{\psi}(x)S^{-1}(\Lambda)\Gamma S(\Lambda)\psi(x). \tag{3.69}$$

Im einfachsten Fall $\Gamma = 1$ heben sich die Transformationsmatrizen weg, d. h., $\bar{\psi}(x)\psi(x)$ ist ein Lorentzskalar. Für $\Gamma = \gamma^\mu$ benutzen wir (3.58) und finden

$$\bar{\psi}'(x')\gamma^\mu\psi'(x') = \Lambda^\mu{}_\nu \, \bar{\psi}(x)\gamma^\nu\psi(x), \tag{3.70}$$

also Transformation wie ein Vierervektor. Eine beliebige (4×4)-Matrix lässt sich stets durch Linearkombination von 16 linear unabhängigen Basismatrizen ausdrücken, so dass es genügt, deren Transformationsverhalten zu studieren. Hierzu definieren wir zusätzlich zu den γ^μ die Matrix

$$\gamma_5 = \gamma^5 \equiv i\gamma^0\gamma^1\gamma^2\gamma^3 = \begin{pmatrix} 0 & \mathbb{1} \\ \mathbb{1} & 0 \end{pmatrix}. \tag{3.71}$$

Sie besitzt die Eigenschaften

$$\{\gamma_5, \gamma^\mu\} = 0, \quad (\gamma_5)^2 = 1, \quad \gamma_5^\dagger = \gamma_5. \tag{3.72}$$

Da alle Gammamatrizen mit verschiedenen Indizes antivertauschen, können wir γ_5 auch durch den vierdimensionalen, vollständig antisymmetrischen Einheitstensor darstellen,

$$\gamma_5 = \frac{i}{4!}\varepsilon_{\mu\nu\rho\sigma}\gamma^\mu\gamma^\nu\gamma^\rho\gamma^\sigma. \tag{3.73}$$

In dieser Form können wir das Verhalten unter Lorentztransformationen untersuchen,

$$\begin{aligned} S^{-1}(\Lambda)\gamma_5 S(\Lambda) &= \frac{i}{4!}\varepsilon_{\mu\nu\rho\sigma}\Lambda^\mu{}_{\mu'}\Lambda^\nu{}_{\nu'}\Lambda^\rho{}_{\rho'}\Lambda^\sigma{}_{\sigma'}\gamma^{\mu'}\gamma^{\nu'}\gamma^{\rho'}\gamma^{\sigma'} \\ &= \det(\Lambda)\gamma_5, \end{aligned} \tag{3.74}$$

wobei wir den allgemeinen Ausdruck für die Determinante einer (4×4)-Matrix benutzt haben,

$$\det(\Lambda) = \varepsilon^{\mu\nu\rho\sigma}\Lambda^0_\mu\Lambda^1_\nu\Lambda^2_\rho\Lambda^3_\sigma \quad \text{oder} \quad \varepsilon^{\alpha\beta\gamma\delta}\det(\Lambda) = \varepsilon^{\mu\nu\rho\sigma}\Lambda^\alpha_\mu\Lambda^\beta_\nu\Lambda^\gamma_\rho\Lambda^\delta_\sigma. \tag{3.75}$$

Man beachte, dass Ausdrücke, die γ_5 enthalten, unter uneigentlichen Lorentztransformationen und insbesondere der Paritätstransformation das Vorzeichen wechseln. Damit sind wir in der Lage, in Tab. 3.1 die sechzehn Basismatrizen Γ sowie das Verhalten der zugehörigen Bilinearformen unter Lorentztransformationen und Parität anzugeben.

Tab. 3.1 Verhalten der bilinearen Kovarianten $\bar{\psi}(x)\Gamma\psi(x)$ unter Lorentztransformationen

Γ	Anzahl	LT-Verhalten der bilinearen Kovarianten
$\mathbb{1}$	1	Skalar ($P = 1$)
γ_5	1	Pseudoskalar ($P = -1$)
γ^μ	4	Vektor ($P = -1$)
$\gamma^\mu\gamma_5$	4	Axialvektor ($P = 1$)
$\sigma^{\mu\nu}$	6	Antisymmetrischer Tensor

3.5 Der Spin eines Diracteilchens

Die Tatsache, dass ein Diracspinor mehrkomponentig ist, weist auf zusätzliche Freiheitsgrade hin, wie ja auch in der nichtrelativistischen Quantenmechanik zur Beschreibung des Spins zweikomponentige Weylspinoren als Wellenfunktionen notwendig sind. Für ein Teilchen ohne Spin ist der Drehimpuls eine Erhaltungsgröße, d. h., der zugehörige Operator $\hat{\mathbf{L}} = \hat{\mathbf{r}} \times \hat{\mathbf{p}}$ vertauscht mit dem Hamiltonoperator. Im Falle des Dirac-Hamiltonians haben wir

$$\left[\hat{\mathbf{L}}, \hat{H}\right] = \left[\hat{\mathbf{r}} \times \hat{\mathbf{p}}, \boldsymbol{\alpha} \cdot \hat{\mathbf{p}}\right] = \left[\hat{\mathbf{r}}, \boldsymbol{\alpha} \cdot \hat{\mathbf{p}}\right] \times \hat{\mathbf{p}} = i\,\boldsymbol{\alpha} \times \mathbf{p}. \tag{3.76}$$

Die letzte Gleichung erkennt man am besten in Komponenten,

$$\left(\left[\hat{\mathbf{r}}, \boldsymbol{\alpha} \cdot \hat{\mathbf{p}}\right] \times \hat{\mathbf{p}}\right)^l = \left[r^i, \alpha^j p^j\right]\varepsilon^{ikl} p^k = i\,\alpha^j\delta^{ij}\,\varepsilon^{ikl}\,p^k = i\,(\boldsymbol{\alpha} \times \mathbf{p})^l. \tag{3.77}$$

Wir sehen, dass der Bahndrehimpuls $\hat{\mathbf{L}}$ separat nicht erhalten ist und suchen nun einen Gesamtdrehimpuls $\hat{\mathbf{J}}$, sodass $\left[\hat{\mathbf{J}}, \hat{H}\right] = 0$. Hierzu definieren wir die (4 × 4)-Matrizen

$$\Sigma^i \equiv -i\alpha_1\alpha_2\alpha_3\alpha^i = \begin{pmatrix} \sigma^i & 0 \\ 0 & \sigma^i \end{pmatrix}. \tag{3.78}$$

Da diese blockdiagonal aus den Paulimatrizen bestehen, ist klar, dass sie denselben Vertauschungsrelationen genügen wie diese,

$$\left[\Sigma^i, \Sigma^j\right] = 2i\varepsilon^{ijk}\Sigma^k. \tag{3.79}$$

Dies ist die bekannte $SU(2)$-Algebra der Rotationsgruppe, siehe auch Anhang A.5.1. Man prüft leicht die Relationen

$$\left[\Sigma^i, \beta\right] = 0, \quad \left[\Sigma^i, \alpha^j\right] = 2i\varepsilon^{ijk}\alpha^k \tag{3.80}$$

und findet mit diesen

$$\left[\boldsymbol{\Sigma}, \hat{H}\right] = -2i\boldsymbol{\alpha} \times \hat{\mathbf{p}}. \tag{3.81}$$

Kombinieren wir diesen Ausdruck mit dem Kommutator (3.76), so erhalten wir

$$\left[\hat{\mathbf{L}} + \frac{1}{2}\mathbf{\Sigma}, \hat{H}\right] = 0, \tag{3.82}$$

d. h., die so gebildete Kombination aus $\hat{\mathbf{L}}$ und $\frac{1}{2}\mathbf{\Sigma}$ ist eine Erhaltungsgröße. Da $\mathbf{\Sigma}$ einer Drehimpulsalgebra genügt, können wir die Matrix als Operator für den Spin identifizieren und erhalten

$$\hat{\mathbf{S}} = \frac{1}{2}\mathbf{\Sigma}, \tag{3.83}$$

$$\hat{\mathbf{J}} = \hat{\mathbf{L}} + \hat{\mathbf{S}}. \tag{3.84}$$

Es bleiben noch die Eigenwerte von $\hat{\mathbf{S}}^2$ und $\hat{S}^3$ zu finden. Das Quadrat des Spinoperators sowie die z-Komponente sind bereits diagonal,

$$\hat{\mathbf{S}}^2 = \frac{1}{4}\mathbf{\Sigma}^2 = \frac{1}{4}\begin{pmatrix}\sigma^2 & \\ & \sigma^2\end{pmatrix} = \frac{3}{4}\begin{pmatrix}\mathbb{1} & 0 \\ 0 & \mathbb{1}\end{pmatrix},$$

$$\hat{S}^3 = \frac{1}{2}\mathbf{\Sigma}^3 = \frac{1}{2}\begin{pmatrix}\sigma^3 & \\ & \sigma^3\end{pmatrix} = \frac{1}{2}\begin{pmatrix}1 & 0 & 0 & 0 \\ 0 & -1 & 0 & 0 \\ 0 & 0 & 1 & 0 \\ 0 & 0 & 0 & -1\end{pmatrix}, \tag{3.85}$$

sodass wir die Eigenwerte direkt ablesen können. Bezeichnen wir den Eigenwert von $\hat{\mathbf{S}}^2$ in für Drehimpulse gewohnter Weise mit $s(s+1)$, so sehen wir, dass

$$s(s+1) = \frac{3}{4}, \quad \Rightarrow \quad s = \frac{1}{2} \tag{3.86}$$

und $s_3 = \pm\frac{1}{2}$ ist.

Der Dirac'sche Hamiltonoperator beschreibt also Fermionen mit Spin $\frac{1}{2}$, wobei je zwei Spinorfreiheitsgrade auf positive und negative Werte von s_3 entfallen. Insgesamt entsprechen die Freiheitsgrade eines Diracspinors also *zwei* Spin $\frac{1}{2}$-Fermionen, im Gegensatz zu den aus der nichtrelativistischen Quantenmechanik bekannten Zweierspinoren.

3.6 Lösung der Diracgleichung

Wie im Falle der Klein-Gordon-Gleichung sind die Lösungen für freie Teilchen ebene Wellen. Die Koeffizientenmatrizen setzen jedoch die Komponenten des Diracspinors auf bestimmte Weise miteinander in Beziehung, wie wir nun bestimmen wollen. Wir machen den allgemeinsten Ansatz

$$\psi = \begin{pmatrix} \varphi(\mathbf{p}) \\ \chi(\mathbf{p}) \end{pmatrix} e^{\mp ipx}. \tag{3.87}$$

Hierbei sind φ, χ Zweierspinoren, und im Exponenten lassen wir wieder beide Vorzeichen zu und schreiben sie explizit aus, d. h. $p^0 = \pm E$. Eingesetzt ergibt das

$$(i\gamma^\mu \partial_\mu - m)\,\psi = (\pm \gamma^\mu p_\mu - m) \begin{pmatrix} \varphi \\ \chi \end{pmatrix} e^{\mp ipx} = 0. \tag{3.88}$$

Das Viererprodukt aus den Gammamatrizen und den Impulskomponenten ist noch etwas ungewohnt und lautet ausgeschrieben

$$\gamma^\mu p_\mu = \gamma^0 E - \gamma^i p^i = E \begin{pmatrix} \mathbb{1} & 0 \\ 0 & -\mathbb{1} \end{pmatrix} - \begin{pmatrix} 0 & \boldsymbol{\sigma} \cdot \mathbf{p} \\ -\boldsymbol{\sigma} \cdot \mathbf{p} & 0 \end{pmatrix}. \tag{3.89}$$

Wir erhalten also zwei gekoppelte Gleichungen für die Zweierspinoren φ, χ,

$$\begin{aligned} (E \mp m)\,\varphi - \boldsymbol{\sigma} \cdot \mathbf{p}\,\chi &= 0, \\ (E \pm m)\,\chi - \boldsymbol{\sigma} \cdot \mathbf{p}\,\varphi &= 0. \end{aligned} \tag{3.90}$$

Betrachten wir zunächst das obere Vorzeichen und $\mathbf{p} = 0$, dann ist

$$\begin{aligned} E\varphi &= m\varphi, \\ E\chi &= -m\chi, \end{aligned} \tag{3.91}$$

d. h., die Komponenten χ entsprechen wieder Lösungen mit negativer Energie! Für allgemeine $\mathbf{p}$ finden wir folgende Lösungen:

- Oberes Vorzeichen:

$$(3.90) \Rightarrow \chi = \frac{\boldsymbol{\sigma} \cdot \mathbf{p}}{E + m}\,\varphi$$

$$(3.90) \Rightarrow (E - m)\,\varphi - \underbrace{\frac{(\boldsymbol{\sigma} \cdot \mathbf{p})^2}{E + m}}_{= \frac{\mathbf{p}^2}{E+m} = \frac{(E-m)\,(E+m)}{E+m}}\,\varphi = 0 \tag{3.92}$$

Die untere Gleichung ist offensichtlich für beliebige Zweierspinoren φ erfüllt, während χ durch die Wahl von φ und die obere Gleichung festgelegt wird. Als linear unabhängige Basis zur Darstellung eines beliebigen Zweierspinors φ wählen wir

$$\varphi_1 = \begin{pmatrix} 1 \\ 0 \end{pmatrix}, \quad \varphi_2 = \begin{pmatrix} 0 \\ 1 \end{pmatrix}. \tag{3.93}$$

Die daraus resultierenden Basisviererspinoren nennen wir

$$u_1(\mathbf{p}) = N \begin{pmatrix} \varphi_1 \\ \frac{\sigma \cdot \mathbf{p}}{E+m} \varphi_1 \end{pmatrix} = N \begin{pmatrix} 1 \\ 0 \\ \frac{p^3}{E+m} \\ \frac{p^1+ip^2}{E+m} \end{pmatrix},$$

$$u_2(\mathbf{p}) = N \begin{pmatrix} \varphi_2 \\ \frac{\sigma \cdot \mathbf{p}}{E+m} \varphi_2 \end{pmatrix} = N \begin{pmatrix} 0 \\ 1 \\ \frac{p^1-ip^2}{E+m} \\ \frac{-p^3}{E+m} \end{pmatrix}, \qquad (3.94)$$

wobei wir einen gemeinsamen Normierungsfaktor N eingefügt haben, der noch geeignet festgelegt werden muss.

- Unteres Vorzeichen:

$$(3.90) \Rightarrow \varphi = \frac{\sigma \cdot \mathbf{p}}{E + m} \chi$$

$$(3.90) \Rightarrow (E - m) \chi \quad - \quad \underbrace{\frac{(\sigma \cdot \mathbf{p})^2}{E + m}}_{= \frac{\mathbf{p}^2}{E+m} = \frac{(E-m)(E+m)}{E+m}} \chi = 0 \quad (3.95)$$

Nun ist χ frei wählbar und φ dadurch festgelegt. Wir wählen wieder eine Basis

$$\chi_1 = \begin{pmatrix} 0 \\ 1 \end{pmatrix}, \quad \chi_2 = \begin{pmatrix} 1 \\ 0 \end{pmatrix} \qquad (3.96)$$

und erhalten zwei weitere Basisviererspinoren

$$v_1(\mathbf{p}) = N \begin{pmatrix} \frac{\sigma \cdot \mathbf{p}}{E+m} \chi_1 \\ \chi_1 \end{pmatrix} = N \begin{pmatrix} \frac{p^1-ip^2}{E+m} \\ \frac{-p^3}{E+m} \\ 0 \\ 1 \end{pmatrix},$$

$$v_2(\mathbf{p}) = N \begin{pmatrix} \frac{\sigma \cdot \mathbf{p}}{E+m} \chi_2 \\ \chi_2 \end{pmatrix} = N \begin{pmatrix} \frac{p^3}{E+m} \\ \frac{p^1+ip^2}{E+m} \\ 1 \\ 0 \end{pmatrix}. \qquad (3.97)$$

Die Wahl des Normierungsfaktors ist Konvention, da eine Konstante immer in die Koeffizienten einer linearen Superposition von Lösungen absorbiert werden kann. Wir wählen

$$N = \sqrt{E + m}, \tag{3.98}$$

was sich gegenüber anderen gebräuchlichen Konventionen sowohl auf massive als auch masselose Teilchen anwenden lässt. Damit überprüft man durch direktes Ausrechnen leicht die Orthogonalitätsrelationen für die Basisspinoren

$$u_r^{\dagger}(\mathbf{p})\, u_s(\mathbf{p}) = v_r^{\dagger}(\mathbf{p})\, v_s(\mathbf{p}) = 2E\, \delta_{rs}, \quad r, s = 1, 2. \tag{3.99}$$

Für die Arbeit mit der Diracgleichung und etliche spätere Anwendungen ist es bequemer, anstelle hermitesch konjugierter Spinoren die adjungierten Spinoren zu verwenden. Weiter definieren wir an dieser Stelle die abkürzende Feynman-Slash-Notation

$$\slashed{a} \equiv a^{\mu}\gamma_{\mu}. \tag{3.100}$$

Man erhält folgende Relationen, die die Orthogonalität und Vollständigkeit unserer Lösungen als Spinorbasis demonstrieren, sowie die Fouriertransformierten der Diracgleichung und ihrer Adjungierten:

$$\text{Orthonormalität:} \quad \bar{u}_r(\mathbf{p}) u_s(\mathbf{p}) = 2m\delta_{rs}$$
$$\bar{u}_r(\mathbf{p}) v_s(\mathbf{p}) = \bar{v}_r(\mathbf{p}) u_s(\mathbf{p}) = 0$$
$$\bar{v}_r(\mathbf{p}) v_s(\mathbf{p}) = -2m\delta_{rs} \tag{3.101}$$

$$\text{Vollständigkeit:} \quad \sum_s u_{s,\alpha}(\mathbf{p})\bar{u}_{s,\beta}(\mathbf{p}) = (\slashed{p} + m)_{\alpha\beta}$$
$$\sum_s v_{s,\alpha}(\mathbf{p})\bar{v}_{s,\beta}(\mathbf{p}) = (\slashed{p} - m)_{\alpha\beta} \tag{3.102}$$

$$\text{Impulsraum-Diracgleichung:} \quad (\slashed{p} - m)u_s(\mathbf{p}) = 0$$
$$(\slashed{p} + m)v_s(\mathbf{p}) = 0 \tag{3.103}$$

Als Nächstes überzeugen wir uns davon, dass die vier linear unabhängigen Lösungsspinoren der Diracgleichung Eigenzustände des im letzten Abschnitt definierten Spinoperators (3.83) sind. Wählen wir für den Dreierimpuls $\mathbf{p} = (0, 0, p^3)$, so erhalten wir

$$\hat{S}^3 u_1 = +\frac{1}{2}u_1\,, \qquad \hat{S}^3 v_1 = -\frac{1}{2}v_1,$$
$$\hat{S}^3 u_2 = -\frac{1}{2}u_2\,, \qquad \hat{S}^3 v_2 = +\frac{1}{2}v_2. \tag{3.104}$$

Damit haben wir eine eindeutige Zuordnung unserer Lösungen und der vier Freiheitsgrade von Diracspinoren.

Mit vier linear unabhängigen Basisspinoren sind wir in der Lage, die allgemeine
Lösung der Diracgleichung anzugeben,

$$\psi(x) \; = \; \int \frac{d^3 p}{(2\pi)^3 \, 2E(\mathbf{p})} \; \sum_{r=1}^{2} \left\{ b_r(\mathbf{p}) u_r(\mathbf{p}) e^{-ipx} + d_r^*(\mathbf{p}) v_r(\mathbf{p}) e^{ipx} \right\}. \quad (3.105)$$

Die Koeffizienten $b_{1,2}(\mathbf{p})$ und $d_{1,2}^*(\mathbf{p})$ sind komplexe Zahlen und Funktionen des
Dreierimpulses. Unter Verwendung des bereits bekannten lorentzinvarianten Integralmaßes und der Viererprodukte in den Exponenten ist das Transformationsverhalten der Spinoren im Impulsraum $u_r(p)$, $v_r(p)$ wieder offensichtlich gleich dem
Transformationsverhalten der Spinoren im Ortsraum $\psi(x)$.

Wie im Fall der Klein-Gordon-Gleichung besteht die allgemeine Lösung aus einer
Superposition von Lösungen mit positiver und scheinbar negativer Energie. Deren
Existenz ist demnach eine robuste Folge der Konsistenz von Wellengleichungen mit
der relativistischen Energie-Impuls-Beziehung und *unabhängig* davon, ob die Wellengleichung erster oder zweiter Ordnung in der Zeitableitung ist. Wir werden uns im
nächsten Abschnitt qualitativ klar machen, dass diese Lösungen auch physikalisch
ernst zu nehmen sind und tatsächlich Antiteilchen mit positiver Energie beschreiben.
Eine natürliche mathematische Erklärung dieses Sachverhalts erfolgt später in der
Quantenfeldtheorie. Somit entfallen zwei Freiheitsgrade eines allgemeinen Diracspinors auf ein Teilchen mit Spinquantenzahlen $s_3 = \pm 1/2$ und zwei weitere auf das
zugehörige Antiteilchen mit Spinquantenzahlen $s_3 = \pm 1/2$:

- $u_1(\mathbf{p})$: Fermion mit Impuls $\mathbf{p}$ und Spinkomponente $s_3 = +1/2$
- $u_2(\mathbf{p})$: Fermion mit Impuls $\mathbf{p}$ und Spinkomponente $s_3 = -1/2$
- $v_1(\mathbf{p})$: Antifermion mit Impuls $\mathbf{p}$ und Spinkomponente $s_3 = -1/2$
- $v_2(\mathbf{p})$: Antifermion mit Impuls $\mathbf{p}$ und Spinkomponente $s_3 = +1/2$

Eine allgemeine Lösung stellt somit immer eine Überlagerung von Teilchen- und
Antiteilchenzuständen beider Spineinstellungen dar.

3.7 Lösungen negativer Energie und Antiteilchen

Physikalische Systeme mit unbeschränkt negativen Energieniveaus können nicht
existieren. In einem solchen System wäre ein Energiegewinn mit der Besetzung
immer negativerer Energiezustände verbunden, sodass alle Anregungen (Teilchen)
nach $E \to -\infty$ stürzen und dabei beständig Energie freisetzen würden. Dieser
Umstand veranlasste Dirac bereits zwei Jahre vor ihrer experimentellen Entdeckung
die physikalische Existenz von Antiteilchen zur Interpretation seiner Gleichung zu

postulieren. Wesentlicher Grundgedanke ist, dass wir experimentell keine absoluten Energien messen können, sondern immer nur Energiedifferenzen zwischen Zuständen. Als Vakuumzustand bezeichnen wir in der Quantenmechanik den Grundzustand eines Systems, d. h. den Zustand niedrigster Energie, an dem wir unsere Energieskala zu null eichen können.

Die Dirac'sche Veranschaulichung des Grundzustands seines Hamiltonoperators ist strikt auf fermionische Systeme begrenzt. Als solche findet sie insbesondere in der Physik der kondensierten Materie bis heute ihre Anwendung und soll deswegen kurz besprochen werden. Fermionen genügen dem Pauliprinzip, d. h., es kann sich nie mehr als ein Fermion in einem gegebenen Quantenzustand befinden. Dirac schlug daher vor, negative Energieniveaus zwar mathematisch zuzulassen, aber sich den Vakuumzustand als „Diracsee" aus unendlich vielen Fermionen vorzustellen, in dem jedes negative Energieniveau besetzt und jedes positive Enervieniveau frei ist, Abb. 3.1a. Aufgrund des Pauliprinzips kann kein Fermion in einen tieferen, schon besetzten Zustand fallen, sodass dieser Grundzustand in der Tat stabil ist. Ein Einteilchenzustand mit einem Fermion besteht dann aus dem Diracsee und einem zusätzlich besetzten Niveau positiver Energie, Abb. 3.1b. Ein neuartiger Zustand in diesem Bild ist in Abb. 3.1c gezeigt. Hier bleibt ein Niveau negativer Energie unbesetzt, es gibt ein „Loch" im Diracsee. Das „Fehlen von negativer Energie" und negativer Ladung ist aber äquivalent einer Anregung mit positiver Energie und positiver Ladung gegenüber dem Vakuumzustand. Somit entspricht dieser Zustand einem neuartigen Teilchen, das wir aufgrund seiner entgegengesetzten Ladung Antiteilchen nennen.

Somit gibt es für jeden Ein- oder Mehrteilchenzustand in völlig symmetrischer Weise einen entspechenden Ein- oder Mehrantiteilchenzustand. Im nächsten Abschnitt werden wir sehen, dass Teilchen- und Antiteilchenzustände tatsächlich durch eine Symmetrietransformation ineinander überführt werden können. Mit der Existenz von Antiteilchen ergibt sich eine weitere Vorhersage, die charakteristisch für die nichttriviale Natur des Vakuums in der relativistischen Teilchenphysik ist. Gehen wir vom Diracvakuum Abb. 3.1a aus und führen nun eine endliche Energie

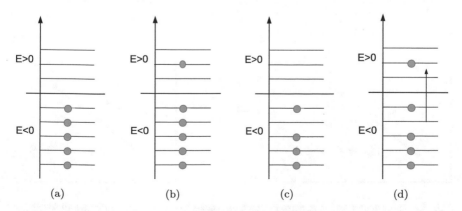

Abb. 3.1 a Der Vakuumzustand als Diracsee, **b** Ein-Teilchenzustand, **c** Ein-Antiteilchenzustand, **d** Teilchen-Antiteilchen-Paar

zu, so können wir Teilchen aus einem negativen Energieniveau auf ein positives Energieniveau anheben, Abb. 3.1d. Gemäß unserer Interpretation haben wir nun ein Teilchen-Antiteilchen-Paar, das, wie wir sehen werden, in der Tat dieselben Quantenzahlen wie das Vakuum besitzt. Natürlich kann ein solcher Prozess in gleicher Weise umgekehrt verlaufen, also ein Teilchen-Antiteilchen-Paar kann zerfallen in Vakuum plus Energie. Solche Prozesse realisieren in eindrücklicher Weise die Äquivalenz von Energie und Masse gemäß der Einstein'schen Formel $E = mc^2$.

Die modernere Feynman-Stückelberg-Interpretation, die sowohl auf Fermionen als auch Bosonen anwendbar ist, ergibt sich mathematisch aus den Propagatoren der Quantenfeldtheorie, die wir in Abschn. 7.4 besprechen werden. Zum Verständnis der allgemeinen Lösungen der Diractheorie wollen wir sie qualitativ bereits jetzt diskutieren. In den Exponentialfaktoren ebener Wellen taucht die Energie immer in der Kombination $\pm E \cdot t$ auf. Lösungen negativer Energie lassen sich alternativ als rückwärts in der Zeit laufend auffassen. Ein Teilchen, das sich rückwärts in der Zeit bewegt, ist aber äquivalent zu einem Antiteilchen, das sich vorwärts in der Zeit bewegt. Dies ist in Abb. 3.2 am Beispiel eines Elektrons illustriert. Im linken Prozess wird ein Elektron rückwärts in der Zeit von B nach A transportiert, im rechten Prozess ein Positron vorwärts in der Zeit von A nach B. Experimentell sind die beiden Situationen aber nicht unterscheidbar! Messbar ist lediglich der relative Ladungstransport, d. h., zum Zeitpunkt $t_B > t_A$ ist der Punkt B um eine Elementarladung positiver und der Punkt A um eine Elementarladung negativer als zum Zeitpunkt t_A. Dies lässt sich auf Wechselwirkungen verallgemeinern. Die Emission (Absorption) eines Teilchens mit $-p^\mu$ ist physikalisch äquivalent der Absorption (Emission) eines Antiteilchens mit p^μ. Abb. 3.3 illustriert dies am Beispiel der Comptonstreuung von Photonen an Elektronen, $e^- \gamma \longrightarrow e^- \gamma$. Im ersten Prozess absorbiert das einlaufende Elektron die Energie E_2 des einlaufenden Photons und emittiert kurze Zeit später wieder ein Photon mit Energie E_3. Im zweiten Prozess wird das Photon des Endzustands vor der Absorption des einlaufenden Photons emittiert. Diese beiden Elementarprozesse bilden die Comptonstreuung in der nichtrelativistischen Quantenmechanik.

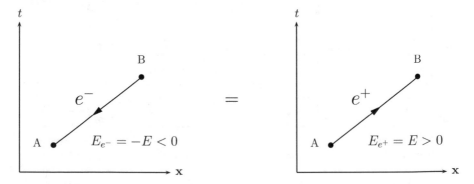

Abb. 3.2 äquivalenter Ladungstransport durch ein rückwärts in der Zeit laufendes Elektron und ein vorwärts laufendes Positron

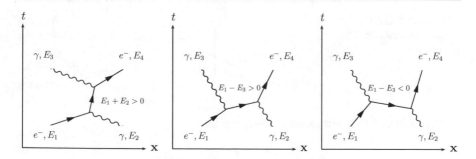

Abb. 3.3 Elementarprozesse zur Comptonstreuung $e^- \gamma \longrightarrow e^- \gamma$

Die relativistische Quantenelektrodynamik sagt nun zusätzlich den dritten abgebildeten Prozess vorher, wie wir in Kap. 8 im Detail sehen werden. Verfolgen wir die Laufrichtung des Elektrons, so emittiert dieses zunächst ein Photon mit $E_3 > E_1$, sodass es bis zur Absorption des einlaufenden Photons negative Energie besitzt. Im Diagramm ist dieser Abschnitt mit Elektronenergie $E_1 - E_3 < 0$ gemäß der Feynman-Stückelberg-Interpretation als rückwärts in der Zeit laufend dargestellt. Wenn wir diesen Abschnitt stattdessen als Positron mit umgekehrter Laufrichtung und $E_2 - E_4 > 0$ interpretieren, können wir das gesamte Diagramm konsistent von unten nach oben in positiver Zeitrichtung lesen. Der zeitlich erste Elementarprozess ist dann die Aufspaltung des einlaufenden Photons in ein Elektron-Positron-Paar. Das entstandene Elektron läuft mit E_4 in den Endzustand, während das Positron mit Energie $E_2 - E_4 > 0$ und das einlaufende Elektron den umgekehrten Prozess der Paarvernichtung erfahren und das Photon des Endzustands mit $E_3 = E_2 - E_4 + E_1$ produzieren. Damit haben alle Teilchen und Antiteilchen positive Energie und bewegen sich vorwärts in der Zeit. Die Problematik „negativer Energien" war also lediglich scheinbar und der Tatsache geschuldet, dass wir keine Antiteilchen berücksichtigt hatten. Wir werden bei der Besprechung der Quantenelektrodynamik in Kap. 8 sehen, wie sich durch Vergleich theoretischer Vorhersagen mit dem Experiment das Vorhandensein einzelner Beiträge zur Streuprozessen eindeutig bestätigen lässt.

3.8 Parität, Ladungskonjugation und Zeitumkehr

Wie bereits besprochen ist die Paritätstransformation ein diskreter Spezialfall einer uneigentlichen Lorentztransformation. Daher sind die Skalare $\phi(x)$ natürlich invariant unter einer solchen Transformation. Wie verhalten sich Spinoren? Wir können diese Transformation im Prinzip durch zwei aufeinanderfolgende Drehungen um orthogonale Drehachsen darstellen. Einfacher ist es aber, die Kovarianzbedingung

Abb. 3.4 Effekt der
Paritätstransformation auf
ein Fermion

(3.58) für diesen Fall neu zu lösen. Sie lautet für

$$\mu = 0: \quad \gamma^0 = S^{-1}(\Lambda)\gamma^0 S(\Lambda),$$
$$\mu = i: -\gamma^i = S^{-1}(\Lambda)\gamma^i S(\Lambda). \tag{3.106}$$

Unter Benutzung von (3.42) sehen wir sofort, dass sie durch $S(\Lambda) = \gamma^0$ gelöst wird. Der paritätstransformierte Spinor ist somit

$$\psi^{\mathcal{P}}(x) = \psi'(\mathbf{x}', t') = \gamma^0 \psi(\mathbf{x}, t). \tag{3.107}$$

Unter Paritätstransformation zeigen fermionische Teilchen und Antiteilchen unterschiedliches Verhalten,

$$u_s^{\mathcal{P}}(p') = \gamma^0 u_s(p') = u_s(p),$$
$$v_s^{\mathcal{P}}(p') = \gamma^0 v_s(p') = -v_s(p). \tag{3.108}$$

Die unterschiedlichen Eigenwerte entsprechen einer zusätzlichen Quantenzahl der durch die Spinoren beschriebenen Teilchen, der „intrinsischen" Parität. Man beachte, dass die Paritätstransformation die Richtung des Impulsvektors umkehrt, den Spin jedoch unbeeinflusst lässt, sodass rechtshändige und linkshändige Spinpolarisation ineinander umgewandelt werden, Abb. 3.4.

Ladungskonjugation ist eine diskrete Symmetrietransformation, die Teilchen in Antiteilchen überführt und umgekehrt. Sie lässt sich für Teilchen mit beliebigem Spin definieren. Eine reelle skalare Funktion $\phi(x)$ hat nur einen Freiheitsgrad pro Raumzeitpunkt und kann somit nicht gleichzeitig ein Teilchen und ein unabhängiges Antiteilchen einer entgegengesetzten Ladung beschreiben. Ist die skalare Funktion dagegen komplex, $\phi(x) = \phi_1(x) + i\phi_2(x)$ mit $\phi_1, \phi_2 \in \mathbb{R}$, so stehen zwei Freiheitsgrade zur Beschreibung gegensätzlicher Ladungen zur Verfügung. Komplexkonjugation der gesamten Klein-Gordon-Gleichung ergibt

$$\left[(\partial_\mu \partial^\mu + m^2)\phi(x)\right]^* = (\partial_\mu \partial^\mu + m^2)\phi^*(x) = 0. \tag{3.109}$$

Für jede komplexe Funktion $\phi(x)$ erfüllt demnach auch die ladungskonjugierte Funktion

$$\phi^{\mathcal{C}}(x) = \phi^*(x) \tag{3.110}$$

die Klein-Gordon-Gleichung. Betrachten wir die allgemeine Lösung der Klein-Gordon-Gleichung (3.22), so sehen wir, dass die so definierte Ladungskonjugation tatsächlich die ebenen Wellenlösungen positiver und negativer Energie miteinander vertauscht,

$$a^{\mathcal{C}}(\mathbf{p}) = b(\mathbf{p}), \quad b^{*\mathcal{C}}(\mathbf{p}) = a^*(\mathbf{p}). \tag{3.111}$$

Für ein reelles $\phi(x)$ ist $b(\mathbf{p}) = a(\mathbf{p})$ und damit $a^{\mathcal{C}}(\mathbf{p}) = a(\mathbf{p})$, d. h., Teilchen und Antiteilchen sind identisch, was nur für ungeladene Teilchen möglich ist.

Im Fall der Diracgleichung ist die Ladungskonjugation etwas komplizierter. Wir suchen nach einer geeigneten Transformationsmatrix $S(\mathcal{C})$, sodass der ladungskonjugierte Spinor $\psi^{\mathcal{C}}(x)$ eine Lösung der Diracgleichung mit vertauschten Rollen von Teilchen und Antiteilchen darstellt. Wir haben bereits gesehen, dass für jeden Lösungsspinor $\psi(x)$ der adjungierte Spinor $\bar{\psi}(x)$ die adjungierte Diracgleichung (3.49) erfüllt. Diese stellt jedoch ein Zeilenobjekt dar, während der ladungskonjugierte Spinor ein Spaltenobjekt sein muss. Wir transponieren zunächst die ganze Gleichung,

$$\left[\bar{\psi}(-i\gamma^{\mu}\overleftarrow{\partial}_{\mu} - m)\right]^T = 0,$$
$$\left(i(-\gamma^{\mu})^T \partial_{\mu} - m\right)\overline{\psi}^T = 0. \tag{3.112}$$

Nun multiplizieren wir von links mit der gesuchten Transformationsmatrix $S(\mathcal{C})$ und schieben zwischen Klammer und Spinor eine $1 = S^{-1}(\mathcal{C})S(\mathcal{C})$,

$$\left(i S(\mathcal{C})(-\gamma^{\mu})^T S^{-1}(\mathcal{C})\partial_{\mu} - m\right)S(\mathcal{C})\overline{\psi}^T = 0. \tag{3.113}$$

Dies geht wiederum in die Diracgleichung über, wenn wir fordern

$$S(\mathcal{C})(-\gamma^{\mu})^T S^{-1}(\mathcal{C}) = \gamma^{\mu}. \tag{3.114}$$

Man überzeugt sich durch Nachrechnen, dass die Matrix

$$S(\mathcal{C}) = i\gamma^2\gamma^0 = i\begin{pmatrix} 0 & -\sigma^2 \\ -\sigma^2 & 0 \end{pmatrix} \tag{3.115}$$

diese Gleichung löst. Wir haben also

$$(i\gamma^{\mu}\partial_{\mu} - m)S(\mathcal{C})\bar{\psi}^T = 0, \tag{3.116}$$

d. h., für jede Lösung $\psi(x)$ ist auch der ladungskonjugierte Spinor

$$\psi^{\mathcal{C}}(x) = S(\mathcal{C})\bar{\psi}^T(x) = i\gamma^2\gamma^0\bar{\psi}^T(x) \tag{3.117}$$

eine Lösung der Diracgleichung. Wenden wir nun die gefundene Transformation auf die Lösung der Diracgleichung an. Die Basisspinoren (3.94, 3.97) transformieren wie

$$u_s^{\mathcal{C}}(p) = S(\mathcal{C})\bar{u}_s^T(p) = (-1)^{s+1}v_s(p),$$
$$v_s^{\mathcal{C}}(p) = S(\mathcal{C})\bar{v}_s^T(p) = (-1)^{s+1}u_s(p), \tag{3.118}$$

Abb. 3.5 Effekt der
Ladungskonjugation auf ein
Fermion

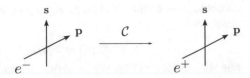

d. h., wie im Fall der Klein-Gordon-Lösung werden die Teilchen und Antiteilchen entsprechenden ebenen Wellen durch die Ladungskonjugation ineinander umgewandelt, wie in Abb. 3.5 dargestellt.

Neben der Paritätstransformation entspricht auch die Zeitumkehr einer uneigentlichen Lorentztransformation, vgl. (2.58). Während die Paritätstransformation zwischen zwei frei wählbaren Richtungskonventionen für Koordinatentransformationen übersetzt, stellt sich jedoch die Frage nach der physikalischen Bedeutung einer solchen Transformation für die Zeit. Bei der Zeitumkehr werden die Anfangs- und Endzustände eines physikalischen Prozesses miteinander vertauscht. Die zeitumgekehrten physikalischen Gesetze beschreiben demnach Vorgänge analog einem rückwärts laufenden Film. Wir verstehen Zeitumkehr dann als Symmetrie der Natur, wenn in der physikalischen Zeit Vorgänge ablaufen können, die ebenso aussehen wie die zeitumgekehrten.

Wiederum sind Skalare $\phi(x)$ invariant. Für die Zeitumkehrung für Spinoren lautet die Kovarianzbedingung (3.58) an die Diracgleichung

$$\mu = 0 : -\gamma^0 = S^{-1}(\Lambda)\gamma^0 S(\Lambda),$$
$$\mu = i : \quad \gamma^i = S^{-1}(\Lambda)\gamma^i S(\Lambda). \tag{3.119}$$

Die Gleichungen werden durch $S(\Lambda) = \gamma_5\gamma^0$ erfüllt. Somit ist für jede Lösung $\psi(\mathbf{x}, t)$ auch der Spinor

$$\psi'(\mathbf{x}', t') = \gamma_5\gamma^0\psi(\mathbf{x}, t) \tag{3.120}$$

eine Lösung der Diracgleichung. Wir wissen bereits, dass zu jeder Lösung ψ auch der ladungskonjugierte Spinor ψ^C eine Lösung der Diracgleichung ist. Daher können wir den zeitumgekehrten Spinor definieren als

$$\psi^T(\mathbf{x}, t) \equiv \gamma_5\gamma^0\psi^C(\mathbf{x}, -t) = \gamma_5\gamma^0 S(\mathcal{C})\bar{\psi}^T = i\gamma^2\gamma_5\bar{\psi}^T = \gamma^1\gamma^3\psi^*. \tag{3.121}$$

Diese Gleichung ist konsistent mit der im letzten Abschnitt vorgenommenen Interpretation von rückwärts in der Zeit laufenden Teilchen als vorwärtslaufende Antiteilchen. Das Verhalten der Lösungen der Diracgleichung unter dieser Transformation ist mit $r, s = 1, 2$ und $r \neq s$

$$u_s^T(p) = \gamma_5\gamma^0 S(\mathcal{C})\bar{u}_s^T(p) = (-1)^s u_r(E, -\mathbf{p}),$$
$$v_s^T(p) = \gamma_5\gamma^0 S(\mathcal{C})\bar{v}_s^T(p) = (-1)^{s+1} v_r(E, -\mathbf{p}), \tag{3.122}$$

wie in Abb. 3.6 dargestellt.

Abb. 3.6 Effekt der
Zeitumkehr auf ein Fermion

3.9 Nichtrelativistische Fermionen

Eine wesentliche Bedingung an neue physikalische Theorien ist, dass sie ihre Vorgänger in Parameterbereichen, wo diese gute Übereinstimmung mit Experimenten erzielen, reproduzieren müssen. Daher untersuchen wir nun die Frage, wie sich die Diracgleichung im nichtrelativistischen Grenzfall $|\mathbf{v}| \ll 1$ verhält. Dazu gehen wir zurück zu den Gl. (3.91) und (3.92) für die Zweierspinoren aus dem Ansatz der ebenen Welle,

$$(E - m)\varphi(\mathbf{p}) - \boldsymbol{\sigma} \cdot \mathbf{p}\,\chi = 0,$$
$$(E + m)\chi(\mathbf{p}) - \boldsymbol{\sigma} \cdot \mathbf{p}\,\varphi = 0. \tag{3.123}$$

Multiplikation von $|\mathbf{v}| \ll 1$ mit der Masse führt auf $|\mathbf{p}| \ll m$. Mithilfe der Energie-Impuls-Beziehung entwickeln wir die Energie in Potenzen von $|\mathbf{p}|/m$,

$$E = \left(\mathbf{p}^2 + m^2\right)^{\frac{1}{2}} = m\left(\frac{\mathbf{p}^2}{m^2} + 1\right)^{\frac{1}{2}} = m\left(1 + \frac{\mathbf{p}^2}{2m^2} + O\left(\frac{\mathbf{p}^4}{m^4}\right)\right)$$
$$= m + \frac{\mathbf{p}^2}{2m} + \cdots \tag{3.124}$$

Nach Einsetzen der Entwicklung werden die Spinorgleichungen zu

$$\frac{\mathbf{p}^2}{2m}\varphi = \boldsymbol{\sigma} \cdot \mathbf{p}\,\chi,$$
$$\left(2m + \frac{\mathbf{p}^2}{2m}\right)\chi = \boldsymbol{\sigma} \cdot \mathbf{p}\,\varphi. \tag{3.125}$$

In führender Ordnung haben wir dann

$$\chi \approx \frac{\boldsymbol{\sigma} \cdot \mathbf{p}}{2m}\varphi, \tag{3.126}$$

d. h., der Zweierspinor χ ist klein gegen φ, weil er mit einem Faktor $|\mathbf{p}|/m$ unterdrückt wird. Der Diracspinor hat also im nichtrelativistischen Limes eine große und eine kleine Komponente. Eliminieren wir χ aus der oberen Spinorgleichung zu führender Ordnung, so wird diese in der Tat konsistent für beliebige Zweierspinoren φ erfüllt,

$$\frac{\mathbf{p}^2}{2m}\varphi = \frac{(\boldsymbol{\sigma} \cdot \mathbf{p})^2}{2m}\varphi = \frac{\mathbf{p}^2}{2m}\varphi. \tag{3.127}$$

Mit diesem Befund können wir die Diracgleichung im nichtrelativistischen Limes auf eine andre Form bringen. Dazu reparametrisieren wir,

$$\psi = \begin{pmatrix} \varphi(t, \mathbf{p}) \\ \chi(t, \mathbf{p}) \end{pmatrix} e^{-imt+i\mathbf{p}\cdot\mathbf{x}}, \quad i\partial_t\psi = \begin{pmatrix} m\varphi + i\partial_t\varphi \\ m\chi + i\partial_t\chi \end{pmatrix} e^{-imt+i\mathbf{p}\cdot\mathbf{x}}. \tag{3.128}$$

Nun lautet die Diracgleichung

$$(i\partial_t + m)\varphi = \boldsymbol{\sigma} \cdot \mathbf{p}\,\chi + m\varphi,$$
$$(i\partial_t + m)\chi = \boldsymbol{\sigma} \cdot \mathbf{p}\,\varphi - m\chi. \tag{3.129}$$

Die Gleichung für die große Komponente wird nun zu

$$i\frac{\partial}{\partial t}\varphi = \frac{(\boldsymbol{\sigma} \cdot \mathbf{p})^2}{2m}\varphi = \frac{\mathbf{p}^2}{2m}\varphi = -\frac{\nabla^2}{2m}\varphi. \tag{3.130}$$

Dies entspricht aber genau der freien Schrödingergleichung für den Zweierspinor φ, wie es auch sein muss.

Noch eindrucksvoller wird der nichtrelativistische Limes in der wechselwirkenden Theorie. Im Vorgriff auf Kap. 8, wo wir die Diracgleichung mit einem äußeren elektromagnetischen Feld aus den Symmetrien der Elektrodynamik herleiten werden, interpretieren wir bereits hier das Ergebnis,

$$(i\slashed{D} - m)\psi = 0, \quad \text{mit} \quad D_\mu = \partial_\mu + iqA_\mu. \tag{3.131}$$

Hierbei bezeichnen

$$A^\mu \equiv (\Phi, \mathbf{A}) \tag{3.132}$$

die zu einem Vierervektor zusammengefassten skalaren und Vektorpotenziale des elektromagnetischen Feldes und q die elektrische Ladung unseres Diracfermions. Ausgedrückt in Zweierspinoren erhalten wir nach Fouriertransformation in den Impulsraum wieder die Gl. (3.123) mit den Ersetzungen

$$E \to E - q\Phi, \quad \mathbf{p} \to \mathbf{p} - q\mathbf{A}. \tag{3.133}$$

Für hinreichend schwache Felder, $q\Phi/m, q|\mathbf{A}|/m \ll 1$, ist nach der Entwicklung in $|\mathbf{p}|/m \ll 1$ wiederum χ unterdrückt gegenüber φ und die große Komponente genügt der Gleichung

$$i\partial_t\varphi = \frac{(\boldsymbol{\sigma} \cdot \Pi)^2}{2m}\varphi + q\Phi\varphi \quad \text{mit} \quad \Pi \equiv (\mathbf{p} - q\mathbf{A}). \tag{3.134}$$

Diese Gleichung können wir in eine bekannte Form bringen, indem wir folgende Identität für die Paulimatrizen benutzen,

$$\sigma^i \sigma^j = \delta^{ij} + i\,\varepsilon^{ijk}\sigma^k, \tag{3.135}$$

und die Impulse wieder als quantenmechanische Operatoren auffassen,

$$p^i \to -i\partial_i = i\partial^i. \tag{3.136}$$

Dann wird

$$
\begin{aligned}
(\boldsymbol{\sigma}\cdot\boldsymbol{\Pi})(\boldsymbol{\sigma}\cdot\boldsymbol{\Pi}) &= \boldsymbol{\Pi}^2 + i\,\varepsilon^{ijk}\Big(i\partial^i - qA^i\Big)\Big(i\partial^j - qA^j\Big)\sigma^k \\
&= \boldsymbol{\Pi}^2 + q\varepsilon^{ijk}\Big((\partial^i A^j) + A^j\partial^i + A^i\partial^j\Big)\sigma^k \\
&= \boldsymbol{\Pi}^2 + q\,\varepsilon^{ijk}\partial^i A^j \sigma^k \\
&= \boldsymbol{\Pi}^2 - q\,\mathbf{B}\cdot\boldsymbol{\sigma}.
\end{aligned} \tag{3.137}
$$

Hierbei haben wir benutzt, dass die Kontraktion eines antisymmetrischen mit einem symmetrischen Tensor verschwindet und $B^k = (\nabla \times \mathbf{A})^k = -\varepsilon^{ijk}\partial^i A^j$ ist. Damit lautet im nichtrelativistischen Grenzfall die große Komponente der Diracgleichung im elektromagnetischen Feld

$$i\partial_t\varphi = \Big[\frac{1}{2m}\Big(\frac{1}{i}\nabla - q\mathbf{A}\Big)^2 - \frac{q}{2m}\mathbf{B}\cdot\boldsymbol{\sigma} + q\Phi\Big]\varphi. \tag{3.138}$$

Dies ist aber nichts anderes als die aus der Quantenmechanik bekannte Pauligleichung zur Beschreibung eines nichtrelativistischen Fermions mit Ladung q im elektromagnetischen Feld! Der Hamiltonoperator ist offenbar durch den Ausdruck in eckigen Klammern gegeben, und wir identifizieren die potenzielle Energie eines Spins im Magnetfeld, den Pauliterm

$$V_{\text{mag}} = -\boldsymbol{\mu}\cdot\mathbf{B}, \tag{3.139}$$

mit dem magnetischen Moment des Fermions

$$\boldsymbol{\mu} = \frac{q}{2m}\boldsymbol{\sigma} \equiv \mu_B g_L \mathbf{s}. \tag{3.140}$$

Hierbei sind $\mathbf{s} = \boldsymbol{\sigma}/2$ der Spinoperator, $\mu_B = q/2m$ das Bohrsche Magneton und g_L der sogenannte Landéfaktor, für den die Diractheorie offenbar den Wert $g_L = 2$ vorhersagt.

Machen wir uns klar, dass dies einen beachtlichen Erfolg der Diracgleichung auch für nichtrelativistische Physik darstellt, den die Schrödingertheorie nicht liefert. Wenn wir von der freien Schrödingergleichung für einen Zweierspinor (3.130)

ausgehend die Kopplung an das elektromagnetische Feld durch die Ersetzungen
(3.133) vornehmen, so erhalten wir

$$i\,\partial_t\varphi = \left[\frac{1}{2m}\left(\nabla - q\mathbf{A}\right)^2 + q\Phi\right]\varphi, \tag{3.141}$$

d. h. *ohne* den Pauliterm. Zur Beschreibung der Wechselwirkung des Spins mit dem
Magnetfeld muss dieser „von Hand" zum Hamiltonoperator der Schrödingerglei-
chung hinzugefügt werden, während er von der Diracgleichung samt Kopplungs-
stärke vorhergesagt wird. Der Grund ist, dass die ursprünglich einkomponentige
Schrödingergleichung für spinlose Teilchen formuliert und erst später „von Hand" auf
Zweierspinoren erweitert wurde, während die Diracgleichung von Anfang an eine
Spinorgleichung ist, was durch die Forderung nach relativistischer Kovarianz und
Linearität in den Ableitungen erzwungen wird.

3.10 Ultrarelativistische und masselose Fermionen

Der zum letzten Abschnitt gegenteilige Grenzfall hochenergetischer Fermionen, für
die $|\mathbf{p}|/m \gg 1$ ist, heißt ultrarelativistisch. In diesem Fall ist die Masse gegenüber
dem Impuls vernachlässigbar, $m \simeq 0$. Dies ist insbesondere für Neutrinos, die im
Standardmodell bis zum Nachweis ihrer Oszillationen in den 1990er-Jahren als masselos angenommen wurden, bereits bei moderaten Energien eine präzise Näherung
und ein insbesondere für die Konstruktion der schwachen Wechselwirkung wichtiger
Grenzfall. In diesem Spezialfall lautet die Diracgleichung

$$i\gamma^\mu \partial_\mu \psi(x). \tag{3.142}$$

Schreiben wir den Diracspinor wieder als Kombination von Zweierspinoren und
setzen ein,

$$\psi(x) = \begin{pmatrix} \varphi(x) \\ \chi(x) \end{pmatrix}, \quad \Rightarrow \quad +i\partial_0\varphi(x) + i\sigma^j\partial_j\chi(x) = 0,$$
$$-i\partial_0\chi(x) - i\sigma^j\partial_j\varphi(x) = 0. \tag{3.143}$$

Durch Linearkombination lassen sich diese Gleichungen in die beiden unabhängigen
Weylgleichungen für $\phi_R(x) = \varphi(x) + \chi(x)$, $\phi_L(x) = \varphi(x) - \chi(x)$ entkoppeln,

$$\left(i\partial_0 + i\sigma^j\partial_j\right)\phi_R(x) = 0,$$
$$\left(i\partial_0 - i\sigma^j\partial_j\right)\phi_L(x) = 0. \tag{3.144}$$

Die zugehörigen Zweierspinoren $\phi_{L,R}(x)$ heißen Weylspinoren. Wir lösen die Gleichungen wiederum mit dem Ansatz einer ebenen Welle,

$$\phi_{R,L}(x) = \phi_{R,L}(\mathbf{p})e^{\mp ipx}, \tag{3.145}$$

und erhalten

$$(p^0 - \boldsymbol{\sigma} \cdot \mathbf{p})\phi_R(\mathbf{p}) = 0,$$
$$(p^0 + \boldsymbol{\sigma} \cdot \mathbf{p})\phi_L(\mathbf{p}) = 0. \tag{3.146}$$

Nun wählen wir ohne Beschränkung der Allgemeinheit den Dreierimpuls in z-Richtung, $\mathbf{p} = (0, 0, p^3)$, sodass

$$p^0\phi_R(\mathbf{p}) = \sigma^3 p^3 \phi_R(\mathbf{p}),$$
$$p^0\phi_L(\mathbf{p}) = -\sigma^3 p^3 \phi_L(\mathbf{p}). \tag{3.147}$$

Da $\sigma^3 = \mathrm{diag}(1, -1)$, enthalten die Komponenten der Zweierspinoren ϕ_R, ϕ_L jeweils wieder Lösungen positiver und negativer Energie. Wir schreiben wieder $E = \sqrt{\mathbf{p}^2} = |\mathbf{p}|$, $p^0 = \pm E$, und finden die Basisspinoren

$$p^0 = E : \phi_{R,1} = \begin{pmatrix} 1 \\ 0 \end{pmatrix} \ \phi_{L,1} = \begin{pmatrix} 0 \\ 1 \end{pmatrix},$$

$$p^0 = -E : \phi_{R,2} = \begin{pmatrix} 0 \\ 1 \end{pmatrix} \ \phi_{L,2} = \begin{pmatrix} 1 \\ 0 \end{pmatrix}. \tag{3.148}$$

Die allgemeinen Lösungen der Weylgleichungen lauten nun

$$\phi_R(x) = \int \frac{\mathrm{d}^3 p}{(2\pi)^3 2E(\mathbf{p})} \left\{ b(\mathbf{p})\phi_{R,1}\, e^{-ipx} + d^*(\mathbf{p})\phi_{R,2}\, e^{ipx} \right\},$$

$$\phi_L(x) = \int \frac{\mathrm{d}^3 p}{(2\pi)^3 2E(\mathbf{p})} \left\{ b(\mathbf{p})\phi_{L,1}\, e^{-ipx} + d^*(\mathbf{p})\phi_{L,2}\, e^{ipx} \right\}, \tag{3.149}$$

und sind offenbar vollkommen äquivalent! Schreiben wir (3.146) für $p^0 = E$ um in

$$\frac{\boldsymbol{\sigma} \cdot \mathbf{p}}{|\mathbf{p}|}\phi_L = -\phi_L,$$

$$\frac{\boldsymbol{\sigma} \cdot \mathbf{p}}{|\mathbf{p}|}\phi_R = \phi_R, \tag{3.150}$$

so sehen wir, dass $\phi_{R,L}$ Eigenvektoren zum sogenannten Helizitätsoperator

$$\hat{h} = \frac{1}{2}\frac{\boldsymbol{\sigma} \cdot \hat{\mathbf{p}}}{|\mathbf{p}|} \tag{3.151}$$

sind. Dieser gibt die Projektion des Spinoperators auf den Impuls an, ϕ_R hat positive Helizität (rechtsdrehend) und ϕ_L negative Helizität (linksdrehend). An den Eigenwertgleichungen erkennen wir sofort, dass unter der Paritätstransformation $\mathbf{p} \to -\mathbf{p}$

auch das Vorzeichen des Helizitätsoperators wechselt und die Eigenzustände entsprechend vertauscht werden,

$$\phi_R \overset{\mathcal{P}}{\longleftrightarrow} \phi_L. \tag{3.152}$$

Somit sind Theorien, die links- und rechtshändige Anteile unterschiedlich behandeln, mit Paritätsverletzung verbunden. In der Natur und im Standardmodell ist dies bei der schwachen Wechselwirkung der Fall.

Wir übersetzen diese Ergebnisse wieder zurück auf den Fall von Diracspinoren. Nach Einsetzen der ebenen Welle lautet die Diracgleichung

$$E\psi = +\boldsymbol{\alpha} \cdot \mathbf{p}\psi. \tag{3.153}$$

Betrachten wir die Lösungsspinoren (3.94) und (3.97) der Diracgleichung im Fall $\mathbf{p} = (0, 0, p^3)$, $p^3 > 0$ und $m = 0$. Dann ist

$$u_2 = -v_1, \quad u_1 = v2, \tag{3.154}$$

d. h., es gibt nur zwei linear unabhängige Lösungen. Teilchen und Antiteilchen haben in diesem Fall festgelegte, entgegengesetzte Helizitäten. In der Natur liegen Neutrinos mit Helizität -1 vor, Antineutrinos haben Helizität $+1$. Während massive Spin-1/2-Fermionen durch vierkomponentige Diracspinoren beschrieben werden, sind für masselose Fermionen zweikomponentige Weylspinoren ausreichend.

Wir multiplizieren (3.153) mit der Matrix γ_5 durch und wegen

$$\gamma_5 \alpha^i = \begin{pmatrix} 0 & \mathbb{1} \\ \mathbb{1} & 0 \end{pmatrix} \begin{pmatrix} 0 & \sigma^i \\ \sigma^i & 0 \end{pmatrix} = \begin{pmatrix} \sigma_i & 0 \\ 0 & \sigma^i \end{pmatrix} = \Sigma^i \tag{3.155}$$

entspricht $\gamma_5 \boldsymbol{\alpha}/2 = \hat{\mathbf{S}}$ dem Spinoperator. Damit erhalten wir mit $E = |\mathbf{p}|$ aus (3.153)

$$\frac{\gamma_5}{2}\psi = \frac{\gamma_5}{2}\frac{\boldsymbol{\alpha} \cdot \mathbf{p}}{|\mathbf{p}|}\psi$$

$$= \frac{\hat{\mathbf{S}} \cdot \hat{\mathbf{p}}}{|\mathbf{p}|}\psi. \tag{3.156}$$

Auf der rechten Seite erkennen wir wieder die Helizität des Diracspinors, die linke Seite nennt man Chiralität. Im masselosen Fall (und nur dann!) sind beide gleich. Wir benutzen dieses Resultat, um Projektionsoperatoren auf linkshändige und rechtshändige Anteile zu definieren,

$$P_R = \frac{1 + \gamma_5}{2}, \quad P_L = \frac{1 - \gamma_5}{2}, \tag{3.157}$$

mit den Eigenschaften

$$P_R^2 = P_R, \quad P_L^2 = P_L, \quad P_R P_L = P_L P_R = 0. \tag{3.158}$$

Schreiben wir einen allgemeinen Lösungsspinor als Linearkombination von Spineigenzuständen,

$$\psi(x) = a\psi_+(x) + b\psi_-(x), \tag{3.159}$$

so verifiziert man leicht die Projektoreigenschaften

$$P_R \psi = a\psi_+ = \psi_R, \quad P_L \psi = b\psi_- = \psi_L. \tag{3.160}$$

Spineigenzustände sind auch Eigenzustände des Helizitätsoperators,

$$\frac{\hat{\mathbf{S}} \cdot \hat{\mathbf{p}}}{|\,\mathbf{p}\,|}\psi_- = -\frac{1}{2}\psi_-, \quad \frac{\hat{\mathbf{S}} \cdot \hat{\mathbf{p}}}{|\,\mathbf{p}\,|}\psi_+ = \frac{1}{2}\psi_+. \tag{3.161}$$

Man beachte, dass die Zerlegung eines Spinors in rechts- und linkshändige Anteile,

$$\psi = \frac{1}{2}(1 + \gamma_5 + 1 - \gamma_5)\psi = \psi_R + \psi_L, \tag{3.162}$$

natürlich auch für Spinoren mit $m \neq 0$ möglich ist. In diesem Fall sind die chiralen Anteile aber keine Helizitätseigenzustände.

3.11 Die Maxwellgleichungen

Eine weitere relativistische, rein klassische Wellengleichung ist uns bereits aus der Elektrodynamik bekannt: die Maxwellgleichungen zur Beschreibung elektromagnetischer Wellen im Vakuum, deren kovariante Formulierung wir kurz wiederholen wollen. Die klassische Elektrodynamik ist gegeben durch die Maxwellgleichungen (wir wählen Einheiten $\varepsilon_0 = \mu_0 = 1$),

$$\nabla \cdot \mathbf{E} = \rho \;, \quad \nabla \times \mathbf{B} - \frac{\partial \mathbf{E}}{\partial t} = \mathbf{j}, \tag{3.163}$$

$$\nabla \cdot \mathbf{B} = 0 \;, \quad \nabla \times \mathbf{E} + \frac{\partial \mathbf{B}}{\partial t} = 0. \tag{3.164}$$

Zur Entkopplung der Gleichungen ist es zweckmäßig, Potenziale einzuführen, aus denen sich die physikalischen Felder berechnen,

$$\mathbf{B} = \nabla \times \mathbf{A}, \quad \mathbf{E} = -\nabla\Phi - \frac{\partial \mathbf{A}}{\partial t}. \tag{3.165}$$

Wegen $\nabla \cdot (\nabla \times \mathbf{A}) = 0$ für jedes $\mathbf{A}$ und $\nabla \times (-\nabla\phi) = 0$ für jedes $\phi(x)$ sind die homogenen Gleichung trivial erfüllt und es verbleiben die inhomogenen Gleichungen

$$-\nabla^2\Phi - \frac{\partial}{\partial t}\nabla \cdot \mathbf{A} = \rho,$$

$$-\nabla^2\mathbf{A} + \frac{\partial^2 \mathbf{A}}{\partial t^2} + \nabla\left(\nabla \cdot \mathbf{A} + \frac{\partial \Phi}{\partial t}\right) = \mathbf{j}. \tag{3.166}$$

Wir gehen zur kovarianten Formulierung über, indem wir die Potenziale sowie Ladungsdichte und Stromdichte zu jeweils einem Vierervektor zusammenfassen und einen Feldstärketensor definieren,

$$A^\mu(x) = \Big(\Phi(x), \mathbf{A}(x)\Big), \tag{3.167}$$

$$j^\mu(x) = (\rho(x), \mathbf{j}(x)), \tag{3.168}$$

$$F^{\mu\nu}(x) = \partial^\mu A^\nu(x) - \partial^\nu A^\mu(x). \tag{3.169}$$

Die Beziehungen zwischen Feldstärketensor und den physikalischen Feldern (3.165) sind damit

$$E^i = F^{i0}, \quad B^j = -\frac{1}{2}\varepsilon^{jkl}F^{kl} \tag{3.170}$$

oder

$$(F^{\mu\nu}) = \begin{pmatrix} 0 & -E^1 & -E^2 & -E^3 \\ E^1 & 0 & -B^3 & B^2 \\ E^2 & B^3 & 0 & -B^1 \\ E^3 & -B^2 & B^1 & 0 \end{pmatrix}. \tag{3.171}$$

Ladungsdichte und Strom erfüllen die bekannte Kontinuitätsgleichung in kovarianter Form,

$$\frac{\partial\rho}{\partial t} + \nabla \cdot \mathbf{j} = 0 \quad \Leftrightarrow \quad \partial_\mu j^\mu(x) = 0, \tag{3.172}$$

und die Maxwellgleichungen werden zu

$$(3.163): \quad \partial_\mu F^{\mu\nu}(x) = j^\nu(x), \tag{3.173}$$

$$(3.164): \quad \epsilon^{\mu\nu\rho\sigma}\partial_\nu F_{\rho\sigma} = 0. \tag{3.174}$$

Wir betrachten jetzt freie elektromagnetische Felder in Abwesenheit von Ladungen und Strömen, $\mathbf{j} = \rho = 0$. Dann ist

$$\partial_\mu F^{\mu\nu} = \partial_\mu\partial^\mu A^\nu - \partial_\mu\partial^\nu A^\mu = 0. \tag{3.175}$$

Wir erinnern daran, dass die messbaren physikalischen Felder **E** und **B** sind, während das Vektorfeld eine theoretische Hilfsgröße darstellt. Man erkennt dies auch daran, dass die Beziehungen (3.165) nicht umkehrbar eindeutig sind und gegebene physikalische Felder durch beliebig viele Vektorpotenziale $A^\mu(x)$ beschrieben werden. Diese enthalten demnach unphysikalische Freiheitsgrade, die beliebig gewählt oder „geeicht" werden können, ohne die Physik zu verändern. Insbesondere bleiben die $F_{\mu\nu}(x)$ und damit die physikalischen Felder unverändert unter den Eichtransformationen

$$A'^\mu(x) = A^\mu(x) + \partial^\mu f(x), \tag{3.176}$$

für beliebige (zweimal differenzierbare) skalare Funktionen $f(x)$, denn

$$F'^{\mu\nu} = \partial^\mu A'^\nu - \partial^\nu A'^\mu = \partial^\mu A^\nu - \partial^\nu A^\mu + \partial^\mu \partial^\nu f - \partial^\nu \partial^\mu f = F^{\mu\nu}. \tag{3.177}$$

Wir machen uns diese Eichfreiheit zunutze und wählen eine Funktion $f(x)$ so, dass die sogenannte Lorenzeichbedingung

$$\partial_\mu A^\mu(x) = 0 \tag{3.178}$$

erfüllt ist. Damit eliminieren wir den zweiten Term aus (3.175) und erhalten die bekannte Wellengleichung in Lorenzeichung

$$\partial_\mu \partial^\mu A^\nu(x) = 0. \tag{3.179}$$

Die Lorenzeichung legt das Vektorfeld noch immer nicht eindeutig fest, denn die Eichbedingung $\partial^\mu A_\mu(x) = 0$ bleibt unter einer weiteren Transformation erfüllt,

$$A'^\mu(x) = A^\mu(x) + \partial^\mu g(x) \quad \text{mit} \quad \partial_\mu \partial^\mu g(x) = 0. \tag{3.180}$$

Wir können also einen weiteren Freiheitsgrad eliminieren, z. B. durch die Bedingung der temporalen Eichung,

$$A^0(x) = 0. \tag{3.181}$$

Mit dem offenen Index $\nu = 0, \ldots, 3$ ist die Wellengleichung (3.179) analog zu vier Klein-Gordon-Gleichungen mit Masse $m = 0$. Als Vektorgleichung ist sie relativistisch kovariant, da $A^\nu(x)$ wie ein Vierervektor transformiert. Ein Vierervektor entspricht aber der Spin-1-Darstellung der Lorentzgruppe, vgl. Anhang A.6. Nachdem wir die Maxwelltheorie quantisiert haben, werden wir als Feldquanten die Photonen als masselose Teilchen mit Spin 1 erhalten.

Die Wellengleichung (3.179) wird wieder durch den Ansatz ebener Wellen gelöst,

$$A^\mu(x) = \epsilon_\lambda^\mu(\mathbf{k}) e^{-ikx}, \tag{3.182}$$

wobei der Koeffizientenvektor von den Impulsen und einem Index $\lambda = 1, 2$ abhängt, der die beiden verbliebenen inneren Freiheitsgrade des Vektorfeldes kennzeichnet. Einsetzen in die Wellengleichung und die Lorenzbedingung ergeben

$$k^2 = 0 , \quad k_\mu \cdot \epsilon_\lambda^\mu(\mathbf{k}) = 0. \tag{3.183}$$

Zusammen mit der temporalen Eichbedingung erfüllen die Koeffizientenvektoren

$$\epsilon_\lambda^0(\mathbf{k}) = 0, \tag{3.184}$$

$$\epsilon_\lambda(\mathbf{k}) \cdot \mathbf{k} = 0. \tag{3.185}$$

Die Koeffizientenvektoren sind transversal zur Ausbreitungsrichtung und stellen somit zwei linear unabhängige Polarisationsvektoren der Welle dar. Sie lassen sich orthonormieren und erfüllen die Vollständigkeitsrelation

$$\sum_{\lambda=1}^{2} \epsilon_\lambda^i(\mathbf{k})\epsilon_\lambda^j(\mathbf{k}) = \delta_{ij} - \frac{k^i k^j}{\mathbf{k}^2}. \tag{3.186}$$

Die allgemeine Lösung der freien elektromagnetischen Wellengleichung in Lorenzeichung lässt sich somit schreiben als

$$A^\mu(x) = \int \frac{\mathrm{d}^3 k}{(2\pi)^3 2E(\mathbf{k})} \sum_{\lambda=1}^{2} \epsilon_\lambda^\mu(k) \left\{ a_\lambda(\mathbf{k})e^{-ikx} + a_\lambda^*(\mathbf{k})e^{ikx} \right\}. \tag{3.187}$$

Als reelles Feld ist $A^\mu(x)$ identisch mit seinem ladungskonjugierten Feld und somit neutral.

3.12 Relativistische Quantenmechanik oder Quantenfeldtheorie

Fassen wir unsere bisherigen Ergebnisse zusammen. Wir haben nun drei verschiedene relativistisch kovariante Wellengleichungen, die aufgrund unterschiedlicher Freiheitsgrade und ihres Verhaltens unter Lorentztransformationen Objekte mit Spins 0, $\frac{1}{2}$ und 1 beschreiben. Alle drei besitzen Lösungen mit scheinbar negativer Energie, die aber rückwärts in der Zeit laufende Wellen bzw. Teilchen und somit vorwärtslaufende Antiteilchen positiver Energie darstellen. Damit beinhalten relativistische Theorien zwei physikalische Phänomene, die in nichtrelativistischen Theorien „von Hand"eingebaut werden müssen: Spin und Antimaterie.

Hinsichtlich einer möglichen quantenmechanischen Interpretation ist die Lage jedoch für jede Wellengleichung unterschiedlich: die elektromagnetische Wellengleichung ist rein klassisch und hat keinerlei Bezug zur Quantenmechanik. Die Klein-Gordon-Gleichung impliziert eine Kontinuitätsgleichung, die die Interpretation der Ladungsdichte als Wahrscheinlichkeitsdichte im Sinne der Quantenmechanik verbietet. Lediglich die Diracgleichung und ihre zugehörige Kontinuitätsgleichung lassen

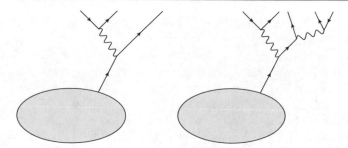

Abb. 3.7 Teilprozesse mit einfacher und zweifacher Paarerzeugung durch ein Elektron, das als Zwischenzustand aus einem beliebigen Streuprozess hervorgeht

sich als relativistische Verallgemeinerung der Schrödingergleichung auffassen. Wir können somit eine relativistische Quantenmechanik formulieren, indem wir Dirac-spinoren wie in der Quantenmechanik als Wellenfunktionen interpretieren und zum Dirac-Hamiltonian geeignete Wechselwirkungspotenziale hinzufügen. Dies ist insbesondere eine geeignete Methode zur Berechnung relativistischer Korrekturen zu den Atomspektren oder einfacher fermionischer Streuprozesse mittels der bekannten quantenmechanischen Störungstheorie. Wechselwirkungen von Teilchen mit dem elektromagnetischen Feld erfordern jedoch erneute Nachbesserungen „von Hand", da elektromagnetische Felder bislang rein klassisch sind. Eine relativistische Quantenmechanik hat daher einen sehr eingeschränkten Gültigkeitsbereich und kann nicht als fundamentale Theorie betrachtet werden, in der doch Teilchen mit beliebigem Spin und ihre Wechselwirkung mit Feldern gleichermaßen beschrieben werden sollten.

Ein weiteres grundlegendes Problem für eine relativistische Quantenmechanik bildet schließlich die Möglichkeit von Paarerzeugung und -vernichtung. Ein relativistisches Elektron großer Energie kann innerhalb eines Streuprozesses Photonen emittieren, die wiederum Elektron-Positron-Paare erzeugen, Abb. 3.7. Die Endzustände sind durch dieselbe Gesamtladung, -energie und -impuls gekennzeichnet, werden also mit gewissen Wahrscheinlichkeiten aus dem Anfangszustand eines Elektrons hervorgehen. Paarerzeugung in Zwischenzuständen kann prinzipiell so oft stattfinden wie es die Energie-Impulserhaltung erlaubt, ohne etwas an den Quantenzahlen des Endzustands zu verändern. Damit verliert das Konzept der Einteilchenwellenfunktion seinen Sinn, eine relativistische Theorie muss immer ein Vielteilchensystem beschreiben, im Limes hoher Energien beliebig viele. Dieser Befund weist uns in die richtige Richtung: eine allgemeingültige relativistische Theorie muss beliebig viele Freiheitsgrade erlauben, was nur eine Feldtheorie leisten kann. Wir werden daher den Versuch, die Schrödingergleichung relativistisch zu verallgemeinern, aufgeben und die Klein-Gordon- und Diracgleichungen im nächsten Kapitel genauso interpretieren wie die elektromagnetische Wellengleichung, nämlich als rein klassische Feldgleichungen für die Dynamik von Feldern $\phi(x)$ und $\psi(x)$ mit unterschiedlichem Transformationsverhalten unter der Poincarégruppe. Erst in einem weiteren Schritt werden dann die Felder quantisiert und deren Anregungen als Teilchenzustände identifiziert.

Zusammenfassung

- Die Form relativistischer Wellengleichungen hängt vom Spin der beschriebenen Teilchen ab: Klein-Gordon-Gleichung für Spin 0, Diracgleichung für Spin 1/2 und Maxwellgleichung für Spin 1
- Drei wichtige diskrete Symmetrietransformationen sind: $\mathcal{C}, \mathcal{P}, \mathcal{T}$
- Relativistische Kovarianz impliziert die Existenz von Antiteilchen
- Vorwärts in der Zeit laufende Antiteilchen sind äquivalent zu rückwärts laufenden Teilchen und umgekehrt
- Die relativistische Äquivalenz von Energie und Masse erlaubt die Erzeugung von Teilchen-Antiteilchen-Paaren aus dem quantenmechanischen Vakuum plus Energie und den umgekehrten Prozess der Paarvernichtung
- Die Ladungsdichte der mit den Wellengleichungen verbundenen Kontinuitätsgleichungen ist im Allgemeinen *nicht* positiv definit und kann daher nicht generell als Wahrscheinlichkeitsdichte wie im Fall der Schrödingergleichung interpretiert werden
- Ausnahme Diracgleichung: Nur sie kann als relativistische Verallgemeinerung der Schrödingertheorie aufgefasst werden
- Im nichtrelativistischen Grenzfall geht die Diracgleichung in die Pauligleichung über
- Im ultrarelativistischen Grenzfall (masseloser Fermionen) geht die Diracgleichung in die Weylgleichungen über
- Masselose Fermionen haben feste Helizität
- Im Rahmen relativistischer Wellengleichungen gibt es keine quantenmechanische Beschreibung der Dynamik von Photonen.

Aufgaben

3.1 Die Klein-Gordon-Gleichung für ein freies Teilchen lautet

$$-\frac{\partial^2}{\partial t^2}\phi(x) = -\nabla^2\phi(x) + m^2\phi(x).$$

Man leite mit einem ähnlichen Verfahren wie in Aufgabe 2.3 eine Kontinuitätsgleichung her. Zeigen Sie, dass diese in kovarianter Form geschrieben werden kann,

$$\partial_\mu j^\mu(x) = 0, \quad \text{mit} \quad j^\mu(x) = i\left(\phi^*(x)\left(\partial^\mu\phi(x)\right) - \left(\partial^\mu\phi^*(x)\right)\phi(x)\right).$$

Was geschieht mit $j^0(x) = \rho(x)$ für eine Lösung $\phi(x) \sim \exp(ipx)$ und was bedeutet dies für die Interpretation von $\rho(x)$?

3.2 Ausgehend von der relativistischen Invarianz von d^4k zeige man, dass das Integrationsmaß

$$\frac{\mathrm{d}^3k}{(2\pi)^3 \, 2E(\mathbf{k})}$$

lorentzinvariant ist, vorausgesetzt, dass $E(\mathbf{k}) = \sqrt{\mathbf{k}^2 + m^2}$. Argumentieren Sie mit diesem Ergebnis, dass $2E(\mathbf{k})\delta^3(\mathbf{k} - \mathbf{k}')$ eine lorentzinvariante Distribution ist. Hinweis: Starten Sie mit dem lorentzinvarianten Ausdruck

$$\frac{\mathrm{d}^4k}{(2\pi)^3} \, \delta(k^2 - m^2)\, \theta(k_0)$$

und benutzen Sie $\delta(x^2 - x_0^2) = \frac{1}{2|x|}\big[\delta(x - x_0) + \delta(x + x_0)\big]$.
Was bewirken die Delta-und Thetafunktionen im obigen Ausdruck?

3.3 Benutzen Sie die Eigenschaften der Matrizen α^i, β, um zu zeigen, dass

$$\{\gamma^\mu, \gamma^\nu\} = 2g^{\mu\nu}.$$

Verifizieren Sie, dass $\gamma^{\mu\dagger} = \gamma^0\gamma^\mu\gamma^0$.

3.4 Zeigen Sie, dass ein Spinor ψ, der die Diracgleichung $(i\gamma^\mu\partial_\mu - m)\psi = 0$ erfüllt, auch die Klein-Gordon-Gleichung $(\partial^\mu\partial_\mu + m^2)\psi = 0$ erfüllt.

3.5 Zeigen Sie, dass für die Lösungsspinoren der Diracgleichung gilt

$$u_r^\dagger(\mathbf{p})u_s(\mathbf{p}) = v_r^\dagger(\mathbf{p})v_s(\mathbf{p}) = 2E\,\delta_{rs}\,, \qquad r, s = 1, 2.$$

Beweisen Sie die Orthogonalitätsrelationen für die Lösungsspinoren der Diracgleichung

$$\bar{u}_r(\mathbf{p})u_s(\mathbf{p}) = -\bar{v}_r(\mathbf{p})v_s(\mathbf{p}) = 2m\delta_{rs},$$
$$\bar{u}_r(\mathbf{p})v_s(\mathbf{p}) = \bar{v}_r(\mathbf{p})u_s(\mathbf{p}) = 0.$$

Zeigen Sie weiter, dass sie auch die Vollständigkeitsrelation erfüllen,

$$\sum_s \big[u_{s\alpha}(p)\,\bar{u}_{s\beta}(p) - v_{s\alpha}(p)\,\bar{v}_{s\beta}(p)\big] = 2m\delta_{\alpha\beta}.$$

Zeigen Sie, dass

$$\Lambda^+_{\alpha\beta}(\mathbf{p}) = \frac{\sum_s u_{s\alpha}(p)\,\bar{u}_{s\beta}(p)}{2m} \quad \text{und} \quad \Lambda^-_{\alpha\beta}(\mathbf{p}) = \frac{\sum_s v_{s\alpha}(p)\,\bar{v}_{s\beta}(p)}{2m}$$

Projektionsoperatoren sind. Worauf projizieren sie, wenn sie auf einen allgemeinen Diracspinor angewendet werden?

Hinweis: Ein Projektionsoperator P hat die Eigenschaft $P^2 = P$ (Idempotenz).

3.6 In Abschn. 3.6 haben wir die Lösungen der Diracgleichung für einen bestimmten Impuls $\mathbf{p}$ konstruiert. Man reproduziere die Lösungen für $\mathbf{p} = (0, 0, p)$, indem man die Diracgleichung zunächst für $\mathbf{p} = 0$ löst und dann eine geeignete Lorentztransformation auf diese Lösungen anwendet.

Hinweis: Eine hilfreiche Identität ist

$$\exp\left[x \begin{pmatrix} 0 & \sigma_3 \\ \sigma_3 & 0 \end{pmatrix}\right] = \mathbb{1}\cosh(x) + \begin{pmatrix} 0 & \sigma_3 \\ \sigma_3 & 0 \end{pmatrix}\sinh(x),$$

die für alle $x \in \mathbb{R}$ gilt.

3.7 Bei gegebenem Verhalten von Diracspinoren unter Lorentztransformationen beweise man, dass der adjungierte Diracspinor wie

$$\bar{\psi}'(x') = \bar{\psi}(x)S^{-1}(\Lambda)$$

transformiert. Viele bilineare Kovarianten $\bar{\psi}\Gamma\psi$ entsprechen physikalischen Observablen und müssen daher reell sein. Zeigen Sie, dass dies dann der Fall ist, wenn die Γ-Matrizen die Beziehung $\Gamma = \bar{\Gamma}$ erfüllen, mit $\bar{\Gamma} \equiv \gamma^0\Gamma^\dagger\gamma^0$.

3.8 Man beweise das in Tab. 3.1 angegebene Verhalten der bilinearen Kovarianten unter Lorentztransformationen.

3.9 Zeigen Sie, dass die 16 Γ-Matrizen $\left\{\mathbb{1}, \gamma^\mu, \gamma^5, \gamma^\mu\gamma^5, \sigma^{\mu\nu}(\mu < \nu)\right\}$ eine Basis für den komplexen Vektorraum $\mathbb{C}^{4\times4}$ bilden.

Hinweis: Man beweise zunächst folgende Sachverhalte

a) Das Quadrat einer Γ-Matrix ist $\pm\mathbb{1}$.

b) Das Produkt zweier *verschiedener* Γ-Matrizen ist (bis auf einen Faktor ± 1, $\pm i$) wieder eine Γ-Matrix, die *nicht* proportional zu $\mathbb{1}$ ist.

c) Für jede beliebige Γ-Matrix, außer der $\mathbb{1}$, gibt es eine weitere Γ-Matrix, die mit ihr antikommutiert.

d) Die Spur jeder Γ-Matrix, außer der $\mathbb{1}$, verschwindet.

Lineare Unabhängigkeit kann dann gezeigt werden durch

$$\sum_{a=1}^{16} \lambda_a\Gamma^a = 0 \quad \Leftrightarrow \quad \lambda_a = 0 \quad \forall a \in \{1, 2, ..., 16\}.$$

3.10 Die Projektoren auf die linkshändigen und rechtshändigen Diracspinoren sind gegeben durch

$$P_L = \frac{1 - \gamma_5}{2}, \quad P_R = \frac{1 + \gamma_5}{2}.$$

Benutzen Sie die Eigenschaften von γ_5, um die folgenden Projektoreigenschaften zu zeigen:

$$P_L P_R = P_R P_L = 0, \quad P_R P_R = P_R, \quad P_L P_L = P_L.$$

Verifizieren Sie damit, dass für Lösungen der masselosen Diracgleichung die Spinoren $P_{L,R}\, u_s(\mathbf{p})$ Eigenzustände des Helizitätsoperators sind,

$$\hat{h} = \frac{\mathbf{S} \cdot \mathbf{p}}{|\mathbf{p}|} = \frac{1}{2|\mathbf{p}|} \begin{pmatrix} \sigma \cdot \mathbf{p} & 0 \\ 0 & \sigma \cdot \mathbf{p} \end{pmatrix}.$$

Welches sind die Eigenwerte? Gilt dies auch für $m \neq 0$?

Klassische Feldtheorie

4

Inhaltsverzeichnis

Gemäß den Überlegungen des letzten Abschnitts starten wir in diesem Kapitel neu und formulieren zunächst klassische Theorien für Felder verschiedenen Verhaltens unter Lorentztransformationen, die dann im nächsten Kapitel den Ausgangspunkt für die Quantisierung bilden werden. Wir beginnen mit der Übertragung des Hamilton-Lagrange-Formalismus von Mehrteilchensystemen auf relativistische Felder und lernen dabei, wie man mit Funktionalen rechnet. Dann formulieren wir einige grundlegende Axiome, die Wirkungen erfüllen müssen, um physikalische Systeme beschreiben zu können. Damit ausgestattet konstruieren wir die einfachsten Wirkungen für freie Felder. Am Beispiel des skalaren Feldes beweisen wir schließlich das im Folgenden sehr wichtige Noethertheorem, wonach die Invarianz der Wirkung unter einer kontinuierlichen Symmetrietransformation ein Erhaltungsgesetz zur Folge hat.

© Springer-Verlag GmbH Deutschland, ein Teil von Springer Nature 2018
O. Philipsen, *Quantenfeldtheorie und das Standardmodell der Teilchenphysik*,
https://doi.org/10.1007/978-3-662-57820-9_4

4.1 Von N-Punktmechanik zu relativistischer Feldtheorie

Klassische Felder sind uns vertraut aus der Kontinuumsmechanik und der Elektrodynamik, für eine ausführliche Darstellung siehe z. B. [2]. Um den Übergang von
Vielteilchensystemen zu Feldtheorien sowie deren Hamilton-Lagrange-Formalismus
zu verstehen, betrachten wir als Beispiel die Beschreibung einer Saite in der Kontinuumsmechanik. Zunächst approximiert man die Saite durch eine Federkette
aus N Massenpunkten mit Masse m, die durch jeweils eine masselose Feder der
Federkonstanten k an ihre Nachbarn gekoppelt sind, wie in Abb. 4.1. Der Einfachheit
halber nehmen wir an, dass sich die Massenpunkte nur in einer Dimension (vertikal)
bewegen können. Das System besitzt $2N$ Freiheitsgrade, die Auslenkungen aus den
Ruhelagen der Massenpunkte und die zugehörigen Impulse,

$$q_i(t), \quad p_i(t) = m\dot{q}_i(t), \quad i = 1, \dots, N, \tag{4.1}$$

die Ränder seien fixiert und mit $q_0 = q_{N+1} = 0$ bezeichnet. Die Lagrangedichte für
dieses System lautet

$$L(q_i, \dot{q}_i) = \sum_{i=1}^{N} \left(\frac{m}{2}\dot{q}_i^2 - \frac{k}{2}\left(q_i - q_{i-1}\right)^2 \right) - \frac{k}{2}q_N^2$$

$$= \sum_{i=1}^{N} \Delta x \left(\frac{m}{2\Delta x}\dot{q}_i^2 - \frac{k\Delta x}{2}\left(\frac{q_i - q_{i-1}}{\Delta x}\right)^2 \right) - \frac{k}{2}q_N^2. \tag{4.2}$$

Die Wirkung ist ein Funktional,

$$S[q_i, \dot{q}_i] = \int_{t_0}^{t_1} dt \, L(q_i, \dot{q}_i), \tag{4.3}$$

d. h. eine Abbildung von Funktionen, die die Argumente der Wirkung bilden, auf
eine Zahl S (in natürlichen Einheiten ist die Wirkung dimensionslos). Die Hamiltonfunktion ist

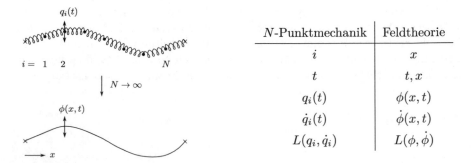

N-Punktmechanik	Feldtheorie
i	x
t	t, x
$q_i(t)$	$\phi(x, t)$
$\dot{q}_i(t)$	$\dot{\phi}(x, t)$
$L(q_i, \dot{q}_i)$	$L(\phi, \dot{\phi})$

Abb. 4.1 Übergang von N elastisch gekoppelten Massenpunkten zu einer kontinuierlichen Saite

$$H(p_i, q_i) = \sum_{i=0}^{N+1} p_i \dot{q}_i - L, \tag{4.4}$$

und die aus dem Hamilton'schen Prinzip folgende Dynamik wird beschrieben durch die $2N$ Heisenberggleichungen

$$\frac{\mathrm{d}p_i}{\mathrm{d}t} = -\frac{\partial H}{\partial q_i}, \quad \frac{\mathrm{d}q_i}{\mathrm{d}t} = \frac{\partial H}{\partial p_i}. \tag{4.5}$$

Eine kontinuierliche Saite erhalten wir, indem wir die Grenzwerte $\Delta x \to 0$, $N \to \infty$ nehmen. Wir gehen also zu unendlich vielen Freiheitsgraden über, wobei wir die Länge der Saite in Ruhelage, $l = (N + 1)\Delta x$, konstant halten. Ebenfalls konstant gehalten werden die Größen

$$\mu \equiv \frac{m}{\Delta x} \quad \text{und} \quad \kappa \equiv k\Delta x, \tag{4.6}$$

die die Masse pro Längeneinheit sowie das Elastizitätsmodul der Saite bezeichnen. Die potenzielle Energie des N-ten Massenpunkts ist gegenüber den nunmehr unendlich vielen anderen vollständig vernachlässigbar. Weiter wird der diskrete Index i durch einen kontinuierlichen Index x ersetzt, der die Position eines Punktes entlang der x-Richtung angibt. Die Auslenkungen aus der Ruhelage werden damit zu einer kontinuierlichen Feldvariablen, $q_i(t) \to \phi(x, t)$. Die Summe über infinitesimale Δx wird zum Integral und der Differenzenquotient im zweiten Term der Lagrangefunktion zu einer Ableitung. Bezeichnen wir die Raumzeitindizes mit $\nu = 0, 1$. Dann geht die Lagrangefunktion insgesamt über in

$$L(q_i, \dot{q}_i) \to L(\phi, \partial_\nu \phi) = \int_0^l \mathrm{d}x \left[\frac{\mu}{2} \left(\partial_t \phi(x, t) \right)^2 - \frac{\kappa}{2} \left(\partial_x \phi(x, t) \right)^2 \right]. \tag{4.7}$$

Man beachte, dass L aufgrund des Integrals keinerlei x-Abhängigkeit mehr besitzt. In unserem konkreten Beispiel treten nur die Ableitungen der Feldvariablen auf, in allgemeineren Fällen auch die Felder selbst. Man definiert nun die sogenannte Lagrangedichte, die über ihre Feldvariablen implizit von der gesamten Raumzeit des Systems abhängt,

$$L[\phi, \partial_\nu \phi] \equiv \int_0^l \mathrm{d}x \, \mathscr{L}(\phi, \partial_\nu \phi), \tag{4.8}$$

$$\mathscr{L}(\phi, \partial_\nu \phi) = \frac{\mu}{2} \left(\partial_t \phi(x, t) \right)^2 - \frac{\kappa}{2} \left(\partial_x \phi(x, t) \right)^2. \tag{4.9}$$

Dieser Übergang eines N-Teilchensystems zu einem kontinuierlichen System lässt sich natürlich auf mehr Dimensionen und andere Wechselwirkungen verallgemeinern.

Bei der Konstruktion von Feldtheorien für die Teilchenphysik im Minkowskiraum wollen wir insbesondere auf relativistische Kovarianz achten. Diese ist gewährleistet, wenn die Wirkung ein Lorentzskalar ist. Für eine reelle, skalare Feldvariable $\phi(x)$ definieren wir das Wirkungsfunktional als

$$
\begin{aligned}
S[\phi, \partial_\mu \phi] &\equiv \int d^4x \ \mathscr{L}(\phi, \partial_\mu \phi) \\
&= \int dt \underbrace{\int d^3x \ \mathscr{L}(\phi, \partial_\mu \phi)}_{= \ L[\phi, \partial_\mu \phi]} .
\end{aligned}
\tag{4.10}
$$

Die Lagrangedichte ist somit für relativistisch kovariante Theorien ein Lorentzskalar (die Lagrangefunktion dagegen nicht). Im Allgemeinen kann die Lagrangedichte natürlich eine Funktion beliebiger und verschiedener Felder sein, wir beschränken uns zur Entwicklung des Formalismus zunächst auf skalare Felder.

4.2 Die Funktionalableitung

Es ist nützlich, sich vor der Durchführung praktischer Rechnungen noch einmal an die Definition der Funktionalableitung zu erinnern. Sei $x(s)$ eine Funktion einer reellen Variablen s. Die Variation eines Funktionals $F[x]$ ist definiert als

$$
\delta F[x] = \int ds \ \frac{\delta F}{\delta x(s)} \ \delta x(s),
\tag{4.11}
$$

in Analogie zum vollständigen Differenzial von Funktionen mehrerer Variablen,

$$
df = \sum_i \frac{\partial f}{\partial xi} \ dx_i.
\tag{4.12}
$$

Im Vergleich der Ausdrücke sehen wir, dass der diskrete Index i der Variablen aus der Analysis in der Funktionalanalysis durch den „kontinuierlichen Index" s ersetzt wird und dementsprechend die Summe über die Variablen durch ein Integral. Die Funktionalableitung ist damit das Analogon zur partiellen Ableitung.

Zur Auswertung betrachten wir einige einfache Beispiele:

$$
F[x] = x(a) = \int ds \ x(s)\delta(s - a),
\tag{4.13}
$$

wobei a einer Konstanten entspricht. Nun variieren wir das Funktional

$$
\delta F = \int ds \ \delta x(s)\delta(s - a).
\tag{4.14}
$$

Durch Vergleichen mit der definierenden Gl. (4.11) erhalten wir für die Funktionalableitung

$$\frac{\delta F}{\delta x(s)} = \frac{\delta x(a)}{\delta x(s)} = \delta(s - a). \tag{4.15}$$

$$F[x] = \int ds \; f(s)x(s), \tag{4.16}$$

$$\delta F = \int ds \; f(s)\delta x(s), \tag{4.17}$$

$$\frac{\delta F}{\delta x(s)} = f(s). \tag{4.18}$$

$$F[x] = \int ds \int dt \; f(s,t)x(s)x(t), \tag{4.19}$$

$$\delta F = \int ds \int dt \; f(s,t)\Big[\delta x(s)x(t) + x(s)\delta x(t)\Big]$$

$$= \int ds \int dt \; \Big[f(s,t)x(t) + f(t,s)x(t)\Big]\delta x(s), \tag{4.20}$$

$$\frac{\delta F}{\delta x(s)} = \int dt \; x(t)\Big[f(s,t) + f(t,s)\Big]. \tag{4.21}$$

Wir erkennen, dass uns das Resultat des ersten Beispiels als Faustregel für die Funktionalableitung genügt. Dazu wendet man in den anderen Beispielen $\delta/\delta x(s)$ auf das jeweilige $F[x]$ an und erhält die angegebenen Resultate.

Mithilfe der Funktionalableitungen höherer Ordnungen lässt sich für Funktionale wiederum eine Analogie zur Taylorentwicklung in der Analysis angeben,

$$F[x] = \sum_{u=0}^{\infty} \frac{1}{n!} \int ds_1 \ldots \int ds_n \; F^{(n)}(s_1, \ldots s_n)x(s_1) \ldots x(s_n) \tag{4.22}$$

Diese bildet die Basis für die Entwicklung des Wirkungsfunktionals in den folgenden Abschnitten.

4.3 Die Euler-Lagrange-Gleichungen für Felder

Die dynamischen Variablen eines kontinuierlichen Systems sind Felder und ihre Ableitungen, für die wir nun die Bewegungsgleichungen finden wollen. Die Dynamik folgt dabei wieder dem Hamilton'schen Prinzip, wonach die Lösungen von Bewegungsgleichungen die Wirkung minimieren. Zum Auffinden der Gleichungen betrachten wir daher kleine Variationen $\delta_0\phi$ und $\delta_0(\partial_\mu\phi)$ um die physikalischen Lösungen, für die $\delta S = 0$ sein muss. Hierbei bezeichnen $\delta_0\phi$ und $\delta_0(\partial_\mu\phi)$ Variationen des funktionalen Zusammenhangs an jedem festen Raumzeitpunkt (im Gegensatz zur Veränderung des Funktionswerts durch Ändern des Arguments),

$$\phi'(x) = \phi(x) + \delta_0\phi(x), \tag{4.23}$$

$$(\partial_\mu\phi)'(x) = \partial_\mu\phi(x) + \delta_0(\partial_\mu\phi(x)) = \partial_\mu\phi(x) + \partial_\mu\delta_0\phi(x). \tag{4.24}$$

In der zweiten Gl. (4.24) dürfen wir die Variation der Funktion und die Ableitung vertauschen, weil die Variation bei festen Koordinaten durchgeführt wird. Man erhält dies auch durch Ableiten der ersten Zeile. Wir betrachten die Feldvariationen als klein und verlangen als Randbedingung, dass sie im Unendlichen verschwinden,

$$\frac{\delta_0\phi}{\phi} \ll 1, \qquad \delta_0\phi(x) \overset{|x|\to\infty}{\longrightarrow} 0. \tag{4.25}$$

Die Wirkung in den gestrichenen Feldern lässt sich nun in den Variationen um die ungestrichenen Felder entwickeln. In führender Ordnung erhalten wir

$$\begin{aligned}
S' &= \int \mathrm{d}^4x \, \mathscr{L}(\phi'(x), \partial_\mu\phi'(x)) \\
&= \int \mathrm{d}^4x \left\{ \left(\mathscr{L}(\phi, \partial_\mu\phi) + \frac{\partial\mathscr{L}}{\partial\phi}\delta_0\phi + \frac{\partial\mathscr{L}}{\partial(\partial_\mu\phi)}\delta_0(\partial_\mu\phi) + \dots \right\} \\
&= S + \delta S + \cdots
\end{aligned} \tag{4.26}$$

Wir benutzen im letzten Term $\delta_0(\partial_\mu\phi) = \partial_\mu\delta_0\phi$, und mit der Produktregel folgt

$$\int \mathrm{d}^4x \frac{\partial\mathscr{L}}{\partial(\partial_\mu\phi)}\, \partial_\mu\delta_0\phi = \int \mathrm{d}^4x \left[\frac{d}{dx^\mu}\left(\frac{\partial\mathscr{L}}{\partial(\partial_\mu\phi)}\delta_0\phi \right) - \left(\frac{d}{dx^\mu}\frac{\partial\mathscr{L}}{\partial(\partial_\mu\phi)} \right)\delta_0\phi \right]. \tag{4.27}$$

Der erste Term in der eckigen Klammer ist eine Viererdivergenz $\partial_\mu J^\mu$ mit

$$J^\mu = \frac{\partial\mathscr{L}}{\partial(\partial_\mu\phi)}\,\delta\phi_0. \tag{4.28}$$

Mit dem Gauß'schen Satz in vier Dimensionen lässt sich das Integral umschreiben auf ein Integral über die das Vierervolumen berandende Hyperfläche,

$$\int \mathrm{d}^4x \, \partial_\mu J^\mu = \int_{\partial V_4} \mathrm{d}A_\mu \, J^\mu(x) = 0, \quad \mathrm{d}A_\mu = \frac{1}{3!}\varepsilon_{\mu\nu\varrho\sigma} \, \mathrm{d}x^\nu\mathrm{d}x^\varrho\mathrm{d}x^\sigma. \tag{4.29}$$

In unserem Fall ist dies der Rand der Raumzeit im Unendlichen, wo $\delta_0\phi$ verschwindet und damit gilt $J^\mu(x \to \infty) \to 0$. Wir behalten somit in der Entwicklung der Wirkung

$$S' = S + \underbrace{\int \mathrm{d}^4x \left\{ \frac{\partial\mathscr{L}}{\partial\phi} - \partial_\mu\frac{\partial\mathscr{L}}{\partial(\partial_\mu\phi)} \right\}\delta_0\phi(x)}_{= \, \delta S} + \cdots \tag{4.30}$$

Verlangen wir nun das Verschwinden der ersten Funktionalableitung für beliebige Variationen der Felder, so folgt als Bedingung die Euler-Lagrange-Gleichung

$$\frac{\delta S}{\delta \phi} = \frac{\partial \mathscr{L}}{\partial \phi} - \frac{\mathrm{d}}{\mathrm{d} x^\mu} \frac{\partial \mathscr{L}}{\partial (\partial_\mu \phi)} = 0. \tag{4.31}$$

Diese stellt in allgemeinster Form die Bewegungsgleichung für die Felder dar und ist offensichtlich kovariant.

Als Anwendung kehren wir kurz zurück zu unserem mechanischen (und nicht-relativistischen) Beispiel der Saite. (In der Variationsrechnung dieses Abschnitts ist hierfür lediglich die Dimensionalität der Raumzeit anzupassen, den Rest können wir direkt übernehmen). Für die Lagrangedichte (4.9) findet man

$$\frac{\partial \mathscr{L}}{\partial \phi} = 0, \quad \frac{\partial \mathscr{L}}{\partial (\partial_0 \phi)} = \mu \, \partial_0 \phi, \quad \frac{\partial \mathscr{L}}{\partial (\partial_1 \phi)} = -\kappa \, \partial_1 \phi, \tag{4.32}$$

und als Euler-Lagrange-Gleichung die bekannte Wellengleichung

$$\mu \partial_t^2 \phi - \kappa \partial_x^2 \phi = 0. \tag{4.33}$$

4.4 Wirkung und Lagrangedichte elementarer Felder

Bisher haben wir einen kovarianten Formalismus für die Herleitung der klassischen Feldgleichungen aus einer beliebigen Wirkung für ein reelles Skalarfeld entwickelt. Nun ist die Frage, welche Wirkungen bzw. Lagrangedichten teilchenphysikalische Systeme beschreiben können. Dazu stellen wir weitere physikalisch notwendige Forderungen auf:

- Lokalität
  Die Lagrangedichte hängt nur von den Feldern und ihren Ableitungen, ausgewertet am selben Raumzeitpunkt x^μ, ab. Zwar gibt es a priori keine Gründe, nichtlokale Theorien mit Termen $\phi(x)\phi(y)\dots$ auszuschließen. Alle empirische Erfahrung ist jedoch konsistent mit einer Beschreibung fundamentaler Kräfte durch lokale Theorien, die insbesondere mathematisch wesentlich rigoroser behandelt werden können. Wir fordern daher Lokalität als Axiom.

- Die Lagrangedichte und die Wirkung sind reell
  In der klassischen Feldtheorie stellt die Lagrangedichte per Konstruktion einen Term der Energiedichte dar (siehe unten), sodass es sich um eine reelle Funktion handeln muss.

- Die Lagrangedichte und die Wirkung sind maximal quadratisch in ∂_μ
  Die Bewegungsgleichungen aller bekannten klassischen Systeme sind höchstens zweiter Ordnung in der Zeit. Differenzialgleichungen höherer Ordnung führen auf nichtkausale, unphysikalische Lösungen. In einer relativistisch invarianten Lagrangedichte können somit nur Terme auftreten, die maximal quadratisch in ∂_μ sind.

Ausgehend von diesen Prinzipien und relativistischer Kovarianz wollen wir nun konkrete Lagrangedichten konstruieren. Dabei kümmern wir uns zunächst nicht um physikalische Interpretationen, sondern betrachten rein formal verschiedene Felder unter dem Gesichtspunkt ihres Verhaltens unter Lorentztransformationen. Wie in Anhang A.6 diskutiert wird, entsprechen verschiedene, im Allgemeinen mehrkomponentige Feldtypen unterschiedlichen Darstellungen der Lorentzgruppe, die durch verschiedene Spins charakterisiert sind und jeweils spezifisches Transformationsverhalten aufweisen.

4.4.1 Reelles Skalarfeld

Ein kinetischer Term muss die Zeitableitung des Skalarfeldes enthalten und für eine relativistisch kovariante Theorie insgesamt ein Lorentzskalar sein. Die einfachste Möglichkeit ist das Viererquadrat von $\partial^\mu \phi$. Damit haben wir die maximal erlaubte Anzahl von Ableitungen schon verbraucht und alle weiteren Terme der Lagrangedichte können lediglich eine skalare Funktion der Felder $V(\phi)$ bilden, sodass

$$\mathscr{L}(\phi, \partial_\mu \phi) = \frac{1}{2} \partial^\mu \phi \, \partial_\mu \phi - V(\phi). \tag{4.34}$$

Mit den Bausteinen

$$\frac{\partial \mathscr{L}}{\partial \phi} = -\frac{\partial V}{\partial \phi}, \quad \frac{\partial \mathscr{L}}{\partial(\partial_\mu \phi)} = \partial^\mu \phi, \quad \partial_\mu \frac{\partial \mathscr{L}}{\partial(\partial_\mu \phi)} = \partial_\mu \partial^\mu \phi, \tag{4.35}$$

erhalten wir die Euler-Lagrange-Gleichung für das Skalarfeld,

$$\partial_\mu \partial^\mu \phi + \frac{\partial V}{\partial \phi} = 0. \tag{4.36}$$

Wie erwartet ist die Bewegungsgleichung automatisch kovariant. Wir definieren ein kanonisch konjugiertes Feld

$$\Pi(x) \equiv \frac{\partial \mathscr{L}}{\partial \dot{\phi}(x)} = \frac{\partial \mathscr{L}}{\partial(\partial_0 \phi)} = \partial^0 \phi, \tag{4.37}$$

das in diesem Fall natürlich keiner physikalischen Impulsvariablen entspricht. Weiter definieren wir eine Hamiltondichte und die Hamiltonfunktion zu

$$\mathscr{H}(\phi, \Pi) = \Pi\dot{\phi} - \mathscr{L}$$

$$= \frac{1}{2}\Big[\Pi^2(x) + (\nabla\phi)^2\Big] + V(\phi), \tag{4.38}$$

$$H(t) = \int \mathrm{d}^3x \; \mathscr{H}(\phi, \Pi). \tag{4.39}$$

Analog der Mechanik von Massenpunkten können wir die Hamiltonfunktion der klassischen Feldtheorie direkt als Energie des Systems interpretieren, was weitere Einschränkungen an die möglichen $V(\phi)$ ergibt. Da $\phi \in \mathbb{R}$ beliebig negativ werden kann, erfordert eine nach unten beschränkte Feldenergie, dass in $V(\phi)$ nur gerade Potenzen von ϕ auftreten und diese jeweils nur mit positivem Vorzeichen. (Ein linearer Term entspricht der Anwesenheit von Quellen, wie die dann inhomogenen Bewegungsgleichungen verdeutlichen.)

Insbesondere erhalten wir für die spezielle Wahl einer quadratischen Funktion $V(\phi)$ die Klein-Gordon-Gleichung,

$$V(\phi) = \frac{1}{2}m^2\phi^2 \quad \Rightarrow \quad (\partial_\mu\partial^\mu + m^2)\phi = 0. \tag{4.40}$$

Die Klein-Gordon-Wirkung entspricht also der Wirkung mit den kleinsten möglichen Potenzen der Feldvariablen. Die Lösungen der Klein-Gordon-Gleichung sind uns ja schon bekannt als linear superponierbare ebene Wellen. Wenn in $V(\phi)$ auch Terme $\sim \phi^4$ oder höhere Potenzen auftreten, wird unsere Bewegunsgleichung nichtlinear. In diesem Fall können wir sie nicht mehr in geschlossener Form lösen. Darüber hinaus ist die lineare Superposition von Lösungen im Allgemeinen keine Lösung mehr. Letzteres bedeutet, dass Wellenpakete sich nicht mehr unbeeinflusst kreuzen, d. h., es gibt Wechselwirkungen zwischen den Feldern. Wir wollen uns zunächst auf die Beschreibung freier Felder konzentrieren und erst später auf wechselwirkende Systeme zurückkommen. In den weiteren Beispielen beschränken wir uns deswegen auf Wirkungen, die quadratisch in den Feldern sind.

4.4.2 Komplexes Skalarfeld

Wenn wir statt eines reellen ein komplexes Skalarfeld $\phi \in \mathbb{C}$ betrachten, haben wir zwei unabhängige reelle Feldfreiheitsgrade pro Raumzeitpunkt,

$$\phi(x) = \frac{1}{\sqrt{2}}\left(\phi_1(x) + i\phi_2(x)\right), \quad \phi_1, \phi_2 \in \mathbb{R}. \tag{4.41}$$

Die Lagrangedichte hat nun doppelt so viele Argumente wie diejenige eines reellen Skalarfeldes, die aber meist nicht explizit notiert werden. Die Wahl

$$\mathscr{L}(\phi, \partial^\mu\phi) = \mathscr{L}(\phi, \partial^\mu\phi, \phi^*, \partial^\mu\phi^*) = (\partial_\mu\phi^*)(\partial^\mu\phi) - m^2\phi^*\phi \tag{4.42}$$

ist offensichtlich reell und lorentzinvariant. Nun können wir $\delta\phi$ und $\delta\phi^*$ unabhängig variieren und die jeweils andere Funktion festhalten. Die Rechnungen sind vollkommen analog derjenigen für das reelle Skalarfeld und liefern dementsprechend zwei Euler-Lagrange-Gleichungen,

$$(\partial_\mu\partial^\mu + m^2)\phi(x) = 0, \tag{4.43}$$

$$(\partial_\mu\partial^\mu + m^2)\phi^*(x) = 0, \tag{4.44}$$

nämlich die ebenfalls schon bekannten Klein-Gordon-Gleichungen für komplexe skalare Felder. Erneut sehen wir die Kraft von Symmetrien in diesem Formalismus: Weil die Lagrangediche ein Lorentzskalar ist, sind die Bewegungsgleichungen kovariant. Weil die Lagrangedichte invariant unter Ladungskonjugation $\phi^{\mathcal{C}}(x) = \phi^*(x)$ ist, liefert sie uns zwei Bewegungsgleichungen, die durch Ladungskonjugation ineinander übergehen, vgl. Abschn. 3.8.

Als Vorbereitung für spätere Anwendungen betrachten wir noch die alternative Formulierung derselben Theorie durch Real- und Imaginärteil, also zwei reelle Felder. Dann ist die Lagrangedichte äquivalent zu derjenigen eines zweikomponentigen reellen Skalarfeldes,

$$\begin{aligned}
\mathcal{L}(\phi, \partial^\mu\phi) &= (\partial_\mu\phi^*)(\partial^\mu\phi) - m^2\phi^*\phi \\
&= \frac{1}{2}(\partial_\mu\phi_1\partial^\mu\phi_1 + \partial_\mu\phi_2\partial^\mu\phi_2) - \frac{m^2}{2}(\phi_1^2 + \phi_2^2) \\
&= \frac{1}{2}\partial_\mu\boldsymbol{\phi}\partial^\mu\boldsymbol{\phi} - \frac{m^2}{2}\boldsymbol{\phi}^2 \quad \text{mit} \quad \boldsymbol{\phi} = \begin{pmatrix} \phi_1 \\ \phi_2 \end{pmatrix}.
\end{aligned} \tag{4.45}$$

4.4.3 Diracfeld

Als Nächstes betrachten wir Spinorfelder $\psi(x)$. Wir haben uns in Abschn. 3.3 überzeugt, dass der Ausdruck $(i\gamma^\mu\partial_\mu - m)\psi(x)$ unter Lorentztransformationen kovariant wie ein Spinor transformiert. Multiplizieren wir diesen Ausdruck von links mit $\bar{\psi}(x)$, so erhalten wir einen Lorentzskalar, der darüberhinaus reell ist. Die Lagrangedichte für Diracfelder ist also

$$\mathcal{L}(\psi, \partial^\mu\psi) = \mathcal{L}(\psi, \partial^\mu\psi, \bar{\psi}, \partial^\mu\bar{\psi}) = \bar{\psi}(i\gamma^\mu\partial_\mu - m)\psi. \tag{4.46}$$

Spinoren sind mehrkomponentig, d.h., wir müssen die Indizes ausschreiben und die Variation der Felder komponentenweise durchführen. Wiederum können wir $\delta\psi_\alpha(x)$ und $\delta\bar{\psi}_\beta(x)$ unabhängig variieren und finden die Diracgleichung und ihre Adjungierte,

$$(i\gamma^\mu\partial_\mu - m)\psi(x) = 0, \tag{4.47}$$

$$i\partial_\mu\overline{\psi}(x)\gamma^\mu + m\overline{\psi}(x) = 0. \tag{4.48}$$

Weiter finden wir das konjugierte Diracfeld und die Hamiltondichte

$$\Pi_\alpha = \frac{\partial \mathscr{L}}{\partial \dot{\psi}_\alpha} = i\psi_\alpha^\dagger, \tag{4.49}$$

$$\mathscr{H} = \psi^\dagger(-i\boldsymbol{\alpha} \cdot \nabla + \beta m)\psi. \tag{4.50}$$

4.4.4 Maxwellfeld

Für den Fall des Vektorfelds ist das Vorgehen bereits aus der Elektrodynamik bekannt. Die Lagrangedichte für Felder in Abwesenheit von Ladungen und Strömen,

$$\mathscr{L}(A^\mu, \partial^\nu A^\mu) = -\frac{1}{4} F^{\mu\nu} F_{\mu\nu}, \tag{4.51}$$

ist offensichtlich ein Lorentzskalar und reell. Sie hängt nur von Ableitungen, aber nicht vom Feld selbst ab. Variation nach δA^μ ergibt dann als Euler-Lagrange-Gleichungen die Maxwellgleichungen

$$\frac{\partial \mathscr{L}}{\partial(\partial_\nu A_\mu)} = F^{\mu\nu} \quad \Rightarrow \quad \partial_\nu F^{\mu\nu}(x) = 0. \tag{4.52}$$

Neben der Kovarianz der Feldgleichungen lässt sich auch die bereits diskutierte Eichfreiheit in den Potenzialen als Konsequenz einer Symmetrie der Wirkung verstehen. Weil unter Transformationen $A'^\mu(x) = A^\mu(x) + \partial^\mu f(x)$ der Feldstärketensor invariant bleibt, $F'^{\mu\nu} = F^{\mu\nu}$, ist auch die Lagrangedichte invariant. Die Forminvarianz der Maxwellgleichungen unter solchen Transformationen folgt in natürlicher Weise aus dem Formalismus.

Im Abschn. 3.11 haben wir bereits diskutiert, wie wir die Eichfreiheit mit der Lorenz-Bedingung $\partial \cdot A = 0$ nutzen können, damit die Feldgleichung die einfache Form $\Box A_\mu = 0$ annimmt. Wir können diese Eichfixierung auch „automatisieren", indem wir die Lorenzbedingung analog einer Zwangsbedingung behandeln und mit einem „Lagrangemultiplikator" $1/(2\xi)$ (Konvention) in die Lagrangedichte einbauen,

$$\mathscr{L} = -\frac{1}{4} F_{\mu\nu} F^{\mu\nu} - \frac{1}{2\xi} (\partial_\mu A^\mu)^2. \tag{4.53}$$

Durch separate Variation nach dem Vektorfeld, δA^μ, und dem Lagrangemultiplikator, $\delta(2\xi)^{-1}$, bekommen wir die Eichbedingung zu modifizierten Feldgleichungen gleich mitgeliefert,

$$\frac{\partial \mathscr{L}}{\partial(\partial_\mu A_\nu)} \Rightarrow \partial_\nu F^{\mu\nu} - \frac{1}{\xi} \partial^\mu \partial_\nu A^\nu = 0,$$

$$\partial_\nu \partial^\nu A^\mu - \left(1 - \frac{1}{\xi}\right) \partial^\mu(\partial_\nu A^\nu) = 0, \tag{4.54}$$

$$\frac{\partial \mathscr{L}}{\partial(\frac{1}{2\xi})} \Rightarrow \partial_\mu A^\mu = 0. \tag{4.55}$$

Der Wert von ξ ist bisher beliebig, sodass man von der Lorenzeichung als einer ganzen Eichklasse spricht. Die Wahl $\xi = 1$ heisst Feynmaneichung, $\xi = 0$ ist die Landaueichung und $\xi \to \infty$ die unitäre Eichung. Man beachte, dass Ergebnisse für physikalische Messgrößen nicht vom konkreten Wert von ξ abhängen dürfen! Dieser Befund eignet sich bei Rechnungen mit allgemeinem ξ als notwendige Bedingung für die Richtigkeit einer Rechnung.

Die Lagrangedichte benutzen wir in verschiedenen äquivalenten Formen,

$$
\begin{aligned}
\mathscr{L} &= -\frac{1}{4} F^{\mu\nu}(x) F_{\mu\nu}(x) \\
&= -\frac{1}{2} (\partial_\mu A_\nu(x) - \partial_\nu A_\mu(x)) \partial^\mu A^\nu(x) \\
&= \frac{1}{2} (\mathbf{E}^2(x) - \mathbf{B}^2(x)).
\end{aligned}
\tag{4.56}
$$

Die kanonisch konjugierten Felder sind dann

$$
\Pi^0(x) = \frac{\partial \mathscr{L}}{\partial(\partial_0 A_0(x))} = 0, \quad \Pi^i(x) = \frac{\partial \mathscr{L}}{\partial(\partial_0 A_i(x))} = F^{i0}(x) = E^i(x). \tag{4.57}
$$

Damit folgen die Hamiltondichte und die Hamiltonfunktion zu

$$
\begin{aligned}
\mathscr{H} &= \Pi^\mu \dot{A}_\mu - \mathscr{L} = \frac{1}{2}(\mathbf{E}^2 + \mathbf{B}^2) + \mathbf{E} \cdot \nabla\Phi, \\
H &= \int \mathrm{d}^3x \, \mathscr{H} = \frac{1}{2} \int \mathrm{d}^3x \, (\mathbf{E}^2 + \mathbf{B}^2),
\end{aligned}
\tag{4.58}
$$

wobei wir über den Gradiententerm partiell integriert,

$$
\int \mathrm{d}^3x \, \mathbf{E} \cdot \nabla\Phi = - \int \mathrm{d}^3x \, \nabla \cdot \mathbf{E} \, \Phi, \tag{4.59}
$$

und dann $\nabla \cdot \mathbf{E} = 0$ ausgenutzt haben.

4.4.5 Massives Vektorfeld

Die ebenen Wellenlösungen der Maxwelltheorie haben bekanntlich Viererimpulsquadrat $k^2 = 0$, was nach der relativistischen Energie-Impuls-Beziehung Masselosigkeit bedeutet, wenn wir den Wellenvektor als Teilchenimpuls interpretieren. Zur Beschreibung von massiven Teilchen mit Spin 1 (z.B. ρ- und ω-Mesonen, $W^\pm$-, Z-Bosonen) benötigen wir auch massive Vektorfelder, beschrieben durch die Lagrangedichte

$$
\mathscr{L}(A^\mu, \partial^\nu A^\mu) = -\frac{1}{4} F^{\mu\nu} F_{\mu\nu} + \frac{m^2}{2} A_\mu A^\mu. \tag{4.60}
$$

Die Variationsrechnung führt in diesem Fall auf die Procagleichung

$$\partial_\nu F^{\mu\nu}(x) + m^2 A^\mu(x) = 0, \tag{4.61}$$

sodass ebene Wellen nun $k^2 = m^2$ erfüllen. Man beachte den Einfluss des Massenterms auf die Eichfreiheit: die Lagrangedichte entält das Eichfeld nun nicht mehr nur über den Feldstärketensor, sondern auch explizit. Sie ist in dieser Form *nicht* mehr invariant unter allgemeinen Transformationen $A'^\mu(x) = A^\mu(x) + \partial^\mu f(x)$, sondern bekommt einen Zusatzterm

$$\mathscr{L}' = \mathscr{L} + m^2 A^\mu \partial_\mu f = \mathscr{L} + m^2 \partial_\mu (A^\mu f) - m^2 (\partial_\mu A^\mu) f. \tag{4.62}$$

Dementsprechend verändert sich auch die Procagleichung unter solchen Transformationen. Wir sehen jedoch in der letzten Gleichung, dass sich der Zusatzterm zerlegen lässt in eine totale Viererdivergenz, deren Raumzeitintegral verschwindet, sowie einen weiteren Term proportional zur Viererdivergenz des Vektorfeldes. Auch dieser verschwindet in der Lorenzeichung $\partial_\mu A^\mu = 0$. Mit anderen Worten, die Lagrangedichte ist invariant unter einer Unterklasse von Eichtransformationen, die die Lorenzeichung erfüllen, also unter $A'^\mu = A^\mu + \partial^\mu g$ für Funktionen mit $\Box g(x) = 0$. In Lorenzeichung geht die Procagleichung über in

$$(\partial_\nu \partial^\nu + m^2) A^\mu(x) = 0, \quad \partial_\mu A^\mu(x) = 0. \tag{4.63}$$

Man sieht direkt, dass sie in der Tat ihre Form unter den verbleibenden Eichtransformationen behält. Somit haben wir vier reelle Feldkomponenten, und mit der Lorenzeichbedingung verbleiben drei Freiheitsgrade für das massive Vektorfeld. Die Lösungen sind lineare Superpositionen von ebenen Wellen in derselben Form wie die Maxwellfelder (3.187), jedoch sind die Polarisationsvektoren nicht mehr notwendig transversal. Dementsprechend gibt es drei Polarisationszustände und die zugehörigen Polarisationsvektoren erfüllen die Orthogonalitäts- und Vollständigkeitsrelationen

$$\epsilon_\lambda^\mu(k) \cdot k_\mu = 0, \quad \epsilon_\lambda^\mu(k) \cdot \epsilon_{\lambda'\mu}(k) = \delta_{\lambda\lambda'}, \tag{4.64}$$

$$\sum_{\lambda=1}^3 \epsilon_\lambda^\mu(k) \epsilon_\lambda^\nu(k) = - \left(g^{\mu\nu} - \frac{k^\mu k^\nu}{m^2} \right). \tag{4.65}$$

4.5 Symmetrien und Erhaltungssätze

Die herausragende Bedeutung von Symmetrien für die klassische Physik wird im Noethertheorem zusammengefasst: Die Invarianz der Wirkung unter einer kontinuierlichen globalen Transformation impliziert einen erhaltenen Strom und damit eine erhaltene Ladung. In der Mechanik von Massenpunkten folgen Energie- und Impulserhaltung aus der Invarianz der Wirkung unter Translationen in Zeit und Raum, die Drehimpulserhaltung aus der Invarianz unter räumlichen Rotationen. Wir wollen uns in diesem Abschnitt überzeugen, dass dieses Theorem auch für Feldtheorien und Transformationen der Felder, nicht nur der Koordinaten, gültig ist. Wir besprechen exemplarisch den Fall eines reellen skalaren Feldes mit der nicht weiter spezifizierten Lagrangedichte $\mathscr{L}(\phi, \partial_\mu \phi)$ und betrachten eine kombinierte, infinitesimale Transformation von Koordinaten und Feld,

$$
\begin{aligned}
x'^\mu &= x^\mu + \delta x^\mu, \\
\phi'(x') &= \phi(x) + \delta\phi(x).
\end{aligned}
\tag{4.66}
$$

Dabei kann die Änderung der Koordinaten selbst koordinatenabhängig sein, d. h., $\delta x^\mu = \delta x^\mu(x)$. Die Feldvariation setzt sich nun zusammen aus der funktionalen Variation bei festen Koordinaten wie im vorigen Abschnitt und einer effektiven Variation durch die Transformation der Koordinaten,

$$
\begin{aligned}
\delta\phi &= \phi'(x') - \phi(x) \\
&= \phi'(x + \delta x) - \phi(x) \\
&= \phi'(x) - \phi(x) + \partial_\mu \phi'(x) \delta x^\mu + \dots \\
&= \delta_0 \phi(x) + \big(\partial_\mu \phi(x)\big) \delta x^\mu + \dots,
\end{aligned}
\tag{4.67}
$$

wobei wir nur Terme erster Ordnung in kleinen Variationen behalten. Man beachte, dass Transformationen im Allgemeinen im Unendlichen nicht verschwinden. Weiter benötigen wir

$$
\partial'_\mu = \frac{\partial x^\nu}{\partial x'^\mu} \partial_\nu = (\delta^\nu_\mu - \partial_\mu \delta x^\nu)\partial_\nu = \partial_\mu - (\partial_\mu \delta x^\nu)\partial_\nu.
\tag{4.68}
$$

Die Variation der Ableitungen der Felder ist dann

$$
\begin{aligned}
\delta(\partial_\mu \phi) &= \partial'_\mu \phi'(x') - \partial_\mu \phi(x) \\
&= (\partial_\mu - (\partial_\mu \delta x^\nu)\partial_\nu)(\phi(x) + \delta\phi(x)) - \partial_\mu \phi(x) \\
&= \partial_\mu \delta\phi(x) - (\partial_\mu \delta x^\nu)\partial_\nu \phi + \cdots \\
&= \partial_\mu \delta_0 \phi + (\partial_\mu \partial_\nu \phi)\delta x^\nu + \cdots
\end{aligned}
\tag{4.69}
$$

Wie im vorigen Abschnitt schreiben wir die gestrichene Wirkung in die ungestrichene um, indem wir um die ungestrichenen Koordinaten und Felder entwickeln,

$$
S' = \int \mathrm{d}^4 x' \; \mathscr{L}(\phi'(x'), \partial'_\mu \phi'(x')) = S + \delta S + \dots
\tag{4.70}
$$

Die Jacobideterminante des Integralmaßes ist zu führender Ordnung

$$d^4x' = \left| \frac{\partial(x'^0, x'^1, x'^2, x'^3)}{\partial(x^0, x^1, x^2, x^3)} \right| d^4x = (1 + \partial_\mu \delta x^\mu + \ldots) d^4x. \tag{4.71}$$

Damit können wir die Veränderung der Wirkung schreiben als

$$\delta S = \int d^4x \, (\mathscr{L} \partial_\mu \delta x^\mu + \delta \mathscr{L}). \tag{4.72}$$

Die Änderung der Lagrangedichte ist zu führender Ordnung

$$\mathscr{L}(\phi'(x'), \partial_\mu' \phi'(x')) = \mathscr{L}(\phi + \delta\phi, \partial_\mu \phi + \delta(\partial_\mu \phi))$$

$$= \mathscr{L}(\phi, \partial_\mu \phi) + \frac{\partial \mathscr{L}}{\partial \phi} \delta\phi + \frac{\partial \mathscr{L}}{\partial(\partial_\mu \phi)} \delta(\partial_\mu \phi) + \cdots \tag{4.73}$$

oder, wenn wir die Variation der Felder wieder in die funktionale Änderung und die Änderung der Koordinaten aufspalten,

$$\delta\mathscr{L} = \frac{\partial \mathscr{L}}{\partial \phi} \delta_0 \phi + \frac{\partial \mathscr{L}}{\partial(\partial_\mu \phi)} \partial_\mu \delta_0 \phi + \frac{\partial \mathscr{L}}{\partial \phi}(\partial_\nu \phi)\delta x^\nu + \frac{\partial \mathscr{L}}{\partial(\partial_\mu \phi)}(\partial_\nu \partial_\mu \phi)\delta x^\nu$$

$$= \left[\frac{\partial \mathscr{L}}{\partial \phi} - \left(\frac{d}{dx^\mu} \frac{\partial \mathscr{L}}{\partial(\partial_\mu \phi)} \right) \right] \delta_0 \phi + \frac{d}{dx^\mu} \left(\frac{\partial \mathscr{L}}{\partial(\partial_\mu \phi)} \delta_0 \phi \right) + \frac{d\mathscr{L}}{dx^\mu} \delta x^\mu. \tag{4.74}$$

In der letzten Zeile haben wir die Produktregel und die Kettenregel benutzt. Unter Ausnutzung der Euler-Lagrange-Gleichung erhalten wir insgesamt für die Variation der Wirkung

$$\delta S = \int d^4x \left[\mathscr{L} \partial_\mu \delta x^\mu + \delta x^\mu \frac{d}{dx^\mu} \mathscr{L} + \frac{d}{dx^\mu} \left(\frac{\partial \mathscr{L}}{\partial(\partial_\mu \phi)} \delta_0 \phi \right) \right]$$

$$= \int d^4x \frac{d}{dx^\mu} \left[\mathscr{L} \delta x^\mu + \frac{\partial \mathscr{L}}{\partial(\partial_\mu \phi)} \delta_0 \phi \right]. \tag{4.75}$$

Schließlich drücken wir noch $\delta_0 \phi$ durch $\delta\phi$ aus und sortieren nach Feld- und Koordinatenvariation,

$$\delta S = \int d^4x \frac{d}{dx^\mu} \left[\mathscr{L} \delta x^\mu + \frac{\partial \mathscr{L}}{\partial(\partial_\mu \phi)}(\delta\phi - \partial_\nu \phi \delta x^\nu) \right]$$

$$= \int d^4x \frac{d}{dx^\mu} \left[\left(\mathscr{L} g^\mu{}_\nu - \frac{\partial \mathscr{L}}{\partial(\partial_\mu \phi)} \partial_\nu \phi \right) \delta x^\nu + \frac{\partial \mathscr{L}}{\partial(\partial_\mu \phi)} \delta\phi \right]. \tag{4.76}$$

Weiter parametrisieren wir die Koordinaten- und Feldtransformationen durch globale (koordinatenunabhängige) Parameter,

$$\delta\phi = \frac{\delta\phi}{\delta\omega^a}\delta\omega^a,$$

$$\delta x^\nu = \frac{\delta x^\nu}{\delta\omega^a}\delta\omega^a, \quad a = 1, 2, \ldots \tag{4.77}$$

Diese Notation ist ohne Angabe der konkreten Transformationen sehr symbolisch. Je nach Transformation und Anzahl ihrer Parameter hat ω keinen, einen oder auch mehrere Indizes, die hier in „a" zusammengefasst werden, siehe auch die nachfolgenden Beispiele. Nun können wir die Transformationsparameter aus der Klammer ziehen und erhalten das Ergebnis

$$\delta S = \int \mathrm{d}^4x \, \frac{d}{dx^\mu} \left[\left(\mathscr{L} g^\mu{}_\nu - \frac{\partial\mathscr{L}}{\partial(\partial_\mu\phi)}\partial_\nu\phi \right) \frac{\delta x^\nu}{\delta\omega^a} + \frac{\partial\mathscr{L}}{\partial(\partial_\mu\phi)}\frac{\delta\phi}{\delta\omega^a} \right] \delta\omega^a$$

$$= \int \mathrm{d}^4x \, \partial_\mu J_a^\mu(x)\delta\omega^a. \tag{4.78}$$

Die eckige Klammer stellt offenbar eine Ansammlung von $a = 1, \ldots$ Vierervektoren dar und ist unter dem Integral als Funktion von x aufzufassen. Wir definieren

$$J_a^\mu(x) \equiv -\frac{\partial\mathscr{L}}{\partial(\partial_\mu\phi)}\frac{\delta\phi}{\delta\omega^a} + \Theta^\mu{}_\nu \frac{\delta x^\nu}{\delta\omega^a}, \tag{4.79}$$

$$\Theta^{\mu\nu}(x) \equiv \frac{\partial\mathscr{L}}{\partial(\partial_\mu\phi)}\partial^\nu\phi - g^{\mu\nu}\mathscr{L}. \tag{4.80}$$

Der Tensor $\Theta^{\mu\nu}(x)$ heißt aus Gründen, die gleich offensichtlich werden, Energie-Impuls-Tensor. Damit haben wir das gesuchte Ergebnis: ist die Wirkung invariant unter infinitesimalen Transformationen mit beliebigen $\delta\omega^a$, d.h., $\delta S = 0$, so existieren erhaltene Noetherströme und die dazugehörigen Ladungen

$$\delta S = 0 \quad \Leftrightarrow \quad \partial_\mu J_a^\mu = 0, \quad Q_a = \int \mathrm{d}^3x \, J_a^0. \tag{4.81}$$

Diese Relation lässt sich auch umkehren: beobachtet man experimentell eine klassisch erhaltene Ladung, so impliziert dies eine Symmetrie der klassischen Wirkung. Es ist klar, dass dieser Umstand für die Konstruktion von Theorien von immenser Bedeutung ist. Die Ausdehnung auf ein mehrkomponentiges oder komplexes Skalarfeld sowie auf andere Feldtypen bereitet lediglich Schreibarbeit und sei dem Leser als Übung überlassen.

Diskutieren wie einige Beispiele in skalaren Theorien:

- Translation der Raumzeit: $x'^\mu = x^\mu + a^\mu$
  Dies ist eine Poincarétransformation, die skalare Felder invariant lässt, $\phi'(x') = \phi(x)$, d. h., es tritt keine Variation der Felder auf und der erhaltene Viererstrom in (4.80) enthält lediglich den Beitrag des Energie-Impuls-Tensors. Wir identifizieren die infinitesimale Änderung in den Koordinaten als Translationsparameter,

$$\delta x^\mu = \frac{\delta x^\mu}{\delta \omega^a}\, \delta \omega^a = \delta a^\mu,$$

$$\Rightarrow \delta \omega^a \to \delta a^\nu, \quad \frac{\delta x^\mu}{\delta \omega^a} \to g^\mu{}_\nu, \quad J_a^\mu \to J^\mu{}_\nu = \Theta^\mu{}_\nu. \tag{4.82}$$

Somit haben wir vier erhaltene Ströme,

$$\partial_\mu \Theta^\mu{}_\nu = \partial_0 \Theta^0{}_\nu + \partial_i \Theta^i{}_\nu = 0. \tag{4.83}$$

Integration über ein räumliches Volumen und Verwendung des Gauß'schen Satzes führt wieder auf die zeitlichen Erhaltungsgrößen,

$$\partial_0 \int_V \mathrm{d}^3 x\, \Theta^0{}_\nu = -\int_V \mathrm{d}^3 x\, \partial_j\, \Theta^j{}_\nu$$

$$= -\int_{S=\partial V} \mathrm{d}S^j \cdot \Theta^j{}_\nu, \tag{4.84}$$

d. h., die zeitliche Änderung der Ladungen auf der linken Seite entspricht dem Stromfluss durch die Oberfläche des betrachteten Volumens. Nehmen wir als Volumen den gesamten Raum, dann verschwindet mit den Feldern im Unendlichen auch $\Theta^j{}_\nu(x \to \infty) \to 0$, und wir haben Ladungserhaltung. Betrachten wir die Komponenten von $\Theta^{\mu\nu}$,

$$\Theta^{00} = \frac{\delta \mathscr{L}}{\delta(\partial_0 \phi)}\, \partial^0 \phi - g^{00} \mathscr{L} = \Pi\, \dot\phi - \mathscr{L} = \mathscr{H}, \tag{4.85}$$

$$\Theta^{0j} = \frac{\delta \mathscr{L}}{\delta(\partial_0 \phi)}\, \partial^j \phi - g^{0j} \mathscr{L} = \Pi\, \partial^j \phi, \tag{4.86}$$

so sehen wir, dass die 00-Komponente der Energiedichte des Feldes entspricht. Die Kovarianz dieser Ausdrücke legt uns nahe, die zugehörigen räumlichen Komponenten als Impulsdichte zu interpretieren und den Energie-Impuls-Vierervektor des skalaren Feldes zu definieren,

$$P^\mu \equiv \int \mathrm{d}^3 x \Theta^{0\mu}. \tag{4.87}$$

Man überzeugt sich von der Richtigkeit dieser Identifikation am besten durch den analogen Ausdruck für das Maxwellfeld A^μ, der Energie und Impuls des in der Elektrodynamik bekannten Poyntingvektors reproduziert.

- Translation der Feldvariablen: $\phi'(x) = \phi(x) + \alpha$
  Für den Fall eines masselosen Klein-Gordon-Feldes, $m = 0$, besteht die Lagrangedichte nur aus dem Ableitungsterm und ist invariant unter dieser Feldtransformation. Es handelt sich hier um eine sogenannte „innere", d. h. koordinatenunabhängige Symmetrie, denn bei dieser Transformation ist $x'^\mu = x^\mu$. In diesem Fall haben wir nur den Beitrag der Feldvariation zum Strom (4.80),

$$\delta\phi = \delta\alpha, \quad \frac{\delta\phi}{\delta\omega^a} \rightarrow 1, \quad J_a^\mu \rightarrow J^\mu = -\partial^\mu\phi. \tag{4.88}$$

Ein weiteres Beispiel für eine innere Symmetrie ist die Eichsymmetrie der Maxwellwirkung.

- Multiplikation komplexer Felder mit einer Phase: $\phi' = e^{i\alpha}\phi$, $\phi'^* = e^{-i\alpha}\phi^*$
  Eine im Folgenden häufig auftretende innere Symmetrie ist die Invarianz von komplexen Feldern unter einer Phasentransformation. Wir betrachten ein komplexes Skalarfeld mit der Lagrangedichte (4.42), die invariant ist unter solch einer Transformation. Für infinitesimale Winkel werden die Feldvariationen zu

$$\phi' = (1 + i\delta\alpha + \ldots)\phi \quad \Rightarrow \quad \delta\omega^a \rightarrow \delta\alpha, \quad \frac{\delta\phi}{\delta\omega^a} \rightarrow \frac{\delta\phi}{\delta\alpha} = i\phi, \quad (4.89)$$

$$\phi'^* = (1 - i\delta\alpha + \ldots)\phi^* \quad \Rightarrow \quad \delta\omega^a \rightarrow \delta\alpha, \quad \frac{\delta\phi^*}{\delta\omega^a} \rightarrow \frac{\delta\phi^*}{\delta\alpha} = -i\phi^*.$$

Der zugehörige Noetherstrom und die erhaltene Ladung lauten dann

$$J^\mu = -\frac{\partial\mathscr{L}}{\partial(\partial_\mu\phi)}\frac{\delta\phi}{\delta\omega^a} - \frac{\partial\mathscr{L}}{\partial(\partial_\mu\phi^*)}\frac{\delta\phi^*}{\delta\omega^a}$$
$$= i(\phi^*\,\partial^\mu\phi - \phi\,\partial^\mu\phi^*), \tag{4.90}$$

$$Q = \int d^3x\, J^0. \tag{4.91}$$

Der Ausdruck für den erhaltenen Strom ist mit (3.25) aus Abschn. 3.1 zur Klein-Gordon-Gleichung identisch, aber mit völlig veränderter Interpretation. Die erhaltene Ladung hat als klassische Größe nichts mit einer Wahrscheinlichkeitsdichte zu tun. Strom und Ladung können sowohl positive als auch negative Werte annehmen und eignen sich insbesondere zur Beschreibung elektrischer Ladungen und Ströme, die zugehörige Kontinuitätsgleichung formuliert dann die Ladungserhaltung. Wie wir im nächsten Kapitel sehen werden, bleibt diese Interpretation auch nach der Quantisierung bestehen. Neben der elektrischen Ladung werden wir später noch weitere erhaltene Teilcheneigenschaften wie die Baryonzahl oder die Flavourquantenzahlen der Quarks kennenlernen, die jeweils Invarianzen der Lagrangedichte unter Phasentransformationen entsprechen.

Zusammenfassung

- Der klassische Hamilton-Lagrange-Formalismus lässt sich auf kontinuier-liche Felder übertragen
- Die Wellengleichungen des vorigen Kapitels entsprechen den klassischen Bewegungsgleichungen von Feldern in verschiedenen Darstellungen der Lorentzgruppe
- Noethertheorem: Jede kontinuierliche Symmetrietransformation, die die klassische Wirkung invariant lässt, impliziert zugehörige erhaltene Ladungen und umgekehrt

Aufgaben

4.1 Die Wirkung für ein freies, komplexes Klein-Gordon-Feld lautet

$$S = \int d^4x \left(\partial_\mu \phi^*(x) \partial^\mu \phi(x) - m^2 \phi^*(x) \phi(x) \right).$$

Leiten Sie daraus die Hamiltonfunktion her,

$$H = \int d^3x \left(\Pi^*(x) \Pi(x) + \nabla \phi^*(x) \nabla \phi(x) + m^2 \phi^*(x) \phi(x) \right).$$

4.2 Betrachten Sie die klassische Elektrodynamik ohne Ladungen und Ströme mit der Wirkung

$$S = \int d^4x \left(-\frac{1}{4} F_{\mu\nu} F^{\mu\nu} \right).$$

Der antisymmetrische Feldstärketensor erfüllt die Gleichung

$$\partial_\nu F^{\nu\mu} = 0.$$

a) Mithilfe der Symmetrie in den Indizes zeige man die Gültigkeit der folgenden Identität:

$$\partial^\lambda F^{\mu\nu} + \partial^\mu F^{\nu\lambda} + \partial^\nu F^{\lambda\mu} = 0.$$

b) Man behandle A_μ als dynamische Variable und finde die Maxwellgleichungen als Euler-Lagrange-Gleichungen der Theorie, ausgedrückt durch die physikalischen Felder $\mathbf{E}$ and $\mathbf{B}$.

Hinweis: Benutzen Sie die Identitäten $E^i = -F^{0i}$ und $B^k = -\frac{1}{2}\epsilon^{ijk}F^{ij}$.

c) Bestimmen Sie den zugehörigen Energie-Impuls-Tensor $\Theta^{\mu\nu}$. Dieser hat zunächst keine bestimmte Symmetrie in seinen Indizes. Dies kann geändert werden, indem man einen Term $\sim \partial_\lambda K^{\lambda\mu\nu}$ dazu addiert, mit K antisymmetrisch in (λ, μ). Da der Zusatzterm per Konstruktion Divergenz null besitzt, ergibt der modifizierte Tensor,

$$\hat{\Theta}^{\mu\nu} = \Theta^{\mu\nu} + \partial_\lambda K^{\lambda\mu\nu},$$

dieselben erhaltenen Ladungen wie der ursprüngliche. Zeigen Sie, dass die Wahl

$$K^{\lambda\mu\nu} = F^{\mu\lambda} A^\nu$$

einen symmetrischen Tensor $\hat{\Theta}^{\mu\nu}$ ergibt.

d) Zeigen Sie, dass $\hat{\Theta}^{\mu\nu}$ auf die bekannten Resultate für die Energie- und Impulsdichte des elektromagnetischen Feldes führt,

$$\epsilon = \frac{1}{2}(|\mathbf{E}|^2 + |\mathbf{B}|^2), \quad \mathbf{S} = \mathbf{E} \times \mathbf{B}.$$

4.3 Nach dem Noethertheorem ist die Erhaltung des Viererimpulses p^μ die Konsequenz der Invarianz einer Theorie unter Translationen $x^\mu \to x^\mu + a^\mu$. Benutzen Sie die Resultate für die skalare Feldtheorie, um den Energie-Impuls-Tensor für eine fermionische Theorie herzuleiten,

$$\Theta^{\mu\nu}(x) = i\bar{\psi}(x)\gamma^\mu \frac{\partial}{\partial x_\nu} \psi(x).$$

Berechnen Sie Energie und Dreierimpuls und zeigen Sie explizit, dass diese jeweils erhalten sind.

Hinweis: Es ist nicht nötig, die ganze Rechnung für Spinorfelder zu wiederholen. Es genügt zu überlegen, wie die Rechnung modifiziert wird, wenn jede Spinorkomponente als separates Feld behandelt wird.

Quantentheorie freier Felder

5

Inhaltsverzeichnis

Nachdem wir einen einheitlichen Hamilton-Lagrange-Formalismus für klassische Felder verschiedener Spindarstellungen der Lorentzgruppe entwickelt haben, wollen wir die Felder quantisieren. Das Verfahren der kanonischen Quantisierung verläuft völlig analog dem aus der Quantenmechanik bekannten, indem die konjugierten dynamischen Variablen eines Systems zu Operatoren werden, die entsprechende Vertauschungsrelationen erfüllen müssen. Diese Regeln implizieren Kommutatoren für die Fourierkoeffizienten der Felder im Impulsraum, die als Erzeugungs- und Vernichtungsoperatoren für Energiequanten ähnlich derer des quantenmechanischen harmonischen Oszillators wirken. Die Energiequanten entsprechen den Energie-Impuls-Eigenwerten von relativistischen Teilchen, sodass wir einen Hilbertraum mit einer Basis freier Teilchenzustände konstruieren können. Dieser Formalismus lässt sich mit wenigen Modifikationen auf Felder verschiedener Lorentzdarstellungen übertragen und gestattet eine einheitliche quantenmechanische Behandlung freier relativistischer Teilchen verschiedener Spins.

© Springer-Verlag GmbH Deutschland, ein Teil von Springer Nature 2018
O. Philipsen, *Quantenfeldtheorie und das Standardmodell der Teilchenphysik*,
https://doi.org/10.1007/978-3-662-57820-9_5

5.1 Kanonische Quantisierung des reellen Skalarfeldes

Wir beginnen mit einem reellen Skalarfeld. Ausgangspunkt zur Quantisierung sind die folgenden klassischen Größen:

$$\text{Lagrangedichte} \quad \mathscr{L} = \frac{1}{2}(\partial_\mu \phi)(\partial^\mu \phi) - \frac{1}{2}m^2\phi^2$$

$$\text{Euler-Lagrange-Gleichung:} \quad (\Box + m^2)\phi(x) = 0$$

$$\text{konjugiertes Feld:} \quad \Pi(x) = \frac{\partial \mathscr{L}}{\partial(\partial_0\phi)} = \dot{\phi}(x)$$

$$\text{Hamiltonfunktion:} \quad H = P^0 = \int d^3x \, \frac{1}{2}\left(\Pi^2(x) + (\nabla\phi)^2 + m^2\phi^2\right)$$

$$\text{Feldimpuls:} \quad P^i = \int d^3x \, \Pi(x)\partial^i\phi(x) \tag{5.1}$$

Zur Quantisierung verfahren wir, zunächst unter Aufschub einer physikalischen Interpretation, rein formal und analog zur Quantenmechanik in zwei Schritten:

1) Konjugierte Variablen werden zu Operatoren:

$$\phi(x) \to \hat{\phi}(x)$$
$$\Pi(x) \to \hat{\Pi}(x) \tag{5.2}$$

2) Wir fordern zu jedem Zeitpunkt t Kommutatorregeln:

$$\left[\hat{\phi}(\mathbf{x}, t), \hat{\phi}(\mathbf{y}, t)\right] = 0$$

$$\left[\hat{\Pi}(\mathbf{x}, t), \hat{\Pi}(\mathbf{y}, t)\right] = 0$$

$$\left[\hat{\phi}(\mathbf{x}, t), \hat{\Pi}(\mathbf{y}, t)\right] = i\,\delta^3(\mathbf{x} - \mathbf{y}) \tag{5.3}$$

Bei $\hat{\phi}(x)$ und $\hat{\Pi}(x)$ handelt es sich um Feldoperatoren, d. h., jedem Raumzeitpunkt sind Operatoren zugeordnet. Anders ausgedrückt haben wir eine unendliche Menge an Operatoren, wenn wir die Argumente als kontinuierliche Indizes auffassen. Die Kommutatorregeln für konjugierte Variablen sind dann identisch mit den quantenmechanischen und lediglich auf kontinuierliche Indizes verallgemeinert. Mit den konjugierten Feldern werden natürlich auch die Hamiltonfunktion und der Feldimpuls zu Operatoren,

$$H(t) = \int d^3x \, \mathscr{H}(x) \to \hat{H}(t) = \int d^3x \, \hat{\mathscr{H}}(x), \tag{5.4}$$

$$P^i(t) = \int d^3x \, \Pi(x)\partial^i\phi(x) \to \hat{P}^i(t) = \int d^3x \, \hat{\Pi}(x)\partial^i\hat{\phi}(x). \tag{5.5}$$

Da $\hat{\phi}(x)$ und $\hat{\Pi}(x)$ explizit von der Zeit abhängen, sind sie als Operatoren im Heisenbergbild aufzufassen. Hamilton- und Impulsoperator können nach obiger Definition im Allgemeinen noch von t abhängen. Bei der Konstruktion fundamentaler Theorien interessieren wir uns nur für konservative Systeme, für die dies nicht der Fall ist. Im Abschn. 5.1.1 werden wir für die hier betrachtete Klein-Gordon-Theorie auch explizit die Zeitunabhängigkeit des Hamiltonoperators erkennen.

Die Kommutatorregeln implizieren, analog zur nichtrelativistischen Quantenmechanik, ein Gesetz zur Dynamik der Heisenbergoperatoren. Durch direktes Ausrechnen der Kommutatoren finden wir

$$\partial^\mu \hat{\phi} = i \left[\hat{P}^\mu, \hat{\phi}(x) \right]. \tag{5.6}$$

Die Nullkomponente dieser Gleichung und ihre nochmalige Zeitableitung ergeben mit $\partial_t \hat{H} = 0$

$$\partial_t \hat{\phi} = i \left[\hat{H}, \hat{\phi}(x) \right], \quad \partial_t \hat{\Pi} = i \left[\hat{H}, \hat{\Pi}(x) \right], \tag{5.7}$$

also die zur nichtrelativistischen Quantenmechanik (2.33) analogen Heisenberggleichungen der konjugierten Variablen unserer Quantenfeldtheorie. Damit haben wir ein erstes bemerkenswertes Ergebnis unserer Feldquantisierung: Die aus der nichtrelativistischen Quantenmechanik bekannten Heisenberggleichungen für Operatoren lassen sich auf relativistische Felder verallgemeinern und in die kovariante Form (5.6) bringen.

Die Klein-Gordon-Gleichung verliert nach der Quantisierung natürlich ihren Sinn als klassische Feldgleichung. Stattdessen ist sie nun eine Operatorgleichung äquivalent den eben gefundenen Heisenberggleichungen. Es ist nämlich

$$
\begin{aligned}
i\partial_t \hat{\phi}(\mathbf{x}, t) &= \left[\hat{\phi}(\mathbf{x}, t), \int \mathrm{d}^3 y \left\{ \frac{1}{2}\hat{\Pi}^2(\mathbf{y}, t) + \frac{1}{2}(\nabla\hat{\phi}(\mathbf{y}, t))^2 + \frac{1}{2}m^2\hat{\phi}^2(\mathbf{y}, t) \right\} \right] \\
&= \int \mathrm{d}^3 y \, i\delta(\mathbf{x} - \mathbf{y})\hat{\Pi}(\mathbf{y}, t) \\
&= i\hat{\Pi}(\mathbf{x}, t), \\
i\partial_t \hat{\Pi}(\mathbf{x}, t) &= \left[\hat{\Pi}(\mathbf{x}, t), \int \mathrm{d}^3 y \left\{ \frac{1}{2}\hat{\Pi}^2(\mathbf{y}, t) + \frac{1}{2}(\nabla\hat{\phi}(\mathbf{y}, t))^2 + \frac{1}{2}m^2\hat{\phi}^2(\mathbf{y}, t) \right\} \right] \\
&= \int \mathrm{d}^3 y \, i\delta(\mathbf{x} - \mathbf{y})\{\nabla^2\hat{\phi}(\mathbf{y}, t) - m^2\hat{\phi}(\mathbf{y}, t)\} \\
&= i\left(\nabla^2\hat{\phi}(\mathbf{x}, t) - m^2\hat{\phi}(\mathbf{x}, t) \right),
\end{aligned}
\tag{5.8}
$$

oder

$$-\partial_t^2 \hat{\phi}(x) = -\nabla^2\hat{\phi}(x) + m^2\hat{\phi}(x). \tag{5.9}$$

Diese ersten Ergebnisse ermutigen uns, dass die per Analogie zur nichtrelativistischen Quantenmechanik geforderten Kommutatorregeln für $\hat{\phi}$ und $\hat{\Pi}$ sinnvoll sind.

5.1.1 Erzeugungs- und Vernichtungsoperatoren

Zur Lösung unserer freien Quantenfeldtheorie wechseln wir in den Impulsraum. Die allgemeine Lösung der Klein-Gordon-Gleichung für klassische reelle Felder ist

$$\phi(x) = \int \frac{d^3 p}{(2\pi)^3 2E(\mathbf{p})} \Big[a(\mathbf{p})\, e^{-ipx} + a^*(\mathbf{p})e^{ipx} \Big]. \tag{5.10}$$

Mit der Quantisierung $\phi \to \hat{\phi}$ werden auch die Fourierkoeffizienten zu Operatoren,

$$a(\mathbf{p}) \to \hat{a}(\mathbf{p}), \quad a^*(\mathbf{p}) \to \hat{a}^\dagger(\mathbf{p}). \tag{5.11}$$

Der Feldoperator und der konjugierte Feldoperator lauten dann

$$\hat{\phi}(x) = \int \frac{d^3 p}{(2\pi)^3 2E(\mathbf{p})} \Big[\hat{a}(\mathbf{p})\, e^{-ipx} + \hat{a}^\dagger(\mathbf{p})e^{ipx} \Big], \tag{5.12}$$

$$\hat{\Pi}(x) = \dot{\hat{\phi}}(x) = \int \frac{d^3 p}{(2\pi)^3 2E(\mathbf{p})}\, iE(\mathbf{p}) \Big[-\hat{a}(\mathbf{p})e^{-ipx} + \hat{a}^\dagger(\mathbf{p})e^{ipx} \Big]. \tag{5.13}$$

Da $\hat{\phi}$ und $\hat{\Pi}$ nicht kommutieren, ist klar, dass auch die Fourierkoeffizienten nichttriviale Kommutatorregeln erfüllen müssen. Diese wollen wir nun bestimmen. Dazu transformieren wir in den Impulsraum,

$$\int d^3 x\, \hat{\phi}(x)e^{ikx} = \frac{1}{2E(\mathbf{k})} \Big[\hat{a}(\mathbf{k}) + \hat{a}^\dagger(\mathbf{k})e^{2ik^0 x^0} \Big], \tag{5.14}$$

$$\int d^3 x\, \hat{\Pi}(x)e^{ikx} = -\frac{i}{2} \Big[\hat{a}(\mathbf{k}) - \hat{a}^\dagger(\mathbf{k})e^{2ik^0 x^0} \Big], \tag{5.15}$$

und lösen durch geeignete Linearkombinationen auf,

$$\hat{a}(\mathbf{k}) = \int d^3 x \Big[E(\mathbf{k})\hat{\phi}(x) + i\hat{\Pi}(x) \Big] e^{ikx} = i \int d^3 x\, e^{ikx} \overset{\leftrightarrow}{\partial_0}\, \hat{\phi}(x), \tag{5.16}$$

$$\hat{a}^\dagger(\mathbf{k}) = \int d^3 x \Big[E(\mathbf{k})\hat{\phi}(x) - i\hat{\Pi}(x) \Big] e^{-ikx} = -i \int d^3 x\, e^{-ikx} \overset{\leftrightarrow}{\partial_0}\, \hat{\phi}(x). \tag{5.17}$$

Hierbei haben wir definiert

$$f(t) \overset{\leftrightarrow}{\partial_0} g(t) \equiv f(t)(\partial_0 g(t)) - (\partial_0 f(t))g(t). \tag{5.18}$$

Man beachte, dass die Operatoren im Fourierraum zeitunabhängig sind. Dies erscheint für Fourierkoeffizienten in ihrer Definitionsgleichung (5.12) offensichtlich. Durch explizites Ausrechnen versichert man sich, dass es in (5.16, 5.17) bestehen bleibt, wo es wegen der Exponentialfunktionen im Integranden weniger offensichtlich ist,

$$\partial_0\, \hat{a}(\mathbf{k}) = 0\,, \quad \partial_0\, \hat{a}^\dagger(\mathbf{k}) = 0. \tag{5.19}$$

In den Formeln für die Fourierkoeffizienten sind $\hat{\phi}(x)$ und $\hat{\Pi}(x)$ zur selben Zeit zu nehmen. Damit können wir unter Verwendung des gleichzeitigen Kommutators für die Feldoperatoren berechnen

$$
\begin{aligned}
\left[\hat{a}(\mathbf{k}), \hat{a}^\dagger(\mathbf{k}')\right] &= \int d^3x \int d^3x'\, e^{i(kx-k'x')}\left[E(\mathbf{k})\hat{\phi}(x) + i\hat{\Pi}(x), E(\mathbf{k}')\hat{\phi}(x') - i\hat{\Pi}(x')\right] \\
&= \int d^3x \int d^3x'\, e^{i(kx-k'x')}\Big\{E(\mathbf{k})E(\mathbf{k}')\left[\hat{\phi}(x), \hat{\phi}(x')\right] - iE(\mathbf{k}) \\
&\quad \times \left[\hat{\phi}(x), \hat{\Pi}(x')\right] + iE(\mathbf{k})\left[\hat{\Pi}(x), \hat{\phi}(x')\right] + \left[\hat{\Pi}(x), \hat{\Pi}(x')\right]\Big\} \\
&= \int d^3x \int d^3x'\Big\{- iE(\mathbf{k})\,i\delta^3(\mathbf{x}-\mathbf{x}') + iE(\mathbf{k})(-i)\delta^3(\mathbf{x}-\mathbf{x}')\Big\}e^{i(kx-k'x')} \\
&= \int d^3x\, \left(E(\mathbf{k}) + E(\mathbf{k}')\right)e^{i(k-k')x} \\
&= \left(E(\mathbf{k}) + E(\mathbf{k}')\right)e^{i(E(\mathbf{k})-E(\mathbf{k}'))t}\underbrace{\int d^3x\, e^{-i(\mathbf{k}-\mathbf{k}')\mathbf{x}}}_{=(2\pi)^3\delta^3(\mathbf{k}-\mathbf{k}')} \\
&= 2E(\mathbf{k})(2\pi)^3\delta^3(\mathbf{k}-\mathbf{k}').
\end{aligned} \tag{5.20}
$$

Mit ähnlichen Rechnungen für die anderen Kombinationen finden wir insgesamt

$$
\begin{aligned}
\left[\hat{a}(\mathbf{k}), \hat{a}^\dagger(\mathbf{k}')\right] &= 2E(\mathbf{k})(2\pi)^3\delta^3(\mathbf{k}-\mathbf{k}'), \\
\left[\hat{a}(\mathbf{k}), \hat{a}(\mathbf{k}')\right] &= \left[\hat{a}^\dagger(\mathbf{k}), \hat{a}^\dagger(\mathbf{k}')\right] = 0.
\end{aligned} \tag{5.21}
$$

Dies ist ein bemerkenswertes Ergebnis. Interpretieren wir wieder die Argumente der Feldoperatoren als kontinuierliche Indizes, so erkennen wir bis auf einen Normierungsfaktor für jeden Wert von $\mathbf{k}$ die Vertauschungsrelationen der Erzeugungs- und Vernichtungsoperatoren des quantenmechanischen harmonischen Oszillators wieder! Wir werden sogleich sehen, dass sich die $\hat{a}(\mathbf{k})$ und $\hat{a}^\dagger(\mathbf{k})$ tatsächlich auf völlig analoge Weise interpretieren und anwenden lassen. Zuvor drücken wir noch den Hamiltonoperator und den Feldimpulsoperator durch die Fourierkomponenten aus. Nach einfacher aber langer Rechnung findet man

$$
\hat{H} = \frac{1}{2}\int \frac{d^3p}{(2\pi)^3 2E(\mathbf{p})}\, E(\mathbf{p})\left[\hat{a}^\dagger(\mathbf{p})\hat{a}(\mathbf{p}) + \hat{a}(\mathbf{p})\hat{a}^\dagger(\mathbf{p})\right], \tag{5.22}
$$

$$
\hat{\mathbf{P}} = \frac{1}{2}\int \frac{d^3p}{(2\pi)^3 2E(\mathbf{p})}\, \mathbf{p}\left[\hat{a}^\dagger(\mathbf{p})\hat{a}(\mathbf{p}) + \hat{a}(\mathbf{p})\hat{a}^\dagger(\mathbf{p})\right], \tag{5.23}
$$

wobei insbesondere die Form des Hamiltonoperators erneut an den harmonischen Oszillator erinnert, wie wir gleich noch ausarbeiten. Wir sehen in diesen Formeln nun auch explizit, dass der Hamilton- und der Impulsoperator für die Lösungen der Klein-Gordon-Gleichung zeitunabhängig sind. Somit werden die zugehörigen Erwartungswerte von $\hat{H}$ und $\hat{\mathbf{P}}$ wie erwartet physikalischen Erhaltungsgrößen entsprechen.

Zur weiteren Interpretation der Operatoren im Fourierraum berechnen wir

$$\left[\hat{a}(\mathbf{p}), \hat{H}\right] = E(\mathbf{p})\hat{a}(\mathbf{p}), \quad \left[\hat{a}^\dagger(\mathbf{p}), \hat{H}\right] = -E(\mathbf{p})\hat{a}^\dagger(\mathbf{p}). \tag{5.24}$$

Sei $|\psi\rangle$ ein Eigenzustand des Hamiltonoperators mit Energie E_ψ,

$$\hat{H}|\psi\rangle = E_\psi|\psi\rangle. \tag{5.25}$$

Dann sind wegen

$$\hat{H}\hat{a}(\mathbf{p})|\psi\rangle = (\hat{a}(\mathbf{p})\hat{H} - [\hat{a}(\mathbf{p}), \hat{H}])|\psi\rangle = (E_\psi - E(\mathbf{p}))\hat{a}(\mathbf{p})|\psi\rangle, \tag{5.26}$$

$$\hat{H}\hat{a}^\dagger(\mathbf{p})|\psi\rangle = (\hat{a}^\dagger(\mathbf{p})\hat{H} - [\hat{a}^\dagger(\mathbf{p}), \hat{H}])|\psi\rangle = (E_\psi + E(\mathbf{p}))\hat{a}^\dagger(\mathbf{p})|\psi\rangle \tag{5.27}$$

auch $\hat{a}(\mathbf{p})|\psi\rangle$ und $\hat{a}^\dagger(\mathbf{p})|\psi\rangle$ Eigenzustände des Hamiltonoperators, mit jeweils gegenüber $|\psi\rangle$ um $E(\mathbf{p})$ verminderter bzw. erhöhter Energie. Angewendet auf Eigenzustände des Hamiltonians wirken die Operatoren $\hat{a}(\mathbf{p})$, $\hat{a}^\dagger(\mathbf{p})$ also wie „Vernichter" bzw. „Erzeuger" eines Energiequants $E(\mathbf{p})$, analog den Leiteroperatoren des quantenmechanischen harmonischen Oszillators. Die Hamilton- und Impulsoperatoren des freien Skalarfeldes entsprechen demnach einer unendlichen, kontinuierlichen Summe von harmonischen Oszillatoren, gekennzeichnet durch jeweils einen Impuls $\mathbf{p}$.

5.1.2 Kommutatorregeln und Kausalität

Kommutatoren in der Quantenmechanik implizieren über die Heisenberg'schen Unschärferelationen messbare Konsequenzen für die den Operatoren zugeordneten Observablen: nichtkommutierende Observablen können nicht gleichzeitig beliebig scharf gemessen werden. Da wir eine Quantentheorie im Einklang mit der speziellen Relativitätstheorie wollen, müssen wir aber noch einige Zusatzüberlegungen zur Kausalität anstellen. Der Messprozess beeinflusst ein quantenmechanisches System, was relativistisch kausal geschehen muss. Betrachten wir den Lichtkegel um ein Ereignis am Raumzeitpunkt y: Nur Ereignisse an Raumzeitpunkten x mit zeitartigem Abstand $(x - y)^2 > 0$ sind kausal mit dem Ereignis bei y verknüpft. Ereignisse mit raumartigem Abstand $(x - y)^2 < 0$ können von y nicht beeinflusst werden und y nicht beeinflussen. Dies bedeutet aber insbesondere, dass Messungen an beliebigen Observablen über raumartige Abstände sich unter keinen Umständen beeinflussen können und die zugehörigen Operatoren daher kommutieren müssen. Wir müssen also für raumartige Abstände verlangen:

$$(x - y)^2 < 0 : \quad \left[\hat{\phi}(x), \hat{\phi}(y)\right] = \left[\hat{\Pi}(x), \hat{\Pi}(y)\right] = \left[\hat{\phi}(x), \hat{\Pi}(y)\right] = 0. \quad (5.28)$$

Diese Forderung wird auch als Mikrokausalität bezeichnet. Überprüfen wir zunächst, was das für gleichzeitige Kommutatoren bedeutet, für die $x^0 = y^0 = t$ ist. Dann ist $(x - y)^2 = -(\mathbf{x} - \mathbf{y})^2$ für $\mathbf{x} \neq \mathbf{y}$ immer raumartig, und alle Kommutatoren müssen verschwinden. Für $\mathbf{x} = \mathbf{y}$ ist dies nicht mehr der Fall, x und y entsprechen nun demselben Raumzeitpunkt und können sich beeinflussen. Die oben vorgeschlagene gleichzeitige Kommutatorregel (5.3) ist also konsistent mit der Forderung nach Mikrokausalität. Die Verallgemeinerung auf nichtgleichzeitige Felder erhalten wir durch Ausrechnen, indem wir die Fourierzerlegung der Feldoperatoren und die Kommutatorregeln der Erzeuger und Vernichter benutzen,

$$(x - y)^2 > 0 : \quad \left[\hat{\phi}(x), \hat{\Pi}(y)\right] = \frac{i}{2} \int \frac{\mathrm{d}^3 p}{(2\pi)^3} \left\{ e^{-ip(x-y)} + e^{ip(x-y)} \right\}. \quad (5.29)$$

Abschließend noch eine Bemerkung zum quantenmechanischen Tunneleffekt und den experimentell ausgiebig getesteten verschränkten Zuständen, in denen physikalische Objekte über raumartige Abstände korreliert sind. Die hier realisierten Prinzipien der Lokalität und der Mikrokausalität stehen keineswegs im Widerspruch zu diesen Phänomenen. Ganz im Gegenteil erlauben lokale Quantenfeldtheorien ein genaueres Verständnis dafür, in welchem Sinne solche Effekte nichtlokal sind, ohne jemals mit den Prinzipien der Relativitätstheorie in Konflikt zu geraten.

5.1.3   Vakuumenergie und Normalordnung

Unser nächstes Ziel ist die Konstruktion eines Hilbertraums von quantenmechanischen Zustandsvektoren, auf die die Feldoperatoren wirken. Diese Aufgabe ist nun einfach, da wir das aus der Quantenmechanik bekannte Verfahren der Leiteroperatoren des harmonischen Oszillators übernehmen können. Jede Anwendung von $\hat{a}(\mathbf{p})$ auf einen Energieeigenzustand ergibt wieder einen Energieeigenzustand mit kleinerer Energie. Um keine unbeschränkt negativen Energien zu erhalten, muss es einen Grundzustandzustand $|0\rangle$ niedrigster Energie geben, der durch Anwendung eines Vernichters zu null wird. Wir nennen diesen Grundzustand auch Vakuumzustand und verlangen seine Normierbarkeit. In Formeln ausgedrückt lauten unsere Postulate:

$$a(\mathbf{p})|0\rangle = 0 \quad \text{für alle} \quad \mathbf{p} \qquad (5.30)$$

$$\langle 0|0\rangle = 1 \qquad (5.31)$$

Den Erwartungswert des Hamiltonoperators im Vakuumzustand nennen wir dementsprechend Vakuumenergie. Diese ist

$$
\begin{aligned}
E_0 = \langle 0|\hat{H}|0\rangle &= \frac{1}{4} \int \frac{\mathrm{d}^3 p}{(2\pi)^3} \Big\{ \underbrace{\langle 0|\hat{a}^\dagger(\mathbf{p})\hat{a}(\mathbf{p})|0\rangle}_{=\,0} + \langle 0|\hat{a}(\mathbf{p})\hat{a}^\dagger(\mathbf{p})|0\rangle \Big\} \\
&= \frac{1}{4} \int \frac{\mathrm{d}^3 p}{(2\pi)^3} \langle 0|\Big[\hat{a}(\mathbf{p}), \hat{a}^\dagger(\mathbf{p})\Big] + \underbrace{\hat{a}^\dagger(\mathbf{p})\hat{a}(\mathbf{p})|0\rangle}_{=\,0} \\
&= \frac{1}{4} \int \frac{\mathrm{d}^3 p}{(2\pi)^3} \langle 0|0\rangle (2\pi)^3 \delta(0) 2 E(\mathbf{p}) \\
&= \frac{1}{2} \int \mathrm{d}^3 p \, \delta(0) \sqrt{\mathbf{p}^2 + m^2} \to \infty.
\end{aligned}
\tag{5.32}
$$

Dieses Ergebnis erscheint inakzeptabel. Die Deltafunktion ist singulär, das Integral divergiert und wir gelangen zu der absurden Aussage, dass der Zustand niedrigster Energie unendliche Energie habe. Die Ursache dieser Divergenz ist schnell entdeckt: Unter Benutzung des Kommutators können wir den zweiten Term im Hamiltonoperator (5.22) umschreiben, sodass dieser für jeden Impuls von der Form

$$
\sim \Big(\hat{a}^\dagger(\mathbf{p})\hat{a}(\mathbf{p}) + (2\pi)^3 2E(\mathbf{p})\delta(0)\Big)
\tag{5.33}
$$

ist. Wir wissen aus der Quantenmechanik, dass der zweite Term der sogenannten Nullpunktsenergie entspricht, die ein quantenmechanisches Phänomen ist und beim klassischen harmonischen Oszillator nicht auftritt. Da unser Hamiltonoperator (5.22) einer Ansammlung unendlich vieler quantenmechanischer Oszillatoren entspricht, wird die Summe aller Nullpunktsenergien notwendig divergieren.

Dies ist unsere erste Begegnung mit in der Quantenfeldtheorie häufig auftretenden divergierenden Impulsintegralen. Das Problem kann gelöst werden, indem wir uns an die Diskussion des Diracsees und die Tatsache erinnern, dass wir den Vakuumzustand selbst nicht beobachten und insbesondere den Absolutwert seiner Energie nicht messen können, solange wir Gravitationseffekte vernachlässigen können. (In der allgemeinen Relativitätstheorie geht die absolute Vakuumenergie in Form der kosmologischen Konstanten in die Einsteingleichungen ein und beeinflusst z. B. die Ausdehnung des Universums.) Messbar sind dann lediglich Energiedifferenzen, nämlich die Energien von physikalischen Zuständen relativ zum Vakuum, $E_n - E_0$. Wir nutzen diese Tatsache zu einer Redefinition der Vakuumparameter, die man als „Renormierung" bezeichnet. Wenn die Vakuumenergie nicht messbar ist, dann können wir ihr theoretisch durch eine Normierungsvorschrift einen beliebigen Wert zuordnen, wir wählen praktischerweise Null. Dementsprechend definieren wir eine renormierte Vakuumenergie und einen renormierten Hamiltonoperator durch

$$
E_0^R \equiv \langle 0|\hat{H}^R|0\rangle \overset{!}{=} 0,
\tag{5.34}
$$
$$
\hat{H}^R \equiv \hat{H} - E_0.
\tag{5.35}
$$

Die zweite dieser Definitionen ist natürlich, mathematisch betrachtet, suspekt, solange nicht klar ist, wie man eine unendliche Konstante vom Hamiltonoperator abziehen soll. Um zu verstehen, wie diese Definition gemeint ist und uns zu überzeugen, dass sie ein konsistentes und wohldefiniertes Verfahren liefert, betrachten wir den renormierten Hamiltonoperator im Detail, indem wir für E_0 nochmals zum entsprechenden Ausdruck vor der Integration zurückgehen,

$$\hat{H}^R = \frac{1}{2} \int \frac{\mathrm{d}^3 p}{(2\pi)^3 2E(\mathbf{p})}\, E(\mathbf{p})\Big(\hat{a}^\dagger(\mathbf{p})\hat{a}(\mathbf{p}) + \hat{a}(\mathbf{p})\hat{a}^\dagger(\mathbf{p}) \tag{5.36}$$
$$-\langle 0|\,\hat{a}^\dagger(\mathbf{p})\hat{a}(\mathbf{p}) + \hat{a}(\mathbf{p})\hat{a}^\dagger(\mathbf{p})\,|0\rangle\Big)$$

$$= \frac{1}{2} \int \frac{\mathrm{d}^3 p}{(2\pi)^3 2E(\mathbf{p})}\, E(\mathbf{p})\Big(2\hat{a}^\dagger(\mathbf{p})\hat{a}(\mathbf{p}) + \Big[\hat{a}(\mathbf{p}), \hat{a}^\dagger(\mathbf{p})\Big]$$
$$-\langle 0|\Big[\hat{a}(\mathbf{p}), \hat{a}\dagger(\mathbf{p})\Big]|0\rangle\Big)$$

$$= \int \frac{\mathrm{d}^3 p}{(2\pi)^3 2E(\mathbf{p})}\, E(\mathbf{p})\hat{a}^\dagger(\mathbf{p})\hat{a}(\mathbf{p})$$
$$+\frac{1}{2} \int \frac{\mathrm{d}^3 p}{(2\pi)^3 2E(\mathbf{p})} E(\mathbf{p})\Big(\Big[\hat{a}(\mathbf{p}), \hat{a}^\dagger(\mathbf{p})\Big] - \langle 0|\Big[\hat{a}(\mathbf{p}), \hat{a}^\dagger(\mathbf{p})\Big]|0\rangle\Big)$$

$$= \int \frac{\mathrm{d}^3 p}{(2\pi)^3 2E(\mathbf{p})}\, E(\mathbf{p})\hat{a}^\dagger(\mathbf{p})\hat{a}(\mathbf{p}) + \hat{H}^{\mathrm{vac}}, \tag{5.37}$$

mit

$$\hat{H}^{\mathrm{vac}} \equiv \frac{1}{2} \int \frac{\mathrm{d}^3 p}{(2\pi)^3 2E(\mathbf{p})} E(\mathbf{p})\Big(\Big[\hat{a}(\mathbf{p}), \hat{a}^\dagger(\mathbf{p})\Big] - \langle 0|\Big[\hat{a}(\mathbf{p}), \hat{a}^\dagger(\mathbf{p})\Big]|0\rangle\Big). \tag{5.38}$$

Hierbei haben wir mehrmals die Vertauschungsrelationen benutzt und in der letzten Zeile den Vakuumanteil des Hamiltonoperators $\hat{H}^{\mathrm{vac}}$ definiert. Wir sehen an der Form von $\hat{H}^{\mathrm{vac}}$ sofort, dass bei der Bildung des Vakuumerwartungswerts die Nullpunktsenergie der Oszillatoren für jeden Impulswert *vor* Ausführen einer divergierenden Integration in wohldefinierter Weise abgezogen wird. Ganz offensichtlich ist

$$\langle 0|\hat{H}^{\mathrm{vac}}|0\rangle = 0. \tag{5.39}$$

Weil außerdem im ersten Term von $\hat{H}^R$ ein Operator $\hat{a}(\mathbf{p})$ ganz rechts steht, ist auch der Vakuumerwartungswert des renormierten Hamiltonoperators null,

$$\langle 0|\hat{H}^R|0\rangle = 0, \tag{5.40}$$

wie gefordert.

Um diese Subtraktion nicht bei jeder Berechnung von Vakuumerwartungswerten explizit durchführen zu müssen, automatisieren wir sie durch die Einführung der sogenannten Normalordnung. Divergierende Beiträge entstehen offenbar durch Terme, in denen Operatoren $\hat{a}^\dagger(\mathbf{p})$ ganz rechts stehen. Wir definieren die Normalordnung eines beliebigen Produkts von Operatoren $\hat{a}$ und $\hat{a}^\dagger$ als diejenige Anordnung, in der *alle* Operatoren $\hat{a}$ rechts von den $\hat{a}^\dagger$ stehen. Ein normal geordnetes (bzw. normalzuordnendes) Produkt notieren wir zwischen Doppelpunkten, $: xyz :$, was zu lesen ist als „Normalordnung von xyz". Einige Beispiele:

$$: \hat{a}(\mathbf{p})\hat{a}^\dagger(\mathbf{p}) : = \hat{a}^\dagger(\mathbf{p})\hat{a}(\mathbf{p}) \tag{5.41}$$

$$: \hat{a}^\dagger(\mathbf{p})\hat{a}(\mathbf{p}) : = \hat{a}^\dagger(\mathbf{p})\hat{a}(\mathbf{p}) \tag{5.42}$$

$$\frac{1}{2} : \hat{a}^\dagger(\mathbf{p})\hat{a}(\mathbf{p}) + \hat{a}(\mathbf{p})\hat{a}^\dagger(\mathbf{p}) : = \hat{a}^\dagger(\mathbf{p})\hat{a}(\mathbf{p}). \tag{5.43}$$

Man beachte, dass gemäß dieser Definition die Operatoren innerhalb der Normalordnung kommutieren. Wenden wir nun die Normalordnung auf den Hamiltonoperator an,

$$: \hat{H} : = \frac{1}{2} \int \frac{\mathrm{d}^3 p}{(2\pi)^3 2E(p)}\ E(\mathbf{p}) : \hat{a}^\dagger(\mathbf{p})\hat{a}(\mathbf{p}) + \hat{a}(\mathbf{p})\hat{a}^\dagger(\mathbf{p}) :$$

$$= \int \frac{\mathrm{d}^3 p}{(2\pi)^3 2E(\mathbf{p})}\ E(\mathbf{p})\hat{a}^\dagger(\mathbf{p})\hat{a}(\mathbf{p}), \tag{5.44}$$

so sehen wir, dass dies genau dem ersten Term des renormierten Hamiltonoperators entspricht, d. h.,

$$\hat{H}^R = : \hat{H} : + \hat{H}^{\mathrm{vac}}. \tag{5.45}$$

Um den Vakuumerwartungswert des renormierten Hamiltonoperators zu berechnen, können wir also anstelle der expliziten Subtraktion des Vakuumbeitrags wie in (5.36) alternativ den Erwartungswert des normal geordneten Hamiltonoperators auswerten,

$$\langle 0|\hat{H}^R|0\rangle = \langle 0| : \hat{H} : |0\rangle. \tag{5.46}$$

5.1.4 Fockraum und Teilchenzahldarstellung

Ausgehend vom Vakuumzustand sind wir nun in der Lage, den Hilbertraum für unsere Quantenfeldtheorie zu konstruieren. Dazu definieren wir einen Zustand

$$|\mathbf{p}\rangle \equiv \hat{a}^\dagger(\mathbf{p})|0\rangle, \tag{5.47}$$

dessen Norm wir berechnen zu

$$\begin{aligned}
\langle\mathbf{p}|\mathbf{p}'\rangle &= \langle 0|\,\hat{a}(\mathbf{p})\hat{a}^\dagger(\mathbf{p}')|0\rangle \\
&= \langle 0|\left[\hat{a}(\mathbf{p}), \hat{a}^\dagger(\mathbf{p}')\right]|0\rangle + \langle 0|\,\hat{a}^\dagger(\mathbf{p}')\underbrace{\hat{a}(\mathbf{p})|0\rangle}_{=\,0} \\
&= (2\pi)^3 2E(\mathbf{p})\delta^3(\mathbf{p} - \mathbf{p}').
\end{aligned} \tag{5.48}$$

Man überprüft durch einfache Rechnung, dass der so definierte Zustand ein Eigenvektor des normal geordneten Hamilton- und Impulsoperators ist mit

$$: \hat{H} : |\mathbf{p}\rangle = \int \frac{\mathrm{d}^3 k}{(2\pi)^3 2E(\mathbf{k})} E(\mathbf{k}) \hat{a}^\dagger(\mathbf{k}) \hat{a}(\mathbf{k}) \hat{a}^\dagger(\mathbf{p}) |0\rangle$$

$$= \int \frac{\mathrm{d}^3 k}{(2\pi)^3 2E(\mathbf{k})} E(\mathbf{k}) \hat{a}^\dagger(\mathbf{k}) \Big[\hat{a}(\mathbf{k}), \hat{a}^\dagger(\mathbf{p}) \Big] |0\rangle$$

$$= \int \frac{\mathrm{d}^3 k}{(2\pi)^3 2E(\mathbf{k})} E(\mathbf{k}) (2\pi)^3 2E(\mathbf{p}) \delta^3(\mathbf{p} - \mathbf{k}) \hat{a}^\dagger(\mathbf{k}) |0\rangle$$

$$= E(\mathbf{p}) \hat{a}^\dagger(\mathbf{p}) |0\rangle$$

$$= E(\mathbf{p}) |\mathbf{p}\rangle, \tag{5.49}$$

$$: \hat{\mathbf{P}} : |\mathbf{p}\rangle = \mathbf{p} |\mathbf{p}\rangle. \tag{5.50}$$

Dies berechtigt uns, $|\mathbf{p}\rangle$ als quantenmechanischen Einteilchenzustand für ein relativistisches Teilchen mit Impuls $\mathbf{p}$ und Energie $E = \sqrt{\mathbf{p}^2 + m^2}$ zu interpretieren!

Der Operator $\hat{a}^\dagger(\mathbf{p})$ erzeugt offenbar einen Einteilchenzustand mit Impuls $\mathbf{p}$ aus dem Vakuumzustand. Umgekehrt vernichtet der Operator $\hat{a}(\mathbf{p})$ eine entsprechende Teilchenanregung, denn Anwendung auf einen Einteilchenzustand mit entsprechendem Impuls ergibt den Vakuumzustand,

$$\hat{a}(\mathbf{p}) |\mathbf{p}\rangle = \hat{a}(\mathbf{p}) \hat{a}^\dagger(\mathbf{p}) |0\rangle = \Big[\hat{a}(\mathbf{p}), \hat{a}^\dagger(\mathbf{p}) \Big] |0\rangle = (2\pi)^3 2E(\mathbf{p}) \delta^3(0) |0\rangle. \tag{5.51}$$

Nun können wir uns auch die Bedeutung des ursprünglichen Feldoperators klarmachen. Anwendung auf den Vakuumzustand ergibt eine Superposition von Einteilchenzuständen aller möglichen Impulse,

$$\hat{\phi}(x) |0\rangle = \int \frac{\mathrm{d}^3 p}{(2\pi)^3 2E(\mathbf{p})} e^{ipx} \hat{a}^\dagger(\mathbf{p}) |0\rangle = \int \frac{\mathrm{d}^3 p}{(2\pi)^3 2E(\mathbf{p})} e^{ipx} |\mathbf{p}\rangle. \tag{5.52}$$

Bilden wir das Skalarprodukt mit einem Einteilchenzustand,

$$\langle 0 | \hat{\phi}(x) | \mathbf{k} \rangle = \int \frac{\mathrm{d}^3 p}{(2\pi)^3 2E(\mathbf{p})} e^{-ipx} \langle \mathbf{p} | \mathbf{k} \rangle$$

$$= \int \frac{\mathrm{d}^3 p}{(2\pi)^3 2E(\mathbf{p})} e^{-ipx} (2\pi)^3 2E(\mathbf{p}) \delta^3(\mathbf{k} - \mathbf{p})$$

$$= e^{-ikx}, \tag{5.53}$$

so projizieren wir eine ebene Welle mit entsprechendem Viererimpuls $(E(\mathbf{k}), \mathbf{k})$ heraus. Offenbar können wir diesen Ausdruck als relativistisches Analogon der Schrödingerwellenfunktion,

$$\langle \mathbf{x} | \mathbf{k} \rangle = \psi_k(\mathbf{x}) = e^{i\mathbf{k}\mathbf{x}}, \tag{5.54}$$

identifizieren.

Wir bilden nun eine Basis an Zuständen in der Teilchenzahldarstellung, die den sogenannten Fockraum aufspannen, indem wir die Eigenschaften der Erzeuger und Vernichter wiederholt anwenden. Einen Zweiteilchenzustand erhalten wir durch die Definition

$$|\mathbf{p}_2, \mathbf{p}_1\rangle \equiv \frac{1}{\sqrt{2!}}\, \hat{a}^\dagger(\mathbf{p}_2)\hat{a}^\dagger(\mathbf{p}_1)|0\rangle, \tag{5.55}$$

mit den entsprechenden Eigenwerten des Viererimpulsoperators

$$: \hat{\mathbf{P}}^\mu : |\mathbf{p}_1, \mathbf{p}_2\rangle = (p_1^\mu + p_2^\mu)\, |\mathbf{p}_1, \mathbf{p}_2\rangle. \tag{5.56}$$

Aufgrund der Kommutatorregeln ist dieser Zustand symmetrisch unter Vertauschung der beiden Teilchen,

$$|\mathbf{p}_1, \mathbf{p}_2\rangle = \frac{1}{\sqrt{2!}}\, \hat{a}^\dagger(\mathbf{p}_1)\hat{a}^\dagger(\mathbf{p}_2)|0\rangle = \frac{1}{\sqrt{2!}}\hat{a}^\dagger(\mathbf{p}_2)\hat{a}^\dagger(\mathbf{p}_1)|0\rangle = |\mathbf{p}_2, \mathbf{p}_1\rangle, \tag{5.57}$$

wie es für Bosonen auch sein muss. Das Verfahren lässt sich auf beliebige N-Teilchenzustände verallgemeinern. Insbesondere definiert man Operatoren für Teilchenzahldichte (im Impulsraum) und Teilchenzahl,

$$\hat{\mathcal{N}}(\mathbf{p}) \equiv \hat{a}^\dagger(\mathbf{p})\hat{a}(\mathbf{p}), \quad \hat{N} \equiv \int \frac{\mathrm{d}^3 p}{(2\pi)^3 2E(\mathbf{p})}\, \hat{\mathcal{N}}(\mathbf{p}). \tag{5.58}$$

Die Fockzustände sind Eigenvektoren mit ganzzahligen Eigenwerten

$$\hat{N}|0\rangle = 0, \tag{5.59}$$

$$\hat{N}|\mathbf{p}\rangle = |\mathbf{p}\rangle, \tag{5.60}$$

$$\ldots = \ldots, \tag{5.61}$$

$$\hat{N}|\mathbf{p}_1 \ldots \mathbf{p}_N\rangle = N|\mathbf{p}_1 \ldots \mathbf{p}_N\rangle. \tag{5.62}$$

Der normal geordnete Hamiltonoperator lässt sich jetzt über den Teilchenzahloperator ausdrücken,

$$: \hat{H} := \int \frac{\mathrm{d}^3 p}{(2\pi)^3 2E(\mathbf{p})}\, E(\mathbf{p})\hat{N}(\mathbf{p}). \tag{5.63}$$

Man beachte das Fehlen des Ruheenergieterms als Konsequenz der Normalordnung. Für einen beliebigen N-Teilchenzustand haben wir

$$: \hat{H} : |\mathbf{p}_1 \ldots \mathbf{p}_N\rangle = \Big(E(\mathbf{p}_1) + \ldots + E(\mathbf{p}_N)\Big)|\mathbf{p}_1 \ldots \mathbf{p}_N\rangle. \tag{5.64}$$

Wir kennen nun das gesamte Energiespektrum und haben eine Basis an Zustandsvektoren. Damit ist die Quantenfeldtheorie für freie Teilchen mit Spin 0 vollständig gelöst.

Abschließend noch eine Bemerkung zu den Zuständen des Fockraums. Wir wissen bereits aus der Quantenmechanik, dass ebene Wellen aufgrund ihrer unendlichen Ausdehnung nicht normierbar und die zugehörigen Wellenfunktionen deswegen keine eigentlichen Elemente des Hilbertraums sind. In unserer soeben konstruierten Basis erkennen wir dies an den Deltafunktionen in der Norm, z. B. beim bosonischen Einteilchenzustand (5.48). Die physikalischen Zustände entsprechen vielmehr Wellenpaketen mit endlicher Ausdehnung und Norm, und diese bilden die eigentlichen Elemente des Hilbertraums. Ein normierter Einteilchenzustand ist beispielsweise

$$|\psi(\mathbf{k})\rangle = \int \frac{d^3 p}{(2\pi)^3 2E(\mathbf{p})} \psi(\mathbf{p}, \mathbf{k})|\mathbf{p}\rangle, \tag{5.65}$$

wobei $\psi(\mathbf{p}, \mathbf{k})$ eine um $\mathbf{k}$ zentrierte Wellenfunktion im Impulsraum darstellt. Die Norm dieses Zustands ist dann

$$\langle\psi(\mathbf{k})|\psi(\mathbf{k})\rangle = 1 \quad \text{für} \quad \int \frac{d^3 p}{(2\pi)^3 2E(\mathbf{p})} |\psi(\mathbf{p}, \mathbf{k})|^2 = 1. \tag{5.66}$$

5.2 Quantisierung des komplexen Skalarfeldes

Im Fall eines komplexen Skalarfeldes haben wir zwei Feldfreiheitsgrade ϕ und ϕ^* und dementsprechend zwei klassische Bewegungsgleichungen (4.44). Die Quantisierung geschieht vollkommen analog dem vorigen Abschnitt für zwei unabhängige Paare von kanonisch konjugierten Feldvariablen,

$$\left[\hat{\phi}_a(\mathbf{x}, t), \hat{\phi}_b(\mathbf{y}, t)\right] = 0,$$

$$\left[\hat{\Pi}_a(\mathbf{x}, t), \hat{\Pi}_b(\mathbf{y}, t)\right] = 0,$$

$$\left[\hat{\phi}_a(\mathbf{x}, t), \hat{\Pi}_b(\mathbf{y}, t)\right] = i\, \delta_{ab}\delta^3(\mathbf{x} - \mathbf{y}), \quad a, b = 1, 2. \tag{5.67}$$

Daraus finden wir für die komplexen Feldvariablen die Kommutatorregeln

$$\left[\hat{\phi}(\mathbf{x}, t), \hat{\phi}(\mathbf{y}, t)\right] = \left[\hat{\phi}(\mathbf{x}, t), \hat{\phi}^\dagger(\mathbf{y}, t)\right] = 0,$$

$$\left[\hat{\Pi}(\mathbf{x}, t), \hat{\Pi}(\mathbf{y}, t)\right] = \left[\hat{\Pi}(\mathbf{x}, t), \hat{\Pi}^\dagger(\mathbf{y}, t)\right] = 0,$$

$$\left[\hat{\phi}(\mathbf{x}, t), \hat{\Pi}(\mathbf{y}, t)\right] = 0,$$

$$\left[\hat{\phi}(\mathbf{x}, t), \hat{\Pi}^\dagger(\mathbf{y}, t)\right] = i\, \delta^3(\mathbf{x} - \mathbf{y}). \tag{5.68}$$

Die Fourierdarstellungen der allgemeinen Lösung der Klein-Gordon-Gleichung
sowie des konjugierten Feldes lauten

$$\hat{\phi}(x) = \int \frac{\mathrm{d}^3 p}{(2\pi)^3 2E(\mathbf{p})} \left\{ \hat{a}(\mathbf{p}) \, e^{-ipx} + \hat{b}^\dagger(\mathbf{p}) \, e^{ipx} \right\},$$

$$\hat{\Pi}(x) = \dot{\hat{\phi}}(x) = \int \frac{\mathrm{d}^3 p}{(2\pi)^3 2E(\mathbf{p})} \, i E(\mathbf{p}) \left[-\hat{a}(\mathbf{p}) e^{-ipx} + \hat{b}^\dagger(\mathbf{p}) e^{ipx} \right], \quad (5.69)$$

mit nun zwei Sorten von Operatoren im Impulsraum, $\hat{a}^\dagger$, $\hat{a}$ und $\hat{b}^\dagger$, $\hat{b}$,

$$\hat{a}(\mathbf{k}) = \int \mathrm{d}^3 x \left[E(\mathbf{k})\hat{\phi}(x) + i\,\hat{\Pi}(x) \right] e^{ikx}, \quad (5.70)$$

$$\hat{b}(\mathbf{k}) = \int \mathrm{d}^3 x \left[E(\mathbf{k})\hat{\phi}(x) + i\,\hat{\Pi}^\dagger(x) \right] e^{ikx}. \quad (5.71)$$

Für diese finden wir wieder durch Ausrechnen die Regeln

$$\left[\hat{a}(\mathbf{k}), \hat{a}^\dagger(\mathbf{k}') \right] = \left[\hat{b}(\mathbf{k}), \hat{b}^\dagger(\mathbf{k}') \right] = 2E(\mathbf{k})(2\pi)^3 \delta^3(\mathbf{k} - \mathbf{k}'), \quad (5.72)$$

$$\left[\hat{a}(\mathbf{k}), \hat{a}(\mathbf{k}') \right] = \left[\hat{b}(\mathbf{k}), \hat{b}(\mathbf{k}') \right] = \left[\hat{a}^\dagger(\mathbf{k}), \hat{a}^\dagger(\mathbf{k}') \right] = \left[\hat{b}^\dagger(\mathbf{k}), \hat{b}^\dagger(\mathbf{k}') \right] = 0.$$

Der Hamiltonoperator ist nun

$$\hat{H} = \int \mathrm{d}^3 x \left(\Pi^\dagger(x)\Pi(x) + \nabla\phi^\dagger(x)\nabla\phi(x) + m^2\phi^\dagger(x)\phi(x) \right) \quad (5.73)$$

$$= \frac{1}{2} \int \frac{\mathrm{d}^3 p}{(2\pi)^3 2E(\mathbf{p})} \, E(\mathbf{p}) \left[\hat{a}^\dagger(\mathbf{p})\hat{a}(\mathbf{p}) + \hat{a}(\mathbf{p})\hat{a}^\dagger(\mathbf{p}) + \hat{b}^\dagger(\mathbf{p})\hat{b}(\mathbf{p}) + \hat{b}(\mathbf{p})\hat{b}^\dagger(\mathbf{p}) \right],$$

mit der zum reellen Skalarfeld analogen Algebra

$$\left[\hat{a}(\mathbf{p}), \hat{H} \right] = E(\mathbf{p})\hat{a}(\mathbf{p}), \quad \left[\hat{a}^\dagger(\mathbf{p}), \hat{H} \right] = -E(\mathbf{p})\hat{a}^\dagger(\mathbf{p}), \quad (5.74)$$

$$\left[\hat{b}(\mathbf{p}), \hat{H} \right] = E(\mathbf{p})\hat{b}(\mathbf{p}), \quad \left[\hat{b}^\dagger(\mathbf{p}), \hat{H} \right] = -E(\mathbf{p})\hat{b}^\dagger(\mathbf{p}). \quad (5.75)$$

Die Operatoren im Impulsraum sind also wiederum als Erzeuger und Vernichter von
Energiequanten $E(\mathbf{p})$ zu interpretieren. Die Renormierung des Hamiltonoperators
durch Abzug der Vakuumenergie sowie die Konstruktion der Teilchenzustände verlaufen völlig analog wie im Fall des reellen Skalarfeldes. Nun haben wir jedoch zwei
Sorten von Spin 0 Teilchen identischer Masse, die „a-Teilchen" und die „b-Teilchen"
mit den jeweiligen Einbosonzuständen

$$|b(\mathbf{p})\rangle \equiv \hat{a}^\dagger(\mathbf{p})|0\rangle, \quad (5.76)$$

$$|\bar{b}(\mathbf{p})\rangle \equiv \hat{b}^\dagger(\mathbf{p})|0\rangle. \quad (5.77)$$

Die in Abschn. 3.8 diskutierte diskrete Symmetrietransformation der Ladungskonjugation skalarer Felder lässt sich auf Feldoperatoren übertragen, indem wir die Komplexkonjugation durch hermitesche Konjugation ersetzen, d. h.

$$\hat{\phi}^{\mathcal{C}}(x) \equiv \hat{\phi}^{\dagger}(x) \quad \Rightarrow \quad \hat{a}^{\mathcal{C}}(\mathbf{p}) = \hat{b}(\mathbf{p}), \quad \hat{b}^{\mathcal{C}}(\mathbf{p}) = \hat{a}(\mathbf{p}) \tag{5.78}$$

und für die Teilchenzustände

$$|b(\mathbf{p})\rangle^{\mathcal{C}} = \hat{a}^{\dagger\mathcal{C}}(\mathbf{p})|0\rangle = \hat{b}^{\dagger}(\mathbf{p})|0\rangle = |\bar{b}(\mathbf{p})\rangle, \tag{5.79}$$

$$|\bar{b}(\mathbf{p})\rangle^{\mathcal{C}} = |b(\mathbf{p})\rangle. \tag{5.80}$$

Die „b-Teilchen" sind also die Antiteilchen der „a-Teilchen" und *beide* haben manifest positive Energie $p^0 = E(\mathbf{p})$,

$$: \hat{P}^{\mu} : |b(\mathbf{p})\rangle = p^{\mu}|b(\mathbf{p})\rangle, \tag{5.81}$$

$$: \hat{P}^{\mu} : |\bar{b}(\mathbf{p})\rangle = p^{\mu}|\bar{b}(\mathbf{p})\rangle. \tag{5.82}$$

Die beiden Teilchensorten unterscheiden sich in ihren Ladungen. Wir erkennen dies, wenn wir uns an die Ausdrücke für Noetherstrom und -ladung komplexer Skalarfelder erinnern, Gl. (4.91). Nach der Quantisierung werden auch diese Ausdrücke zu Operatoren, insbesondere ist

$$\begin{aligned}
: \hat{Q} :&= i \int d^3x : \left(\hat{\phi}^{\dagger}(x)\hat{\Pi}(x) - \hat{\Pi}^{\dagger}(x)\hat{\phi}(x)\right) : \\
&= \int \frac{d^3 p}{(2\pi)^3 2E(\mathbf{p})} \left(\hat{a}^{\dagger}(\mathbf{p})\hat{a}(\mathbf{p}) - \hat{b}^{\dagger}(\mathbf{p})\hat{b}(\mathbf{p})\right) \\
&= \hat{N}_b(\mathbf{p}) - \hat{N}_{\bar{b}}(\mathbf{p}).
\end{aligned} \tag{5.83}$$

Im Erwartungswert eines beliebigen Zustands des Fockraums ergibt dieser Operator gerade die Differenz der Anzahl der Bosonen und der Anzahl der Antibosonen in diesem Zustand, was gleichbedeutend ist mit der Nettoladung des Zustands, wenn Bosonen und Antibosonen entgegengesetzte Ladung haben.

5.3 Quantisierung des Diracfeldes

Die Quantisierung des Diracfeldes nehmen wir auf analoge Weise vor. Die Felder werden zu Operatoren und die Fourierdarstellung der allgemeinen Lösung der Diracgleichung lautet

$$\hat{\psi}(x) = \int \frac{d^3 p}{(2\pi)^3 2E(\mathbf{p})} \sum_{s=1}^{2} \left\{\hat{a}_s(\mathbf{p})u_s(\mathbf{p})\, e^{-ipx} + \hat{b}_s^{\dagger}(\mathbf{p})v_s(\mathbf{p})\, e^{ipx}\right\}. \tag{5.84}$$

Analog zur skalaren Feldtheorie wollen wir die Operatoren im Impulsraum als Erzeugungs- und Vernichtungsoperatoren für Teilchenanregungen interpretieren. Aus diesem Grund formulieren wir die Kommutatoralgebra an dieser Stelle direkt im Impulsraum und rechnen sie im Anschluss auf die Felder zurück. Wie beim komplexen Skalarfeld haben wir nun Teilchen und Antiteilchen vorliegen, die jetzt jeweils zwei zusätzliche Spinfreiheitsgrade besitzen. Um möglichst analoge Leiteroperatoren und Teilchenzustände zu erhalten, versuchen wir zunächst die direkte Verallgemeinerung der skalaren Kommutatoren, erweitert um Spinindizes,

$$
\begin{aligned}
\left[\hat{a}_r(\mathbf{p}), \hat{a}_s^\dagger(\mathbf{p}')\right] &= \delta_{rs}(2\pi)^3 2E(\mathbf{p})\delta^3(\mathbf{p}-\mathbf{p}'), \\
\left[\hat{b}_r(\mathbf{p}), \hat{b}_s^\dagger(\mathbf{p}')\right] &= \delta_{rs}(2\pi)^3 2E(\mathbf{p})\delta^3(\mathbf{p}-\mathbf{p}'), \\
\left[\hat{a}_r^\dagger(\mathbf{p}), \hat{a}_s^\dagger(\mathbf{p}')\right] &= \left[\hat{b}_r^\dagger(\mathbf{p}), \hat{b}_s^\dagger(\mathbf{p}')\right] = 0, \\
\left[\hat{a}_r(\mathbf{p}), \hat{a}_s(\mathbf{p}')\right] &= \left[\hat{b}_r(\mathbf{p}), \hat{b}_s(\mathbf{p}')\right] = 0.
\end{aligned}
\tag{5.85}
$$

Eine analoge Rechnung wie im skalaren Fall führt dann auf den Hamiltonoperator

$$
\hat{H} = \int \frac{\mathrm{d}^3 p}{(2\pi)^3 2E(\mathbf{p})} E(\mathbf{p}) \sum_s \left[\hat{a}_s^\dagger(\mathbf{p})\hat{a}_s(\mathbf{p}) - \hat{b}_s(\mathbf{p})\hat{b}_s^\dagger(\mathbf{p})\right].
\tag{5.86}
$$

Wiederum postulieren wir die Existenz eines Vakuumzustands, der durch Anwendung eines Vernichters zu null wird,

$$
\hat{a}_s(\mathbf{p})|0\rangle = 0,
\tag{5.87}
$$
$$
\hat{b}_s(\mathbf{p})|0\rangle = 0.
\tag{5.88}
$$

Hier identifizieren wir eine neue Schwierigkeit: Wegen des Vorzeichens des zweiten Terms ist der Hamiltonoperator nicht positiv definit. Dies bedeutet, dass auch nach Normalordnung und Abzug der (negativen) Nullpunktsenergien durch wiederholte Anwendung von $\hat{b}^\dagger$-Operatoren Zustände mit unbeschränkt negativer Energie erzeugt werden können, was nicht akzeptabel ist. Das Problem kann behoben werden, wenn wir anstelle der Kommutatoren für Spinorfelder Antikommutatoren fordern:

$$
\begin{aligned}
\left\{\hat{a}_r(\mathbf{p}), \hat{a}_s^\dagger(\mathbf{p}')\right\} &= \delta_{rs}(2\pi)^3 2E(\mathbf{p})\delta^3(\mathbf{p}-\mathbf{p}') \\
\left\{\hat{b}_r(\mathbf{p}), \hat{b}_s^\dagger(\mathbf{p}')\right\} &= \delta_{rs}(2\pi)^3 2E(\mathbf{p})\delta^3(\mathbf{p}-\mathbf{p}') \\
\left\{\hat{a}_r^\dagger(\mathbf{p}), \hat{a}_s^\dagger(\mathbf{p}')\right\} &= \left\{\hat{b}_r^\dagger(\mathbf{p}), \hat{b}_s^\dagger(\mathbf{p}')\right\} = 0 \\
\left\{\hat{a}_r(\mathbf{p}), \hat{a}_s(\mathbf{p}')\right\} &= \left\{\hat{b}_r(\mathbf{p}), \hat{b}_s(\mathbf{p}')\right\} = 0 \\
& \text{mit } \{A, B\} \equiv AB + BA.
\end{aligned}
\tag{5.89}
$$

Der Hamiltonoperator ist nach dieser Änderung nach wie vor durch (5.86) gegeben. Mit den Antikommutatoren lässt er sich jedoch umschreiben in

$$
\hat{H} = \underbrace{\int \frac{\mathrm{d}^3 p}{(2\pi)^3 2E(\mathbf{p})} E(\mathbf{p}) \sum_s \left[\hat{a}_s^\dagger(\mathbf{p})\hat{a}_s(\mathbf{p}) + \hat{b}_s^\dagger(\mathbf{p})\hat{b}_s(\mathbf{p}) - \left\{ \hat{b}_s(\mathbf{p}), \hat{b}_s^\dagger(\mathbf{p}) \right\} \right]}_{=: \, \hat{H} \, :}.
$$

$$(5.90)$$

Nun ist der normal geordnete Teil des Hamiltonoperators positiv definit. Den negativen dritten Term identifizieren wir analog zum skalaren Fall als $\hat{H}^{\mathrm{vac}} + E_0$, d. h., er trägt zu den Erwartungswerten des renormierten Hamiltonoperators nichts bei. Wir überprüfen noch, dass die aus den Antikommutatorregeln folgende Algebra für die Spinorfelder im Ortsraum mit der geforderten Mikrokausalität konsistent ist. Durch direktes Ausrechnen finden wir für gleiche Zeiten

$$
\left\{ \psi_\alpha(x), \bar{\psi}_\beta(y) \right\} = (\gamma^0)_{\alpha\beta}\, \delta^3(\mathbf{x} - \mathbf{y}) , \quad \text{für} \quad x^0 = y^0. \tag{5.91}
$$

Wie gewünscht verschwindet der Antikommutator für alle raumartigen Abstände $(x - y)^2 < 0$.

Zur Konstruktion des fermionischen Fockraums definieren wir einen Fermion- und einen Antifermionzustand durch

$$
|f(\mathbf{p}, s)\rangle \equiv \hat{a}_s^\dagger(p)|0\rangle, \tag{5.92}
$$

$$
|\bar{f}(\mathbf{p}, s)\rangle \equiv \hat{b}_s^\dagger(p)|0\rangle. \tag{5.93}
$$

Die Normierung berechnet sich aus den Kommutatorregeln zu

$$
\langle f(\mathbf{p}', r)|f(\mathbf{p}, s)\rangle = \delta_{rs}(2\pi)^3 2E(\mathbf{p})\delta^3(\mathbf{p} - \mathbf{p}'), \tag{5.94}
$$

$$
\langle \bar{f}(\mathbf{p}', r)|\bar{f}(\mathbf{p}, s)\rangle = \delta_{rs}(2\pi)^3 2E(\mathbf{p})\delta^3(\mathbf{p} - \mathbf{p}'). \tag{5.95}
$$

Nach einfacher Anwendung der Antikommutatoren verifizieren wir, dass diese Zustände wiederum Eigenzustände des Viererimpulsoperators sind,

$$
: \hat{P}^\mu : |f(\mathbf{p}, s)\rangle = p^\mu |f(\mathbf{p}, s)\rangle, \tag{5.96}
$$

$$
: \hat{P}^\mu : |\bar{f}(\mathbf{p}, s)\rangle = p^\mu |\bar{f}(\mathbf{p}, s)\rangle, \tag{5.97}
$$

und somit den gewünschten Einteilchen- und Antiteilchenzuständen entsprechen. Man beachte, dass beide Zustände positive Energie haben, wie es auch sein muss.

An dieser Stelle erkennen wir, dass die Wahl von Antikommutatorregeln für fermionische Erzeuger eine weitere physikalische Konsequenz hat. Betrachten wir einen Zwei- oder Mehrteilchenzustand des Fockraums, so ist dieser im Gegensatz zu den Skalarfeldern antisymmetrisch unter Vertauschung zweier Teilchen,

$$
\hat{a}_r^\dagger(\mathbf{p}_1)\hat{a}_s^\dagger(\mathbf{p}_2)|0\rangle = -\hat{a}_s^\dagger(\mathbf{p}_2)\hat{a}_r^\dagger(\mathbf{p}_1)|0\rangle, \tag{5.98}
$$

$$
\Leftrightarrow \; |f(\mathbf{p}_1, r)f(\mathbf{p}_2, s)\rangle = -|f(\mathbf{p}_2, s), f(\mathbf{p}_1, r)\rangle. \tag{5.99}
$$

Dies bedeutet insbesondere, dass Zustände mit zwei Fermionen identischer Quantenzahlen nicht existieren können und verschwinden,

$$|2f(\mathbf{p}, s)\rangle \sim \hat{a}_s^\dagger(\mathbf{p})\hat{a}_s^\dagger(\mathbf{p})|0\rangle = 0. \tag{5.100}$$

Die Wahl von Antikommutatoren anstelle von Kommutatoren implementiert also das Pauliprinzip und erzwingt die Fermistatistik für fermionische Fockraumzustände. Dies ist ein sehr fundamentales Ergebnis. Tatsächlich lässt sich in der Quantenfeldtheorie ein Spin-Statistik-Theorem streng beweisen, wonach das Pauliprinzip eine Konsequenz der Forderungen nach Lorentzkovarianz, Kausalität und einem positiven Energiespektrum ist [3].

5.4 Quantisierung des Vektorfeldes

In diesem Abschnitt wollen wir das Maxwellfeld quantisieren. Aufgrund der Eichfreiheitsgrade sind auch in diesem Fall einige Besonderheiten zu beachten. Ein Vektorfeld ist bosonisch, sodass wir analoge Kommutatorregeln fordern wie für skalare Felder. Zunächst kommutieren die Felder und konjugierten Felder jeweils untereinander sowie die Komponente $\hat{A}^0$ mit den räumlichen konjugierten Feldern,

$$[\hat{A}^\mu(x), \hat{A}^\nu(y)] = [\hat{\Pi}^i(x), \hat{\Pi}^j(y)] = [\hat{A}^0(x)\hat{\Pi}^i(y)] = 0. \tag{5.101}$$

Da es zu $\hat{A}^0(x)$ keinen konjugierten Feldoperator und somit auch keinen nichttrivialen Kommutator gibt, ist dieses Feld nicht von einer c-Zahl zu unterscheiden. Weiter würde man für die konjugierten räumlichen Feldoperatoren analog zum skalaren Feld zunächst fordern, dass

$$[\hat{A}^i(x), \hat{\Pi}^j(y)] = [\hat{A}^i(x), \hat{E}^j(y)] = i\delta^{ij}\delta(\mathbf{x} - \mathbf{y}). \tag{5.102}$$

Dies ist allerdings nicht konsistent mit der Maxwellgleichung $\nabla \cdot \hat{\mathbf{E}} = 0$, die ja als Operatorgleichung weiter gültig bleiben soll. Wenden wir den Gradienten auf den nichttrivialen Kommutator an, so ergibt die linke Seite mit Maxwell

$$\partial_i^y[\hat{A}^i(x), \hat{E}^j(y)] = 0, \tag{5.103}$$

während wir rechts ein nichtverschwindendes Ergebnis erhalten,

$$\partial_j^y\delta^{ij}\delta(\mathbf{x} - \mathbf{y}) = \partial_j^y\delta^{ij}\int \frac{d^3k}{(2\pi)^3}e^{i\mathbf{k}(\mathbf{x}-\mathbf{y})} = -i\int \frac{d^3k}{(2\pi)^3}\, k^i\, e^{i\mathbf{k}(\mathbf{x}-\mathbf{y})}. \tag{5.104}$$

Wir beheben dies durch eine geeignete Modifikation der rechten Seite, indem wir definieren

$$\delta_\perp^{ij}(\mathbf{x} - \mathbf{y}) \equiv \int \frac{d^3k}{(2\pi)^3}e^{i\mathbf{k}(\mathbf{x}-\mathbf{y})}\left(\delta^{ij} - \frac{k^ik^j}{\mathbf{k}^2}\right), \tag{5.105}$$

mit

$$\partial_i^x \delta_\perp^{ij}(\mathbf{x} - \mathbf{y}) = 0. \tag{5.106}$$

Damit ist der modifizierte gleichzeitige Kommutator,

$$[\hat{A}^i(\mathbf{x}, t), \hat{\Pi}^j(\mathbf{y}, t)] = i\delta_\perp^{ij}(\mathbf{x} - \mathbf{y}), \tag{5.107}$$

sowohl mit den Maxwellgleichungen als auch mit der Mikrokausalität konsistent.

Nun verschwindet aber offenbar auch die Dreierdivergenz ∂_j^x des Kommutators (5.107). Damit kommutiert auch $\nabla \cdot \hat{\mathbf{A}}$ mit allen Feldoperatoren und ist nicht von einer c-Zahl zu unterscheiden. Somit sind von den ursprünglich vier Freiheitsgraden der Vektorfeldkomponenten nur zwei als nichttriviale Feldoperatoren aufzufassen. So spiegelt sich auch in der Quantentheorie die Eichfreiheit wider, wonach nur zwei der vier Feldkomponenten physikalischen Freiheitsgraden entsprechen. Dies wird manifest sichtbar in der bereits besprochenen Strahlungseichung, in der die beiden c-Zahl-Operatoren zu null gesetzt werden,

$$A^0 = 0, \quad \nabla \cdot \mathbf{A} = 0,$$
$$\text{bzw.} \quad A^0 = 0, \quad \partial_\mu A^\mu = 0. \tag{5.108}$$

In dieser Eichung gehorchen die Feldoperatoren der Wellengleichung

$$\Box \hat{A}^\mu = 0. \tag{5.109}$$

Die allgemeine Lösung

$$\hat{A}^\mu(x) = \int \frac{\mathrm{d}^3 k}{(2\pi)^3 2E(\mathbf{k})} \sum_{\lambda=1}^2 \epsilon_\lambda^\mu(\mathbf{k}) \left[\hat{a}_\lambda(\mathbf{k}) e^{-ikx} + \hat{a}_\lambda^\dagger(\mathbf{k}) e^{ikx} \right] \tag{5.110}$$

(mit den aus Abschn. 3.11 bekannten Polarisationsvektoren) erfüllt die aus der Wellengleichung und Eichbedingung folgenden Bedingungen

$$k^2 = k^\mu k_\mu = 0, \tag{5.111}$$
$$k^0 = E(\mathbf{k}) = |\mathbf{k}|, \tag{5.112}$$
$$k_\mu \cdot \epsilon_\lambda^\mu(\mathbf{k}) = 0. \tag{5.113}$$

Durch Invertieren der Fourierzerlegung finden wir die Kommutatorregeln für die Operatoren im Impulsraum,

$$\left[\hat{a}_\lambda(\mathbf{k}), \hat{a}_{\lambda'}^\dagger(\mathbf{k}') \right] = \delta_{\lambda\lambda'} (2\pi)^3 2E(\mathbf{k}) \delta^3(\mathbf{k} - \mathbf{k}'),$$
$$\left[\hat{a}_\lambda(\mathbf{k}), \hat{a}_{\lambda'}(\mathbf{k}') \right] = \left[\hat{a}_\lambda^\dagger(\mathbf{k}), \hat{a}_{\lambda'}^\dagger(\mathbf{k}') \right] = 0. \tag{5.114}$$

Bis auf die Polarisationsindizes ist diese Algebra völlig analog derjenigen des skalaren Feldes, und wir können einen entsprechenden Fockraum in Teilchenzahldarstellung konstruieren. Insbesondere ist

$$|\mathbf{k}, \lambda\rangle \equiv \hat{a}_\lambda^\dagger(\mathbf{k})|0\rangle \qquad (5.115)$$

wiederum als Einteilchenzustand interpretierbar, da er als Eigenzustand des Viererimpulsoperators,

$$: \hat{P}^\mu : |\mathbf{k}, \lambda\rangle = k^\mu |\mathbf{k}, \lambda\rangle, \qquad (5.116)$$

einen Dreierimpuls $\mathbf{k}$ mit Energie $E(\mathbf{k}) = |\mathbf{k}|$ impliziert. Damit haben wir durch Feldquantisierung der Maxwell'schen Vektorpotenziale das Photon als Teilchenanregung mit Spin 1 und Viererimpuls k^μ erhalten! Dies ist ein wichtiges neues Ergebnis. Man erinnere sich, dass Photonen in der nichtrelativistischen Quantenmechanik aufgrund empirischer Beobachtungen und des Welle-Teilchen-Dualismus zwar postuliert sind, aber durch keine dynamische Gleichung beschrieben werden.

5.5 Symmetrien in Quantenfeldtheorien

Nach dem Übergang zu Quantentheorien stellt sich die Frage, wie Symmetriebetrachtungen, die bisher auf den klassischen Größen der Wirkung und der Lagrangedichte basierten, zu modifizieren sind und inwieweit das Noethertheorem und seine Konsequenzen noch Anwendung finden. Tatsächlich muss eine Invarianz der Lagrangedichte, die ein klassisches Objekt darstellt, nicht mehr hinreichend für beobachtbare Symmetrien in quantenmechanischen Observablen sein, die Matrixelementen von Operatoren entsprechen. Wir besprechen dies am Beispiel eines mehrkomponentigen Skalarfeldes, was sich leicht auf alle anderen Fälle verallgemeinern lässt.

Betrachten wir als einfachste mögliche physikalische Observable die Matrixelemente eines Feldoperators zwischen beliebigen physikalischen Zuständen, $\langle\alpha|\hat{\phi}_i(x)|\beta\rangle$. Ist im klassischen Fall eine Symmetrietransformation observabler Feldkomponenten durch eine Matrixmultiplikation realisiert, so muss diese im quantenmechanischen Fall auf die Erwartungswerte wirken,

$$\phi_i'(x') = S_{ij}\phi_j(x) \qquad \longleftrightarrow \qquad \langle\alpha'|\hat{\phi}_i'(x')|\beta'\rangle = S_{ij}\langle\alpha|\hat{\phi}_j|\beta\rangle. \qquad (5.117)$$

Um dieses Transformationsgesetz realisieren zu können, muss es einen unitären Operator $\hat{U}$ geben, der die Transformation der Zustandsvektoren vollzieht,

$$|\alpha'\rangle = \hat{U}|\alpha\rangle. \qquad (5.118)$$

Für die Feldoperatoren folgt dann die Transformationsregel

$$S_{ij}^{-1}\hat{\phi}_j' = \hat{U}\hat{\phi}_i\hat{U}^{-1}. \qquad (5.119)$$

Betrachten wir als Beispiel eine Translation der Raumzeit, $x'^\mu = x^\mu + a^\mu$. In diesem Fall ist $S_{ij} = \delta_{ij}$ trivial, und für das klassische Feld gilt wegen der Poincaréinvarianz $\phi'(x') = \phi'(x+a) = \phi(x)$. Dann muss es für die Quantentheorie ein $\hat{U}(a)$ geben mit

$$\hat{U}(a)\hat{\phi}_i(x)\hat{U}^{-1}(a) = \hat{\phi}_i(x+a). \tag{5.120}$$

Im Falle infinitesimaler Translationen $a^\mu \ll 1$ können wir schreiben

$$\hat{U}(a) = e^{ia_\mu \hat{P}^\mu} = 1 + ia_\mu \hat{P}^\mu + O(a^2), \tag{5.121}$$

wobei der zunächst unbekannte Operator $\hat{P}^\mu$ hermitesch sein muss und in der Sprache der Liegruppen dem Erzeuger der Symmetrietransformation entspricht, vgl. Anhang A.3. Einsetzen in (5.120) und Vernachlässigung aller Terme $O(a^2)$ liefert

$$i[\hat{P}^\mu, \hat{\phi}_i(x)] = \partial_\mu \hat{\phi}_i(x). \tag{5.122}$$

Wir sehen, dass dies der Heisenberggleichung entspricht, wenn wir $\hat{P}^\mu$ mit dem Viererimpulsvektor identifizieren können. Da Letzterer für jede Feldtheorie durch die konjugierten Feldvariablen festgelegt ist, können wir direkt mithilfe der Vertauschungsrelationen überprüfen, ob (5.122) erfüllt ist und $[\hat{P}^\mu, \hat{H}] = 0$ gilt. Wenn dies Fall ist, stellt $\hat{P}^\mu$ eine Erhaltungsgröße auch in der Quantentheorie dar. Für alle im Standardmodell zusammengefassten Theorien ist dies erfüllt, sodass insbesondere für den Energie-Impuls-Tensor die Schlussfolgerungen der klassischen Betrachtung auf die Quantentheorie übertragen werden können. Umgekehrt lassen sich die Heisenberggleichungen auch als eine Konsequenz der für die Quantenfeldtheorie geforderten Poincarésymmetrie auffassen.

In einer vollständigen Untersuchung der Symmetrieeigenschaften einer Theorie müssen ähnliche Betrachtungen für die Lorentzinvarianz und natürlich auch für alle inneren, d.h. koordinatenunabhängigen Symmetrien angestellt werden. Symmetrien, die zwar klassisch aber nicht quantenmechanisch realisiert sind, nennt man „anomal". Wir werden uns im Folgenden der Einfachheit halber auf die klassische Symmetrieuntersuchung beschränken, die für das Standardmodell in den meisten Fällen ausreichend ist (auf eine Ausnahme davon werden wir explizit hinweisen).

Zusammenfassung

- Bei der kanonischen Feldquantisierung werden konjugierte Feldvariablen zu Feldoperatoren, für die Vertauschungsrelationen postuliert werden
- Die Vertauschungsrelationen müssen relativistische Mikrokausalität erfüllen
- Feldoperatoren im Impulsraum wirken wie Erzeuger und Vernichter von Quanten, die relativistischen Teilchen entsprechen
- Für Diracfelder verlangen die Forderungen nach Mikrokausalität und Positivität der Energie die Verwendung von Antikommutatoren
- Mit Antikommutatoren quantisierte Diracfelder führen auf das Pauliprinzip und die Fermi-Dirac-Statistik
- Bei der Quantisierung des Vektorfeldes bleiben Eichfreiheitsgrade unphysikalisch
- Die quantisierte Maxwelltheorie beinhaltet Photonen als Feldquanten des Eichfeldes

Aufgaben

5.1 Durch Ausrechnen der Feldkommutatoren beweise man die Heisenberggleichungen (5.6).

5.2 Durch vollständige Induktion beweise man, dass für den Besetzungszahloperator gilt

$$\int \frac{d^3 p}{(2\pi)^3 \, 2E(\mathbf{p})} \, \hat{a}^\dagger(\mathbf{p})\hat{a}(\mathbf{p}) \, |\mathbf{k}_1, \ldots, \mathbf{k}_n\rangle = n \, |\mathbf{k}_1, \ldots, \mathbf{k}_n\rangle \,.$$

Hinweis: Vollständige Induktion besteht aus zwei Schritten. Man zeigt zuerst, dass die Behauptung für einen bestimmten Startwert n richtig ist. Dann zeigt man, dass aus der Gültigkeit der Behauptung für ein allgemeines n die Gültigkeit für $n + 1$ folgt.

5.3 Drücken Sie für das reelle Skalarfeld $\hat{\phi}$ und $\hat{\Pi}$ durch $\hat{a}$ und $\hat{a}^\dagger$ aus, um mit deren Kommutatorregeln zu zeigen, dass der nichtgleichzeitige Kommutator gegeben ist durch

$$\left[\hat{\phi}(x), \hat{\Pi}(x')\right] = \frac{i}{2} \int \frac{d^3 p}{(2\pi)^3} \left(e^{ip\cdot(x-x')} + e^{-ip\cdot(x-x')}\right) \,.$$

Zeigen Sie, dass man für $t = t'$ wieder den gleichzeitigen Kommutator

$$\left[\hat{\phi}(\mathbf{x}, t), \hat{\Pi}(\mathbf{x}', t)\right] = i\delta^3(\mathbf{x} - \mathbf{x}')$$

erhält.

5.4 Zeigen Sie: Wenn man die Fourierkoeffizienten des reellen Skalarfeldes,

$$\hat{\phi}(x) = \int \frac{d^3k}{(2\pi)^3 2E(\mathbf{k})} \left(\hat{a}(\mathbf{k})e^{-ikx} + \hat{a}^\dagger(\mathbf{k})e^{+ikx}\right),$$

mit Antikommutatoren quantisiert,

$$\{\hat{a}(\mathbf{k}), \hat{a}^\dagger(\mathbf{k}')\} = (2\pi)^3 2E(\mathbf{k})\delta(\mathbf{k} - \mathbf{k}'), \qquad \{\hat{a}(\mathbf{k}), \hat{a}(\mathbf{k}')\} = \{\hat{a}^\dagger(\mathbf{k}), \hat{a}^\dagger(\mathbf{k}')\} = 0,$$

so erhält man für raumartige Abstände $(x - y)^2 < 0$ die Feldkommutatoren

$$\left[\hat{\phi}(x), \hat{\phi}(y)\right] \neq 0 \quad \text{und} \quad \left\{\hat{\phi}(x), \hat{\phi}(y)\right\} \neq 0.$$

Zum Beweis nimmt man die Erwartungswerte $\langle \mathbf{p}_1, \mathbf{p}_2 | \ldots | 0 \rangle$ der Kommutatoren (warum?). Welche physikalischen Konsequenzen hätte diese Quantisierung?

5.5 Man betrachte die allgemeine Lösung für das freie Vektorfeld Gl. (5.110). Drücken Sie die normal geordneten Komponenten des Viererimpulsoperators,

$$: \hat{P}^0 := \frac{1}{2} \int d^3x : (\hat{\mathbf{E}}^2 + \hat{\mathbf{B}}^2) :, \qquad : \hat{\mathbf{P}} := \int d^3x : \hat{\mathbf{E}} \times \hat{\mathbf{B}} :,$$

durch die Fourieroperatoren $\hat{a}_\lambda(\mathbf{k})$ und $\hat{a}_\lambda^\dagger(\mathbf{k})$ aus. Benutzen Sie das Resultat, um zu zeigen, dass der erste angeregte Fockzustand ein Eigenzustand des Viererimpulsoperators ist,

$$: \hat{P}^\mu : |\mathbf{k}, \lambda\rangle = k^\mu |\mathbf{k}, \lambda\rangle.$$

Hinweis: Die Rechnung ist am einfachsten in Strahlungseichung $\hat{A}^0 = 0$, $\nabla \cdot \hat{\mathbf{A}} = 0$.

Wechselwirkende Felder

6

Inhaltsverzeichnis

Nach der Formulierung von Quantenfeldtheorien für freie Teilchen verschiedener Spins wollen wir in den nächsten beiden Kapiteln einen Formalismus für Wechselwirkungen entwickeln. Da wir es im Folgenden stets mit Quantentheorien zu tun haben, lassen wir zur Vereinfachung der Notation ab sofort die Hüte von den Operatoren weg. Wir beschränken unsere Darstellung auf reelle skalare Felder. Die Verallgemeinerung auf die anderen Felder bereitet keine großen Schwierigkeiten und ist in der Literatur zu finden [4–6].

Nach der Diskussion einiger grundsätzlicher und weitreichender Unterschiede zwischen freien und wechselwirkenden Theorien konzentrieren wir uns auf die Formulierung des Streuproblems in Quantenfeldtheorien. Dazu definieren wir die quantenmechanische Streumatrix und drücken sie durch die Felder unserer Theorie aus, was uns auf die Greenfunktionen führt. Sind diese bekannt, so können wir sie direkt in Beziehung zu experimentell zugänglichen Wirkungsquerschnitten von Streuprozessen setzen.

© Springer-Verlag GmbH Deutschland, ein Teil von Springer Nature 2018
O. Philipsen, *Quantenfeldtheorie und das Standardmodell der Teilchenphysik*,
https://doi.org/10.1007/978-3-662-57820-9_6

6.1 Wechselwirkende skalare Felder

Unser Ausgangspunkt ist die Lagrangedichte $\mathscr{L}_0$ für ein freies Klein-Gordon-Feld mit einem zusätzlichen Wechselwirkungs- („Interaction") Term $\mathscr{L}_{\text{int}}$, der das Skalarfeld in höherer als quadratischer Potenz enthält,

$$
\begin{aligned}
\mathscr{L} &= \mathscr{L}_0 + \mathscr{L}_{\text{int}}, \\
\mathscr{L}_0 &= \frac{1}{2}(\partial_\mu \phi)(\partial^\mu \phi) - \frac{1}{2}m_0^2 \phi^2, \\
\mathscr{H}_{\text{int}} &= -\mathscr{L}_{\text{int}}.
\end{aligned}
\tag{6.1}
$$

Die folgenden Überlegungen in diesem Abschnitt gelten allgemein, später betrachten wir als konkretes Beispiel die ϕ^4-Theorie mit

$$
\mathscr{L}_{\text{int}} = \frac{\lambda_0}{4!}\phi^4.
\tag{6.2}
$$

Die klassische Feldgleichung für eine wechselwirkende Theorie lautet

$$
(\Box + m_0^2)\phi - \frac{\partial \mathscr{L}_{\text{int}}}{\partial \phi} = 0,
\tag{6.3}
$$

d. h., sie ist nichtlinear und im Allgemeinen nicht geschlossen lösbar.

Die Quantisierung erfolgt wie im freien Fall durch Kommutatorregeln. Ist $\mathscr{L}_{\text{int}}(\phi)$ ein Polynom der Felder und enthält keine Ableitungen, so bleibt das konjugierte Feld unverändert, und die Kommutatoren der freien Theorie sind weiterhin gültig. Die Dynamik einer beliebigen Lösung der Feldgleichungen ist jedoch nicht mehr durch linear superponierbare ebene Wellen darstellbar. Eine allgemeine Lösung entspricht zwar zu einem *festen Zeitpunkt* einem konkreten Wellenpaket mit bestimmten Fourierkoeffizienten; zu jeder anderen Zeit verändern sich die Fourierkoeffizienten jedoch.

Damit wird auch unsere einfache Interpretation der Fourierkoeffizienten als Erzeugungs- und Vernichtungsoperatoren von Quanten der entsprechenden freien Teilchen eingeschränkt. Ein solches Bild kann nur noch als „Schnappschuss" oder Momentaufnahme eines wechselwirkenden Systems gelten. Dasselbe gilt in der Folge auch für die Teilchenzustände im Fockraum der Quantenfeldtheorie. Die Eigenzustände von H_0 sind im Allgemeinen *keine* Eigenzustände des vollen Hamiltonoperators H. Insbesondere ist auch für das Vakuum als Zustand niedrigster Energie nun zu unterscheiden:

$$
H_0|0\rangle = E_0|0\rangle \quad \text{Vakuum von } H_0
\tag{6.4}
$$

$$
H|\Omega\rangle = E_\Omega|\Omega\rangle \quad \text{Vakuum von } H
\tag{6.5}
$$

Im nächsten Kapitel werden wir sehen, dass auch die Ruhemasse der Impulseigenzustände von H, d. h. die physikalische Teilchenmasse mit $p^2 = m^2$, nicht mehr mit dem Koeffizienten m_0 in der Lagrangedichte identisch ist, den wir deswegen als

„nackte Masse" bezeichnen. Diese wird durch einen erst zu berechnenden Korrekturterm zur physikalischen Masse verschoben, $m^2 = m_0^2 + \delta m^2$.

Im Idealfall ist das Ziel einer Quantenfeldtheorie eine exakte Bestimmung des Spektrums und der Eigenzustände von H. Bislang ist dies jedoch lediglich für wenige wechselwirkende Quantenfeldtheorien in $1 + 1$ Raumzeitdimensionen oder in höheren Dimensionen mit sehr spezifischen, das Problem vereinfachenden Symmetrien gelungen. Abgesehen von solchen Spezialfällen sind für nichtlineare Feldgleichungen in vier Raumzeitdimensionen keine geschlossenen Lösungen bekannt, sodass wir weder das Energiespektrum berechnen noch die zugehörigen Eigenzustände in geschlossener Form konstruieren können.

Was uns an dieser Stelle zunächst als technisches Problem der Lösbarkeit begegnet, hat tatsächlich weitreichende konzeptionelle und physikalische Konsequenzen. Um dennoch weiterzukommen, werden wir im Folgenden versuchen, die volle Theorie soweit als möglich durch die uns einzig bekannten Lösungen der freien Theorie auszudrücken, auf denen ein Großteil unserer physikalischen Intuition und der verwendeten Sprache beruht.

6.2 Asymptotische Zustände

Das weitere Vorgehen zur Lösung einer wechselwirkenden Theorie hängt unter anderem von der physikalischen Problemstellung ab, die wir beschreiben wollen. Wir interessieren uns hier vor allem für Zweiteilchen-Streuprozesse an Teilchenbeschleunigern. Für relativistische Teilchen kann die Kollissionsenergie zu Teilchenproduktion führen. Im Allgemeinen haben wir es also mit einem Zweiteilchen-Anfangs- („inital") Zustand $|i\rangle$ und einem n-Teilchen End- („final") Zustand $|f\rangle$ zu tun, wie in Abb. 6.1.

Wir machen nun die grundlegende Annahme, dass in einem solchen Streuprozess das Zeitintervall Δt, in dem die Teilchen miteinander wechselwirken und aneinander streuen, „kurz" ist. Dies bedeutet, dass hinreichend lange vor und nach der Streuung die Teilchen der Anfangs- und Endzustände nichts voneinander merken und als effektiv freie Teilchen behandelt werden können. Die Quantenzustände der Teilchen vor und nach der Streuung entsprechen dann lokalisierten, einander nicht überlappenden Wellenpaketen aus den Fockzuständen des letzten Kapitels. Diese Annahme ist sicher gerechtfertigt für die sehr kurzreichweitigen starken und schwachen Wechselwirkungen. Die Erfahrung zeigt, dass sie auch für die Coulombwechselwirkung in sehr guter Näherung gewährleistet ist.

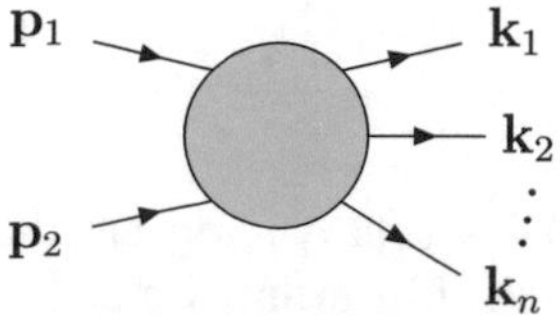

Abb. 6.1 Streuprozess von zwei Teilchen nach n Teilchen

Anfangs- und Endzustand eines Streuprozesses gehören zu zwei unabhängigen Fockräumen, da ja die Streuung die Anfangszustände im Allgemeinen nichttrivial in davon verschiedene Endzustände abbildet. Wir kennzeichnen die beiden Kopien von n-Teilchenzuständen durch „in" und „out",

$$|\mathbf{p}_1 \dots \mathbf{p}_n; \text{ in}\rangle, \quad |\mathbf{k}_1 \dots \mathbf{k}_n; \text{ out}\rangle. \tag{6.6}$$

Weiter nehmen wir an, dass der Vakuumzustand bis auf eine nicht beobachtbare Phase eindeutig und gleich für die In- und Out-Fockräume ist,

$$|\Omega\rangle = |\Omega; \text{in}\rangle = e^{i\alpha}|\Omega; \text{out}\rangle. \tag{6.7}$$

Auf jeden der beiden Fockräume wirkt ein entsprechender Satz von In- bzw. Out-Feldoperatoren, die jeweils freien Klein-Gordon-Gleichungen gehorchen,

$$\left(\Box + m^2\right)\phi_{\text{in}}(x) = 0, \quad \left(\Box + m^2\right)\phi_{\text{out}}(x) = 0. \tag{6.8}$$

Da die In- und Out-Felder die experimentell kontrollierten Teilchen in Beschleuniger und Detektor beschreiben, entspricht m der physikalischen Teilchenmasse. Diese Gleichungen besitzen die bekannten Lösungen

$$\phi_{\substack{\text{in} \\ \text{out}}}(x) = \int \frac{\mathrm{d}^3 k}{(2\pi)^3 2E(\mathbf{k})} \left(a_{\substack{\text{in} \\ \text{out}}}(\mathbf{k}) e^{-ikx} + a^{\dagger}_{\substack{\text{in} \\ \text{out}}}(\mathbf{k}) e^{ikx}\right), \tag{6.9}$$

mit deren Fourierkoeffizienten die jeweiligen Fockräume aus dem Vakuum $|\Omega\rangle$ konstruiert werden können.

Die quantenmechanischen Anfangs- und Endzustände in unserem $(2 \to n)$-Streuproblem sind normierte und räumlich separierte Wellenpakete, gebildet aus den Fockraum-Zuständen wie am Ende von Abschn. 5.1.4 diskutiert. Wir beschränken uns hier der Einfachheit halber auf eine Behandlung mit ebenen Wellen, sodass

$$|i; \text{in}\rangle = |\mathbf{p}_1, \mathbf{p}_2; \text{in}\rangle, \quad |f; \text{out}\rangle = |\mathbf{k}_1, \dots \mathbf{k}_n; \text{out}\rangle. \tag{6.10}$$

(Man beachte, dass diese Zustände als ebene Wellen noch nicht richtig normiert sind, worauf wir später zurückkommen werden.) Als Heisenbergzustände sind sie t-unabhängig und somit Eigenzustände des vollen Hamiltonoperators $H = H_0 + H_{\text{int}}$ im Limes $t \to \pm\infty$. Die Zeitentwicklung des Systems steckt in den Heisenbergoperatoren $\phi(x)$. Wir verstehen nun die In- und Out-Operatoren als die entsprechenden Zeitlimites der Feldoperatoren der vollen Theorie,

$$\begin{aligned} t \to -\infty: \; \phi(x) &\to \sqrt{Z}\,\phi_{\text{in}}(x), \\ t \to +\infty: \; \phi(x) &\to \sqrt{Z}\,\phi_{\text{out}}(x). \end{aligned} \tag{6.11}$$

Dies sind die sogenannten starken Asymptotenbedingungen an die Feldoperatoren. Ein nichttrivialer Normierungsfaktor $\sqrt{Z} \neq 1$ ist notwendig, weil z.B. die

Erwartungswerte $\langle \mathbf{p}; \mathrm{in}|\phi_{\mathrm{in}}(x)|\Omega\rangle$ und $\langle \mathbf{p}; \mathrm{in}|\phi(x)|\Omega\rangle$ zu verschiedenen Zeiten nicht identisch sein können: Wie wir gesehen haben, entspricht $\phi_{\mathrm{in}}(x)|\Omega\rangle$ stets einem Einteilchenzustand, während $\phi(x)|\Omega\rangle$ mit dem wechselwirkenden Feld auch die Möglichkeit von Teilchenerzeugung beinhaltet.

Wie detailliertere Überlegungen zeigen, können die Asymptotenbedingungen in Operatorform nicht streng erfüllt sein, dies würde unter anderem auf unterschiedlich normierte Kommutatoren für ϕ und Π sowie ϕ_{in} und Π_{in} führen. Die Konvergenz kann lediglich in der schwächeren Form innerhalb von Erwartungswerten geeignet normierter (d. h. lokalisierter) Wellenpakete $|\alpha\rangle$, $|\beta\rangle$ gelten,

$$
\begin{aligned}
t \to -\infty: \ \langle\alpha|\phi(x)|\beta\rangle &\to \sqrt{Z}\,\langle\alpha|\phi_{\mathrm{in}}(x)|\beta\rangle, \\
t \to +\infty: \ \langle\alpha|\phi(x)|\beta\rangle &\to \sqrt{Z}\,\langle\alpha|\phi_{\mathrm{out}}(x)|\beta\rangle.
\end{aligned}
\tag{6.12}
$$

Dies ist gemeint, wann immer wir im Folgenden die Asymptotenbedingungen der Einfachheit halber in Operatorform benutzen. Wir wollen hier von stabilen Teilchen ausgehen, sodass die Einteilchenzustände in der In- und Out-Basis gleich sind. Wir haben also

$$
\begin{aligned}
t \to -\infty: \ \langle\Omega|\phi(x)|\mathbf{p}\rangle &= \sqrt{Z}\,\langle\Omega|\phi_{\mathrm{in}}(x)|\mathbf{p}\rangle, \\
t \to +\infty: \ \langle\Omega|\phi(x)|\mathbf{p}\rangle &= \sqrt{Z}\,\langle\Omega|\phi_{\mathrm{out}}(x)|\mathbf{p}\rangle,
\end{aligned}
\tag{6.13}
$$

und Z kann als Wahrscheinlichkeit interpretiert werden, dass das wechselwirkende Feld einen Einteilchenzustand erzeugt. Wir können zwar experimentell asymptotischen Zustände herstellen, indem wir die Wechselwirkung zwischen verschiedenen Teilchen über ihren Abstand effektiv „abstellen". Nicht manipulierbar ist aber eine allen Quantenfeldtheorien eigentümliche Selbstwechselwirkung der einzelnen Teilchen, die sich als Ursache für $m \neq m_0$ und $Z \neq 1$ herausstellen wird.

6.3 Die Streumatrix

Physikalische Observablen sind unabhängig von der zur Beschreibung gewählten Zustandsbasis, daher können wir insbesondere für die freie Theorie ebensogut die In- wie die Out-Basis verwenden. Für den Erwartungswert eines skalaren Feldes in einem beliebigen Zustand $|\psi\rangle$ muss daher gelten

$$
\langle\psi; \mathrm{in}|\phi_{\mathrm{in}}(x)|\psi; \mathrm{in}\rangle \overset{!}{=} \langle\psi; \mathrm{out}|\phi_{\mathrm{out}}(x)|\psi; \mathrm{out}\rangle.
\tag{6.14}
$$

Um die In- und Out-Basis miteinander in Beziehung zu setzen, muss also eine invertierbare Transformation S existieren, die Zustände und Operatoren ineinander abbildet. Einschieben von $S^{-1}S = 1$ links und rechts von $\phi_{\mathrm{out}}(x)$ ergibt

$$
\begin{aligned}
\phi_{\mathrm{in}}(x) &= S\,\phi_{\mathrm{out}}(x)\,S^{-1}, \\
|\psi; \mathrm{in}\rangle &= S|\psi; \mathrm{out}\rangle, \\
|\psi; \mathrm{out}\rangle &= S^{-1}|\psi; \mathrm{in}\rangle.
\end{aligned}
\tag{6.15}
$$

Die Überführung eines konkreten In-Zustands in einen konkreten Out-Zustand findet
aber physikalisch durch den Streuprozess statt. Demnach beschreibt der Operator
S den quantenmechanischen Streuprozess und wird deswegen auch als Streumatrix
bezeichnet. Die quantenmechanische Übergangsamplitude für den Prozess $|i; \text{in}\rangle \rightarrow$
$|f; \text{out}\rangle$ ist somit

$$\langle f; \text{out}|i; \text{in}\rangle = \langle f; \text{out}|S|i; \text{out}\rangle = S_{fi}. \tag{6.16}$$

Die S_{fi} werden in der üblichen quantenmechanischen Notation als Matrixelemente
für die entsprechenden quantenmechanischen Prozesse bezeichnet. Für auf eins normierte Anfangs- und Endzustände ergibt dann das Betragsquadrat die zugehörige
Wahrscheinlichkeit für einen Übergang,

$$w_{fi} = |S_{fi}|^2. \tag{6.17}$$

Summieren wir über alle möglichen Endzustände, so muss die Summe aller Wahrscheinlichkeiten eins ergeben, unabhängig vom konkreten Anfangszustand,

$$\sum_f w_{fi} = \sum_f \langle f|S|i\rangle \langle i|S^\dagger|f\rangle = 1. \tag{6.18}$$

Wir schreiben dies unter Verwendung der Vollständigkeit der Endzustände,

$$\sum_f |f\rangle\langle f| = 1, \tag{6.19}$$

um und finden die Bedingung

$$\sum_f \langle i|S^\dagger|f\rangle\langle f|S|i\rangle = \langle i|S^\dagger S|i\rangle = 1. \tag{6.20}$$

Aus der Erhaltung der Wahrscheinlichkeit folgt somit als zentrale Eigenschaft der
Streumatrix ihre Unitarität,

$$S^\dagger \overset{!}{=} S^{-1}. \tag{6.21}$$

Diese Eigenschaft stellt eine wichtige Einschränkung an physikalisch zulässige,
wechselwirkende Theorien dar. Wir haben nun die S-Matrix quantenmechanisch als
unitären Operator definiert, der die asymptotischen Anfangszustände in die asymptotischen Endzustände eines Streuproblems überführt. Als nächstes müssen wir
die S-Matrix durch die Feldoperatoren unserer konkreten Quantenfeldtheorie ausdrücken, um die Matrixelemente dieses Operators auch tatsächlich berechnen zu
können.

6.4 S-Matrix und Greenfunktionen

Wir betrachten einen Streuprozess $2 \to n$ wie in Abb. 6.1, für den

$$S_{fi} = \langle \mathbf{k}_1, \ldots \mathbf{k}_n; \text{out}|\mathbf{p}_1, \mathbf{p}_2; \text{in}\rangle \tag{6.22}$$

gilt. Unsere Aufgabe ist es nun, die Matrixelemente zu ihrer konkreten Berechnung in Erwartungswerte von Feldoperatoren umzuschreiben. Dies gelingt in drei Schritten:

1. Drücke $|\text{in}\rangle$, $|\text{out}\rangle$-Zustände durch $a_{\text{in,out}}^\dagger$ und $|\Omega\rangle$ aus
2. Drücke $a_{\text{in,out}}^\dagger$ durch $\phi_{\text{in,out}}$ aus
3. Drücke $\phi_{\text{in,out}}$ durch ϕ aus

Im ersten Schritt ersetzen wir ein Teilchen aus dem In-Zustand durch den entsprechenden Erzeugungsoperator und schreiben

$$S_{fi} = \left\langle \mathbf{k}_1, \ldots \mathbf{k}_n; \text{out}|a_{\text{in}}^\dagger(\mathbf{p}_1)|\mathbf{p}_2; \text{in}\right\rangle \tag{6.23}$$

$$= \left\langle \mathbf{k}_1, \ldots \mathbf{k}_n; \text{out}|a_{\text{out}}^\dagger(\mathbf{p}_1)|\mathbf{p}_2; \text{in}\right\rangle$$

$$+ \left\langle \mathbf{k}_1, \ldots \mathbf{k}_n; \text{out}| \left(a_{\text{in}}^\dagger(\mathbf{p}_1) - a_{\text{out}}^\dagger(\mathbf{p}_1) \right) |\mathbf{p}_2; \text{in}\right\rangle. \tag{6.24}$$

Der erste Term ist nur von Null verschieden, wenn einer der Impulse $\mathbf{k}_i = \mathbf{p}_1$ ist,

$$\left\langle \mathbf{k}_1, \ldots \mathbf{k}_n; \text{out}|a_{\text{out}}^\dagger(\mathbf{p}_1)|\mathbf{p}_2; \text{in}\right\rangle \tag{6.25}$$

$$= \sum_{i=1}^{n} (2\pi)^3 2E(\mathbf{p}_1)\delta(\mathbf{k}_i - \mathbf{p}_1)\langle \mathbf{k}_1, \ldots \cancel{\mathbf{k}_i} \ldots \mathbf{k}_n; \text{out}|\mathbf{p}_2; \text{in}\rangle.$$

Dies bedeutet aber, dass Teilchen 1 nicht gestreut wird und alle Quantenzahlen behält. Die Weltlinie dieses Teilchens trifft also nirgends auf Weltlinien anderer Teilchen und ist mit diesen nicht verbunden. Der verbleibende Faktor ist das Matrixelement für einen Prozess mit jeweils einem Teilchen weniger in Anfangs- und Endzustand. Man spricht daher von einem unzusammenhängenden oder unverbundenen Beitrag zur Streumatrix. Solche Beiträge sind aus verbundenen zusammengesetzt, und wir wollen sie nicht im Detail weiter verfolgen. Wir interessieren uns stattdessen für nichttriviale Streuprozesse, an denen alle Teilchen des Anfangs- und Endzustands beteiligt sind.

Im zweiten Term in (6.24) ersetzen wir nun die Erzeuger mittels Gl. (5.17) durch die entsprechenden Feldoperatoren,

$$\left\langle \mathbf{k}_1, \ldots \mathbf{k}_n; \text{out}\left| \left(a_{\text{in}}^\dagger(\mathbf{p}_1) - a_{\text{out}}^\dagger(\mathbf{p}_1) \right)\right|\mathbf{p}_2; \text{in}\right\rangle$$

$$= -i \left\langle \mathbf{k}_1, \ldots \mathbf{k}_n; \text{out}\left| \int d^3x_1 \; e^{-ip_1 x_1} \; \overset{\leftrightarrow}{\partial}_{x_1^0} \left(\phi_{\text{in}}(x_1) - \phi_{\text{out}}(x_1) \right)\right|\mathbf{p}_2; \text{in}\right\rangle. \tag{6.26}$$

Weil das ganze S-Matrixelement und damit auch unser letzter Ausdruck zeitunabhängig sind, können wir für t_1 insbesondere Zeitabschnitte lange vor oder nach der Wechselwirkung betrachten. Dies erlaubt es, die Asymptotenbedingungen (6.11) zu benutzen und weiter zu schreiben

$$= \frac{i}{\sqrt{Z}} \left(\lim_{x_1^0 \to +\infty} - \lim_{x_1^0 \to -\infty} \right) \int d^3x_1 \, e^{-ip_1x_1} \overset{\leftrightarrow}{\partial}_{x_1^0} \langle \mathbf{k}_1, \ldots \mathbf{k}_n; \text{out}|\phi(x_1)|\mathbf{p}_2; \text{in}\rangle. \tag{6.27}$$

Damit haben wir die drei genannten Schritte zur Herleitung der Reduktionsformel für das Teilchen mit Impuls $\mathbf{p}_1$ durchgeführt. Wir bringen das Zwischenergebnis noch auf kovariante Form. Für differenzierbare Funktionen $f(t)$, für die $\lim_{t \to \pm\infty} f(t)$ existiert, gilt

$$\left(\lim_{t \to +\infty} - \lim_{t \to -\infty} \right) f(t) = \int_{-\infty}^{\infty} dt \frac{d}{dt} f(t), \tag{6.28}$$

sodass der letzte Ausdruck übergeht in

$$= \frac{i}{\sqrt{Z}} \int d^4x_1 \, \partial_{x_1^0} e^{-ip_1x_1} \overset{\leftrightarrow}{\partial}_{x_1^0} \langle \mathbf{k}_1, \ldots \mathbf{k}_n; \text{out}|\phi(x_1)|\mathbf{p}_2; \text{in}\rangle. \tag{6.29}$$

Nun werten wir die Zeitableitungen aus,

$$\begin{aligned}
\partial_{x_1^0} e^{-ip_1x_1} \overset{\leftrightarrow}{\partial}_{x_1^0} \phi(x_1) &= \partial_{x_1^0} \left\{ e^{-ip_1x_1} \partial_{x_1^0} \phi(x_1) - \left(\partial_{x_1^0} e^{-ip_1x_1} \right) \phi(x_1) \right\} \\
&= e^{-ip_1x_1} \partial_{x_1^0}^2 \phi(x_1) + E^2(\mathbf{p}_1) e^{-ip_1x_1} \phi(x_1) \\
&= e^{-ip_1x_1} \partial_{x_1^0}^2 \phi(x_1) + \left[\left(-\nabla^2 + m^2 \right) e^{-ip_1x_1} \right] \phi(x_1). \tag{6.30}
\end{aligned}$$

Wir integrieren partiell, sodass die Gradienten auf die Feldoperatoren wirken,

$$\int dx^i \left(\partial_i e^{-ipx} \right) \phi(x) = e^{-ipx} \phi(x) \Big|_{-\infty}^{\infty} - \int dx^i \, e^{-ipx} \partial_i \phi(x). \tag{6.31}$$

Die Randterme der partiellen Integration dürfen wir vernachlässigen, wenn wir uns erinnern, dass die darin auftauchenden ebenen Wellen zu lokalisierten Wellenpaketen überlagert werden müssen, die im Unendlichen verschwinden. Insgesamt erhalten wir somit für den ersten Reduktionsschritt

$$S_{fi} = \text{unverbundener Term}$$
$$+ \frac{i}{\sqrt{Z}} \int d^4x_1 \, e^{-ip_1x_1} \left(\Box_{x_1} + m^2 \right) \langle \mathbf{k}_1, \ldots \mathbf{k}_n; \text{out}|\phi(x_1)|\mathbf{p}_2; \text{in}\rangle. \tag{6.32}$$

Nach diesen Manipulationen entspricht unser S-Matrixelement einem Erwartungswert eines Feldoperators, wobei der Anfangszustand auf einen Einteilchenzustand reduziert wurde.

Als Nächstes wenden wir dieselben Schritte auf ein Teilchen im Endzustand an,

$$
\begin{aligned}
&\langle \mathbf{k}_1, \dots \mathbf{k}_n; \text{out}|\phi(x_1)|\mathbf{p}_2; \text{in}\rangle \\
&= \langle \mathbf{k}_2, \dots \mathbf{k}_n; \text{out}|a_{\text{out}}(\mathbf{k}_1)\phi(x_1)|\mathbf{p}_2; \text{in}\rangle \\
&= \langle \mathbf{k}_2, \dots \mathbf{k}_n; \text{out}|\phi(x_1)a_{\text{in}}(\mathbf{k}_1)|\mathbf{p}_2; \text{in}\rangle \\
&\quad + \Big\langle \mathbf{k}_2, \dots \mathbf{k}_n; \text{out}\Big|\Big(a_{\text{out}}(\mathbf{k}_1)\phi(x_1) - \phi(x_1)a_{\text{in}}(\mathbf{k}_1)\Big)\Big|\mathbf{p}_2; \text{in}\Big\rangle.
\end{aligned} \tag{6.33}
$$

Der erste Term entspricht wiederum einem unverbundenen Beitrag, den zweiten schreiben wir analog zu oben ausgedrückt durch die In- und Out-Felder,

$$
\begin{aligned}
&\Big\langle \mathbf{k}_2, \dots \mathbf{k}_n; \text{out}\Big|\Big(a_{\text{out}}(\mathbf{k}_1)\phi(x_1) - \phi(x_1)a_{\text{in}}(\mathbf{k}_1)\Big)\Big|\mathbf{p}_2; \text{in}\Big\rangle \\
&= i \int d^3 y_1\, e^{ik_1 y_1}\, \overset{\leftrightarrow}{\partial}_{y_1^0} \Big\langle \mathbf{k}_2, \dots \mathbf{k}_n; \text{out}\Big|\Big(\phi_{\text{out}}(y_1)\phi(x_1) - \phi(x_1)\phi_{\text{in}}(y_1)\Big)\Big|\mathbf{p}_2; \text{in}\Big\rangle.
\end{aligned} \tag{6.34}
$$

Nun verwenden wir wiederum die Asymptotenbedingungen und achten auf die unterschiedliche Reihenfolge der Zeitargumente in den beiden Termen. Sie wird korrekt berücksichtigt, wenn wir x_1^0 festhalten und das Zeitordnungssymbol verwenden,

$$
= \frac{i}{\sqrt{Z}} \int d^4 y_1 \partial_{y_1^0} e^{ik_1 y_1}\, \overset{\leftrightarrow}{\partial}_{y_1^0} \langle \mathbf{k}_2, \dots \mathbf{k}_n; \text{out}|T(\phi(y_1)\phi(x_1))|\mathbf{p}_2; \text{in}\rangle. \tag{6.35}
$$

Hierfür definieren wir die zeitgeordneten Produkte

$$
T\Big(\phi(t_1)\dots\phi(t_n)\Big) \equiv \sum_P \overbrace{\Theta(t_{p_1}, t_{p_2}, \dots \qquad t_{p_n})}^{t_{p_1} \geq t_{p_2} \cdots \geq t_{p_n}} \phi(t_{p_1})\dots\phi(t_{p_n}), \tag{6.36}
$$

wobei sich die Summe über alle Permutationen der Argumente erstreckt. Die Thetafunktion mit mehreren Zeitargumenten ist als Produkt der bekannten Thetafunktion mit einem Argument zu verstehen,

$$
\Theta(t_1, \dots, t_n) = \Theta(t_1 - t_2)\Theta(t_2 - t_3)\dots\Theta(t_{n-1} - t_n). \tag{6.37}
$$

In zeitgeordneten Produkten sind die Faktoren also mit von links nach rechts abnehmenden Argumenten geordnet, z. B. für zwei Faktoren

$$
T\Big(\phi(x_1)\phi(x_2)\Big) = \Theta(t_1 - t_2)\phi(x_1)\phi(x_2) + \Theta(t_2 - t_1)\phi(x_2)\phi(x_1)
$$

$$
= \begin{cases} \phi(x_1)\phi(x_2), & \text{falls } t_1 > t_2, \\ \phi(x_2)\phi(x_1), & \text{falls } t_2 > t_1. \end{cases} \tag{6.38}
$$

Damit haben wir insgesamt für den zweiten Schritt

$\langle \mathbf{k}_1, \ldots \mathbf{k}_n; \text{out} | \phi(x_1) | \mathbf{p}_2; \text{in} \rangle = \text{unverbundener Term}$

$$+ \frac{i}{\sqrt{Z}} \int d^4 y_1 \, e^{ik_1 y_1} \left(\Box_{y_1} + m^2 \right) \langle \mathbf{k}_2, \ldots \mathbf{k}_n; \text{out} | T(\phi(y_1)\phi(x_1)) | \mathbf{p}_2; \text{in} \rangle, \quad (6.39)$$

was in (6.32) einzusetzen ist.

Durch sukzessive Wiederholung dieser Schritte können wir alle Teilchen im Anfangs- und Endzustand eliminieren, bis auf beiden Seiten nur noch das Vakuum übrig bleibt. Nach diesen Schritten erhalten wir die Lehmann-Symanzik-Zimmermann-Formel (LSZ-Formel):

$$S_{fi} = \text{unverbundene Terme}$$
$$+ \frac{i^{n+2}}{\sqrt{Z^{n+2}}} \int d^4 x_1 \int d^4 x_2 \int d^4 y_1 \ldots \int d^4 y_n \, e^{-ip_1 x_1 - ip_2 x_2 + ik_1 y_1 + \cdots + ik_n y_n}$$
$$\times (\Box_{x_1} + m^2)(\Box_{x_2} + m^2)(\Box_{y_1} + m^2) \ldots (\Box_{y_n} + m^2)$$
$$\times \langle \Omega | T[\phi(y_1) \ldots \phi(y_n)\phi(x_1)\phi(x_2)] | \Omega \rangle. \qquad (6.40)$$

Wir werden im nächsten Kapitel sehen, dass es sich bei den Erwartungswerten der zeitgeordneten Produkte um Greenfunktionen handelt,

$$G_{n+2}(x_1 x_2, y_1 \ldots y_n) = \langle \Omega | T[\phi(y_1) \ldots \phi(y_n)\phi(x_1)\phi(x_2)] | \Omega \rangle. \qquad (6.41)$$

Die LSZ-Formel ist ein exakter Ausdruck für die Streumatrixelemente unserer vollen Quantenfeldtheorie. Bei ihrer Herleitung wurde nirgendwo von den spezifischen Eigenschaften des Skalarfeldes Gebrauch gemacht, und es sollte klar sein, dass sich der Inhalt des gesamten Kapitels ohne größere Schwierigkeiten auf Spinor- und Vektorfelder sowie auf Theorien mit gemischtem Feldinhalt übertragen lässt. Entsprechende Herleitungen findet man z. B. in [4,5].

Mit der LSZ-Formel haben wir ein zentrales Ergebnis der Quantenfeldtheorie mit wichtigen rechenpraktischen und konzeptionellen Aspekten. Die Berechnung von Streumatrixelementen ist nunmehr auf die Berechnung von Greenfunktionen zurückgeführt. Damit ist aber die Übergangsrate zwischen nichttrivialen Anfangs- und Endzuständen vollständig auf Vakuumerwartungswerte von Operatorprodukten reduziert. Mit anderen Worten, das Vakuum in Quantenfeldtheorien ist nichttrivial und enthält sämtliche Eigenschaften aller Wechselwirkungen! Man beachte auch die sich damit offenbarende Universalität der Wechselwirkungen: Die n-Punkt-Greenfunktionen „wissen" nichts davon, welche Teilchen ein- oder auslaufen. Beispielsweise ist die 4-Punktfunktion sowohl für eine $(2 \longrightarrow 2)$-Streuung wie auch einen $(1 \longrightarrow 3)$-Zerfall zu verwenden (sofern beide Prozesse kinematisch möglich sind). Wir werden diesen Sachverhalt bei der Berechnung von Streuprozessen mittels der Feynmanregeln noch deutlicher erkennen.

6.5 Auswertung von Greenfunktionen

Die Auswertung der Greenfunktionen kann nun prinzipiell auf verschiedene Weise erfolgen. Für analytische Lösungen der Theorie muss man notwendig Näherungen machen. Man unterscheidet zwischen perturbativen und nichtperturbativen Methoden. Erstere bestehen in der Berechnung sukzessiver Glieder von Potenzreihenentwicklungen in einem kleinen Parameter.

- Störungstheorie
  Bei Weitem die wichtigste Näherungsmethode, die wir in den folgenden Kapiteln verwenden wollen, ist die Störungstheorie. Sie entspricht einer systematischen Entwicklung in Potenzen einer Kopplungskonstanten, die in H_{int} enthalten ist und die Stärke der Wechselwirkung charakterisiert. Das Verfahren ist völlig analog zu dem aus der Quantenmechanik bekannten und immer dann erfolgreich, wenn die sukzessive berechneten Ordnungen hinreichend schnell konvergieren, um den Rest der (unendlichen) Reihe vernachlässigen zu können. Das Verfahren funktioniert gut für QED, die schwache Wechselwirkung sowie für QCD bei Energien oberhalb einiger GeV. Aufgrund ihrer Systematik und häufigen Anwendung bildet die Störungstheorie die Grundlage für unser Verständnis von Quantenfeldtheorien.
- Semiklassische Entwicklung
  Ein verwandtes Verfahren ist die ebenfalls aus der Quantenmechanik bekannte semiklassische Näherung, in der man eine Entwicklung in $\hbar$ vornimmt. Einführungen findet man in [5,7].

Nichtperturbative Methoden sind Verfahren ohne Potenzreihenentwicklung und insofern nicht auf das Vorhandensein eines kleinen Parameters angewiesen. In diesem Fall sind jedoch zur Auswertung andere Näherungen notwendig, deren systematische Fehler oft schwerer abzuschätzen sind als die Restglieder von Potenzreihen.

- Variationsverfahren
  Das aus der Quantenmechanik bekannte Verfahren von Raleigh und Ritz zur Optimierung eines geratenen quantenmechanischen Zustandsvektors lässt sich auf die Quantenfeldtheorie übertragen. Voraussetzung hierfür ist jedoch eine wenigstens qualitative Kenntnis wesentlicher Eigenzustände des Hamiltonoperators, die in nichtperturbativen Fällen nur selten vorliegt.
- Funktionale Methoden
  Quantisiert man Feldtheorien mithilfe des Pfad- oder Funktionalintegrals, bieten sich weitere nichtperturbative Methoden zur Lösung an. Dyson-Schwinger-Gleichungen und Renormierungsgruppengleichungen stellen jeweils exakte Gleichungssysteme für gekoppelte Greenfunktionen dar. Diese lassen sich jedoch nicht geschlossen lösen und müssen daher geeignet approximiert werden. Für Einführungen siehe [7–9].

- Gitterfeldtheorie
  Die einzig bekannte Methode, die es zumindest im Prinzip erlaubt, alle durch
  die Rechnung eingeführten systematischen Fehler sukzessive zu eliminieren, ist
  die Auswertung im Rahmen von Gitterfeldtheorien. Hierzu wird die Quantenfeldtheorie auf einem diskreten Raumzeitgitter reformuliert und kann dann mit
  numerischen Methoden auf Computern gelöst werden. Die systematischen Fehler
  durch die Diskretisierung und endliche Volumina lassen sich in Reihen von Rechnungen reduzieren und zu null extrapolieren. Für realistische Theorien ist dies in
  der Praxis jedoch ein numerisch sehr aufwendiges Verfahren, das unter Einsatz
  von Supercomputern an großen Rechenzentren durchgeführt wird. Einführungen
  in die Gitterfeldtheorie findet man in [10–12].

6.6 Streuquerschnitt und Zerfallsrate

Wir wollen in diesem Abschnitt noch eine Verbindung von der Streumatrix zu den
experimentellen Messgrößen Streuquerschnitt und Zerfallsrate herstellen. Zunächst
beachten wir, dass quantenmechanisch immer eine gewisse Wahrscheinlichkeit
besteht, dass keine Streuung stattfindet und die einlaufenden Teilchen unverändert in
den Endzustand laufen. Konventionellerweise spaltet man diese Fälle ab und schreibt

$$S_{fi} = \delta_{fi} + i T_{fi}. \tag{6.42}$$

Weiter garantiert die Translationsinvarianz einer Theorie, dass die Übergangsmatrix-
elemente verschwinden, falls Enerige und Impuls nicht erhalten sind. Wir faktorisieren daher im uns interessierenden wechselwirkenden Anteil der Streumatrix noch
eine entsprechende Deltafunktion heraus. Hierzu definieren wir die Vierergesamtim-
pulse des Anfangs- und Endzustands als

$$p_i \equiv p_1 + p_2, \quad k_f \equiv k_1 + \cdots + k_n \tag{6.43}$$

und schreiben

$$S_{fi} \equiv \delta_{fi} + i T_{fi} \equiv \delta_{fi} + i(2\pi)^4 \delta^4(k_f - p_i)\, M_{fi}. \tag{6.44}$$

Nun benötigen wir für die Wahrscheinlichkeitsinterpretation der S-Matrix gemäß
(6.17) auf eins normierte quantenmechanische Zustände, was die Basiszustände ebener Wellen, mit denen wir hier arbeiten, jedoch nicht erfüllen. Wir korrigieren dies
durch Normierungsfaktoren $N(\mathbf{p}_i)$,

$$M_{fi} = \langle \mathbf{k}_1 \ldots \mathbf{k}_n | M | \mathbf{p}_1, \mathbf{p}_2 \rangle \prod_{\mathbf{p}_i} \frac{1}{N(\mathbf{p}_i)} \prod_{\mathbf{k}_i} \frac{1}{N(\mathbf{k}_i)}, \tag{6.45}$$

die wir nun bestimmen wollen. Dazu schreiben wir die Deltafunktion der Norm in Integraldarstellung

$$\langle \mathbf{p}|\mathbf{p}'\rangle = (2\pi)^3 2E(\mathbf{p})\delta^3(\mathbf{p} - \mathbf{p}') = 2E(\mathbf{p}) \int d^3x \, e^{-i(\mathbf{p}-\mathbf{p}')\cdot\mathbf{x}}. \tag{6.46}$$

Wir umgehen das Problem der Normierbarkeit, indem wir uns die „Wechselwirkungszone"als ein endliches Raumzeitvolumen $V \cdot \Delta t$ denken. Wie wir sehen werden, fällt dieses aus dem Endergebnis heraus, das sich mit demjenigen der strengen Behandlung durch Wellenpakete deckt. Ein endliches Volumen regularisiert die Deltafunktion, und wir erhalten für die quadratische Norm der Einteilchenzustände

$$N^2(\mathbf{p}) \equiv \langle \mathbf{p}|\mathbf{p}\rangle = 2E(\mathbf{p}) \int_V d^3x = 2E(\mathbf{p})V. \tag{6.47}$$

Die Wahrscheinlichkeit für einen nichttrivialen Streuvorgang zwischen unseren Anfangs- und Endzuständen ist nun

$$w_{fi} = |T_{fi}|^2 = \left| i(2\pi)^4\delta^4(k_f - p_i)M_{fi} \right|^2 \frac{1}{2p_2^0 V} \frac{1}{2p_1^0 V} \prod_{i=1}^{n} \frac{1}{2k_i^0 V}. \tag{6.48}$$

Das in diesem Ausdruck auftauchende Quadrat der Deltafunktion ist ebenfalls divergent und muss regularisiert werden. Im vierdimensionalen Fall haben wir

$$\left((2\pi)^4\delta^4(k_f - p_i) \right)^2 = (2\pi)^4\delta^4(k_f - p_i) \int_{V,\Delta t} d^4x \, e^{-i(k_f-p_i)\cdot x}$$

$$= (2\pi)^4\delta^4(k_f - p_i)V\Delta t. \tag{6.49}$$

Damit erhalten wir für unsere Übergangswahrscheinlichkeit den regularisierten Ausdruck

$$w_{fi} = (2\pi)^4\delta^4(p_f - p_i)|M_{fi}|^2 \frac{\Delta t}{V} \frac{1}{2p_2^0} \frac{1}{2p_1^0} \prod_{i=1}^{n} \frac{1}{2k_i^0 V}. \tag{6.50}$$

Das Matrixelement entspricht dem Übergang zwischen Zuständen mit scharfen Werten für alle Impulse und somit einer Wahrscheinlichkeitsdichte im Impulsraum des Endzustands bei gegebenen Anfangsimpulsen. Während wir davon ausgehen wollen, dass die Anfangsimpulse hinreichend genau eingestellt werden können, haben wir es im Endzustand in der Praxis immer mit Detektoren endlicher Impulsauflösung zu tun. Für eine gegebene Konfiguration von Anfangsimpulsen ist die Übergangswahrscheinlichkeit proportional zur Anzahl dn_f der Endzustände zwischen $\mathbf{k}_i$ und $\mathbf{k}_i + d\mathbf{k}_i$ für das i-te Teilchen im Impulsraum,

$$dW_{fi} = w_{fi} \, dn_f. \tag{6.51}$$

Aus der Quantenmechanik kennen wir die erlaubten Impulswerte freier Teilchen im endlichen Volumen für die j-te Raumdimension,

$$k^j = \frac{2\pi}{L} n_j. \tag{6.52}$$

Für große Volumina wird das Impulsspektrum quasikontinuierlich und die Anzahl der Zustände pro Impulsintervall ist

$$dn_j = \frac{L}{2\pi} dk^j. \tag{6.53}$$

Damit erhalten wir für die Anzahl der Zustände in einer dreidimensionalen Impulsraumzelle des Endzustands

$$dn_f = \prod_{i=1}^{n} \frac{V d^3 k_i}{(2\pi)^3}. \tag{6.54}$$

Somit wird die Übergangswahrscheinlichkeit zu

$$dW_{fi} = |M_{fi}|^2 \frac{1}{2p_1^0} \frac{1}{2p_2^0} \frac{\Delta t}{V} (2\pi)^4 \delta^4(p_f - p_i) \prod_{i=1}^{n} \frac{d^3 k_i}{(2\pi)^3 2k_i^0}. \tag{6.55}$$

Die im Experiment beobachtbare Größe ist der sogenannte Wirkungsquerschnitt einer Streuung, definiert als

$$d\sigma \equiv \frac{\text{Übergangsrate}}{\text{Fluss der einlaufenden Teilchen}} = \frac{N \frac{dW_{fi}}{\Delta t}}{\Phi}. \tag{6.56}$$

Dies trägt dem experimentellen Umstand Rechnung, dass in der Praxis nicht einzelne Teilchen beschleunigt werden und mit einem Target kollidieren, sondern Pakete aus N Teilchen pro Zeitintervall durch den Querschnitt der Wechselwirkungszone treten:

$$\Phi = \frac{N}{\Delta A \cdot \Delta t}$$

Den Teilchenfluss drücken wir durch das Volumen der Wechselwirkungszone, die zugehörige Teilchendichte $n = N/V$ und die Relativgeschwindigkeit der Strahl- und Targetteilchen $v_{\text{rel}} = |\mathbf{v}_1 - \mathbf{v}_2|$ aus,

$$\Phi = \frac{N}{V} \frac{\Delta l}{\Delta t} = n \cdot v_{\text{rel}} \equiv N\Phi_1, \tag{6.57}$$

wobei Φ_1 dem Fluss eines einzelnen Streuteilchens entspricht. Die Bezeichnung Wirkungsquerschnitt ist der Dimension dieser Größe geschuldet,

$$[\sigma] = \frac{\frac{1}{s}}{\frac{1}{m^3}\frac{m}{s}} = m^2. \tag{6.58}$$

Für den differenziellen Wirkungsquerschnitt erhalten wir nun

$$d\sigma = \frac{1}{2p_1^0}\frac{1}{2p_2^0}\frac{1}{\Phi_1 V}\,|M_{fi}|^2(2\pi)^4\delta^4(k_f - p_i)\prod_{i=1}^{n}\frac{d^3k_i}{(2\pi)^3 2k_i^0}. \tag{6.59}$$

Zur Angabe des Flusses wählen wir als Inertialsystem das Ruhesystem von Teilchen 2, in dem gilt:

$$p_2^0 = m_2, \quad \Phi = \frac{|\mathbf{v}_1|}{V} = \frac{1}{V}\frac{|\mathbf{p}_1|}{p_1^0} \tag{6.60}$$

Um unabhängig vom Inertialsystem einer konkreten experimentellen Situation zu werden, ist es natürlich besser, diese Größen durch Lorentzskalare auszudrücken. Wir verwenden die passenden Lorentzinvarianten aus Abschn. 2.3.3,

$$s = (p_1 + p_2)^2,$$

$$|\mathbf{p}_1| = \frac{1}{2m_2}w\left(s, m_1^2, m_2^2\right) = 4\left[(p_1 \cdot p_2)^2 - m_1^2 m_2^2\right]^{1/2}. \tag{6.61}$$

Damit erhalten wir insgesamt für den differentiellen Streuquerschnitt $2 \to n$

$$d\sigma = \frac{|M_{fi}|^2}{4\left[(p_1 \cdot p_2)^2 - m_1^2 m_2^2\right]^{1/2}}\,(2\pi)^4\delta^4(k_1 + \ldots k_n - p_1 - p_2)\prod_{i=1}^{n}\frac{d^3k_i}{(2\pi)^3 2k_i^0}. \tag{6.62}$$

Das regularisierende endliche Raumzeitvolumen der „Wechselwirkungszone" hat sich aus unserem Endergebnis weggehoben. Der Ausdruck ist manifest lorentzinvariant, wie es auch sein muss, d. h., der Wirkungsquerschnitt eines Streuprozesses ist unabhängig vom Inertialsystem, in dem die Streuung durchgeführt wird.

Sämtliche Überlegungen lassen sich nun in einfacher Weise auf Teilchenzerfälle übertragen. Betrachten wir statt eines Streuprozesses den Zerfall eines instabilen Teilchens $1 \longrightarrow n$, so ist dieser dank LSZ vollständig durch die $(n + 1)$-Funktion festgelegt. Die experimentelle Messgöße ist in diesem Fall die Zerfallsrate, die definiert ist als Übergangsrate pro Zeit,

$$d\Gamma = \frac{dW_{fi}}{\Delta t}. \tag{6.63}$$

Einsetzen aller Faktoren wie beim Wirkungsquerschnitt führt auf

$$d\Gamma = \frac{|M_{fi}|^2}{2m_1}(2\pi)^4\delta^4(k_1 + \cdots + k_n - p_1)\prod_{i=1}^{n}\frac{d^3k}{(2\pi)^3 2k_i^0}.\tag{6.64}$$

Insgesamt haben wir in diesem Kapitel einen großen Fortschritt erzielt. Zunächst haben wir unseren quantenfeldtheoretischen Formalismus auf wechselwirkende Theorien ausgedehnt und eine quantenmechanische Streumatrix definiert, die durch den Langzeitlimes des Wechselwirkungsterms des Hamiltonoperators festegelegt wird. Weiterhin konnten wir die experimentellen Messgrößen Streuquerschnitt und Zerfallsrate vollständig durch die Streumatrixelemente und einige kinematische Faktoren ausdrücken. Bislang sind unsere Ergebnisse jedoch rein formal. Um zu konkreten theoretischen Vorhersagen für diese Messgrößen zu gelangen, sind nun die M_{fi} zu berechnen, die nach der LSZ-Reduktionsformel durch die Vakuumerwartungswerte von $(n + 2)$-Punktfunktionen gegeben sind.

Zusammenfassung

- Für wechselwirkende Felder werden die Feldgleichungen nichtlinear
- Lineare Superposition von Lösungen ergibt im Allgemeinen keine weitere Lösung
- Asymptotische Zustände bezeichnen die effektiv freien Teilchenzustände lange vor oder nach einem Streuprozess
- Die Streumatrix bildet die asymptotischen Zustände vor und nach der Streuung ineinander ab
- Streumatrixelemente und Wirkungsquerschnitte einer $(2 \longrightarrow n)$-Streuung werden durch $(2 + n)$-Punkt-Greenfunktionen ausgedrückt
- Greenfunktionen sind Vakuumerwartungswerte von Produkten von Feldoperatoren und enthalten sämtliche Informationen über die Wechselwirkungen der Theorie
- Die n-Punktfunktionen sind universell für alle Prozesse, an denen n Teilchen (derselben Sorten) beteiligt sind

Aufgaben

6.1 Man überzeuge sich, dass die starke Asymptotenbedingung (6.11) angewendet auf die Operatoren inkonsistent mit den Kommutatorregeln ist.

6.2 Ausgehend von der Formel (6.62) für den Wirkungsquerschnitt einer $(2 \to 2)$-Streuung zeige man, dass im Schwerpunktsystem für zwei Eingangsteilchen gleicher

Masse m und zwei Streuteilchen gleicher Masse M gilt:

$$\frac{d\sigma}{d\Omega} = \frac{\left(1 - \frac{4M^2}{s}\right)^{1/2}}{64\pi^2 s \left(1 - \frac{4m^2}{s}\right)^{1/2}} \, |\mathcal{M}_{fi}|^2 \qquad (6.65)$$

Störungstheorie

7

Inhaltsverzeichnis

In diesem Kapitel wird die Technik der Störungstheorie zur näherungsweisen, praktischen Berechnung von Greenfunktionen und Streumatrixelementen als Potenzreihe in einer Kopplungskonstanten entwickelt, wobei wir uns wie im letzten Kapitel auf die Theorie eines reellen Skalarfeldes beschränken. Nach einigen formalen Vorbereitungen werden wir als erste Anwendung den Wirkungsquerschnitt eines $(2 \rightarrow 2)$-Streuprozesses spinloser Teilchen zu führender Ordnung in der Kopplung berechnen. Die Verallgemeinerung auf beliebige Prozesse zu beliebiger Ordnung führt auf die Feynmanregeln, mit deren Hilfe solche Rechnungen vereinfacht und grafisch dargestellt werden können. Eine qualitative Diskussion der Korrekturen höherer Ordnung illustriert die bereits im letzten Kapitel genannten fundamentalen Unterschiede zwischen freien und wechselwirkenden Theorien sowie des klassischen und quantenmechanischen Vakuums.

© Springer-Verlag GmbH Deutschland, ein Teil von Springer Nature 2018
O. Philipsen, *Quantenfeldtheorie und das Standardmodell der Teilchenphysik*,
https://doi.org/10.1007/978-3-662-57820-9_7

7.1 Wechselwirkungsbild für die Zeitentwicklung

Wie wir diskutiert haben, sind die Feldoperatoren $\phi(x)$ und $\Pi(x)$ unserer Theorie Heisenbergoperatoren. Da sie denselben Kommutatorregeln gehorchen wie in der freien Theorie, gilt auch für den vollen Hamiltonoperator die Heisenberggleichung, deren formale Lösung lautet

$$\phi(x) = e^{iH(t-t_0)}\,\phi(\mathbf{x}, t_0)\,e^{-iH(t-t_0)}. \tag{7.1}$$

Ohne Kenntnis des Energiespektrums können wir jedoch die zeitliche Entwicklung von Erwartungswerten nicht praktisch berechnen.

Wir können aber als ersten Schritt den bekannten Teil der Zeitentwicklung, der durch den freien Hamiltionian H_0 beschrieben wird, herausfaktorisieren, indem wir das Feld im sogenannten Dirac- oder Wechselwirkungs- („Interaction") Bild einführen durch die unitäre Transformation

$$\phi_I(x) \equiv e^{iH_0(t-t_0)}\,\phi(\mathbf{x}, t_0)e^{-iH_0(t-t_0)}. \tag{7.2}$$

Die Beziehung zum Heisenbergbild ist demnach

$$\phi(x) = e^{iH(t-t_0)}e^{-iH_0(t-t_0)}e^{iH_0(t-t_0)}\phi(\mathbf{x}, t_0)e^{-iH_0(t-t_0)}e^{iH_0(t-t_0)}e^{-iH(t-t_0)} \tag{7.3}$$

oder kompakter

$$\phi(x) = U^{\dagger}(t, t_0)\phi_I(x)U(t, t_0), \tag{7.4}$$

wobei wir einen unitären Zeitentwicklungsoperator definiert haben durch

$$U(t, t_0) \equiv e^{iH_0(t-t_0)}e^{-iH(t-t_0)}, \quad U^{\dagger}U = 1. \tag{7.5}$$

Man beachte, dass im Allgemeinen H_{int} nicht mit H_0 kommutiert, sodass wir die operatorwertigen Exponenten nicht einfach zusammenfassen dürfen.

Durch Ableiten der Definitionsgleichung (7.5) von U finden wir eine Differenzialgleichung für den Zeitentwicklungsoperator,

$$\frac{\partial}{\partial t}U(t, t_0) = iH_0 e^{iH_0(t-t_0)}e^{-iH(t-t_0)} - e^{iH_0(t-t_0)}iHe^{-iH(t-t_0)} \tag{7.6}$$

$$= iH_0 e^{iH_0(t-t_0)}e^{-iH(t-t_0)} - e^{iH_0(t-t_0)}i(H_0 + H_{\text{int}})e^{-iH(t-t_0)}.$$

Die ersten beiden Terme heben sich weg, im dritten schieben wir rechts von H_{int} eine Eins ein und erhalten mit der Definition

$$H_I(t) \equiv e^{iH_0(t-t_0)}H_{\text{int}}e^{-iH_0(t-t_0)} \tag{7.7}$$

die Bewegungsgleichung

$$i\frac{\partial}{\partial t}U(t, t_0) = H_I(t)U(t, t_0).$$ (7.8)

Die Lösung muss wegen (7.5) der Anfangsbedingung

$$U(t_0, t_0) = 1$$ (7.9)

genügen.

Wenn es sich bei $U(t, t_0)$ und $H_I(t)$ um Funktionen handeln würde, könnten wir sofort die Lösung als Exponentialfunktion ablesen. Da wir es aber im Allgemeinen mit nicht vertauschenden Operatoren zu tun haben, gehen wir Schritt für Schritt vor und lösen die Gleichung durch Iteration. Wir beginnen mit der Vernachlässigung der Wechselwirkung und lösen zunächst die homogene Differenzialgleichung

$$i\frac{\partial}{\partial t}U(t, t_0) = 0 \quad \Rightarrow \quad U(t, t_0) = 1.$$ (7.10)

Nun setzen wir diese Lösung in die rechte Seite der vollen Differenzialgleichung ein und berechnen die nächste Näherung für U, setzen diese wieder in die rechte Seite ein usw.,

$$i\frac{\partial}{\partial t_1}U(t_1, t_0) = H_I(t_1)$$

$$\Rightarrow U(t, t_0) - 1 = -i \int_{t_0}^{t} dt_1 H_I(t_1)$$

$$i\frac{\partial}{\partial t_2}U(t_2, t_0) = H_I(t_2)\left(1 - i \int_{t_0}^{t_2} dt_1 H_I(t_1)\right)$$

$$\Rightarrow U(t, t_0) - 1 = -i \int_{t_0}^{t_2} dt_2 H_I(t_2) + (-i)^2 \int_{t_0}^{t} dt_2 \int_{t_0}^{t_2} dt_1 H_I(t_2)H_I(t_1)$$

Nach n Iterationen erhalten wir

$$U(t, t_0) = 1 - i \int_{t_0}^{t} dt_n H_I(t_n) + (-i)^2 \int_{t_0}^{t} dt_n \int_{t_0}^{t_n} dt_{n-1} H_I(t_n)H_I(t_{n-1})$$

$$+ \cdots + (-i)^n \int_{t_0}^{t} dt_n \ldots \int_{t_0}^{t_2} dt_1 H_I(t_n) \ldots H_I(t_1).$$ (7.11)

Wir können die rechte Seite dieser Lösung vereinfachen, indem wir mit der folgenden, leicht zu beweisenden Formel durch Symmetrisierung alle oberen Integralgrenzen gleich wählen,

$$\int_{t_0}^{t} dt_n \ldots \int_{t_0}^{t_2} dt_1 H_I(t_n) \ldots H_I(t_1)$$

$$= \frac{1}{n!} \int_{t_0}^{t} dt_n \ldots \int_{t_0}^{t} dt_1 T(H_I(t_n) \ldots H_I(t_1)).$$ (7.12)

Dabei haben wir wieder die in (6.36) definierte Zeitordnung verwendet. Mit den symmetrisierten Integralen erkennen wir in der Reihe (7.11) eine operatorwertige Exponentialfunktion, die wir geschlossen summieren können,

$$U(t, t_0) = \sum_{n=0}^{\infty} \frac{(-i)}{n!} \int_{t_0}^{t} dt_n \ldots \int_{t_0}^{t} dt_1 \, T \left(H_I(t_n) \ldots H_I(t_1) \right)$$

$$= T \exp \left\{ -i \int_{t_0}^{t} H_I(t') dt' \right\}. \tag{7.13}$$

Im Wechselwirkungsbild ist also die Zeitentwicklung eines Systems vollständig durch die Wechselwirkungsterme des Hamiltonoperators festgelegt. Man verifiziert nun leicht folgende Eigenschaften des Zeitentwicklungsoperators,

$$U^{\dagger}(t_1, t_2) = U^{-1}(t_1, t_2) = U(t_2, t_1), \tag{7.14}$$

$$U(t_1, t_2) U(t_2, t_3) = U(t_1, t_3), \quad \text{für} \quad t_1 \geq t_2 \geq t_3. \tag{7.15}$$

Für das Weitere setzen wir ohne Beschränkung der Allgemeinheit $t_0 = 0$ und definieren

$$U(t) \equiv U(t, 0). \tag{7.16}$$

Gemäß den Asymptotenbedingungen und Gl. (7.4) ist die vollständige Zeitentwicklung von den In- zu den Out-Feldern dann

$$t \to +\infty : \quad \phi_{\text{in}}(x) = U(t, -t) \phi_{\text{out}}(x) U^{\dagger}(t, -t). \tag{7.17}$$

Durch Vergleich mit der Definition der S-Matrix in (6.15) identifizieren wir

$$S = \lim_{t \to \infty} U(t, -t). \tag{7.18}$$

Damit haben wir die S-Matrix konkret durch den Hamiltonoperator unserer Theorie und somit durch die Feldoperatoren ausgedrückt.

7.2 Störungstheorie um freie Felder

Die grundlegende Idee einer systematischen Störungsrechnung ist, dass die freien Felder, für die wir eine Darstellung in Erzeugern und Vernichtern haben, der nullten Näherung bzw. dem führenden Term einer Entwicklung des Exponenten in (7.13) in einer kleinen Kopplungskonstanten entsprechen. Diese Beobachtung erlaubt es, mit freien Feldern zu beginnen und in einem iterativen Verfahren Korrekturen zu berechnen, die in sukzessive verbesserten Näherungen den Übergang von einer freien zur wechselwirkenden Theorie vollziehen. Wir haben nach dem bisher Besprochenen die Wahl zwischen zwei verschiedenen freien Feldern als Bezugsgrößen:

$$(\Box + m_0^2)\phi_I(x) = 0 \quad \text{oder} \quad (\Box + m^2)\phi_{\text{in}}(x) = 0. \tag{7.19}$$

Die erste Variante basiert auf den nackten Feldern und Parametern der Lagrangedichte und wird dementsprechend als „nackte Störungstheorie" bezeichnet, die zweite Variante verwendet die physikalischen Felder und Parameter der asymptotischen Zustände und wird dementsprechend als „renormierte Störungstheorie" bezeichnet. Beide Vorgehensweisen führen auf dieselben Resultate für physikalische Größen, wir entscheiden uns hier für die häufiger verwendete erste Variante.

Da wir Vakuumerwartungswerte auswerten wollen, benötigen wir neben der Beziehung zwischen den freien und vollen Feldoperatoren auch noch diejenige zwischen dem freien und dem vollen Vakuum. Dazu betrachten wir die Zeitentwicklung des freien Vakuums $|0\rangle$ mit dem Hamiltonoperator der wechselwirkenden Theorie, indem wir mit $\{|n\rangle\}$ einen vollständigen Satz von Energieeigenzuständen der wechselwirkenden ϕ^4-Theorie bezeichnen,

$$e^{-iHt}|0\rangle = \sum_n |n\rangle e^{-iE_nt}\langle n|0\rangle = |\Omega\rangle e^{-iE_\Omega t}\langle\Omega|0\rangle + \sum_{n\neq\Omega} |n\rangle e^{-iE_nt}\langle n|0\rangle. \tag{7.20}$$

Der erste Term enthält den gewünschten Zusammenhang. Die anderen Terme können wir loswerden, indem wir den Limes $t \to \infty(1 - i\varepsilon)$ betrachten, d.h., wir schicken die Zeit in einer Richtung mit kleinem Imaginärteil nach unendlich, wobei wir am Ende $\varepsilon \to 0$ nehmen,

$$\lim_{t\to\infty_-} \equiv \lim_{\varepsilon\to 0} \lim_{t\to\infty(1-i\varepsilon)}. \tag{7.21}$$

Dadurch werden alle Exponenten mit $E_n > E_\Omega$ exponentiell gegenüber dem führenden Term unterdrückt, und wir behalten

$$\begin{aligned}
|\Omega\rangle &= \lim_{t\to\infty_-} \frac{1}{e^{-iE_\Omega t}\langle\Omega|0\rangle} e^{-iHt}|0\rangle \\
&= \lim_{t\to\infty_-} \frac{1}{e^{-i(E_\Omega-E_0)t}\langle\Omega|0\rangle} e^{-iHt}e^{iH_0t}|0\rangle \\
&= \lim_{t\to\infty_-} \frac{1}{e^{-i(E_\Omega-E_0)t}\langle\Omega|0\rangle} U^\dagger(-t)|0\rangle,
\end{aligned} \tag{7.22}$$

wobei wir $\langle\Omega|0\rangle \neq 0$ annehmen, was im Rahmen der Störungstheorie sicher der Fall ist. Eine analoge Rechnung liefert

$$\langle\Omega| = \lim_{t\to\infty_-} \frac{1}{e^{-i(E_\Omega-E_0)t}\langle 0|\Omega\rangle} \langle 0|U(t). \tag{7.23}$$

Betrachten wir nun eine n-Punktfunktion für Zeiten $t_1 > t_2 > \cdots > t_n$, sodass wir die explizite Zeitordnung zunächst weglassen können,

$$G_n = \langle\Omega|\phi(x_1)\phi(x_2)\ldots\phi(x_n)|\Omega\rangle \qquad (7.24)$$
$$= \langle\Omega|U^{-1}(t_1)\phi_I(x_1)U(t_1)\ldots U^{-1}(t_n)\phi_I(x_n)U(t_n)|\Omega\rangle.$$

Mit den Gl. (7.22, 7.23) erhalten wir

$$G_n = \lim_{t\to\infty_-} \frac{\langle 0|U(t,t_1)\phi_I(x_1)U(t_1,t_2)\ldots U(t_{n-1},t_n)\phi_I(x_n)U(t_n,-t)|0\rangle}{e^{-2i(E_\Omega-E_0)t}|\langle\Omega|0\rangle|^2}.$$
$$(7.25)$$

Alle Faktoren in diesem Ausdruck sind in Zeitordnung. Wenn wir die Zeitordnung explizit vor das Produkt schreiben, dürfen wir die Faktoren auch umordnen,

$$G_n = \lim_{t\to\infty_-} (e^{-2i(E_\Omega-E_0)t}|\langle\Omega|0\rangle|^2)^{-1}$$
$$\times \langle 0|T\left\{\phi_I(x_1)\ldots\phi_I(x_n)\underbrace{U(t,t_1)U(t_1,t_2)\ldots U(t_n,-t)}_{=\,U(t,-t)}\right\}|0\rangle. \quad (7.26)$$

Der Vorteil in dieser Darstellung liegt darin, dass nun nur noch ein Zeitentwicklungs-operator für den gesamten Prozess benötigt wird. Darüber hinaus ist dieser Ausdruck nun auch für beliebige anfängliche Ordnung der Zeiten $t_1, \ldots, t_n$ gültig.

Schließlich benutzen wir noch

$$1 = \langle\Omega|\Omega\rangle = \lim_{t\to\infty_-} \frac{1}{e^{-2i(E_\Omega-E_0)t}|\langle 0|\Omega\rangle|^2}\langle 0|U(t,-t)|0\rangle \qquad (7.27)$$

und erhalten insgesamt für die n-Punkt-Greenfunktionen, ausgedrückt durch die Felder im Wechselwirkungsbild,

$$G_n(x_1,\ldots x_n) = \langle\Omega|T\left\{\phi(x_1)\ldots\phi(x_n)\right\}|\Omega\rangle$$
$$= \frac{\langle 0|T\left\{\phi_I(x_1)\ldots\phi_I(x_n)S\right\}|0\rangle}{\langle 0|S|0\rangle}, \qquad (7.28)$$

$$S = \lim_{t\to\infty_-} T\exp\left\{-i\int_{-t}^{t} dt\, H_I(t)\right\}. \qquad (7.29)$$

Diese Gleichungen bilden den Ausgangspunkt zur Störungstheorie, die nun in der Entwicklung der Exponentialfunktion der Streumatrix als Potenzreihe in einer

Kopplungskonstanten besteht. Die Koeffizienten dieser Potenzreihe sind Vakuumerwartungswerte von Potenzen von Feldern im Wechselwirkungsbild, die wir mithilfe der Erzeugungs- und Vernichtungsoperatoren auswerten können.

Betrachten wir nun als konkretes Beispiel die ϕ^4-Theorie:

$$\mathcal{L} = \frac{1}{2}(\partial_\mu \phi)(\partial^\mu \phi) - \frac{m_0^2}{2}\phi^2 - \frac{\lambda_0}{4!}\phi^4 \tag{7.30}$$

Damit steht der Wechselwirkungsterm

$$H_I = \int \mathrm{d}^3 x \, \frac{\lambda_0}{4!}\,\phi_I^4 \tag{7.31}$$

unter dem Integral im Exponenten der Streumatrix. Die Störungstheorie besteht nun in der Entwicklung der Streumatrix und damit der Greenfunktion G_n in Potenzen der Kopplungskonstanten λ_0. Falls diese hinreichend klein ist, kann man erwarten, dass die ersten Terme der Störungsreihe genügen, um eine gute Näherung des vollen Ergebnisses zu erhalten. Natürlich ist für eine Theorie, die die Natur beschreibt, der Wert der Kopplungskonstanten nicht frei wählbar, sondern durch eine Messung festzulegen. Die Güte der Störungsrechnung kann dann erst anhand der Ergebnisse beurteilt werden.

7.3 Das Wick'sche Theorem

Die Auswertung der Vakuumerwartungswerte wird sehr vereinfacht durch das Wick'sche Theorem, das es erlaubt, eine n-Punkt-Funktion G_n durch ein Produkt von Zweipunktfunktionen auszudrücken. Dazu benutzen wir die Tatsache, dass wir ein Produkt von zwei freien Feldern schreiben können als ein normalgeordnetes Produkt plus einen Vakuumerwartungswert,

$$\phi_I(x_1)\phi_I(x_2) = \; : \phi_I(x_1)\phi_I(x_2) : + \langle 0|\phi_I(x_1)\phi_I(x_2)|0\rangle. \tag{7.32}$$

Zum Beweis notieren wir $\phi_I(x_i) \equiv \phi_i$ und zerlegen die freien Feldlösungen in zwei Terme,

$$\phi_i = \int \frac{\mathrm{d}^3 p}{(2\pi)^3 2E(p)}\left[a(p)e^{-ipx_i} + a^\dagger(p)e^{ipx_i}\right] \equiv \phi_i^- + \phi_i^+. \tag{7.33}$$

Dann ist für ein Produkt von zwei Feldoperatoren

$$\phi_1\phi_2 = \phi_1^+\phi_2^+ + \phi_1^+\phi_2^- + \phi_1^-\phi_2^+ + \phi_1^-\phi_2^-, \tag{7.34}$$

$$: \phi_1\phi_2 : = \phi_1^+\phi_2^+ + \phi_1^+\phi_2^- + \phi_2^+\phi_1^- + \phi_1^-\phi_2^-. \tag{7.35}$$

Wegen der Wirkung der Vernichtungsoperatoren auf das Vakuum trägt nur eine Kombination der Vernichter und Erzeuger zum Vakuumerwartungswert des Feldprodukts bei,

$$\langle 0|\phi_1\phi_2|0\rangle = \langle 0|\phi_1^-\phi_2^+|0\rangle. \tag{7.36}$$

Daher können wir schreiben

$$\begin{aligned}
\phi_1^-\phi_2^+ &= \left[\phi_1^-, \phi_2^+\right] + \phi_2^+\phi_1^- \\
&= \langle 0|\left[\phi_1^-, \phi_2^+\right]|0\rangle + \phi_2^+\phi_1^- \\
&= \langle 0|\phi_1\phi_2|0\rangle + \phi_2^+\phi_1^-. \tag{7.37}
\end{aligned}$$

In der zweiten Gleichung wurde benutzt, dass der Kommutator eine c-Zahl und deswegen gleich seinem Vakuumerwartungswert ist, und in der dritten, dass der zweite Term des Kommutators angewandt auf das Vakuum verschwindet. Bilden wir nun die Differenz aus den Ausdrücken (7.34) und (7.35), so folgt (7.32).

Im nächsten Schritt verwenden wir das eben bewiesene Zwischenresultat im Ausdruck für das zeitgeordnete Produkt zweier Feldoperatoren,

$$\begin{aligned}
T\Big((\phi_I(x_1)\phi_I(x_2)\Big) &= \phi_I(x_1)\phi_I(x_2)\Theta(t_1 - t_2) + \phi_I(x_2)\phi_I(x_1)\Theta(t_2 - t_1) \\
&= \ : \phi_I(x_1)\phi_I(x_2) : \Big[\Theta(t_1 - t_2) + \Theta(t_2 - t_1)\Big] \\
&\quad + \langle 0|\phi_I(x_1)\phi_I(x_2)\Theta(t_1 - t_2) + \phi_I(x_2)\phi_I(x_1)\Theta(t_2 - t_1)|0\rangle \\
&= \ : \phi_I(x_1)\phi_I(x_2) : + \langle 0|T\Big(\phi_I(x_1)\phi_I(x_2)\Big)|0\rangle. \tag{7.38}
\end{aligned}$$

In der zweiten Zeile wurde benutzt, dass Operatoren innerhalb der Normalordnung vertauschen. Mit denselben Schritten findet man für das zeitgeordnete Produkt von drei Feldern

$$\begin{aligned}
T\Big[\phi_I(x_1)\phi_I(x_2)\phi_I(x_3)\Big] &= + : \phi_I(x_1)\phi_I(x_2)\phi_I(x_3) : \\
&\quad + : \phi_I(x_1) : \langle 0|T\Big(\phi_I(x_2)\phi_I(x_3)\Big)|0\rangle \\
&\quad + : \phi_I(x_2) : \langle 0|T\Big(\phi_I(x_1)\phi_I(x_3)\Big)|0\rangle \\
&\quad + : \phi_I(x_3) : \langle 0|T\Big(\phi_I(x_1)\phi_I(x_2)\Big)|0\rangle, \tag{7.39}
\end{aligned}$$

sowie für n Felder mit geradem n,

$$\begin{aligned}
&T\left[\phi_I(x_1)\dots\phi_I(x_n)\right] \\
&= + : \phi_I(x_1)\dots\phi_I(x_n) : \\
&\quad + : \phi_I(x_1)\dots\cancel{\phi_I(x_i)}\dots\cancel{\phi_I(x_j)}\dots\phi_I(x_n) : \\
&\quad \times \langle 0|T\left(\phi_I(x_i)\phi_I(x_j)\right)|0\rangle + \text{Permutationen}
\end{aligned}$$

$$+ : \phi_I(x_1) \ldots \cancel{\phi_I(x_i)} \ldots \cancel{\phi_I(x_j)} \ldots \cancel{\phi_I(x_k)} \ldots \cancel{\phi_I(x_l)} \ldots \phi_I(x_n) :$$

$$\times \langle 0| T \left(\phi_I(x_i)\phi_I(x_j) \right) |0\rangle \langle 0| T \left(\phi_I(x_k)\phi_I(x_l) \right) |0\rangle + \text{Permutationen}$$

$$+ \cdots$$

$$+ \langle 0| T \Big(\phi_I(x_1)\phi_I(x_2) \Big) |0\rangle \ldots \langle 0| T \Big(\phi_I(x_{n-1})\phi_I(x_n) \Big) |0\rangle$$

$$+ \text{Permutationen.} \tag{7.40}$$

D. h., in den nacheinander folgenden Klassen von Termen verlagern sich zunehmende Anzahlen von Paaren von Feldern aus dem normalgeordneten Produkt in Faktoren von Vakuumerwartungswerten, wobei über alle möglichen Paarungen zu summieren ist. Für ungerades n bleibt in der letzten Termklasse jeweils ein Faktor : $\phi_I(x_i)$: übrig.

Nehmen wir nun die Vakuumerwartungswerte von beiden Seiten der vorigen Gleichungen, so verschwinden alle Ausdrücke in Normalordnung, da ja in diesen jeweils mindestens ein Vernichter ganz rechts steht,

$$\langle 0| : \phi_I(x_i) \ldots \phi_I(x_j) : |0\rangle = 0. \tag{7.41}$$

Für ungerade n betrifft das offenbar alle Terme. Einen nichtverschwindenden Beitrag ergibt lediglich die letzte Termklasse für gerade n, in der die n-Punktfunktion komplett in ein Produkt von Zweipunktfunktionen faktorisiert ist. Wir definieren nun eine „Wickkontraktion" als Erwartungswert eines zeitgeordneten Produkts zweier Felder,

$$\overline{\phi_I(x_i)\phi_I(x_j)} \equiv \langle 0| T \left[\phi_I(x_i)\phi_I(x_j) \right] |0\rangle. \tag{7.42}$$

Dann können wir die Auswertung von n-Punktfunktionen kompakt formulieren durch das Wick'sche Theorem:

$$\langle 0| T \Big[\phi_I(x_1) \ldots \phi_I(x_n) \Big] |0\rangle = \begin{cases} \text{Summe aller Wickkontraktionen für n gerade} \\ 0 \text{ für } n \text{ ungerade} \end{cases}$$
$$\tag{7.43}$$

Betrachten wir als Beispiel die Vierpunktfunktion:

$$\langle 0| T \left(\phi_I(x_1)\phi_I(x_2)\phi_I(x_3)\phi_I(x_4) \right) |0\rangle$$

$$= \overline{\phi_I(x_1)\phi_I(x_2)}\,\overline{\phi_I(x_3)\phi_I(x_4)} + \overline{\phi_I(x_1)\phi_I(x_2)\phi_I(x_3)\phi_I(x_4)}$$

$$+ \overline{\phi_I(x_1)\phi_I(x_2)\phi_I(x_3)\phi_I(x_4)} \tag{7.44}$$

7.4 Der Feynmanpropagator

Im letzten Abschnitt haben wir gesehen, dass den Zweipunktfunktionen bei der Auswertung der Greenschen Funktionen eine Sonderrolle zukommt. Als freien Feynmanpropagator bezeichnet man die Zweipunktfunktion

$$\Delta_F(x, y) = \langle 0| T(\phi_I(x)\phi_I(y))|0\rangle. \tag{7.45}$$

Zur weiteren Auswertung betrachten wir zunächst den Fall $t_x > t_y$. Dann ist

$$
\begin{aligned}
\Delta_F(x, y) &= \int \frac{\mathrm{d}^3 p}{(2\pi)^3 2E(\mathbf{p})} \, \frac{\mathrm{d}^3 p'}{(2\pi)^3 2E(\mathbf{p}')} \\
&\quad \times \langle 0| \Big(a^\dagger(\mathbf{p}) e^{ipx} + a(\mathbf{p}) e^{-ipx} \Big) \Big(a^\dagger(\mathbf{p}') e^{ip'y} + a(\mathbf{p}') e^{-ip'y} \Big) |0\rangle \\
&= \int \frac{\mathrm{d}^3 p}{(2\pi)^3 2E(\mathbf{p})} \, \frac{\mathrm{d}^3 p'}{(2\pi)^3 2E(\mathbf{p}')} \, \langle 0| a(\mathbf{p}) a^\dagger(\mathbf{p}') |0\rangle \, e^{-i(px - p'y)}.
\end{aligned}
$$

$$(7.46)$$

Wiederum ergibt nur eine Kombination der Erzeuger und Vernichter einen nicht-verschwindenden Beitrag. Indem wir die Impulsargumente der Fourierkoeffizienten mit denjenigen in den Exponentialfaktoren vergleichen, gelangen wir zur folgenden physikalischen Interpretation dieses Ausdrucks: Aus dem Vakuum wird ein Einteilchenzustand bei y erzeugt, das Teilchen bewegt sich („propagiert") nach x, wo es wieder vernichtet wird. Dabei wird über alle möglichen Impulse summiert. Unter Verwendung der Vertauschungsrelationen können wir den Ausdruck weiter auswerten,

$$
\begin{aligned}
\Delta_F(x, y) &= \int \frac{\mathrm{d}^3 p}{(2\pi)^3 2E(\mathbf{p})} \, \frac{\mathrm{d}^3 p'}{(2\pi)^3 2E(\mathbf{p}')} e^{-i(px - p'y)} \, \langle 0| \underbrace{\Big[a(\mathbf{p}), a^\dagger(\mathbf{p}') \Big]}_{= (2\pi)^3 2E(\mathbf{p}) \delta^3(\mathbf{p} - \mathbf{p}')} |0\rangle \\
&= \int \frac{\mathrm{d}^3 p}{(2\pi)^3 2E(\mathbf{p})} \, e^{-ip(x - y)}.
\end{aligned}
$$

$$(7.47)$$

Die Deltafunktion aus dem Kommutator sichert dabei die Energie-Impulserhaltung.

Den Fall mit $t_x < t_y$ erhalten wir aus dem vorigen, indem wir einfach die Argumente x und y vertauschen. Damit lautet der Feynmanpropagator im allgemeinen Fall

$$
\Delta_F(x, y) = \int \frac{\mathrm{d}^3 p}{(2\pi)^3 2E(\mathbf{p})} \Big[e^{-ip(x - y)} \Theta(t_x - t_y) + e^{ip(x - y)} \Theta(t_y - t_x) \Big]. \quad (7.48)
$$

Es ist dieser Ausdruck, der mathematisch die qualitativ bereits im Abschn. 3.7 skizzierte Feynman-Stückelberg-Interpretation liefert: der Feynmanpropagator besteht aus zwei Termen, die formal den Lösungen positiver und scheinbar negativer Energie der Klein-Gordon-Gleichung entsprechen. Im gegenwärtigen Ausdruck wird jedoch deutlich, dass der erste Term eine Vorwärts- und der zweite Term eine Rückwärtsausbreitung in der Zeit beschreibt. Sämtliche in diesem Ausdruck auftretenden Energien $p^0 = E(\mathbf{p})$ sind manifest positiv und unser Interpretationsproblem aus der relativistischen Quantenmechanik taucht gar nicht erst auf. Damit beschreibt der Feynmanpropagator gleichzeitig die Teilchen- wie die Antiteilchenausbreitung zwischen x und y. (Wir erinnern uns, dass im Falle des reellen Skalarfeldes Teilchen und Antiteilchen identisch sind, $\phi^C(x) = \phi(x)$.)

Einen für praktische Zwecke kompakteren und manifest lorentzinvarianten Ausdruck erhält man durch Übergang zu einem vierdimensionalen Fourierintegral,

$$\Delta_F(x, y) = \lim_{\varepsilon \to 0} \; i \int \frac{\mathrm{d}^4 p}{(2\pi)^4} \frac{e^{-ip(x-y)}}{p^2 - m_0^2 + i\varepsilon}. \tag{7.49}$$

Hier wurde ein kleiner, reeller Parameter $\varepsilon > 0$ eingeführt, um die Singularitäten des Integranden bei $p^0 = \pm\sqrt{\mathbf{p}^2 + m^2}$ in die komplexe p^0-Ebene zu verschieben. Man überprüft durch explizite Integration über komplexes p^0 mittels des Residuensatzes, dass dieser Ausdruck identisch mit (7.48) ist. Im Folgenden werden wir den Limes nicht mehr ausschreiben und stets implizieren, dass nach der Impulsintegration $\varepsilon \to 0$ zu nehmen ist. Wir halten fest, dass der Propagator eines freien Teilchens im Impulsraum einen einfachen Pol bei $p^2 = m_0^2$ besitzt, der durch die Teilchenmasse gegeben ist. Weiter lesen wir ab, dass der Propagator von den beiden Raumzeitpunkten nur über ihre Differenz abhängt,

$$\Delta_F(x, y) = \Delta_F(x - y), \tag{7.50}$$

was eine Konsequenz der Translationsinvarianz der zugrunde liegenden Theorie ist. Für den späteren Gebrauch stellen wir diesen mathematischen Ausdruck grafisch durch eine Linie zwischen den Argumenten der Zweipunktfunktion dar:

$$\Delta_F(x, y) \quad = \quad x \;\rule[0.5ex]{4em}{0.4pt}\; y \tag{7.51}$$

Schließlich überzeugen wir uns noch von der Tatsache, dass der Feynmanpropagator eine Greenfunktion des Klein-Gordon-Operators ist, d.h. eine Lösung der inhomogenen Differenzialgleichung mit einer Punktquelle. Man verifiziert wiederum durch explizite Rechnung, dass

$$(\Box + m_0^2)\phi_I(x) = 0 \quad \text{oder} \quad (\Box + m^2)\phi_{\mathrm{in}}(x) = 0. \tag{7.52}$$

Mit dem Feynmanpropagator haben wir die bis auf die Impulsintegration vollständig ausgewertete Zweipunktfunktion der freien Feldtheorie vorliegen. Weil nach dem Wick'schen Theorem alle n-Punktfunktionen in ein Produkt von Zweipunktfunktionen faktorisieren, haben wir nun alle Zutaten zur störungstheoretischen Berechnung eines Streuprozesses beisammen.

7.5 Streuung zur Ordnung $O(\lambda)$ in ϕ^4-Theorie

Als Beispiel betrachten wir die Streuung von zwei skalaren Teilchen,

$$\phi(p_1) + \phi(p_2) \longrightarrow \phi(p_3) + \phi(p_4), \tag{7.53}$$

im Rahmen der skalaren ϕ^4-Theorie. Gemäß der LSZ-Formel (6.40) müssen wir die Vierpunktfunktion berechnen, die wir durch die Felder im Wechselwirkungsbild ausdrücken,

$$G_4(x_1 \ldots x_4) = \frac{\langle 0|T\left\{\phi_I(x_1)\ldots\phi_I(x_4)S\right\}|0\rangle}{\langle 0|S|0\rangle}, \tag{7.54}$$

mit der Streumatrix

$$S = T\exp\left\{-i\int d^4x\,\frac{\lambda_0}{4!}:\phi_I^4(x):\right\}. \tag{7.55}$$

Man beachte, dass unter dem Integral Normalordnungszeichen zur Vermeidung von Vakuumdivergenzen eingeführt wurden. Die Rechtfertigung dieses Schritts werden wir nach der Auswertung vornehmen. Zur Durchführung der Störungsrechnung schreiben wir nun die Exponentialfunktion der S-Matrix als Reihe,

$$G_4(x_1\ldots x_4) = \frac{\sum_{r=0}^{\infty}(\frac{-i\lambda_0}{4!})^r(\frac{1}{r!})\,\langle 0|T\left[\phi_I(x_1)\ldots\phi_I(x_4)\left(\int d^4y:\phi_I^4(y):\right)^r\right]|0\rangle}{\sum_{r=0}^{\infty}(\frac{-i\lambda_0}{4!})^r(\frac{1}{r!})\,\langle 0|T\left(\int d^4y:\phi_I^4(y):\right)^r|0\rangle}. \tag{7.56}$$

Wir werten diese Größe aus, indem wir die Koeffizienten der Potenzen von λ_0 Ordnung für Ordnung berechnen. Zu führender Ordnung in λ_0 benötigen wir lediglich die Terme mit $r = 0, 1$ und betrachten Zähler und Nenner zunächst separat.

$$\text{Nenner} = 0 + 1\,(\text{Normalordnung})$$
$$\text{Term:}\quad r = 0\quad r = 1$$

Bis zu $O(\lambda_0)$ ist der Nenner damit gleich eins.

Als Nächstes betrachten wir die entsprechenden Beiträge zum Zähler. Der erste Term entspricht der Vierpunktfunktion, die wir mit dem Wick'schen Theorem zerlegen.

$$\text{Term } r = 0:\quad \langle 0|T\left(\phi_I(x_1)\ldots\phi_I(x_4)\right)|0\rangle \tag{7.57}$$
$$= \Delta_F(x_1 - x_2)\Delta_F(x_3 - x_4) + \Delta_F(x_1 - x_3)\Delta_F(x_2 - x_4)$$
$$+\Delta_F(x_1 - x_4)\Delta_F(x_2 - x_3)$$

Diese drei Terme können unter Verwendung des Symbols (7.51) für den Feynmanpropagator auch grafisch dargestellt werden:

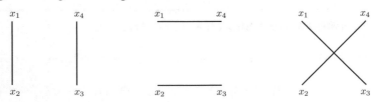

Die Summe entspricht allen Möglichkeiten der Ausbreitung von zwei freien Teilchen zwischen vier Raumzeitpunkten. Das ist natürlich wie erwartet, da für $r = 0$ der Wechselwirkungsterm des Hamiltonoperators noch gar nicht beiträgt. Dieser taucht in der nächsten Ordnung zum ersten Mal auf:

$$\text{Term } r = 1 : \quad \frac{-i\lambda_0}{4!} \langle 0|T\Big[\phi_I(x_1)\dots\phi_I(x_4) : \int \mathrm{d}^4y\, \phi_I^4(y) :\Big]|0\rangle \tag{7.58}$$

$$= \frac{-i\lambda_0}{4!} \int \mathrm{d}^4y\, 4!\, \Delta_F(x_1 - y)\Delta_F(x_2 - y)\Delta_F(x_3 - y)\Delta_F(x_4 - y).$$

Man beachte (und überzeuge sich), dass Wickkontraktionen der $\phi_I(y)$ untereinander innerhalb der Normalordnung nicht beitragen. Auch diesen mathematischen Ausdruck können wir vollständig symbolisch darstellen, wenn wir für den Wechselwirkungspunkt y einen sogenannten Vertex einführen, d. h. einen Knotenpunkt, der die Kopplungskonstante und das Integral symbolisiert:

$$-i\lambda_0 \int \mathrm{d}^4y \quad = \qquad \diagdown\!\!\!\!\diagup\, y$$

Der gesamte Ausdruck für (7.58) entspricht dann dem Diagramm

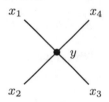

Insgesamt lautet also der Anfang der Störungsreihe für die Vierpunktfunktion bis einschließlich $O(\lambda_0)$

$$G_4(x_1\dots x_4) = \Delta_F(x_1 - x_2)\Delta_F(x_3 - x_4) + \Delta_F(x_1 - x_3)\Delta_F(x_2 - x_4)$$
$$+ \Delta_F(x_1 - x_4)\Delta_F(x_2 - x_3)$$
$$- i\lambda_0 \int \mathrm{d}^4y\, \Delta_F(x_1 - y)\Delta_F(x_2 - y)\Delta_F(x_3 - y)\Delta_F(x_4 - y)$$
$$+ O(\lambda_0^2). \tag{7.59}$$

Unser Ergebnis für die Vierpunktfunktion können wir jetzt verwenden, um den Wirkungsquerschnitt für den Streuprozess zu berechnen. Zunächst gewinnen wir das Streumatrixelement, indem wir unsere berechnete Greenfunktion in die LSZ-Formel (6.40) einsetzen. Dabei interessieren wir uns nur für den nichttrivialen Beitrag, an dem alle Teilchen des Anfangs- und Endzustands teilnehmen. Dieser lässt sich bequem mithilfe der Feynmandiagramme isolieren und entspricht genau den vollständig verbundenen Diagrammen. In unserem Fall ist das also nur der Term

$O(\lambda_0)$. Wie wir sehen verbinden in diesem Streuterm dieselben freien Feymanpropagatoren die Endpunkte mit dem Wechselwirkungspunkt wie in der freien Theorie. In dieser führenden Näherung ist somit die Normierung der Felder und Matrixelemente noch wie in der freien Theorie, sodass wir in der LSZ-Formel $Z = 1 + O(\lambda_0)$ setzen können. Damit erhalten wir für den verbundenen („connected") Anteil der Streumatrix

$$\langle \mathbf{p}_3, \mathbf{p}_4; \text{out}|\mathbf{p}_1, \mathbf{p}_2; \text{in}\rangle_c$$

$$= i^4 \int d^4x_1 \dots d^4x_4 \; e^{-ip_1x_1 - ip_2x_2 + ip_3x_3 + \cdots + ip_4x_4}$$

$$\times (\Box_{x_1} + m^2)(\Box_{x_2} + m^2)(\Box_{x_3} + m^2)(\Box_{x_4} + m^2)$$

$$\times (-i\lambda_0) \int d^4y \; \Delta_F(x_1 - y)\Delta_F(x_2 - y)\Delta_F(x_3 - y)\Delta_F(x_4 - y).$$

$$+ O(\lambda_0^2)$$

$$= -i\lambda_0 \int d^4x_1 \dots d^4x_4 \; e^{-ip_1x_1 - ip_2x_2 + ip_3x_3 + \cdots + ip_4x_4}$$

$$\times (-i)^4 \int d^4y \; \delta^4(x_1 - y)\delta^4(x_2 - y)\delta^4(x_3 - y)\delta^4(x_4 - y) + O(\lambda_0^2)$$

$$= -i\lambda_0 \int d^4y \; e^{-i(p_1 + p_2 - p_3 - p_4)y} + O(\lambda_0^2)$$

$$= -i\lambda_0 (2\pi)^4 \delta^4(p_1 + p_2 - p_3 - p_4) + O(\lambda_0^2). \tag{7.60}$$

Wie in (6.44) versprochen, erhalten wir automatisch Viererimpulserhaltung und identifizieren zur berechneten Ordnung

$$M_{fi} = -\lambda_0. \tag{7.61}$$

Einsetzen in die Formel für Zwei-nach-Zwei-Streuung im Schwerpunktsystem (6.65) liefert den differenziellen Wirkungsquerschnitt

$$\frac{d\sigma}{d\Omega} = \frac{\lambda_0^2}{64\pi^2 s}. \tag{7.62}$$

Damit haben wir unseren ersten Wirkungsquerschnitt für einen Streuprozess aus der Quantenfeldtheorie berechnet!

Das Resultat enthält zwei interessante physikalische Aspekte: Die Abnahme des Wirkungsquerschnitts mit dem inversen Quadrat der Schwerpunktsenergie ist charakteristisch für die Streuung zweier strukturloser Punktteilchen und wird uns noch häufig begegnen. Die Tatsache, dass die Streuung offenbar winkelunabhängig ist, kennzeichnet dagegen den Spezialfall spinloser Teilchen.

7.6 Vakuumfluktuationen

Wir wollen an dieser Stelle kurz besprechen, wie die Rechnung modifiziert wird, wenn man bei der Auswertung der Vierpunktfunktion die S-Matrix (7.55) ohne Normalordnung im Wechselwirkungsterm verwendet. In diesem Fall erhält der Nenner einen Beitrag $O(\lambda_0)$ durch die Kontraktionen innerhalb des Wechselwirkungsterms,

$$\phi_I(y)\phi_I(y)\phi_I(y)\phi_I(y) = \Delta_F(y, y)\Delta_F(y, y),$$

während im Zähler der Vierpunktfunktion folgende zusätzliche Wickkontraktionen plus Permutationen ihrer Endpunkte auftreten,

$$\phi_I(x_1)\phi_I(x_2)\phi_I(x_3)\phi_I(x_4)\phi_I(y)\phi_I(y)\phi_I(y)\phi_I(y),$$

$$\phi_I(x_1)\phi_I(x_2)\phi_I(x_3)\phi_I(x_4)\phi_I(y)\phi_I(y)\phi_I(y)\phi_I(y).$$

Diese Diagramme weisen geschlossene Schleifen auf, die Wickkontraktionen von Feldern am selben Raumzeitpunkt entsprechen. Physikalisch können wir solche Schleifen als Vakuumfluktuation interpretieren, d. h., es werden für eine kurze Zeit Teilchen-Antiteilchen-Paare gebildet und wieder vernichtet. Da diese Teilchen weder im Anfangs- noch im Endzustand vorhanden sind, bleiben sie unbeobachtbar und heißen daher virtuell. Das Auftreten solcher Fluktuationen und virtueller Teilchen ist ein fundamentales Merkmal von Quantenfeldtheorien und beschreibt die nichttriviale Natur des Vakuums.

Unsere Beispiele enthalten für eine Schleife jeweils den Faktor

$$\Delta_F(y, y) = \int \frac{d^4 p}{(2\pi)^4} \frac{1}{p^2 - m_0^2 + i\epsilon}, \tag{7.63}$$

wobei über alle Viererimpulswerte zu integrieren ist. Man beachte, dass aufgrund dieser Tatsache im Integranden bis auf die Polstellen $p^2 \neq m_0^2$ ist, man sagt auch das Teilchen ist „off-shell", d. h. nicht auf seiner Massenschale. Diese Eigenschaft ist Ausdruck der Virtualität des Teilchens und konsistent mit der Heisenberg'schen Unschärferelation, wonach für beliebig kurze Zeitintervalle die Energie beliebig unbestimmt ist. Die Energie-Impulserhaltung zwischen den äußeren Beinen eines Diagramms bleibt dabei jederzeit gewährleistet.

Die praktische Berechnung solcher Schleifendiagramme ist jedoch zunächst problematisch. Für große Viererimpulsbeträge $p^2 \gg m_0^2$ verhält sich der Integrand wie $\sim d^4 p / p^2$ und divergiert quadratisch. Wie schon in Abschn. 5.1.3 werden diese Divergenzen durch die Verwendung des normalgeordneten Wechselwirkungshamiltonians automatisch abgezogen, sodass wir zur Ordnung $O(\lambda_0)$ ein wohldefiniertes Resultat bekommen haben.

Zur Ordnung $O(\lambda_0^2)$ tritt in der Vakuumamplitude des Nenners von (7.56) auch bei Verwendung der Normalordnung folgendes Schleifendiagramm auf:

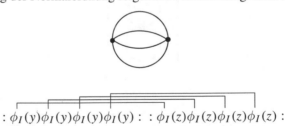

Da hier nicht innerhalb der normalgeordneten Faktoren kontrahiert werden muss, verschwindet dieser Beitrag auch nicht. Jedoch divergieren wiederum die Integrale über die Schleifenimpulse. Offenbar treten in höheren Ordnungen der Störungstheorie trotz Normalordnung des Wechselwirkungshamiltonians Divergenzen auf, die durch zusätzliche Renormierungsvorschriften regularisiert und abgezogen werden müssen. Eine systematische Behandlung ist Gegenstand der Renormierungstheorie, die wir in Abschn. 7.13 lediglich qualitativ diskutieren wollen. Man beachte, dass die diskutierten Vakuumdiagramme nur in wechselwirkenden Theorien auftreten. Dies illustriert anschaulich die nichttriviale Natur des vollen Vakuums im Gegensatz zu demjenigen einer freien Theorie.

Anhand der ohne Normalordnung auftretenden Vakuumdiagramme lässt sich ein weiterer Aspekt der Systematik von Störungsrechnungen illustrieren. Die zusätzlichen Diagramme haben eine andere Topologie als der bisher berechnete Term mit $r = 1$, indem sie unverbundene Beiträge zur Greenfunktion darstellen. Dies bedeutet, dass die zugehörigen mathematischen Ausdrücke faktorisieren. Damit lässt sich der Zähler im Ausdruck (7.56) als Produkt schreiben, aus dem sich unverbundene Vakuumblasen gegen die Vakuumamplitude des Nenners herauskürzen. Beispielsweise erhalten wir für die Vierpunktfunktion ohne Normalordnung:

$$G_4(x_1,\ldots,x_4) = \frac{\left(\;\big|\;\big|\;\big| + \ldots + \times + \;\text{\O}\;\big| + \ldots + O(\lambda_0^2)\;\right)\;\left(1 + \;\text{8}\; + O(\lambda_0^2)\right)}{\left(1 + \;\text{8}\; + O(\lambda_0^2)\right)}$$

Dieselbe Beobachtung macht man mit oder ohne Verwendung von Normalordnung (im letzten Fall beginnend in höherer Ordnung) und sie verallgemeinert zu jeder Ordnung in der Kopplungskonstanten. Entsprechende Beweise findet man in [4,5].

7.7 Feynmandiagramme am Beispiel der Zweipunktfunktion

Die grafische Darstellung der in der Störungstheorie auftretenden mathematischen Ausdrücke ist vor allem für die Berechnung von Termen höherer Ordnungen besonders nützlich, indem man lediglich die Bausteine Propagator und Vertex geeignet kombiniert, ohne die Taylorentwicklung und Wickkontraktionen explizit auszuführen. Wir wollen dies am Beispiel der Zweipunktfunktion skizzieren. Der gesamte störungstheoretisch auszuwertende Ausdruck lautet

$$G_2(x_1, x_2) = \frac{\langle 0|T\left\{\phi_I(x_1)\phi_I(x_2)S\right\}|0\rangle}{\langle 0|S|0\rangle}. \tag{7.64}$$

Betrachten wir nun die Störungsreihe Term für Term. Zur führenden, nullten Ordnung $\sim \lambda_0^0$ entspricht die Zweipunktfunktion derjenigen einer freien Theorie, also dem Feynmanpropagator aus Abschn. 7.4:

$$x_1 \bullet\!\!\!-\!\!\!-\!\!\!-\!\!\!-\!\!\!-\!\!\!\bullet\, x_2 \quad = \Delta_F(x_1, x_2)$$

Zu erster Ordnung in der Kopplungskonstanten $\sim \lambda_0$ tritt dann ein Vertex auf, der mit sich selbst kontrahiert wird:

Dieses sogenannte „Tadpole-"(Kaulquappen-) Diagramm verschwindet bei Verwendung von Normalordnung, da es Kontraktionen innerhalb dieser enthält. In der nächsten Ordnung $\sim \lambda_0^2$ treten zwei Vertizes auf. Wieder gibt es zwei Varianten von Termen, die Kontraktionen am selben Punkt beinhalten und deswegen bei Verwendung von Normalordnung verschwinden:

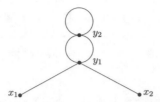

Darüber hinaus tritt nun aber, ähnlich wie bei den Vakuumblasen, ein Schleifendiagramm auf, das trotz Normalordnung nicht verschwindet:

Wir erhalten den mathematischen Ausdruck dafür, indem wir für jeden Propagator und Vertex einen entsprechenden Faktor hinschreiben,

$$
C \left(\frac{-i\lambda_0}{4!} \right)^2 \int \mathrm{d}^4 y_1 \int \mathrm{d}^4 y_2 \Delta_F(x_1 - y_1) \Delta_F^3(y_1 - y_2) \Delta_F(y_2 - x_2)
$$
$$
= \frac{1}{S}(-i\lambda_0)^2 \int \mathrm{d}^4 y_1 \int \mathrm{d}^4 y_2 \Delta_F(x_1 - y_1) \Delta_F^3(y_1 - y_2) \Delta_F(y_2 - x_2). \quad (7.65)
$$

Vor dem gesamten Ausdruck steht ein kombinatorischer Faktor C, der die Anzahl der Wickkontraktionen (d. h. die Anzahl der Terme) angibt, die auf denselben Ausdruck führen. Der zu kontrahierende Ausdruck hat zwei Felder mit den Argumenten der Zweipunktfunktion sowie zwei Faktoren mit jeweils vier Feldern entsprechend dem Quadrat des Wechselwirkungsterms,

$$
\phi(x_1)\phi(x_2) : \phi(y_1)\phi(y_1)\phi(y_1)\phi(y_1) :: \phi(y_2)\phi(y_2)\phi(y_2)\phi(y_2) : . \quad (7.66)
$$

Aufgrund der Ununterscheidbarkeit der Felder mit Argument y_1 bzw. y_2 gibt es

$$
C = 4 \times 4 \times 3! = 4 \cdot 4! \quad (7.67)
$$

Möglichkeiten, die Faktoren zu kontrahieren, die auf dasselbe Integral führen. Diese kombinieren sich mit den $1/4!$-Faktoren aus der Wechselwirkung zum gesamten Symmetriefaktor des Diagramms,

$$
\frac{1}{S} = \frac{C}{(4!)^2} = \frac{1}{3!} = \frac{1}{24}. \quad (7.68)
$$

Anstatt Kontraktionsmöglichkeiten zu zählen, lässt sich der Faktor C auch direkt aus der Symmetrie des Diagramms bestimmen. Dazu zählen wir die Möglichkeiten, bei festgehaltenen äußeren Beinen und Vertizes die Linien zu permutieren, ohne das Diagramm zu verändern. Es gibt zunächst 4 verschiedene Beine des Vertex y_1, die mit x_1 verbunden werden können, dasselbe gilt für die Verbindung von y_2 und

x_2. Nachdem diese Verbindungen festgelegt sind, gibt es noch 3! Permutationen der Verbindungslinien zwischen y_1 und y_2, was zusammen den Faktor C ergibt. Da y_1 und y_2 Integrationsvariablen sind, von denen das Ergebnis nicht mehr abhängt, können wir auch die beiden Vertizes noch vertauschen. Das daraus hervorgehende Diagramm

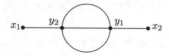

ist zwar topologisch vom ersten verschieden, hat aber offenbar nach der Integration denselben Wert. An dieser Stelle sollte klar sein, dass es insbesondere für Rechnungen höherer Ordnung mit einiger Übung in Kombinatorik oder geeigneten Faustformeln aus der Literatur ökonomischer ist, die Greenfunktionen direkt über Feynmandiagramme zu bestimmen anstatt C Wickkontraktionen auszuschreiben und anschließend aufzuaddieren. Dazu formulieren wir einen Satz von Regeln, die uns auf die richtigen Ausdrücke führen.

7.8 Feynmanregeln im Ortsraum

Der folgende Algorithmus liefert uns den Beitrag der Ordnung $\sim \lambda_0^m$ zur Greenfunktion $G_n(x_1, \ldots x_n)$:

1. Man zeichne alle topologisch verschiedenen Diagramme mit n äußeren Punkten $x_1, \ldots, x_n$ und m Vierervertizes bei $y_1, \ldots, y_m$, die keine unverbundenen Vakuumblasen enthalten
2. Jede Linie zwischen zwei (äußeren und/oder inneren) Punkten z_i und z_j erhält einen Faktor $\Delta_F(z_i - z_j)$
3. Jeder Vertex erhält einen Faktor $-i\lambda_0 \int d^4 y_i$
4. Jedes Diagramm erhält einen zugehörigen Symmetriefaktor S^{-1}
5. Man addiere die Ausdrücke für alle Diagramme

7.9 Feynmanregeln im Impulsraum

Wie wir gleich sehen werden, ist es wesentlich einfacher von den Greenfunktionen zu den Streumatrixelementen zu gelangen, wenn wir im Impulsraum arbeiten. Wir schreiben die Fouriertransformation der Greenfunktionen als

$$G_n(x_1 \ldots x_n) = \int \frac{d^4 p_1}{(2\pi)^4} \cdots \frac{d^4 p_n}{(2\pi)^4} \, e^{-(ip_1 x_1 + \ldots + ip_n x_n)} \, G_n(p_1 \ldots p_n). \quad (7.69)$$

Insbesondere ist alle Ortsabhängigkeit in den Exponenten der Fourierfaktoren. Daher können wir (in verbundenen Diagrammen) die Integration über die Position jedes Vertex explizit ausführen. Nehmen wir an, an einem Vertex laufen die Impulse p_1, p_2 in den Vertex und p_3, p_4 aus ihm heraus, dann enthält das Diagramm den Faktor

$$\int d^4y \, e^{ip_1y}e^{ip_2y}e^{-ip_3y}e^{-ip_4y} = (2\pi)^4\delta^4(p_1 + p_2 - p_3 - p_4), \qquad (7.70)$$

d. h., wir haben Energie-Impulserhaltung an jedem Vertex. Mit einer Deltafunktion für jeden Vertex kann dann auch ein Viererimpulsintegral pro Vertex ausgeführt werden.

Die Feynmanregeln zur Berechnung des Beitrags der Ordnung $\sim \lambda_0^m$ zu G_n $(p_1, \ldots, p_n)$ im Impulsraum lauten dann:

1. Man zeichne alle topologisch verschiedenen Diagramme mit n äußeren Linien und m Vierervertizes, die keine unverbundenen Vakuumblasen enthalten.
2. äußere Linien erhalten Impulse $p_1, \ldots, p_n$, innere Linien erhalten Impulse k_j
3. Äußere Linien erhalten einen Faktor $\frac{i}{p_j^2 - m_0^2 + i\varepsilon}$
4. Innere Linien erhalten einen Faktor $\displaystyle\int \frac{d^4k_j}{(2\pi)^4} \, \frac{i}{k_j^2 - m_0^2 + i\varepsilon}$
5. Jeder Vertex erhält einen Faktor: $-i\lambda_0(2\pi)^4\delta^4\left(\sum \text{Impulse}\right)$
6. Jedes Diagramm erhält einen zugehörigen Symmetriefaktor S^{-1}
7. Man addiere die Ausdrücke für alle Diagramme

Die detaillierten Ausdrücke der Feynmanregeln unterscheiden sich natürlich je nach betrachteter Theorie bei gleicher allgemeiner Vorgehensweise. Einen nützlichen Algorithmus zur Herleitung der Regeln für beliebige Theorien mit skalaren, Vektor- und Fermionfeldern findet man z. B. in [13]. Dort findet sich auch eine allgemeine Formel für den Symmetriefaktor

S^{-1} Symmetriefaktor $S = g \displaystyle\prod_{n=2,3\ldots} 2^\beta (n!)^{\alpha_n}$

α_n Anzahl der Vertexpaare verbunden durch n identische selbstkonjugierte Linien

β Anzahl der Linien, die Vertizes mit sich selbst verbinden

g Anzahl der Permutationen von Vertizes bei festen äußeren Linien

$g = 1, \; \alpha_2 = 1, \; \beta = 0 \;\; \Rightarrow \; S = 2!$

$g = 1, \; \alpha_3 = 1, \; \beta = 0 \;\; \Rightarrow \; S = 3!$

$g = 1, \; \alpha_n = 0, \; \beta = 1 \;\; \Rightarrow \; S = 2$

7.10 Die volle Zweipunktfunktion

Wir gehen zurück zur Zweipunktfunktion und ihrer störungstheoretischen Auswertung in (7.64). Mithilfe einer geeigneten Klassifizierung der Diagramme lässt sich ein geschlossener Ausdruck herleiten, an dem wir einige qualitative Aspekte verstehen können, auch wenn wir ihn nicht auswerten wollen. Wenn wir Normalordnung verwenden, tragen bis zur Ordnung $\sim \lambda_0^4$ beispielsweise folgende Diagramme bei:

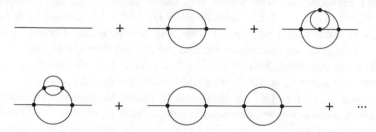

Wir hatten bereits zwischen verbundenen und unverbundenen Feynmandiagrammen unterschieden. Nun definieren wir die Klasse der einteilchenirreduziblen („one particle irreducible"oder 1PI) Feynmandiagramme. Dies sind alle verbundenen Diagramme ohne äußere Beine, die durch Schneiden einer inneren Linie *nicht* unverbunden werden. In unserem Beispiel der Zweipunktfunktion bis zur Ordnung $\sim \lambda_0^4$ sind die ersten vier Diagramme einteilchenirreduzibel, das letzte ist reduzibel. Weiter definieren wir die Selbstenergie $\Pi(p^2)$ eines skalaren Teilchens als die Summe aller einteilchenirreduziblen Zweipunktdiagramme ohne äußere Beine:

$$-i\Pi(p^2) = \fbox{1PI} = \cdots + \cdots + \cdots + \cdots .$$

Offenbar ist jedes verbundene Diagramm aus einteilchenirreduziblen zusammensetzbar. Kennzeichnen wir die volle Zweipunktfunktion als Diagramm mit einer ausgefüllten Blase, die die gesamte Selbstwechselwirkung symbolisiert, so können wir diese Summe aller verbundenen Diagramme auch umschreiben in der Form

$$\bullet\!\!-\!\!\bullet = \text{———} + \text{—1PI—} + \text{—1PI—1PI—} + \cdots .$$

In Formeln entspricht dieser Ausdruck einer geometrischen Reihe, die sich geschlossen summieren lässt,

$$
\begin{aligned}
G_2(p^2) &= \Delta_F + \Delta_F(-i\Pi)\Delta_F + \Delta_F(-i\Pi)\Delta_F(-i\Pi)\Delta_F + \cdots \\
&= \frac{\Delta_F}{1 + i\Pi\Delta_F} = \frac{1}{\Delta_F^{-1} + i\Pi} = \frac{i}{p^2 - m_0^2 - \Pi(p^2) + i\varepsilon}.
\end{aligned}
\tag{7.71}
$$

Auch ohne die Selbstenergie $\Pi(p^2)$ explizit auszuwerten ist dies ein bemerkenswertes und lehrreiches Ergebnis. Die Zweipunktfunktion liefert uns die triviale „Streumatrix"für $\phi(p) \longrightarrow \phi(p)$, d.h. die Wahrscheinlichkeitsamplitude für die

Bewegung eines skalaren Teilchens *ohne* Streuung an anderen Teilchen. Unser letzter Ausdruck ist nichts anderes als die Fouriertransformierte dieser Zweipunktfunktion. Diese hat einen Pol bei der Lösung der Gleichung

$$p^2 = m_0^2 + \Pi(p^2), \tag{7.72}$$

d. h., die Teilchenmasse ist gegenüber der freien Theorie verschoben und nicht mehr durch m_0 gegeben! Der Unterschied zum freien Teilchen, für das entsprechend dem lediglich ersten Term der Störungsreihe $G_2 = \Delta_F$ ist, besteht in der durch das Vakuum vermittelten Selbstwechselwirkung des Teilchens. Formal betrachtet verhält sich in einer wechselwirkenden Theorie das Vakuum wie ein Medium, das die Teilcheneigenschaften beeinflusst. Experimentell haben wir natürlich lediglich Zugang zu den vollen Greenfunktionen und Parametern der Theorie.

Nun bezeichnen wir mit m^2 die physikalische Masse des wechselwirkenden Teilchens, die dem Pol des vollen Propagators entspricht, d. h., $m^2 = m_0^2 + \Pi(m^2)$ und somit ist $\delta m^2 = \Pi(m^2)$ die bereits im letzten Kapitel erwähnte Massenkorrektur. Nun entwickeln wir um die Massenschale,

$$\Pi(p^2) = \Pi(m^2) + (p^2 - m^2)\Pi'(m^2) + \Pi_{\text{Rest}}(p^2). \tag{7.73}$$

Dann wird

$$
\begin{aligned}
G_2(p^2) &= \frac{i}{p^2 - m_0^2 - \Pi(m^2) - (p^2 - m^2)\Pi'(m^2) - \Pi_{\text{Rest}}(p^2) + i\varepsilon} \\
&= \frac{i}{p^2 - m^2 - (p^2 - m^2)\Pi'(m^2) - \Pi_{\text{Rest}}(p^2) + i\varepsilon} \\
&= \frac{i(1 - \Pi'(m^2))^{-1}}{p^2 - m^2 + i\varepsilon} \; \frac{1}{1 - \frac{\Pi_{\text{Rest}}(p^2)}{(p^2 - m^2)(1 - \Pi'(m^2))}}.
\end{aligned}
\tag{7.74}
$$

Auf der Massenschale ist

$$\lim_{p^2 \to m^2} \frac{\Pi_{\text{Rest}}(p^2)}{p^2 - m^2} = 0, \tag{7.75}$$

sodass die volle Zweipunktfunktion folgende Gestalt annimmt,

$$G_2(p^2 \to m^2) \to \frac{1}{1 - \Pi'(m^2)} \; \frac{i}{p^2 - m^2 + i\varepsilon}. \tag{7.76}$$

Dies ist von derselben Form wie der freie Propagator, aber mit einer von m_0 nach m verschobenen Masse und einem impulsunabhängigen Normierungsfaktor.

Mit diesem schönen Ergebnis können wir zur Diskussion der In- und Out-Felder von Streuprozessen in Abschn. 6.2 zurückkehren und diese nun auch besser verstehen. Die asymptotischen Felder beschreiben Teilchen, die aufgrund ihrer großen Entfernung voneinander nicht *miteinander* wechselwirken und insofern als effektiv frei aufgefasst werden können. Die Selbstwechselwirkung über das Vakuum kann durch experimentelle Randbedingungen jedoch *nicht* abgestellt werden und ist in effektiv freien Teilchen stets enthalten. Sie ist der Grund für die Renormierung der Felder und der Teilchenmasse gegenüber denjenigen in der Lagrangedichte. Da ein- und auslaufende Teilchen auf ihrer Massenschale sind, hat die volle Zweipunktfunktion die Form (7.76), und wir können direkt mit den In- und Out-Zuständen vergleichen, z. B.

$$\lim_{t_1,t_2 \to -\infty} G_2(x_1, x_2) = \lim_{t_1,t_2 \to -\infty} \langle \Omega | T \phi(x_1)\phi(x_2)|\Omega\rangle$$

$$= \lim_{t_1,t_2 \to -\infty} i \int \frac{\mathrm{d}^4 p}{(2\pi)^4} e^{-ip(x_1-x_2)} \frac{i(1 - \Pi'(m^2))^{-1}}{p^2 - m^2 + i\varepsilon}$$

$$\overset{!}{=} Z\langle \Omega | T \phi_{\text{in}}(x_1)\phi_{\text{in}}(x_2)|\Omega\rangle, \tag{7.77}$$

wobei wir in der letzten Zeile die Asymptotenbedingung verwendet haben. Daraus folgt für die Normierungskonstante

$$Z = (1 - \Pi'(m^2))^{-1}. \tag{7.78}$$

Dementsprechend erfüllt die volle Zweipunktfunktion vor und nach der Streuung die inhomogene Klein-Gordon-Gleichung

$$(\Box + m^2)G_2(x - y) = -iZ\delta^4(x - y). \tag{7.79}$$

7.11 Die volle Vierpunktfunktion

Ganz analog zur Zweipunktfunktion entspricht die volle vollständig verbundene Vierpunktfunktion, die unseren Streuprozess repräsentiert, einer Summe unendlich vieler Diagramme, die wir folgendermaßen darstellen können:

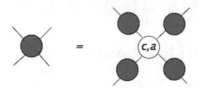

Das Zentrum bildet die Summe aller vollständig verbundenen Vierpunktfunktionen ohne äußere Beine, wir nennen sie auch „amputiert", deren genaue Definition im nächsten Abschnitt erfolgt. In der ϕ^4-Theorie ist dies identisch mit der Summe aller 1PI-Vierpunktdiagramme ohne äußere Beine. (In Theorien mit Dreipunktvertizes ist dies jedoch nicht der Fall.) Die äußeren Beine der vollen Vierpunktfunktion entsprechen vollen Propagatoren.

Die physikalische Vierpunktkopplung λ, die experimentell zugänglich ist, wird von der Summe der 1PI-Diagramme im Zentrum gebildet. In führender Ordnung

Störungstheorie ist natürlich $\lambda = \lambda_0$, vgl. (7.59), in höheren Ordnungen wird dies jedoch korrigiert, sodass wir ähnlich wie für die Masse zwischen einer nackten und einer vollen Kopplung unterscheiden,

$$\lambda = \lambda_0 + \delta\lambda. \tag{7.80}$$

Ganz entsprechend der Massenkorrektur ist auch die Vertexkorrektur in Störungstheorie eine Potenzreihe in λ_0.

7.12 Von den Greenfunktionen zur Streumatrix

Nach diesen Überlegungen können wir die Schritte von der Greenfunktion zum Streumatrixelement aus unserem oben gerechneten Beispiel, Gl. (7.60), auf beliebige Ordnungen verallgemeinern. Dazu definieren wir die amputierten Greenfunktionen G_n^a als vollständig verbundene Greenfunktionen ohne äußere Beine, indem wir jeweils einen entsprechenden vollen Propagator herausfaktorisieren,

$$G_n^c(x_1 \ldots x_n) \equiv \int \mathrm{d}^4 z_1 \ldots \mathrm{d}^4 z_n \, G_2(x_1 - z_1) \ldots G_2(x_n - z_n) \, G_n^a(z_1 \ldots z_n). \tag{7.81}$$

Dies ist möglich, weil die äußeren Beine die effektiv freien Teilchen mit physikalischer Masse der asymptotischen Zustände vor bzw. nach der Streuung beschreiben. Setzen wir die Greenfunktion aus (7.81) in die LSZ-Formel ein, so wirkt jeweils ein Klein-Gordon-Operator immer auf eine Zweipunktfunktion und ergibt eine Deltafunktion, über die dann integriert werden kann. Schritt für Schritt erhalten wir für den vollständig verbundenen Teil der Streumatrix

$$S_{fi}|_c = \langle k_1, \ldots k_n, \mathrm{out} | p_1, p_2, \mathrm{in} \rangle_c$$

$$= \left(\frac{i}{\sqrt{Z}}\right)^{n+2} \int \prod_{i=1}^{2} \mathrm{d}^4 x_i \prod_{j=1}^{n} \mathrm{d}^4 y_j \; e^{-i \sum_{i=1}^{2} p_i x_i + i \sum_{j=1}^{n} k_j y_j}$$

$$\cdot \prod_{i=1}^{2} (\Box_{x_i} + m^2) \prod_{j=1}^{n} (\Box_{y_j} + m^2) \, G_{n+2}^c(x_1, x_2, y_1, \ldots, y_n)$$

$$= \left(\frac{i}{\sqrt{Z}}\right)^{n+2} \int \prod_{i=1}^{n} \mathrm{d}^4 x_i \prod_{j=1}^{n} \mathrm{d}^4 y_j \; e^{-i \sum_i p_i x_i + i \sum_S k_j y_j}$$

$$\cdot (-iZ)^{n+2} \int \mathrm{d}^4 z_1 \ldots \mathrm{d}^4 z_{n+2} \, \delta^4(x_1 - z_1) \ldots \delta^4(y_n - z_{n+2})$$

$$\cdot G_{n+2}^a(z_1, \ldots, z_{n+2})$$

$$= \left(\sqrt{Z}\right)^{n+2} \int \prod_{i=1}^{2} \mathrm{d}^4 x_i \prod_{j=1}^{n} \mathrm{d}y_i^4 \; e^{-i \sum_{i=1}^{2} p_i x_i + i \sum_{j=1}^{n} k_j y_j} \, G_{n+2}^a(x_1, x_2, y_1, \ldots, y_n)$$

$$= \left(\sqrt{Z}\right)^{n+2} \int \prod_{i=1}^{n+2} d^4x_i \; e^{-i \sum_{i=1}^{n+2} p_i x_i} \; G_{n+2}^a(x_1, \ldots x_{n+2})$$

$$= \left(\sqrt{Z}\right)^{n+2} \bar{G}_{n+2}^a(p_1 \ldots, p_{n+2})(2\pi)^4 \delta^4(p_1 + \ldots + p_n). \tag{7.82}$$

In der vorletzten Zeile haben wir die Impulsvektoren der auslaufenden Teilchen umgetauft, $p_3 \equiv -k_1, \ldots, p_{n+2} \equiv -k_n$, und in der letzten Zeile eine Deltafunktion für die Viererimpulserhaltung ausfaktorisiert,

$$G_n^a(p_1, \ldots, p_n) \equiv (2\pi)^4 \delta^4(p_1, \ldots, p_n) \bar{G}_n^a(p_1, \ldots, p_n). \tag{7.83}$$

Wir gelangen also auf direktem Wege zu den Streumatrixelementen M_{fi}, wenn wir die zusammenhängenden, amputierten Greenfunktionen direkt im Impulsraum berechnen.

7.13 Diagramme höherer Ordnung und Renormierung

Bei den Termen höherer Ordnung spricht man auch von „Strahlungskorrekturen", weil sie mit der Emission und Absorption zusätzlicher (virtueller) Teilchen verbunden sind. Ihre konkrete Berechnung ist erheblich komplizierter als die von Baumgraphen und nicht Gegenstand dieses Kurses, da sie zum Verständnis der Konstruktion des Standardmodells nicht zwingend erforderlich sind. Da diese Korrekturen jedoch auf die Renormierungstheorie und neue physikalischen Effekte führen, die generisch in jeder Quantenfeldtheorie auftreten, wollen wir sie ohne Rechnung zumindest qualitativ skizzieren.

Betrachten wir die Vierpunktfunktion bis zur Ordnung $O(\lambda_0^2)$ unter Verwendung von Normalordnung:

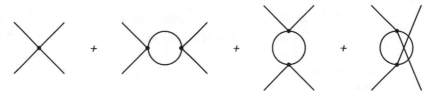

Nach den Feynmanregeln enthält der Ausdruck für das erste Schleifendiagramm ein Integral über den durch Energie-Impulserhaltung nicht festgelegten Schleifenimpuls k,

$$I \sim \int \frac{d^4k}{(2\pi)^4} \frac{1}{k^2 - m_0^2 + i\varepsilon} \frac{1}{(k - p_1 - p_2)^2 - m_0^2 + i\varepsilon}. \tag{7.84}$$

Das Verhalten des Integrals für große $|k| \to \infty$ lässt sich auch ohne detaillierte Rechnung abschätzen,

$$I \sim \int d^4k \; \frac{1}{k^4} \sim \ln|k| \Big|_0^\infty, \tag{7.85}$$

d. h., das Integral divergiert. Dieser Befund erscheint in doppelter Hinsicht desaströs. Erstens verlangt die Anwendbarkeit von Störungstheorie, dass Korrekturen klein sind gegenüber dem führenden Beitrag, und zweitens ist ein divergierendes Resultat natürlich auch in konzeptioneller Hinsicht sinnlos. Nicht besser ergeht es uns beim Versuch einer Auswertung der Korrekturen zum Propagator. Bei Verwendung von Normalordnung bildet das Diagramm (7.65) den führenden Beitrag zu δm^2 und divergiert quadratisch. Das gleiche Problem tritt in anderen Theorien ebenso auf und hat historisch die Entwicklung der Quantenfeldtheorie zunächst lange in Frage gestellt. Seine Lösung vollzieht sich in zwei Schritten und führt uns auf ein neues physikalisches Phänomen.

- **Regularisierung**
  Um die divergierenden Integrale zunächst mathematisch handhabbar zu machen, werden sie „regularisiert". Die einfachste Möglichkeit besteht im Abschneiden des Impulsbetrags durch eine endliche Obergrenze, den sogenannten „Cut-off" Λ. Hierdurch bleibt das Integral endlich, und man erkennt die funktionale Natur der Divergenz,

$$\int_{-\infty}^{\infty} d^4k \frac{k^2}{k^6} \rightarrow \int_{-\Lambda}^{\Lambda} d^4k \frac{k^2}{k^6} \sim \ln \Lambda. \tag{7.86}$$

  Die Regularisierung ist als Zwischenschritt zu verstehen, am Ende der Rechnung muss dann der Limes $\Lambda \rightarrow \infty$ durchgeführt werden.

- **Renormierung**
  Ausgangspunkt zur Zähmung der Divergenzen ist die Unterscheidung zwischen physikalischen und lediglich rechentechnischen Größen. Die physikalischen Parameter λ und m sind in unserer Störungsrechnung Funktionen der nackten Parameter und des Abschneideparameters,

$$m^2 = m_0^2 + \delta m^2 = m^2(\lambda_0, m_0, \Lambda),$$
$$\lambda = \lambda_0 + \delta\lambda = \lambda(\lambda_0, m_0, \Lambda). \tag{7.87}$$

Der Limes $\Lambda \rightarrow \infty$ würde nun auf divergierende Messgrößen λ und m führen, was sinnlos ist.

Die Auflösung des Problems eröffnet sich durch die Feststellung, dass die Parameter λ_0 und m_0 aus der Lagrangedichte prinzipiell nicht beobachtbar sind. Wie aber sind dann ihre Werte festzulegen? Wenn wir die Größen λ und m experimentellen Messwerten zuordnen, so müssen diese natürlich unabhängig von den Details der theoretischen Rechnung und insbesondere der Regularisierung sein, d. h., sie müssen bei der Grenzwertbildung $\Lambda \rightarrow \infty$ konstant bleiben. Darüber hinaus sollen diese Größen ja gerade den experimentellen „Input" bilden, von dem andere Größen abhängen. Wir können daher die Gleichungen (7.87) invertieren und stattdessen die nackten Parameter λ_0 und m_0 als Funktionen der beobachtbaren Größen λ und m und insbesondere des Abschneideparameters auffassen,

$$m_0 = m_0(\lambda, m, \Lambda),$$
$$\lambda_0 = \lambda_0(\lambda, m, \Lambda). \tag{7.88}$$

Wenn wir nun bei festen physikalischen Werten von λ und m den Limes $\Lambda \to \infty$ durchführen, so divergieren die entsprechenden nackten Parameter. Da diese aber prinzipiell unbeobachtbar sind, muss uns das nicht weiter stören! Wir können diese Freiheit im Gegenteil zu einer sinnvollen Normierung unserer Rechnung ausnutzen. In Abschn. 7.10 haben wir dies bereits für die Masse getan, indem wir δm^2 und einen Normierungsfaktor Z so festgelegt haben, dass der volle Propagator seinen Pol bei der physikalischen Masse hat. Die volle Kopplung definieren wir entsprechend durch Vergleich des Wirkungsquerschnitts mit einem Streuexperiment bei einer bestimmten Schwerpunktsenergie $s = s_0$,

$$\lambda|_{s_0} \equiv \sqrt{Z}^4 \, G_4^a(s_0) = \lambda_0 + \delta\lambda(s_0). \tag{7.89}$$

Die Renormierungstheorie zeigt, dass sich sämtliche regularisierten Greenfunktionen $G_n(\lambda_0, m_0, \Lambda)$, ausgedrückt als Funktionen der physikalischen Parameter, in einen renormierten, endlichen und einen divergierenden Anteil faktorisieren lassen, worauf der Cut-off wieder entfernt werden kann,

$$G_n^R(\lambda, m) \equiv \lim_{\Lambda \to \infty} \left(Z(\lambda_0(\lambda, m, \Lambda), m_0(\lambda, m, \Lambda), \Lambda) \right)^{-\frac{n}{2}}$$
$$\cdot G_n(\lambda_0(\lambda, m, \Lambda), m_0(\lambda, m, \Lambda), \Lambda). \tag{7.90}$$

Die so renormierten Greenfunktionen ergeben Ordnung für Ordnung endliche Resultate! Dementsprechend ist auch

$$G_n^{aR}(\lambda, m) = \lim_{\Lambda \to \infty} (Z(\lambda, m, \Lambda))^{\frac{n}{2}} \, G_n^a(\lambda, m, \Lambda) \tag{7.91}$$

Ordnung für Ordnung endlich. Man beachte, wie sich beim Einsetzen in die LSZ-Formel (7.82) die Z-Faktoren herausheben und die physikalischen Streumatrixelemente vollständig durch die renormierten Greenfunktionen bestimmt sind.

Ob dieses Verfahren für eine beliebige Theorie erfolgreich ist, hängt von den Details der Wechselwirkungsterme ab. In perturbativ renormierbaren Theorien wie dem Standardmodell benötigt man ebenso viele Renormierungskonstanten wie Felder und Parameter in der Lagrangedichte auftreten. Nach geeigneter Massen-, Kopplungs- und Feldrenormierung sind *alle* Matrixelemente für beliebige Prozesse zu jeder Ordnung in Störungstheorie endlich.

Das Renormierungsverfahren führt uns auf einen neuen physikalischen Effekt, der eine sehr grundlegende quantenfeldtheoretische Vorhersage darstellt. Die Schleifenkorrekturen zur Vierpunktkopplung sind im Allgemeinen abhängig von den äußeren Impulsen, vgl. (7.84). Damit ist aber auch unsere Normierungsvorschrift (7.89) und die physikalische Kopplung selbst von einer Impulsskala abhängig! Dieser zunächst verblüffende Befund führt uns auf das Konzept der „laufenden Kopplung", die mitnichten eine Konstante darstellt, sondern von der Energieskala des betrachteten Prozesses abhängt. Wie wir bei der Besprechung der QED und der QCD sehen werden, ist dieses Phänomen experimentell bestens verifiziert. Die Vorhersage dieser Skalenabhängigkeit macht Quantenfeldtheorien auch jenseits der Teilchenphysik zu einem unverzichtbaren Werkzeug für Vielteilchensysteme, beispielsweise bei der Beschreibung von Phasenübergängen und kritischen Phänomenen.

Nach diesem qualitativen Exkurs in fortgeschrittene Themen kehren wir abschließend zu unserer Feststellung zurück, dass im Rahmen der Störungstheorie Renormierung erst ab dem Einschleifenniveau benötigt wird, während für alle durch Baumgraphen beschriebenen Prozesse $Z = 1$, $\lambda = \lambda_0$ und $m = m_0$ ist. Dies gilt auch für andere Theorien. In den folgenden Kapiteln beschränken wir uns auf Baumgraphen und verzichten daher auf die Unterscheidung zwischen nackten und renormierten Parametern.

7.14   Bemerkung zu Störungstheorie und Wechselwirkungsbild

Der Vollständigkeit halber wollen wir hier noch ein kurioses mathematisches Problem der perturbativen Quantenfeldtheorie ansprechen. In einem Theorem von Haag (1955) wird bewiesen, dass das Wechselwirkungsbild mathematisch nicht existiert. Genauer lässt sich zeigen, dass in einer relativistischen Quantenfeldtheorie mit Translationsinvarianz und Vakuumpolarisation die postulierte Operatorgleichung (7.4) nicht gelten kann, d. h., die Operatoren im Wechselwirkungsbild und im Heisenbergbild sind *nicht* unitär äquivalent. Dies ist aber Voraussetzung dafür, dass beide Darstellungen dieselben Erwartungswerte liefern. Für einen Beweis des Theorems siehe [3], eine ausführliche Diskussion findet sich in [14].

Das Problem tritt bei Transformationen zwischen Feldern einer freien und einer wechselwirkenden Theorie wie in (7.4) auf, nicht jedoch bei der Transformation zwischen der In- und Out-Basis (7.17), die die S-Matrix definiert. Die Schwierigkeit beruht auf den überabzählbar vielen Freiheitsgraden einer Quantenfeldtheorie, im Gegensatz zur nichtrelativistischen Quantenmechanik, in der das Wechselwirkungsbild wohldefiniert ist.

Diesem dramatisch klingenden mathematischen Befund steht der in Quantität und Qualität spektakuläre Erfolg störungstheoretischer Vorhersagen verschiedenster Theorien entgegen. Das Haag'sche Theorem lässt sich umgehen, wenn man das physikalische System vorübergehend in einem endlichen Volumen betrachtet [15], wie wir es auch an anderer Stelle schon getan haben, und das Volumen analog einem Regulator am Ende der Rechnung nach unendlich schickt. Das „praktische Funktionieren"der störungstheoretischen Rechenmethode veranlasst die meisten Anwender, die vollständige Aufklärung dieser Problematik Spezialisten zu überlassen und sich deswegen keine weiteren Sorgen zu machen, eine Haltung, der wir uns im Folgenden anschließen.

Zusammenfassung

- Im Wechselwirkungsbild wird die Zeitentwicklung mit dem freien Teil des Hamiltonoperators ausfaktorisiert
- Die volle Zeitentwicklung wird beschrieben durch einen unitären Operator mit dem Wechselwirkungsterm des Hamiltonoperators im Exponenten
- Störungstheorie besteht in der Entwicklung des Zeitentwicklungsoperators in Potenzen der Kopplung
- Die einzelnen Terme der Störungsreihe lassen sich durch Feynmandiagramme darstellen
- Feynmandiagramme bestehen aus Propagatoren und Vertizes sowie kombinatorischen Faktoren
- Die vollen n-Punktfunktionen bestehen aus einer unendlichen Summe von Feynmandiagrammen
- Schleifendiagramme entsprechen nichttrivialen Wechselwirkungen mit dem Vakuum
- Die Wechselwirkung mit dem Vakuum führt zu einer Renormierung aller Parameter und Felder einer Theorie

Aufgaben

7.1 Zeigen Sie für einen zeitabhängigen Operator $H(t)$, dass

$$\int_{-\infty}^{t} dt_1\, H(t_1) \int_{-\infty}^{t_1} dt_2\, H(t_2) \int_{-\infty}^{t_2} dt_3\, H(t_3)... \int_{-\infty}^{t_{n-1}} dt_n\, H(t_n)$$

$$= \frac{1}{n!} \int_{-\infty}^{t} dt_1 \int_{-\infty}^{t} dt_2 \int_{-\infty}^{t} dt_3... \int_{-\infty}^{t} dt_n\, T\left[H(t_1)H(t_2)...H(t_n)\right],$$

wobei der Zeitordnungsoperator T in Gl. (6.36) definiert ist.

7.2 Man wende das Wick'sche Theorem an auf

$$\langle 0|T\left(\phi(x_1)\phi(x_2) : \phi(x_3)\phi(x_4) : \right)|0\rangle,$$

d. h. man zerlege den Ausdruck in alle möglichen Wickkontraktionen.

Beweisen Sie das Wick'sche Theorem für die Dreipunktfunktion

$$T(\phi(x_1)\phi(x_2)\phi(x_3)) = : \phi(x_1)\phi(x_2)\phi(x_3) :$$
$$+ : \phi(x_1) : \langle 0|T(\phi(x_2)\phi(x_3))|0\rangle$$
$$+ : \phi(x_2) : \langle 0|T(\phi(x_1)\phi(x_3))|0\rangle$$
$$+ : \phi(x_3) : \langle 0|T(\phi(x_1)\phi(x_2))|0\rangle.$$

Hinweis: Es ist nützlich, die Felder in Erzeugungs- und Vernichtungsanteilen auszudrücken.

7.3 Der Feynmanpropagator für ein reelles Skalarfeld lautet

$$\Delta_F(x - y) = i \int \frac{d^4 p}{(2\pi)^4} \frac{e^{-ip\cdot(x-y)}}{p^2 - m_0^2 + i\epsilon}.$$

Verifizieren Sie mithilfe des Residuensatzes, dass dies äquivalent ist zu

$$\Delta_F(x - y) = \int \frac{d^3 p}{(2\pi)^3} \frac{1}{2p^0} \left\{ e^{-ip\cdot(x-y)}\theta(x^0 - y^0) + e^{+ip\cdot(x-y)}\theta(y^0 - x^0) \right\}.$$

7.4 Zeigen Sie, dass der Feynmanpropagator eine Greenfunktion ist, d. h.

$$(\Box_x + m_0^2)\langle 0 \,|\, T(\phi_I(x)\phi_I(y)) \,|\, 0 \rangle = -i\delta^{(4)}(x - y).$$

7.5 Schreiben Sie die Ausdrücke für die folgenden Feynmandiagramme im Impulsraum an:

Integrieren Sie alle Deltafunktionen aus, die restlichen Integrationen müssen nicht
ausgeführt werden (was geschieht sonst?).

Quantenelektrodynamik

8

Inhaltsverzeichnis

Die Quantenelektrodynamik (QED) ist die quantenmechanische Erweiterung der klassischen Elektrodynamik und auch im mikroskopischen Bereich gültig. Insbesondere ist die klassische Theorie als Grenzfall aus der QED zu erhalten. Damit beschreibt die QED alle elektromagnetischen Phänomene über kosmische Längenskalen bis hinunter zu $\sim 10^{-18}$ m. Darüber hinaus hält die QED den Genauigkeitsrekord unter allen physikalischen Theorien: für das magnetische Moment des Elektrons stimmen die theoretische Vorhersage und der gemessene Wert über zwölf signifikante Dezimalstellen überein!

© Springer-Verlag GmbH Deutschland, ein Teil von Springer Nature 2018   161
O. Philipsen, *Quantenfeldtheorie und das Standardmodell der Teilchenphysik*,
https://doi.org/10.1007/978-3-662-57820-9_8

Zunächst diskutieren wir das Konstruktionsprinzip der Theorie basierend auf ihrer Eichsymmetrie, das später auch als Vorlage für andere Wechselwirkungen im Standardmodell dienen wird. Ohne sie im Detail herzuleiten stellen wir die Feynmanregeln vor und gehen dann durch einige elementare Streuprozesse, für die wir die Wirkungsquerschnitte berechnen und mit Resultaten an Beschleunigerexperimenten vergleichen wollen. Abschließend diskutieren wir wiederum qualitativ die Besonderheiten des quantenfeldtheoretischen Vakuums und seine beobachtbaren Konsequenzen für die QED, insbesondere das Laufen der Kopplung als Funktion des Impulsübertrags eines Streuprozesses.

8.1 QED als lokale $U(1)$-Eichtheorie

Unser Ziel ist die Entwicklung einer Theorie von elektrisch geladenen Fermionen und ihrer Wechselwirkung untereinander sowie mit elektromagnetischen Feldern. Der Einfachheit halber beschränken wir uns zunächst auf Elektronen und Positronen. Wir beginnen mit freien Teilchen, die durch die Diractheorie beschrieben werden,

$$\mathscr{L}_0 = \bar{\psi}(x)\,(i\gamma^\mu \partial_\mu - m)\,\psi(x). \tag{8.1}$$

Wir haben bereits ausführlich die Bedeutung von Symmetrien für physikalische Gesetze besprochen, für die wir nun ein eindrucksvolles weiteres Beispiel betrachten wollen. Neben der Invarianz unter Lorentztransformationen weist die freie Diractheorie eine weitere kontinuierliche Symmetrie auf: Sie ist invariant unter Multiplikation der Spinoren mit einem konstanten Phasenfaktor,

$$\psi'(x) = e^{-i\alpha q}\,\psi(x), \quad \alpha, q \in \mathbb{R}, \tag{8.2}$$

d. h., $\mathscr{L}_0' = \mathscr{L}_0$. Der Phasenfaktor ist eine c-Zahl, lässt sich aber als unitäre (1×1)-Matrix auffassen und ist somit ein Element der Gruppe $U(1)$. Der Grund, den Exponenten als Produkt von zwei reellen Zahlen zu schreiben, liegt in der Gruppentheorie, vgl. Anhang A.3, um q als Erzeuger und α als Parameter der Transformation zu identifizieren. Da der Phasenfaktor unabhängig von den Koordinaten ist, sagt man auch, die freie Diractheorie ist invariant unter globalen $U(1)$-Transformationen. In der klassischen Feldtheorie können wir den zu dieser Transformation gehörenden erhaltenen Viererstrom und eine erhaltene Ladungsdichte berechnen,

$$\mathscr{L}_0 \text{ invariant} \Rightarrow \text{Noetherstrom} \quad j^\mu = q\bar{\psi}\gamma^\mu\psi, \tag{8.3}$$

$$\Rightarrow \text{erhaltene Ladung} \quad Q = \int \mathrm{d}^3x\, j^0(x). \tag{8.4}$$

Die erhaltene Ladung identifizieren wir mit der elektrischen Ladung.

Nun kann man sich fragen, ob sich die Symmetrie auch auf *lokale* Phasentransformationen ausweiten lässt, sodass der Spinor an jedem Raumzeitpunkt mit einer anderen Phase multipliziert werden kann,

$$\psi' = e^{-iq\alpha(x)}\,\psi(x) \quad \alpha(x), q \in \mathbb{R}. \tag{8.5}$$

Für die gestrichenen Terme der Lagrangedichte haben wir nun

$$m\bar{\psi}'(x)\,\psi'(x) = m\bar{\psi}(x)\,\psi(x),$$
$$i\bar{\psi}'(x)\,\gamma^\mu \partial_\mu\,\psi'(x) = i\bar{\psi}(x)\,\gamma^\mu\,\partial_\mu\,\psi(x) + q\,\bar{\psi}(x)\,\gamma^\mu(\partial_\mu\,\alpha(x))\psi(x), \tag{8.6}$$

sodass $\mathscr{L}_0$ insgesamt nicht invariant ist,

$$\mathscr{L}_0' = \mathscr{L}_0 + q\bar{\psi}(x)\gamma^\mu\psi(x)\,\partial_\mu\alpha(x). \tag{8.7}$$

Bisher haben wir jedoch nur freie Felder für Elektronen und Positronen betrachtet. In einer wechselwirkenden Theorie müssen diese an die elektromagnetischen Felder bzw. ihr Vektorpotenzial $A^\mu(x)$ koppeln. Da die klassischen Feldgleichungen den bekannten Maxwellgleichungen entsprechen müssen, können wir aus diesen den Wechselwirkungsterm ablesen. Dieser entspricht dem einfachsten Lorentzskalar aus Viererstrom und Vektorpotenzial,

$$\mathscr{L}_{\text{int}} = -j^\mu(x)A_\mu(x). \tag{8.8}$$

Die Lagrangedichte für Elektronen und Positronen in Wechselwirkung mit einem elektromagnetischen Feld ist dann

$$\begin{aligned}
\mathscr{L} &= \mathscr{L}_0 + \mathscr{L}_{\text{int}} \\
&= \bar{\psi}(x)(i\gamma^\mu\partial_\mu - m)\psi(x) - j^\mu(x)A_\mu(x) \\
&= \bar{\psi}(x)(i\gamma^\mu\partial_\mu - m)\psi(x) - q\,\bar{\psi}(x)\,\gamma^\mu\,\psi(x)A_\mu(x) \\
&= \bar{\psi}(x)\Big(i\gamma^\mu\big[\partial_\mu + iqA_\mu(x)\big] - m\Big)\psi(x).
\end{aligned} \tag{8.9}$$

Nun erinnern wir uns, dass das Vektorfeld nicht eindeutig festgelegt ist, sondern eine Eichfreiheit besitzt, wonach wir Gradienten einer beliebigen Funktion hinzuaddieren können, ohne die physikalischen Felder zu verändern. Dies nutzen wir, indem wir die lokale Phasentranstransformation der Spinoren mit einer Eichtransformation des Vektorfeldes kombinieren,

$$\begin{aligned}
\psi'(x) &= e^{-i\alpha(x)q}\,\psi(x), \\
A_\mu'(x) &= A_\mu(x) + \partial_\mu\alpha(x).
\end{aligned} \tag{8.10}$$

Man prüft nun leicht, dass die Lagrangedichte der wechselwirkenden Theorie invariant unter dieser kombinierten Transformation ist,

$$\mathscr{L}' = \mathscr{L} + q\bar{\psi}\,\gamma^\mu\,\psi\,\partial_\mu\alpha - q\bar{\psi}\,\gamma^\mu\,\psi\,\partial_\mu\alpha = \mathscr{L}. \tag{8.11}$$

Wir nennen im Folgenden die kombinierte Transformation (8.10) eine Eichtransformation. Schließlich definieren wir noch eine kovariante Ableitung durch

$$D_\mu \equiv \partial_\mu + iq A_\mu(x).$$ (8.12)

Die kovariante Ableitung des Spinorfeldes transformiert unter Eichtransformationen wie die fundamentale Darstellung der $U(1)$,

$$\begin{aligned}
(D_\mu \psi)'(x) &= (\partial_\mu + iq A'_\mu(x)) \psi'(x) \\
&= (\partial_\mu + iq A_\mu(x) + iq\partial_\mu\alpha(x))\, e^{-iq\alpha(x)}\, \psi(x) \\
&= e^{-iq\alpha(x)}(\partial_\mu + iq A_\mu(x))\, \psi(x) = e^{-iq\alpha(x)}\, D_\mu\psi(x).
\end{aligned}$$ (8.13)

Mit der kovarianten Ableitung lässt sich die Lagrangedichte der Theorie sehr kompakt schreiben,

$$\mathscr{L} = \bar\psi(i\gamma^\mu D_\mu - m)\psi,$$ (8.14)

sodass die Invarianz unter Eichtransformationen direkt zu erkennen ist.

Bisher hat das Vektorpotenzial A^μ keine eigene Dynamik, und die durch $\mathscr{L}$ gegebene Theorie beschreibt Elektronen und Positronen in einem äußeren elektromagnetischen Feld. Das dynamische Feld nach Maxwell haben wir schon diskutiert, wir brauchen lediglich die Lagrangedichte des Feldstärketensors aus Abschn. 3.11,

$$\mathscr{L}_A = -\frac{1}{4} F_{\mu\nu}(x) F^{\mu\nu}(x), \quad F_{\mu\nu}(x) = \partial_\mu A_\nu(x) - \partial_\nu A_\mu(x),$$ (8.15)

zu unserer bisherigen Theorie hinzuzunehmen. Es ist uns ja schon bekannt, dass dieser Teil der Langrangedichte unter den Eichtransformationen (8.10) invariant bleibt. Man beachte folgenden Zusammenhang zwischen hintereinander ausgeführten kovarianten Ableitungen (mit einer skalaren, zweimal differenzierbaren Testfunktion $f(x)$) und dem Feldstärketensor,

$$\begin{aligned}
\left[D_\mu, D_\nu \right] f(x) &= (D_\mu D_\nu - D_\nu D_\mu) f(x) \\
&= \left[(\partial_\mu + iq A_\mu)(\partial_\nu + iq A_\nu) - (\partial_\nu + iq A_\nu)(\partial_\mu + iq A_\mu) \right] f(x) \\
&= \left[\partial_\mu\partial_\nu + iq(A_\mu\partial_\nu + \partial_\mu A_\nu + A_\nu\partial_\mu) - q^2 A_\mu A_\nu \right. \\
&\quad \left. -\partial_\nu\partial_\mu - iq(A_\nu\partial_\mu + \partial_\nu A_\mu + A_\mu\partial_\nu) + q^2 A_\nu A_\mu \right] f(x) \\
&= iq(\partial_\mu A_\nu - \partial_\nu A_\mu) f(x).
\end{aligned}$$ (8.16)

Wir können demnach identifizieren

$$[D_\mu, D_\nu] = iq F_{\mu\nu}.$$ (8.17)

Insgesamt erhalten wir aus der kombinierten Maxwell- und Diractheorie eine $U(1)$-Eichtheorie, die Quantenelektrodynamik,

$$\mathscr{L}_{\mathrm{QED}} = -\frac{1}{4}\, F_{\mu\nu} F^{\mu\nu} + \bar{\psi}(i\gamma^\mu D_\mu - m)\psi. \qquad (8.18)$$

Die Theorie beschreibt Elektronen, Positronen und Photonen, die elektromagnetisch miteinander wechselwirken. Die Quantisierung und die störungstheoretische Behandlung der QED erfolgen vollkommen analog dem Verfahren, das wir für die skalare Theorie studiert haben.

Man beachte nochmals die physikalische Bedeutung der Symmetrien:

$$\text{globale } U(1) \iff \text{Noetherstrom } j^\mu$$
$$\text{lokale } U(1) \iff j^\mu \text{ koppelt an } A^\mu$$

Die Forderung nach Lorentzinvarianz sowie lokaler Eichinvarianz führt nicht nur auf die Existenz, sondern auch die Form der Kopplung der Ladungsträger an das elektromagnetische Feld. Auch die Masselosigkeit des Photons lässt sich als Konsequenz dieser Symmetrie verstehen: ein Massenterm für das Vektorfeld $\sim A_\mu A^\mu$ ist nicht invariant unter Eichtransformationen. Dieselbe Beobachtung gilt für die Abwesenheit von Selbstwechselwirkungen der Photonen. Diese würden Terme mit drei oder mehr Potenzen von Vektorfeldern erfordern, welche die Eichinvarianz verletzen. Vom theoretischen Standpunkt aus können wir also sagen, dass die physikalischen Eigenschaften der Quantenelektrodynamik nahezu vollständig durch ihre Symmetrien festgelegt sind! (Verbleibende Freiheiten werden durch die Forderung nach Renormierbarkeit der Theorie ausgeräumt.) Dies ist eine sehr starke Schlussfolgerung, die sich in den weiteren Kapiteln benutzen lässt, um Theorien für die anderen Wechselwirkungen aufgrund von experimentell beobachteten Symmetrien zu konstruieren. Wir werden insbesondere sehen, dass sämtliche Wechselwirkungen des Standardmodells durch Eichtheorien beschrieben sind.

8.2   Der Elektronpropagator

Auch in der QED können wir die n-Punktfunktionen wieder durch Kombinationen von Propagatoren und Vertizes ausdrücken. Das zeitgeordnete Produkt für Fermionfelder lautet

$$T\big(\psi_\alpha(x)\,\bar{\psi}_\beta(y)\big) = \Theta(x^0 - y^0)\,\psi_\alpha(x)\,\bar{\psi}_\beta(y) - \Theta(y^0 - x^0)\,\bar{\psi}_\beta(y)\,\psi_\alpha(x), \qquad (8.19)$$

wobei nun aufgrund der Antivertauschung der Fermionfelder ein Minuszeichen zwischen den Termen auftaucht. Der Feynmanpropagator für Fermionen ist wiederum als Zweipunktfunktion der freien Felder im Wechselwirkungsbild definiert,

$$S_{F\alpha\beta}(x - y) = \langle 0|T\big(\psi_{I;\alpha}(x)\bar{\psi}_{I;\beta}(y)\big)|0\rangle. \qquad (8.20)$$

Analog zum Fall der Klein-Gordon-Felder ist der Fermionpropagator die Greenfunktion zur Diracgleichung,

$$(i\not\partial - m)S_F(x - y) = +i\,\delta^4(x - y). \tag{8.21}$$

Wir transformieren in den Impulsraum und schreiben die Deltafunktion aus,

$$\int \frac{\mathrm{d}^4 p}{(2\pi)^4}(\not p - m)\,\tilde{S}_F(p)\,e^{-ip(x-y)} = +i\int \frac{\mathrm{d}^4 p}{(2\pi)^4}\,e^{-ip(x-y)}$$
$$\Rightarrow (\not p - m)\,\tilde{S}_F(p) = +i. \tag{8.22}$$

Hier ist zu beachten, dass auf der linken Seite eine Matrix im Spinorraum steht. Diese wird oft auf die andere Seite gebracht und in den Nenner des Propagators geschrieben, was symbolisch zu verstehen ist. Alternativ können wir erweitern und erhalten

$$(\not p + m)(\not p - m)\,\tilde{S}_F(p) = +i(\not p + m) \tag{8.23}$$

$$\tilde{S}(p) = i\,\frac{\not p + m}{p^2 - m^2}, \tag{8.24}$$

wobei wir benutzt haben, dass $\not p^2 = p^2$. Insgesamt erhalten wir also für den Fermionpropagator

$$S_F(x - y) = \int \frac{\mathrm{d}^4 p}{(2\pi)^4}\,\frac{i}{(\not p + m)}\,e^{-ip(x-y)}$$
$$= \int \frac{\mathrm{d}^4 p}{(2\pi)^4}\,\frac{i(\not p + m)}{p^2 - m^2 + i\varepsilon}\,e^{-ip(x-y)}. \tag{8.25}$$

Wie im Fall des skalaren Feldes beschreibt der Propagator die Ausbreitung eines Teilchens wie auch des Antiteilchens, mit jeweils Vorwärts- und Rückwärtsentwicklung in der Zeit. In diesem Fall sind Teilchen und Antiteilchen jedoch unterscheidbar, sodass wir das Feynmansymbol für den Propagator mit einem Pfeil versehen:

$$S_F(x, y) = \qquad x\xrightarrow{\hspace{1.2cm}p\hspace{1.2cm}} y \tag{8.26}$$

Entlang der Pfeilrichtung gelesen entspricht das Diagramm einem Fermion, entgegen der Pfeilrichtung gelesen einem Antifermion.

8.3 Der Photonpropagator

Das zeitgeordnete Produkt von Photonfeldern ist analog zu den Skalarfeldern wieder bosonisch,

$$T\left(A^\mu(x)\,A^\nu(y)\right) = \Theta(x^0 - y^0)A^\mu(x)\,A^\nu(y) + \Theta(y^0 - x^0)\,A^\nu(y)\,A^\mu(x).$$

Die Zweipunktfunktion der freien Felder definiert den Feynmanpropagator für das Photon,

$$D_F^{\mu\nu}(x, y) = \langle 0|T\left(A_I^\mu(x)\,A_I^\nu(y)\right)|0\rangle. \tag{8.27}$$

Wir arbeiten mit der Klasse der Lorenzeichungen und überprüfen wieder durch explizite Rechnung, dass der Propagator eine Greenfunktion ist,

$$\left(\partial^\sigma\partial_\sigma g^\mu_\rho - \frac{\xi - 1}{\xi}\partial^\mu\partial_\rho\right) D_F^{\rho\nu}(x, y) = i g^{\mu\nu}\delta(x - y). \tag{8.28}$$

Durch Übergang in den Impulsraum und Auflösung finden wir schließlich

$$D_F^{\mu\nu}(x, y) = \int \frac{\mathrm{d}^4 p}{(2\pi)^4}\,\frac{-i}{p^2 + i\varepsilon}\left(g^{\mu\nu} + (\xi - 1)\frac{p^\mu p^\nu}{p^2}\right) e^{-ip(x-y)}. \tag{8.29}$$

Für die reellen Vektorfelder hat das entsprechende Feynmansymbol keine ausgezeichnete Richtung (Teilchen und Antiteilchen sind identisch):

$$D_F^{\mu\nu}(x,y) = \quad x\,\wwwww\,y \tag{8.30}$$

8.4 Feynmanregeln für die QED

Die Herleitung der Feynmanregeln geschieht analog zur skalaren Feldtheorie durch explizite Berechnung von Greenfunktionen und Ablesen der zugehörigen mathematischen Teilausdrücke. Wir geben hier die Regeln für Greenfunktionen im Impulsraum an:

$$\xrightarrow{\quad p \quad} \qquad\qquad \frac{i}{\not{p} - m} \tag{8.31}$$

$$\mu\,\wwwww\,\nu \qquad\qquad \frac{-i}{p^2 + i\varepsilon}\left(g^{\mu\nu} + (\xi - 1)\frac{p^\mu p^\nu}{p^2}\right) \tag{8.32}$$

$$-i\,e\,\gamma^{\mu} \qquad\qquad (8.33)$$

$$\int \frac{\mathrm{d}^4 k}{(2\pi)^4} \quad \text{für jeden freien inneren Impuls}$$

(-1) für jede geschlossene Fermionschleife

(-1) zwischen Graphen, die durch Vertauschung von
Fermionlinien auseinander hervorgehen

Für die äußeren Beine erhalten wir von den mehrkomponentigen Spinor- bzw. Vektorfeldern zusätzliche Faktoren:

$u(p)\,(\upsilon(p))$ für Fermionen (Antifermionen), die mit Impuls p einlaufen

$\bar{u}(p)\,(\bar{\upsilon}(p))$ für auslaufende Fermionen (Antifermionen)

$\epsilon_{\lambda}^{\mu}(\mathbf{p})\,\left(\epsilon_{\lambda}^{\nu*}(\mathbf{p})\right)$ für einlaufende (auslaufende) Photonen

Bevor wir die Feynmanregeln benutzen, um Streuquerschnitte für einige Prozesse der QED zu berechnen, wollen wir uns noch die physikalische Bedeutung und Eleganz der quantenfeldtheoretischen Beschreibung klarmachen. Hierzu betrachten wir, ganz schematisch unter Weglassung aller Impulsargumente, Impulsintegrale und Exponentialfaktoren, die Struktur des Wechselwirkungsteils des Hamiltonoperators mit Erzeugern und Vernichtern für Elektronen, Positronen und Photonen,

$$H_{\text{int}} \sim \; \bar{\psi}\,\gamma^{\mu}\,\psi\,A_{\mu} \sim \; (a_r + b_r^{\dagger})^{\dagger}\,\gamma^0\gamma^{\mu}\,(a_s + b_s^{\dagger})\,(a_{\lambda} + a_{\lambda}^{\dagger}). \qquad (8.34)$$

Ausmultiplizieren ergibt acht mögliche, spezifische Wechselwirkungsterme zwischen diesen Teilchen:

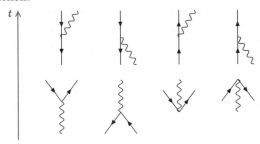

Die Diagramme der ersten Reihe bezeichnen die Emission und die Absorption eines Photons durch ein Positron sowie durch ein Elektron. In der zweiten Reihe haben wir Paarerzeugung und Paarvernichtung durch ein Photon und schließlich Paarerzeugung und -vernichtung unter gleichzeitiger Emission und Absorption eines Photons. Nach der Feynman-Stückelberg-Interpretation von Teilchen und Antiteilchen unterscheiden sich diese Terme nur in der Laufrichtung der Linien und lassen sich demzufolge sämtlich durch einen einzigen Vertex in den Feynmanregeln beschreiben.

8.5 Elementare Prozesse der QED

Wir erhöhen zunächst die Auswahl an elektrodynamischen Streuprozessen, indem wir die „Verwandten" des Elektrons kennenlernen und in die Theorie einbauen.

8.5.1 Schwere Leptonen

Neben dem Elektron sind uns zwei weitere geladene Leptonen bekannt, das Myon μ^- und das Tauon oder Tau-Lepton τ^-. Diese sind deutlich schwerer als das Elektron,

$$m_e = 0{,}511 \text{ MeV},$$
$$m_\mu = 105{,}66 \text{ MeV},$$
$$m_\tau = 1776{,}8 \text{ MeV}.$$

Zu jedem dieser Teilchen gibt es jeweils ein Antiteilchen mit derselben Masse und entgegengesetzter Ladung. Im Gegensatz zum Elektron sind die schwereren Leptonen nicht stabil. Das μ^- zerfällt bei einer mittleren Lebensdauer von $2,2 \cdot 10^{-6}$ s über die noch zu besprechende schwache Wechselwirkung in das leichtere Elektron, ein Elektron-Antineutrino sowie ein Myon-Neutrino,

$$\mu^- \to e^- + \bar{\nu}_e + \nu_\mu. \tag{8.35}$$

Im Gegensatz dazu wird ein Zerfall $\mu^- \to e^- + \gamma$ nicht beobachtet, obwohl Energie- und Ladungserhaltung erfüllt würden. Daraus schließt man auf die Existenz einer separat erhaltenen Quantenzahl, der Myonzahl L_μ, von der das Myon eine Einheit trägt und das Antiteilchen das Negative. Die mittlere Lebensdauer des Tauons ist mit $2,9 \cdot 10^{-13} s$ deutlich kürzer, bei einer Vielzahl verschiedener Zerfallsmöglichkeiten. Analog zur Myonzahl gibt es eine Tauonzahl, die separat erhalten ist. Nicht beobachtet werden (glücklicherweise) Zerfälle des Protons in Positronen und Photonen, $p \to e^+\gamma$. Dieser Zerfall ist gleich doppelt verboten, durch die Erhaltung der Baryonzahl sowie der Elektronzahl. Die drei unterschiedlichen Leptonsorten addieren sich zur gesamten Leptonzahl $L = L_e + L_\mu + L_\tau$, die schließlich das Verwandschaftsverhältnis und die Bezeichnung dieser Teilchen durch eine erhaltene Quantenzahl erklärt.

Als einfach geladene Teilchen nehmen alle genannten Leptonen an der elektromagnetischen Wechselwirkung teil, d. h., sie koppeln auf dieselbe Weise wie Elektronen und Positronen an elektromagnetische Felder und Photonen. Gemessen an typischen Zeitskalen der elektromagnetischen Wechselwirkung ist die Lebensdauer des Myons so hinreichend lang, dass wir es zur Beschreibung von QED-Streuprozessen in guter Näherung wie ein stabiles Teilchen behandeln können. Wir bauen es daher völlig analog zu Elektronen und Positronen in die QED ein, indem wir einen weiteren Diracterm mit kovarianter Ableitung und der zugehörigen Masse addieren,

$$\mathscr{L} = -\frac{1}{4} F_{\mu\nu} F^{\mu\nu} + \sum_{l=e,\mu} \bar{\psi}_l \left(i\gamma^\mu D_\mu - m_l \right) \psi_l. \tag{8.36}$$

Die Feynmanregeln für die Myonen sind dann vollkommen analog derjenigen für die Elektronen. Insbesondere sind die Vertexregeln identisch, und in den Propagatoren brauchen wir lediglich die entsprechenden Massen einzusetzen. Damit haben wir eine Theorie für die elektromagnetische Wechselwirkung der real existierenden Teilchen γ, $e^\pm$ und $\mu^\pm$, aus der wir detaillierte Vorhersagen für Streuquerschnitte ableiten können, die dann direkt mit dem Experiment vergleichbar sind.

Die Auswertung der Matrixelemente für Spinor- und Vektorteilchen ist deutlich komplexer als im Fall einer skalaren Theorie. Im nächsten Abschnitt werden wir daher ein einfaches Beispiel Schritt für Schritt durchrechnen. Für die weiteren Prozesse werden dann nur noch neu auftretende Aspekte angesprochen, während die detaillierten Rechnungen vom Leser eigenständig ausgeführt werden sollten.

8.5.2 Elektron-Myon-Streuung

Als ersten und einfachsten Streuprozess der QED betrachten wir die Elektron-Myon-Streuung,

$$e^- + \mu^- \rightarrow e^- + \mu^-. \tag{8.37}$$

Dazu betrachten wir die führende nichttriviale Ordnung in Störungstheorie und zeichnen das vollständig verbundene Feynmandiagramm mit der kleinstmöglichen Anzahl an Vertizes:

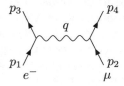

Dabei bezeichnet q den Viererimpulsübertrag zwischen den gestreuten Teilchen,

$$q^2 = (p_1 - p_3)^2 = (p_2 - p_4)^2 = t, \tag{8.38}$$

der in diesem Fall der Mandelstamvariablen t entspricht. Man sagt auch, die Reaktion findet im t-Kanal statt. Um nun anhand der Feynmanregeln den mathematischen Ausdruck für diese Greenfunktion aufzustellen, ist es praktisch, die Fermionlinien rückwärts zu verfolgen und nacheinander die entsprechenden Feynmanausdrücke anzuschreiben. Dann haben wir zuerst den Elektronstrom,

$$\bar{u}_{s_3}(p_3)(-ie\gamma^\mu) u_{s_1}(p_1), \tag{8.39}$$

mit dem Vertex als Diracmatrix zwischen den Spinorfaktoren für die äußeren Beine, sowie den analogen Myonstrom,

$$\bar{u}_{s_4}(p_4)(-ie\gamma^\nu) u_{s_2}(p_2). \tag{8.40}$$

Beide haben offene Lorentzindizes, die mit denjenigen des Photonpropagators kontrahiert werden müssen. Wir arbeiten in Feynmaneichung mit $\xi = 1$, um die Anzahl der Terme möglichst gering zu halten. Insgesamt erhalten wir

$$i M_{fi} = \bar{u}_{s_3}(p_3)(-ie\gamma^\mu) u_{s_1}(p_1) \frac{-i\, g_{\mu\nu}}{q^2 + i\varepsilon} \bar{u}_{s_4}(p_4)(-ie\gamma^\nu) u_{s_2}(p_2). \tag{8.41}$$

Man beachte die manifeste Lorentzinvarianz dieser Strom-Strom-Kopplung, die während der ganzen Rechnung offensichtlich ist. Für den Wirkungsquerschnitt benötigen wir das Betragsquadrat dieser Amplitude, d. h. das komplex Konjugierte der Leptonströme. Für das Elektron haben wir (Spinindizes unterdrückt)

$$\begin{aligned}
\left[\bar{u}(p_3)\,\gamma^\mu\, u(p_1)\right]^* &= \left[\bar{u}(p_3)\,\gamma^\mu\, u(p_1)\right]^\dagger \\
&= \left[u^\dagger(p_1)\gamma^{\mu\dagger}\gamma^0 u(p_3)\right] = \bar{u}(p_1)\,\gamma^\mu\, u(p_3), \text{ mit } \gamma^0\gamma^{\mu\dagger}\gamma^0 = \gamma^\mu. \tag{8.42}
\end{aligned}$$

Wenn wir einen Leptontensor $L_{\mu\nu}$ für das Betragsquadrat der jeweiligen Ströme einführen,

$$\begin{aligned}
L^{\mu\nu}(e) &= \bar{u}(p_3)\,\gamma^\mu\, u(p_1)\,\bar{u}(p_1)\,\gamma^\nu\, u(p_3), \\
L^{\mu\nu}(\mu) &= \bar{u}(p_4)\,\gamma^\mu\, u(p_2)\,\bar{u}(p_2)\,\gamma^\nu\, u(p_4), \tag{8.43}
\end{aligned}$$

dann können wir das Matrixelement schreiben als

$$|i M_{fi}|^2 = \frac{e^4}{q^4} L_{\mu\nu}(e)\, L^{\mu\nu}(\mu). \tag{8.44}$$

In vielen Experimenten sind die Teilchenstrahlen des Anfangszustands unpolarisiert, und die Polarisation der Teilchen im Endzustand bleibt ungemessen. Für eine solche Situation müssen wir über die Anfangsspins mitteln und über die Endspins summieren,

$$\overline{|M_{fi}|^2} \equiv \frac{1}{4} \sum_{s_1, s_2} \sum_{s_3, s_4} |M_{fi}|^2. \tag{8.45}$$

Unter Benutzung der Vollständigkeitsrelation lassen sich die Spinsummen der Leptontensoren in Spuren über Diracmatrizen umwandeln:

$$\sum_{s_1,s_3} L^{\mu\nu}(e) = \sum_{s_1,s_3} \bar{u}_{s_3}(p_3)\,\gamma^\mu\,\underbrace{u_{s_1}(p_1)\,\bar{u}_{s_1}(p_1)}_{p\!\!\!/_1 + m_e}\,\gamma^\nu\,u(p_3)$$

$$= \left(\gamma^\mu(p\!\!\!/_1 + m_e)\gamma^\nu\right)_{\alpha\beta}(p\!\!\!/_3 + m_e)_{\beta\alpha}$$

$$= \mathrm{Tr}\left(\gamma^\mu(p\!\!\!/_1 + m_e)\gamma^\nu(p\!\!\!/_3 + m_e)\right). \tag{8.46}$$

Mit dem analogen Ausdruck für den Myontensor wird das spingemittelte Matrixelement zu

$$\frac{1}{4}\sum_{s_1,s_3}\sum_{s_2,s_4}|M_{fi}|^2 = \frac{e^4}{4q^4}\,\mathrm{Tr}\left(\gamma^\mu(p\!\!\!/_1 + m_e)\gamma^\nu(p\!\!\!/_3 + m_e)\right)$$

$$\cdot\,\mathrm{Tr}\left(\gamma_\mu(p\!\!\!/_2 + m_\mu)\gamma_\nu(p\!\!\!/_4 + m_\mu)\right). \tag{8.47}$$

Nun müssen noch die Diracspuren ausgewertet werden. Hierzu benötigen wir die folgenden Sätze über Spuren:

$$\mathrm{Tr}(\mathbf{1}) = 4 \tag{8.48}$$

$$\mathrm{Tr}(\gamma^{\mu_1}\dots\gamma^{\mu_n}) = 0 \quad \text{für } n \text{ ungerade} \tag{8.49}$$

$$\mathrm{Tr}(a\!\!\!/\,b\!\!\!/) = 4ab = 4a_\mu b^\mu \tag{8.50}$$

$$\mathrm{Tr}(a\!\!\!/\,b\!\!\!/\,c\!\!\!/\,d\!\!\!/) = 4(ab)(cd) + 4(ad)(bc) - 4(ac)(bd) \tag{8.51}$$

Anwendung auf den Elektronfaktor ergibt

$$\mathrm{Tr}\left(\gamma^\mu(p\!\!\!/_1 + m_e)\gamma^\nu(p\!\!\!/_3 + m_e)\right) = \mathrm{Tr}(\gamma^\mu p\!\!\!/_1 \gamma^\nu p\!\!\!/_3) + m_e^2\,\mathrm{Tr}(\gamma^\mu\gamma^\nu)$$

$$= 4\left(p_1^\mu p_3^\nu + p_3^\mu p_1^\nu - g^{\mu\nu}(p_1\cdot p_3)\right) + m_e^2\,4g^{\mu\nu}$$

$$= 4\left(p_1^\mu p_3^\nu + p_3^\mu p_1^\nu + \frac{q^2}{2}g^{\mu\nu}\right), \tag{8.52}$$

$$\text{mit } q^2 = (p_1 - p_3)^2 = 2m_e^2 - 2(p_1\cdot p_3). \tag{8.53}$$

Für den Myonfaktor brauchen wir nur die Viererimpulse und die Masse entsprechend zu substituieren,

$$\mathrm{Tr}\left(\gamma^\mu(p\!\!\!/_2 + m_\mu)\gamma^\nu(p\!\!\!/_4 + m_\mu)\right) = 4\left(p_2^\mu\, p_4^\nu + p_4^\mu\, p_2^\nu + \frac{q^2}{2}g^{\mu\nu}\right). \tag{8.54}$$

Das Endergebnis für das spingemittelte Matrixelement ist damit nurmehr eine Funktion der Impulse und Energien aller beteiligten Teilchen,

$$\overline{|M_{fi}|^2} = \frac{1}{4}\frac{e^4}{q^4}16\Big[2(p_1 \cdot p_2)(p_3 \cdot p_4) + 2(p_1 \cdot p_4)(p_2 \cdot p_3)$$
$$+ q^2\Big(q^2 + (p_1 \cdot p_3) + (p_2 \cdot p_4)\Big)\Big]. \tag{8.55}$$

Zur weiteren Auswertung und Berechnung des Wirkungsquerschnitts gehen wir ins Schwerpunktsystem der kollidierenden Teilchen (siehe Abschn. 2.3.3), sodass

$$\mathbf{p}_1 = -\mathbf{p}_2 = \mathbf{p}, \quad \mathbf{p}_3 = -\mathbf{p}_4 = \mathbf{p}'. \tag{8.56}$$

Weiter nehmen wir hohe Teilchenenergien an, d. h. den ultrarelativistischen Limes mit $|\mathbf{p}_{1,2}| \gg m_{e,\mu}$, sodass wir die Teilchenmassen vernachlässigen können und näherungsweise $E_1 = E_2 = E_3 = E_4 = E$ gilt. In diesem Fall erhalten wir für die Viererprodukte

$$(p_1 \cdot p_2) = (p_3 \cdot p_4) = E_1 E_2 + \mathbf{p}^2 = 2E^2 \tag{8.57}$$
$$(p_1 \cdot p_4) = (p_2 \cdot p_3) = E_1 E_4 + \mathbf{p} \cdot \mathbf{p}' = E^2(1 + \cos\theta)$$
$$= 2E^2 \cos^2\frac{\theta}{2} \tag{8.58}$$
$$q^2 = -2(p_1 \cdot p_3) = -2((p_2 \cdot p_4) = -2(E_1 E_3 - \mathbf{p} \cdot \mathbf{p}') = -2E^2(1 - \cos\theta)$$
$$= -4E^2 \sin^2\frac{\theta}{2}. \tag{8.59}$$

Schließlich leitet man ebenfalls im Schwerpunktsystem den vereinfachten Ausdruck für den Wirkungsquerschnitt einer Zwei-nach-Zwei-Streuung her, vgl. Aufgabe 6.2,

$$\frac{d\sigma}{d\Omega} = \frac{1}{(8\pi)^2}\frac{1}{s}\,|M_{fi}|^2, \tag{8.60}$$

mit der quadratischen Schwerpunktsenergie $s = (p_1 + p_2)^2$. Nun sammeln wir alles zusammen und erhalten das endgültige Ergebnis für den differenziellen Wirkungsquerschnitt dieses Prozesses,

$$\frac{d\sigma}{d\Omega} = \frac{\alpha}{2s}\frac{1 + \cos^4\frac{\theta}{2}}{\sin^4\frac{\theta}{2}}, \tag{8.61}$$

mit der Feinstrukturkonstanten

$$\alpha \equiv \frac{e^2}{4\pi}. \tag{8.62}$$

Man vergleiche dieses Ergebnis mit demjenigen der Streuung zweier skalarer Teilchen in (7.62). Wir erkennen das für die Streuung von Punktteilchen typische Verhalten $\sim s^{-1}$ wieder. Die Streuung von Teilchen mit Spin führt darüber hinaus zu einer nichttrivialen Winkelabhängigkeit, die bei skalaren Teilchen fehlt.

8.5.3 Myonpaarerzeugung in Elektron-Positron-Streuung

Der Streuprozess

$$e^+ + e^- \longrightarrow \mu^+ + \mu^- \tag{8.63}$$

erfordert nur wenige Modifikationen gegenüber der vorigen Rechnung und ist Gegenstand der Aufgabe 8.1. Als Ergebnis erhalten wir:

$$\frac{\mathrm{d}\sigma}{\mathrm{d}\Omega} = \frac{\alpha^2}{4s}(1 + \cos^2\theta) \tag{8.64}$$

$$\sigma = \frac{4\pi\alpha^2}{3s} \tag{8.65}$$

In Abb. 8.1 ist dieses Resultat für den totalen Wirkungsquerschnitt als durchgezogene Linie gezeigt. Obwohl es sich nur um eine Rechnung zu führender Ordnung handelt, erhalten wir quantitative Übereinstimmung mit den Daten aus dem Experiment. Besonders interessant ist der Vergleich des differenziellen Wirkungsquerschnitts mit den experimentellen Daten, Abb. 8.2. Bei niedrigen Energien stimmt die gemessene symmetrische Winkelverteilung mit der theoretischen Vorhersage führender Ordnung überein. Bei zunehmender Energie zeigen die Daten jedoch eine wachsende Vorwärts-Rückwärts-Asymmetrie, die von der QED auch in höheren Ordnungen nicht erklärt wird. Bei sehr hohen Energien verliert die QED also ihre Gültigkeit zur Beschreibung der elektromagnetischen Wechselwirkung und muss durch eine andere Theorie ersetzt bzw. ergänzt werden. Die durchgezogene Linie in Abb. 8.2 entspricht der Vorhersage des vollständigen Standardmodells, in dem die elektromagnetische Wechselwirkung auch über das Z-Boson vermittelte Beiträge erhält, wie wir später sehen werden. Diese Beschreibung ist auch bei den höchsten bis heute erreichbaren Energien gültig.

Abb. 8.1 Abhängigkeit des totalen Wirkungsquerschnitts für Myonpaarerzeugung von der Schwerpunktsenergie, gemessen mit dem JADE-Detektor am Speicherring PETRA bei DESY [16]. Die durchgezogene Linie entspricht (8.65)

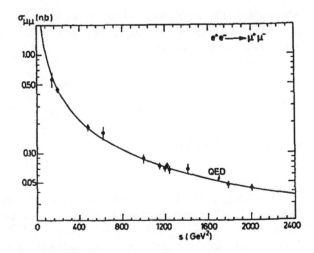

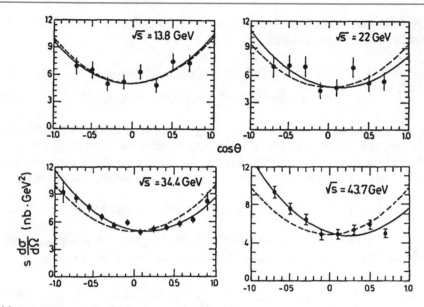

Abb. 8.2 Differenzieller Wirkungsquerschnitt für Myonpaarerzeugung, gemessen mit dem JADE-Detektor am Speicherring PETRA bei DESY [16]. Die gestrichelte Linie entspricht (8.64), die durchgezogene Linie berücksichtigt die Interferenz mit dem Z-Boson im Standardmodell

8.5.4 Elektron-Elektron-Streuung

Für die Elektron-Elektron-Streuung

$$e^- + e^- \longrightarrow e^- + e^- \tag{8.66}$$

ersetzen wir zunächst nur die Myonlinie aus dem Prozess im Abschn. 8.5.2 durch eine Elektronlinie. Nun haben wir es aber im Endzustand mit ununterscheidbaren Teilchen zu tun und müssen deswegen ein zweites Feynmandiagramm mit vertauschten Linien hinzufügen:

Dies trägt der quantenmechanischen Tatsache Rechnung, dass wir nicht unterscheiden können, welchen Pfad die Teilchen im Ausgangszustand genommen haben. Weil es sich bei den ununterscheidbaren Teilchen um Fermionen handelt, verlangt das Pauliprinzip ein relatives Minuszeichen zwischen den Diagrammen. Man beachte, dass dieses Minuszeichen im Rahmen der störungstheoretischen Auswertung der Wickkontraktionen aufgrund der Antikommutatoren für die Fermionfelder automatisch auftritt. Diesem Umstand trägt die entsprechende Feynmanregel Rechnung.

Nach unseren bisherigen Erfahrungen sind die Ausdrücke für die beiden Diagramme schnell hingeschrieben,

$$i M_1 = \tfrac{ie^2}{t}\, \bar{u}(p_3)\, \gamma^\mu\, u(p_1)\, \bar{u}(p_4)\, \gamma_\mu\, u(p_2), \tag{8.67}$$

$$i M_2 = -\tfrac{ie^2}{u}\, \bar{u}(p_4)\, \gamma^\mu\, u(p_1)\, \bar{u}(p_3)\, \gamma_\mu\, u(p_2), \tag{8.68}$$

mit den Mandelstamvariablen $t = (p_1 - p_3)^2$ und $u = (p_1 - p_4)^2$. Man beachte, dass wie auch in der nichtrelativistischen Quantenmechanik die Amplituden erst addiert werden, bevor das Betragsquadrat für die Übergangswahrscheinlichkeit gebildet wird. Dies führt zu einem Interferenzterm zwischen den Diagrammen,

$$|M_{fi}|^2 = |M_1 + M_2|^2 = |M_1|^2 + |M_2|^2 + 2\mathrm{Re}\, M_1^* M_2. \tag{8.69}$$

Die detaillierte Rechnung ist eine gute Übung. Das Ergebnis für das spingemittelte Betragsquadrat, wiederum im ultrarelativistischen Limes mit $m_e \simeq 0$, ist

$$\frac{1}{4} \sum_{s_1,\dots,s_4} |M_{fi}|^2 = 2e^4 \left(\frac{s^2 + u^2}{t^2} + \frac{s^2 + t^2}{u^2} + \frac{2s^2}{tu} \right). \tag{8.70}$$

Man beachte, wie sich im Ergebnis die Beiträge der Diagramme im t-Kanal, im u-Kanal sowie der Interferenzterm identifizieren lassen. Da jeder Term den Wirkungsquerschnitt zur selben Ordnung beeinflusst, gibt uns der Formalismus der Quantenfeldtheorie also kraftvolle Möglichkeiten, durch Vergleich mit dem Experiment die Wechselwirkungen einer Theorie und den Einfluss von Quanteneffekten detailliert zu studieren.

8.5.5 Elektron-Positron-Streuung

Für den auch Bhabhastreuung genannten Prozess

$$e^- + e^+ \longrightarrow e^- + e^+ \tag{8.71}$$

können wir erneut vom Diagramm in Abschn. 8.5.2 ausgehen und nun die Myonlinie durch eine Positronlinie ersetzen. In einem weiteren Diagramm vernichten sich das Elektron und Positron zunächst und aus dem virtuellen Photon wird ein neues Elektron-Positron-Paar erzeugt:

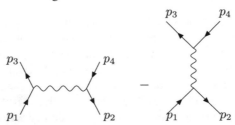

Abb. 8.3 Differenzieller
Wirkungsquerschnitt für die
Bhabhastreuung, gemessen
mit dem JADE-Detektor am
Speicherring PETRA bei
DESY [16]. Die
durchgezogene Linie
entspricht den
QED-Vorhersagen führender
Ordnung

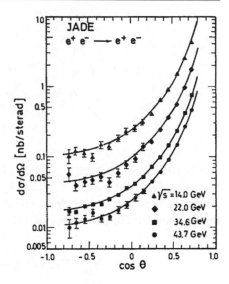

Wie wir schon bei der allgemeinen Diskussion im Abschn. 6.4 gesehen haben, besteht in n-Punktfunktionen kein grundsätzlicher Unterschied zwischen ein- und auslaufenden Teilchen. Insofern erhalten wir das zweite Diagramm durch Vertauschung der ununterscheidbaren „auslaufenden Elektronen" $p_3 \longleftrightarrow -p_2$ aus dem ersten und müssen es daher mit einem relativen Minuszeichen versehen.

Dieses Diagrammpaar können wir aber direkt aus demjenigen der Elektron-Elektron-Streuung erhalten, indem wir die Viererimpulse $p_2 \longleftrightarrow p_4$ vertauschen. In die Mandelstamvariablen übersetzt bedeutet das die Vertauschung $s \longleftrightarrow u$, und wir erhalten aus (8.70) im ultrarelativistischen Grenzfall das Ergebnis

$$\frac{1}{4} \sum_{s_1,\ldots,s_4} |M_{fi}|^2 = 2e^4 \left(\frac{s^2 + u^2}{t^2} + \frac{u^2 + t^2}{s^2} + \frac{2u^2}{ts} \right). \qquad (8.72)$$

Wiederum findet man glänzende Übereinstimmung zwischen dem Ergebnis führender Ordnung und dem Experiment, Abb. 8.3.

8.5.6 Comptonstreuung

Die Comptonstreuung

$$e^- + \gamma \longrightarrow e^- + \gamma \qquad (8.73)$$

wird in führender Ordnung durch zwei Diagramme dargestellt, die sich durch Vertauschung der Photonlinien voneinander unterscheiden. Da es sich hierbei um Bosonen handelt, werden die Diagramme addiert.

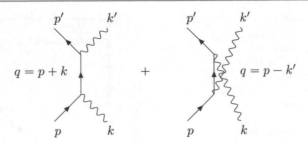

Wie bei den Fermionen unterscheiden wir auch für Vektorteilchen in Anfangs- und Endzuständen zwischen verschiedenen Spinpolarisationen. Werden diese nicht beobachtet, muss wiederum gemittelt werden. Hierzu benutzt man die Vollständigkeitsrelation der Photonpolarisationsvektoren,

$$\sum_{\lambda=1}^{2} \epsilon_\lambda^{\mu*}(k)\epsilon_\lambda^\nu(k) = -\left(g^{\mu\nu} - \frac{k^\mu k^\nu}{k^2}\right). \tag{8.74}$$

Bei der Berechnung des Matrixelements beobachtet man eine Folge der Eichsymmetrie. Die Viererdivergenz des Noetherstroms übersetzt sich im Fourierraum in

$$\partial_\mu j^\mu(x) = 0 \quad \Rightarrow \quad k_\mu j^\mu(k) = 0. \tag{8.75}$$

Dies hat Konsequenzen beim Ausführen der Polarisationssumme. Für einen Prozess mit zwei äußeren Photonen hat das Matrixelement die Form

$$M_{fi} = M_{\alpha\beta}(k, k', \ldots)\epsilon_\lambda^\alpha(k)\epsilon_{\lambda'}^{\beta*}(k'). \tag{8.76}$$

Da $M_{\alpha\beta}(k, k' \ldots)$ proportional zu den Fermionströmen $j_\alpha(k)$ und $j_\beta(k')$ ist, hat man $k^\alpha M_{\alpha\beta} = k^\beta M_{\alpha\beta} = 0$. Die Eigenschaft der Eichinvarianz lässt sich also auch in den Details der Matrixelemente und somit der resultierenden Streuquerschnitte beobachten. Insbesondere ergeben deswegen die Terme $\sim k^\mu k^\nu$ in den Spinsummen keinen Beitrag.

8.5.7 Paarvernichtung

Als Paarvernichtung bezeichnet man den Prozess

$$e^+ + e^- \rightarrow \gamma + \gamma. \tag{8.77}$$

Die Diagramme entsprechen denjenigen der Comptonstreuung im t- und u-Kanal, sodass die Matrixelemente aus den vorigen wiederum durch entsprechende Ersetzung der Impulsargumente erhalten werden können:

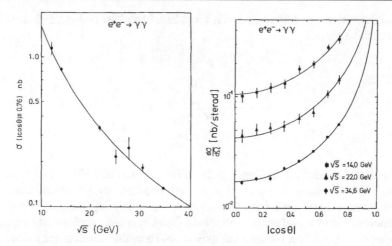

Abb. 8.4 Totaler (links) und differenzieller (rechts) Wirkungsquerschnitt für die Paarvernichtung, gemessen mit dem JADE-Detektor am Speicherring PETRA bei DESY [17]. Die durchgezogene Linie entspricht den QED-Vorhersagen führender Ordnung

Abschließend erwähnen wir noch, dass Paarvernichtung natürlich unter Aussendung beliebig vieler zusätzlicher Photonen stattfinden kann. Allerdings gibt es pro zusätzlichem Photon im Endzustand auch einen zusätzlichen Vertexfaktor und damit eine Unterdrückung des entsprechenden Prozesses mit einer weiteren Potenz der Kopplungskonstanten.

Einen Vergleich experimenteller Resultate mit den Rechnungen zu führender Ordnung findet man in Abb. 8.4.

8.6 Strahlungskorrekturen und Renormierung

8.6.1 Diagramme höherer Ordnung

In höheren Ordnungen der störungstheoretischen Auswertung von Streuprozessen treffen wir auch in der QED auf Schleifendiagramme. Diese beschreiben die Quanteneffekte des Vakuums, die in der klassischen Elektrodynamik nicht auftreten. Beispielsweise strahlen in der klassischen Theorie nur beschleunigte Ladungen. In der quantisierten Theorie gibt es dagegen auch die Möglichkeit zur spontanen Emission und Reabsorption von Photonen durch nicht beschleunigte Ladungsträger, wie im folgenden Diagramm:

Das Photon ist weder im Anfangs- noch im Endzustand und bleibt somit unbeobachtet. Wie in der skalaren Theorie nennen wir Teilchen aus quantenmechanischen Zwischenzuständen virtuell. Über Schleifenimpulse wird integriert, d. h., die virtuellen Teilchen sind nicht auf der Massenschale. Das Diagramm stellt einen Beitrag der Ordnung $\sim e^2$ zur vollen Zweipunktfunktion des Fermions dar. Das amputierte Diagramm ist einteilchenirreduzibel und entspricht dem ersten Term der fermionischen Selbstenergie, die wie in der skalaren Theorie den Pol der vollen Zweipunktfunktion gegenüber dem nackten Massenparameter aus der Lagrangedichte verschiebt.

Auf dieselbe Weise erhält der Fermion-Photon-Vertex Korrekturen in höheren Ordnungen. Der führende Beitrag $\sim e^2$ ist durch folgendes Diagramm gegeben:

$$\tag{8.78}$$

Die physikalischen Massen und Kopplungen sind wiederum als Funktionen der nackten Parameter aufzufassen. Wie in der skalaren Theorie divergieren die Integrale über die Schleifenimpulse. Durch Regularisierung und Renormierung lassen sich jedoch alle Divergenzen in geeignete Renormierungskonstanten für die Fermionmassen, die Kopplung und die Felder absorbieren, sodass die renormierten Größen zu jeder Ordnung Störungstheorie endlich sind.

8.6.2 Die laufende Kopplung

Der aus der Atomphysik bekannte Wert der Feinstrukturkonstanten beträgt

$$\alpha = \frac{e^2}{4\pi} = \frac{1}{137} \tag{8.79}$$

und charakterisiert die Stärke der elektromagnetischen Wechselwirkung bei einer Energieskala von der Stärke typischer atomarer Bindungsenergien $\sim O(10\,\text{eV})$. Wie in Abschn. 7.13 für die skalare Theorie beschrieben, erhält auch die volle Dreipunktkopplung in der QED eine Impulsabhängigkeit, wie schon durch das Diagramm

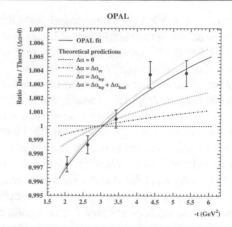

Abb. 8.5 Links: Das fluktuierende Quantenvakuum führt wie ein polarisierbares Medium zu einer Abnahme der Feldstärke einer Testladung mit zunehmendem Abstand und damit zu einer laufenden Kopplungsstärke. Rechts: Die elektromagnetischen Kopplung, gemessen vom OPAL-Dektektor im LEP-Speicherring am CERN [18]

(8.78) ersichtlich wird. Durch die Renormierung, d. h. die Gleichsetzung der vollen Dreipunktkopplung (zur höchsten berechneten Ordnung) mit einem physikalischen Messwert bei einer bestimmten Impulsskala, führt die Impulsabhängigkeit der Schleifendiagramme zu einer Vorhersage für veränderte Werte derselben Kopplung im selben Prozess bei anderen Impulsüberträgen.

In der QED lässt sich dieses Phänomen zumindest qualitativ auch anschaulich verstehen. Wie in der skalaren Theorie entsprechen Vakuumblasen der kurzeitigen Produktion und Vernichtung von virtuellen Teilchen-Antiteilchenpaaren. Eine Testladung ist demnach im QED-Vakuum aufgrund der Quantenfluktuationen von einer Wolke virtueller Dipole umgeben, die sich entsprechend der Testladung ausrichten wie in Abb. 8.5 links skizziert. Eine zweite Testladung wird daher ein effektiv umso schwächeres Feld der ersten Testladung spüren, je weiter sie von dieser entfernt ist. Im Impulsraum entspricht dies einer mit der Impulsskala wachsenden Kopplung.

8.6.3 Präzisionstests des quantenfeldtheoretischen Vakuums

Die laufende Kopplung der QED lässt sich präzise vermessen. Als Beispiel betrachten wir die Elektron-Positron-Streuung aus Abschn. 8.5.5. Der Impulsübertrag in der Streuung wird durch $q^2 = (p_1 - p_3)^2 = t$ im ersten Diagramm charakterisiert. In höheren Ordnungen entspricht die Dreipunktkopplung wieder einer Summe von Unterdiagrammen und lässt sich schreiben als

$$\alpha(t) = \frac{\alpha_0}{1 - \Delta\alpha(t)}, \tag{8.80}$$

wobei α_0 den Wert der Feinstrukturkonstanten bei einer Referenzskala bezeichnet. Der Grad der Impulsabhängigkeit hängt nun davon ab, wieviele Unterdiagramme pro Ordnung Störungstheorie es gibt und welche Art Teilchen in den Schleifen umlaufen (Leptonschleifen und hadronische, i.e. Quarkschleifen). Dies ergibt sehr differenzierte Vorhersagen für das Laufen der Kopplung, die sich mit experimentellen Messungen vergleichen lassen, wie in Abb. 8.5 rechts gezeigt. Man beachte, dass damit über die Schleifenkorrekturen auch virtuelle Teilchen zu einem Prozess beitragen, die reell noch gar nicht produziert werden können! Damit gibt dieser Effekt über Präzisionsmessungen auch Hinweise auf evtl. noch unentdeckte Teilchen, die an der entsprechenden Wechselwirkung umso stärker teilnehmen, je leichter sie sind.

Neben der Modifikation der Parameter ermöglichen die Quantenkorrekturen aber auch ganz neue Prozesse, die in der klassischen Elektrodynamik nicht vorkommen können. Zwar gibt es aus Eichinvarianzgründen in der Wirkung keinen Wechselwirkungsterm für Photonen untereinander. Dennoch wird in der Quantentheorie eine solche Wechselwirkung erzeugt, z. B. über das Einschleifendiagramm:

Dies bedeutet aber, dass es in der Quantenelektrodynamik auch nichttriviale Photon-Photon-Streuung gibt! Allerdings ist der führende Beitrag zum Wirkungsquerschnitt proportional α^4, d. h., der Prozess ist stark unterdrückt und findet daher nur sehr selten statt. Nun ist es aber 2016 in Schwerionenkollisionen am LHC in Genf erstmals gelungen, die Photon-Photon-Streuung auch direkt nachzuweisen [19]. Die von den Schwerionen ausgehenden starken elektrischen Felder emittieren Photonen. Es treten dann auch Ereignisse auf, in denen die Schwerionen sich knapp verfehlen, die von ihnen emittierten Photonen aber streuen. In einem Detektor sind solche Ereignisse durch die Signatur von zwei Photonen und sonst nichts identifizierbar, wie Abb. 8.6 gezeigt.

Das spektakulärste Beispiel für den Erfolg der QED ist wohl die Wechselwirkung eines Elektrons mit einem äußeren Magnetfeld (im Feynmandiagramm dargestellt durch ein Kreuz). Bis zur Ordnung e^3 lauten die Diagramme:

Diese Kopplung hatten wir bereits im Rahmen der Diracgleichung diskutiert, wo wir für die Wechselwirkungsenergie

$$V_{\mathrm{mag}} = -\boldsymbol{\mu} \cdot \mathbf{B}, \qquad (8.81)$$

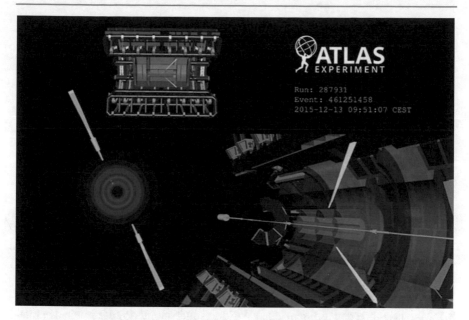

Abb. 8.6 Ein Photon-Photon-Streuereignis im ATLAS-Detektor am CERN [20]

mit dem magnetischen Moment des Elektrons,

$$\boldsymbol{\mu} = \mu_B g_L \mathbf{s}, \tag{8.82}$$

einen Landéfaktor $g_L = 2$ gefunden haben. Dieser entspricht genau dem Beitrag des führenden Diagramms, während die quantenfeldtheoretische Behandlung diesen Wert durch die weiteren Diagramme verschiebt. Weil α bei der relevanten Skala klein ist, ist auch der Effekt der Quantenkorrekturen klein, und man spricht üblicherweise über die Abweichung vom klassischen Wert, $g_L - 2$. Die derzeit genaueste theoretische Rechnung zur Ordnung α^5 [21] und der genaueste experimentell gemessene Wert [22] ergeben

$$\left. \frac{g_L - 2}{2} \right|_{\text{th}} = 0{,}001\,159\,652\,181\,643(764),$$

$$\left. \frac{g_L - 2}{2} \right|_{\text{exp}} = 0{,}001\,159\,652\,180\,91(26). \tag{8.83}$$

Dieses atemberaubende Resultat lässt wenig Raum für Zweifel an der QED oder allgemeiner dem quantenfeldtheoretischen Formalismus als korrekter Beschreibung der in diesem Energiebereich beobachteten Phänomene. Möge es dem Leser als Motivation zum Studium der Renormierungstheorie dienen!

Zusammenfassung

- Die QED ist eine $U(1)$-Eichtheorie
- Die Photon-Elektron-Wechselwirkung ist durch die kovariante Ableitung festgelegt
- Alle mikroskopischen Elementarprozesse zwischen Elektronen, Positronen und Photonen werden durch eine einzige Vertexregel beschrieben
- Das Vakuum induziert Selbstwechselwirkungen aller Teilchen und damit auch Photon-Photon-Streuung
- Das Vakuum wirkt wie ein polarisierbares Medium und führt zum Abnehmen der Kopplung mit wachsendem Abstand
- Die QED ist bisher die quantitativ genaueste Theorie aller Zeiten

Aufgaben

8.1 Man berechne den differenziellen Wirkungsquerschnitt $d\sigma/d\Omega$ sowie den totalen Wirkungsquerschnitt σ für den Prozess $e^+ + e^- \longrightarrow \mu^+ + \mu^-$ im ultrarelativistischen Fall.

8.2 Man berechne das spingemittelte Matrixelement für die Elektron-Elektron-Streuung $e^+ + e^- \longrightarrow e^+ + e^-$ und verifiziere den Ausdruck (8.70).

8.3 Man zeige, dass der differenzielle Wirkungsquerschnitt für die Bhabhastreuung $e^+ + e^- \longrightarrow e^+ + e^-$ im ultrarelativistischen Fall und im Schwerpunktsystem gegeben ist durch

$$\frac{d\sigma}{d\Omega} = \frac{\alpha^2}{8E^2} \left[\frac{1 + \cos^4 \frac{\theta}{2}}{\sin^4 \frac{\theta}{2}} + \frac{1 + \cos^2 \theta}{2} - \frac{2\cos^4 \frac{\theta}{2}}{\sin^2 \frac{\theta}{2}} \right],$$

wobei θ den Streuwinkel und E die Energie von Elektron und Positron im Schwerpunktsystem bezeichnen.

8.4 Man berechne für die Comptonstreuung $e^- + \gamma \longrightarrow e^- + \gamma$ im ultrarelativistischen Grenzfall das spingemittelte Matrixelement:

$$\overline{|M_{fi}|^2} = 2e^4 \left(-\frac{u}{s} - \frac{s}{u} \right).$$

Bei der Berechnung des totalen Wirkungsquerschnitts im Schwerpunktsystem stößt man auf eine Divergenz. Wodurch wird sie verursacht und wie ist sie zu beheben?

8.5 Man begründe mathematisch, warum virtuelle Teilchen mit kleinen Massen größere Beiträge zu physikalischen Prozessen liefern als schwere.

Abelsche und nichtabelsche Eichtheorien

9

Inhaltsverzeichnis

In diesem Kapitel dehnen wir, zunächst rein formal, das mit der QED entwickelte Konzept von Eichfeldtheorien auf nichtabelsche $SU(N)$-Gruppen aus. Während das Konstruktionsprinzip solcher Theorien gleich demjenigen der QED ist, hat die Vergrößerung der Symmetriegruppe von $U(1)$ auf $SU(N)$ vielfältige physikalische Konsequenzen. In den weiteren Abschnitten besprechen wir das Phänomen der spontanen Symmetriebrechung, wonach der Vakuumzustand einer Theorie weniger Symmetrie aufweist als die Wirkung, und studieren seine Konsequenzen für abelsche und nichtabelsche Eichfelder gekoppelt an skalare Felder. Eine Nebenwirkung dieses Phänomens ist die Erzeugung von Massen für Eichfelder unter Beibehaltung der Eichsymmetrie, was auch als Higgsmechanismus bekannt ist. Das Kapitel dient der Vorbereitung unserer späteren Konstruktion der Theorien der starken und schwachen Wechselwirkungen, bei der wir auf die Resultate zurückgreifen werden.

9.1 Globale und lokale *SU(N)*-Symmetrie

Das Konzept der $U(1)$-Eichtheorie der QED hängt nicht vom Spin der geladenen Materieteilchen ab und lässt sich auch auf skalare Felder übertragen. Wie bereits besprochen brauchen wir zur Beschreibung geladener Teilchen komplexe Skalarfelder, mit der freien Lagrangedichte

© Springer-Verlag GmbH Deutschland, ein Teil von Springer Nature 2018
O. Philipsen, *Quantenfeldtheorie und das Standardmodell der Teilchenphysik*,
https://doi.org/10.1007/978-3-662-57820-9_9

$$\mathscr{L}_0 = \partial_\mu \phi^*(x) \partial^\mu \phi(x) - m^2 \phi^*(x) \phi(x). \tag{9.1}$$

Wie diejenige freier Diracfelder weist auch diese Lagrangedichte eine globale $U(1)$-Symmetrie auf. Wenn wir die Symmetrie auf eine lokale $U(1)$ erweitern, indem wir eine kovariante Ableitung einführen, $\partial_\mu \to D_\mu = \partial_\mu - ieA_\mu$, koppeln die geladenen Skalare in gleicher Weise an das elektromagnetische Feld wie die Fermionen.

Wir können die Symmetrie nun ausweiten, indem wir ein mehrkomponentiges komplexes Skalarfeld betrachten,

$$\phi(x) = \begin{pmatrix} \phi_1(x) \\ \phi_2(x) \\ \vdots \\ \phi_N(x) \end{pmatrix}. \tag{9.2}$$

Das Skalarprodukt des hermitesch konjugierten Vektors mit dem ursprünglichen ergibt eine Summe aus Lorentzskalaren,

$$\phi^\dagger(x)\phi(x) = \sum_{i=1}^{N} \phi_i^*(x)\phi_i(x). \tag{9.3}$$

Die freie Lagrangedichte für diese Felder lautet

$$\mathscr{L}_0 = \partial_\mu \phi^\dagger(x) \partial^\mu \phi(x) - m^2 \phi^\dagger(x)\phi(x). \tag{9.4}$$

Man beachte, dass alle Komponentenfelder dieselbe Masse m haben. Wir können wiederum jedes Feld mit einer konstanten Phase multiplizieren, ohne die Theorie zu verändern. Es handelt sich also um eine Theorie von N geladenen Skalarteilchen gleicher Masse. Wir haben nun aber zusätzlich eine Invarianz unter Rotationen in den Feldkomponenten durch $(N \times N)$-komponentige $SU(N)$-Matrizen,

$$\phi'(x) = U \cdot \phi(x), \quad U = e^{-i\theta^a T^a} \in SU(N), \tag{9.5}$$

denn die Skalarprodukte der Felder und ihrer Ableitungen transformieren wie

$$\phi'^\dagger(x)\phi'(x) = \phi^\dagger(x)\phi(x), \tag{9.6}$$

$$\partial_\mu \phi'^\dagger(x) \partial^\mu \phi'(x) = \partial_\mu \phi^\dagger(x) \partial^\mu \phi(x). \tag{9.7}$$

Die zugehörigen Noetherströme sind

$$j_a^\mu(x) = i(\partial^\mu \phi^\dagger(x) T^a \phi(x) - \phi^\dagger(x) T^a \partial^\mu \phi(x)), \quad a = 1, \ldots, N^2 - 1. \tag{9.8}$$

Wenn wir die Symmetrietransformationen lokal machen,

$$U(x) = e^{-i\theta^a(x)T^a} \in SU(N), \tag{9.9}$$

bricht die Raumzeitabhängigkeit der Transformationsparameter die Invarianz der Lagrangedichte,

$$\partial_\mu \phi'(x) = U(x)\partial_\mu \phi(x) + (\partial_\mu U(x))\phi(x),$$
$$= U(x)\partial_\mu \phi(x) - i\partial_\mu \theta^a(x)T^a U\phi(x). \tag{9.10}$$

Damit ist $\mathscr{L}' \neq \mathscr{L}$. Analog zur QED versuchen wir, dies durch Einführung einer kovarianten Ableitung zu kompensieren und machen den Ansatz

$$D_\mu \phi(x) = \partial_\mu \phi(x) - igT^a A_\mu^a(x)\phi(x). \tag{9.11}$$

Man beachte, dass wir entsprechend den zu kompensierenden Transformationsparametern nun $N^2 - 1$ Vektorfelder brauchen. Die Größe g ist eine Kopplungskonstante analog der elektrischen Ladung e im Fall der $U(1)$-Eichtheorie. Nun fragen wir uns, wie die Felder A_μ^a transformieren müssen, damit D_μ wie gewünscht einer kovarianten Ableitung entspricht, d. h. in der fundamentalen Darstellung transformiert. Hierzu setzen wir unseren Ansatz in das geforderte Transformationsverhalten ein,

$$D'_\mu \phi'(x) \overset{!}{=} U(x)D_\mu \phi(x),$$
$$(\partial_\mu - igA'_\mu(x))U(x)\phi(x) = U(x)(\partial_\mu - igA_\mu(x))U^{-1}(x)U(x)\phi(x), \tag{9.12}$$

wobei wir auf der rechten Seite eine Eins eingeschoben haben. Durch Vergleich der beiden Seiten lesen wir ab:

$$A'_\mu(x) = U(x)A_\mu(x)U^{-1}(x) + \frac{i}{g}U(x)\partial_\mu U^{-1}(x)$$
$$= \frac{i}{g}U D_\mu U^{-1} \tag{9.13}$$

Damit ist die wechselwirkende Theorie

$$\mathscr{L} = D_\mu \phi^\dagger(x) D^\mu \phi(x) - m^2 \phi^\dagger(x)\phi(x), \tag{9.14}$$

in der die Skalarfelder an $N^2 - 1$ Vektorfelder $A_\mu^a(x)$ koppeln, invariant unter der kombinierten lokalen Eichtransformation

$$\phi'(x) = U(x)\phi(x),$$
$$A'_\mu(x) = U(x)A_\mu(x)U^{-1}(x) + \frac{i}{g}U(x)\partial_\mu U^{-1}(x). \tag{9.15}$$

Wiederum ist die Form der Wechselwirkung zwischen Skalar- und Eichfeldern durch die Symmetrieeigenschaften der Theorie festgelegt.

Man kann sich leicht davon überzeugen, dass diese Symmetrie eine Erweiterung der $U(1)$-Eichsymmetrie darstellt und diese als Spezialfall enthält. Wenn wir die

Erzeuger und Parameter der $SU(N)$-Transformation durch diejenigen der $U(1)$-Transformation ersetzen, $T^a \to q, \theta^a \to \alpha$, so geht das Transformationsgesetz tatsächlich über in

$$A_\mu(x) = e^{-iq\alpha(x)} A_\mu(x) e^{iq\alpha(x)} - \frac{i}{q} e^{-iq\alpha(x)} \partial_\mu e^{iq\alpha(x)}$$

$$= A_\mu(x) + \partial_\mu \alpha(x). \tag{9.16}$$

Es ist nützlich, auch die Ausdrücke für infinitesimale Eichtransformationen bis zu Termen linear in den Transformationsparametern $\theta^a \ll 1$ zu notieren. Diese sind

$$U(x) = 1 - i\theta^a(x) T^a + \cdots,$$

$$\phi'(x) = \phi(x) - i\theta^a(x) T^a \phi(x),$$

$$A'_\mu(x) = A_\mu(x) - i\theta^a(x)[T^a, A_\mu(x)] - \frac{1}{g} \partial_\mu \theta^a(x) T^a,$$

$$A'^a_\mu(x) = A^a_\mu(x) + f_{abc}\theta^b(x) A^c_\mu(x) - \frac{1}{g} \partial_\mu \theta^a(x). \tag{9.17}$$

Im letzten Ausdruck haben wir die Lie-Algebra für die Erzeuger benutzt, $[T^a, T^b] = if_{abc}T^c$.

Bisher sind die Eichfelder $A^a_\mu(x)$ externe Felder ohne eigene Dynamik. Wie Yang und Mills 1954 zeigten (übrigens seinerzeit ohne physikalische Anwendung in Sicht), können wir sie jedoch völlig analog zur Maxwelltheorie zu dynamischen Eichfeldern mit zugehörigen Feldgleichungen machen. In der QED hatten wir gesehen, dass der Kommutator der kovarianten Ableitungen proportional zum Feldstärketensor des elektromagnetischen Feldes war, vgl. (8.17). Hier gehen wir umgekehrt vor und benutzen den Kommutator, um einen entsprechenden nichtabelschen Feldstärketensor zu definieren,

$$F^{\mu\nu} \equiv \frac{i}{g}[D^\mu, D^\nu]. \tag{9.18}$$

Ausgeschrieben in den Eichfeldern lautet der so definierte Feldstärketensor

$$F_{\mu\nu}(x) = \partial_\mu A_\nu(x) - \partial_\nu A_\mu(x) - ig[A_\mu(x), A_\nu(x)]$$

$$= \partial_\mu A^a_\nu(x) T^a - \partial_\nu A^a_\mu(x) T^a + g f_{abc} A^b_\mu(x) A^c_\nu(x) T^a$$

$$= F^a_{\mu\nu}(x) T^a, \tag{9.19}$$

mit dementsprechend $N^2 - 1$ Komponenten. Mithilfe der Definitionsgleichung findet man leicht das Transformationsverhalten des Feldstärketensors unter Eichtransformationen,

$$F'_{\mu\nu} = U(x) F_{\mu\nu}(x) U^{-1}(x), \tag{9.20}$$

d. h., der Feldstärketensor transformiert in der adjungierten Darstellung der Eichgruppe. Man beachte den Unterschied zum Fall der $U(1)$-Eichfelder, deren Feldstärken unter Eichtransformationen invariant bleiben! Wir können nun einen zur

Maxwelltheorie analogen dynamischen Term für die nichtabelschen Eichfelder konstruieren, den sogenannten Yang-Mills-Term,

$$\mathscr{L}_{YM} = -\frac{1}{2}\text{Tr}(F_{\mu\nu}F^{\mu\nu}) = -\frac{1}{4}F^a_{\mu\nu}F^{a\mu\nu}. \qquad (9.21)$$

Die Spur ist über die $SU(N)$-Matrizen zu nehmen. Aufgrund der Zyklizität der Spur heben sich die Transformationsmatrizen aus (9.20) weg, und der Yang-Mills-Term ist invariant unter Eichtransformationen.

Diese Yang-Mills-Theorie beschreibt $N^2 - 1$ Vektorbosonen mit Spin 1. Ein signifikanter physikalischer Unterschied zur $U(1)$-Eichtheorie folgt aus der Form (9.19) des Feldstärketensors. Aufgrund des dritten Terms enthält die Lagrangedichte der Yang-Mills-Theorie auch Terme mit drei und vier Eichfeldern, d. h. die nichtabelschen Eichfelder besitzen im Gegensatz zu den abelschen eine Selbstwechselwirkung. Analog zur abelschen Theorie würde ein Massenterm jedoch auch im nichabelschen Fall die Eichinvarianz verletzen, d. h., auch nichtabelsche Eichbosonen sind masselos.

Die kombinierte Lagrangedichte

$$\mathscr{L} = (D_\mu\phi)^\dagger(x)D^\mu\phi(x) - m^2\phi^\dagger(x)\phi(x) - \frac{1}{2}\text{Tr}(F_{\mu\nu}(x)F^{\mu\nu}(x)) \qquad (9.22)$$

ist also invariant unter lokalen $SU(N)$-Eichtransformationen und beschreibt N skalare Felder, die an $N^2 - 1$ Eichbosonen koppeln. Man nennt dies eine $SU(N)$-Eichtheorie. (Es sollte an dieser Stelle deutlich sein, dass sich eine analoge Theorie mit derselben Eichsymmetrie auch mit Fermionfeldern anstelle der Skalare formulieren lässt). Die klassischen Feldgleichungen für diese Theorie lauten

$$(D_\mu D^\mu - m^2)\phi(x) = 0, \qquad (9.23)$$

$$\partial_\mu F^{\mu\nu} - ig[A_\mu, F^{\mu\nu}] = gj^\nu, \qquad (9.24)$$

mit $j_\mu(x) = j^a_\mu(x)T^a$ aus Gl. (9.8). Die letzte Gleichung lässt sich auch in anderer Form schreiben,

$$[D_\mu, F^{\mu\nu}] = j^\nu. \qquad (9.25)$$

Der Feldstärketensor ist auch im nichtabelschen Fall antisymmetrisch in den Lorentzindizes, sodass wiederum eine Bianchi-Identität gilt,

$$[D^\rho, F^{\mu\nu}] + [D^\nu, F^{\rho\mu}] + [D^\mu, F^{\nu\rho}] = 0. \qquad (9.26)$$

Aus Gl. (9.25) folgt unmittelbar

$$[D_\nu, j^\nu] = 0. \qquad (9.27)$$

Wenn wir die kovariante Ableitung ausschreiben, bedeutet dies

$$\partial_\nu j^\nu - ig[A_\nu, j^\nu] = 0,$$
$$\partial_\nu j^{a\nu} + g f_{bca} A_\nu^b j^{c\nu} = 0. \tag{9.28}$$

Damit ist aber

$$\partial_\nu j^{a\nu} \neq 0, \tag{9.29}$$

d. h., die Ströme sind nicht erhalten, da die Eichfelder selbst Ladung tragen und Strom hinzufügen oder abführen können.

9.2 Spontane Brechung einer globalen Symmetrie

In der Quantenfeldtheorie und Teilchenphysik werden wir an mehreren Stellen mit dem Phänomen der sogenannten spontanen Symmetriebrechung konfrontiert, das wir in diesem Abschnitt einführen wollen. Wir betrachten zunächst ein komplexes Skalarfeld mit der bekannten Vierpunkt-Wechselwirkung,

$$\mathscr{L} = \partial_\mu \phi^*(x) \partial^\mu \phi(x) - V(\phi), \tag{9.30}$$

wobei wir ein Potenzial eingeführt haben, mit

$$V(\phi) = m^2 \phi^* \phi + \lambda (\phi^* \phi)^2 \tag{9.31}$$

und $\lambda > 0$. Wie bereits besprochen besitzt die Theorie eine globale $U(1)$-Symmetrie unter den Phasentransformationen

$$\phi'(x) = e^{-i\alpha} \phi(x). \tag{9.32}$$

Wir können nun einen Zusammenhang herstellen zwischen dem klassischen Potenzial des Skalarfeldes und dem quantenmechanisch wahrscheinlichsten Grundzustand der Theorie. Dieser entspricht bekanntlich dem Zustand mit niedrigster Energie, wobei das Skalarfeld einer Quantenfeldtheorie Vakuumfluktuationen um den klassischen Zustand minimaler Energie ausführen wird. Das klassische Energieminimum sollte uns also einen Anhaltspunkt auch für den quantenmechanischen Grundzustand geben.

Wir drücken das komplexe Skalarfeld durch Real- und Imaginärteil aus,

$$\phi(x) = \frac{1}{\sqrt{2}} (\phi_1 + i\phi_2), \quad \phi_1, \phi_2 \in \mathbb{R}, \tag{9.33}$$

$$V(\phi) = \frac{m^2}{2} (\phi_1^2 + \phi_2^2) + \frac{\lambda}{4} (\phi_1^2 + \phi_2^2)^2. \tag{9.34}$$

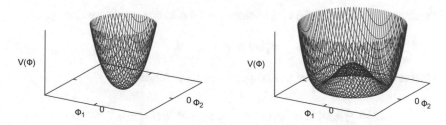

Abb. 9.1 Potenzial des komplexen Skalarfeldes für $m^2 > 0$ (links) und $m^2 < 0$ (rechts)

Notwendige Bedingung zur Minimierung der Energie ist

$$\frac{\partial V}{\partial \phi_1} = \phi_1 m^2 + \lambda(\phi_1^2 + \phi_2^2)\phi_1 = 0,$$

$$\frac{\partial V}{\partial \phi_2} = \phi_2 m^2 + \lambda(\phi_1^2 + \phi_2^2)\phi_2 = 0. \tag{9.35}$$

Offenbar ist $\phi_1 = \phi_2 = 0$ ein Extremum der potenziellen Energie. Nun treten jedoch mathematisch zwei unterschiedliche Fälle auf.

1. $m^2 > 0$:
$\phi = 0$ ist ein Minimum, siehe Abb. 9.1 (links), und wir erhalten für den Erwartungswert des Skalarfeldes

$$\langle 0|\phi(x)|0\rangle = 0. \tag{9.36}$$

2. $m^2 < 0$:
$\phi = 0$ entspricht nun einem lokalen Maximum des Potenzials. Stattdessen gibt es eine Reihe von entarteten Mimima, die nach Abb. 9.1 (rechts) auf einem Kreis liegen mit

$$|\phi|^2 = \frac{1}{2}(\phi_1^2 + \phi_2^2) = \frac{-m^2}{2\lambda} \equiv \frac{v^2}{2}. \tag{9.37}$$

Dementsprechend wird das quantenmechanische Vakuum kleine Fluktuationen um einen dieser Zustände ausführen, und wir erwarten

$$\langle 0||\phi||0\rangle = \frac{v}{\sqrt{2}}. \tag{9.38}$$

Zunächst erscheint die Parameterwahl $m^2 < 0$ merkwürdig, denn m kann in diesem Fall nicht als Teilchenmasse interpretiert werden. Wir sehen jedoch, dass auch diese Parameterwahl physikalisch sinnvoll ist, wenn wir unter den entarteten und völlig gleichwertigen möglichen Vakuumzuständen einen auswählen, z. B. denjenigen mit reellem Felderwartungswert

$$\langle 0|\phi_1|0\rangle = v, \quad \langle 0|\phi_2|0\rangle = 0. \tag{9.39}$$

Schreiben wir weiter für die Fluktuationen um das klassische Minimum

$$\phi_1'(x) \equiv \phi_1(x) - v, \tag{9.40}$$

so lautet die Lagrangedichte in Komponenten ausgeschrieben

$$\mathscr{L} = \frac{1}{2}\partial_\mu \phi_1'(x)\partial^\mu \phi_1'(x) + \frac{1}{2}\partial_\mu \phi_2(x)\partial^\mu \phi_2(x) - \lambda v^2 \phi_1'^2(x)$$

$$-\lambda v \phi_1' \left(\phi_1'^2(x) + \phi_2^2(x)\right) - \frac{\lambda}{4}\left(\phi_1'^2(x) + \phi_2^2(x)\right)^2. \tag{9.41}$$

Hierbei haben wir eine feldunabhängige Konstante weggelassen, da sie die Bewegungsgleichungen und damit die Dynamik der Theorie nicht beeinflusst. In dieser Form erkennen wir einen quadratischen Term für das reelle Feld ϕ_1', dessen Koeffizient $\lambda v^2 > 0$ als Massenquadrat aufzufassen ist, während das Feld ϕ_2 keinen Massenterm aufweist. Die Interpretation der Feldfreiheitsgrade wird deutlicher, wenn wir das komplexe Skalarfeld gemäß der Symmetrie des Problems in Polarkoordinaten parametrisieren,

$$\phi(x) = \frac{1}{\sqrt{2}}(v + \rho(x))e^{i\frac{\varphi(x)}{v}}. \tag{9.42}$$

Weiter nehmen wir an, dass die Quantenfluktuationen um das klassische Minimum klein sind,

$$\frac{\varphi}{v}, \frac{\rho}{v} \ll 1, \tag{9.43}$$

sodass wir das Feld entwickeln können

$$\phi(x) = \frac{v}{\sqrt{2}}\left(1 + \frac{\rho(x)}{v} + i\frac{\varphi(x)}{v} + \cdots\right). \tag{9.44}$$

In diesem Fall können wir die beiden Parametrisierungen identifizieren, $\rho = \phi_1'$, $\varphi = \phi_2$ und erhalten eine die Symmetrie widerspiegelnde Interpretation: das Feld $\rho(x)$ ist massiv mit $m_\rho^2 = 2\lambda v^2$. Es beschreibt radiale Anregungen, und die nichtverschwindende Ruhemasse bedeutet, dass die potenzielle Energie bei jeder Fluktuation in radialer Richtung erhöht wird. Demgegenüber beschreibt das Feld $\varphi(x)$ azimutale, masselose Anregungen, für die V konstant ist.

Man beachte, dass das Potenzial sowohl für $m^2 > 1$ als auch $m^2 < 1$ vollständig rotationssymmetrisch um die V-Achse ist, was natürlich genau der $U(1)$-Symmetrie der skalaren Feldtheorie entspricht. Während im ersten Fall jedoch der Grundzustand eindeutig und damit rotationssymmetrisch ist, haben wir im zweiten Fall eine Reihe von entarteten Minima. Der tatsächlich vom System eingenommene Grundzustand bricht diese Symmetrie, in dem er einen Punkt auszeichnet. Man bezeichnet das Phänomen, dass der Grundzustand eines Systems eine kleinere Symmetrie als sein Hamiltonian aufweist, als „spontane Symmetriebrechung". Analoge Beispiele sind ein Bleistift, der im instabilen Gleichgewicht auf seiner Spitze balanciert (symmetrisch), während der stabile Grundzustand, nachdem er nach einer beliebigen Seite umgekippt ist, nicht mehr rotationssymmetrisch ist. Gleiches gilt für einen Ferromagneten, dessen spontane Magnetisierung eine Raumrichtung auszeichnet, obwohl sein Hamiltonoperator vollkommen rotationssymmetrisch ist.

Für die Generatoren T^a einer Symmetrietransformation heißt das,

$$[T^a, H] = 0, \quad \text{aber} \quad T^a |0\rangle \neq |0\rangle. \tag{9.45}$$

Die Tatsache, dass in unserem Beispiel das Feld $\varphi(x)$ masselos bleibt, ist eine sehr allgemeine Konsequenz der spontanen Symmetriebrechung, die sich auf andere Symmetriegruppen verallgemeinern und beweisen lässt (für eine Skizze des Beweises siehe z. B. [13]).

> **Goldstonetheorem**: Die spontane Brechung einer kontinuierlichen, globalen Symmetrie impliziert ein masseloses Feld oder Teilchen, ein sogenanntes „Goldstoneboson", für jeden spontan gebrochenen Erzeuger einer Symmetrietransformation.

9.3 Das abelsche Higgsmodell

Die Überlegungen aus dem letzten Abschnitt lassen sich mit einigen Modifikationen auf lokale Symmetrien übertragen. Betrachten wir nun die Erweiterung unserer skalaren Theorie auf eine $U(1)$-Eichtheorie, das sogenannte abelsche Higgsmodell,

$$\mathscr{L} = D_\mu \phi^*(x) D^\mu \phi(x) - V(\phi) - \frac{1}{4} F^{\mu\nu}(x) F_{\mu\nu}(x), \tag{9.46}$$

mit $D_\mu = \partial_\mu + iq A_\mu$. Nun haben wir zusätzlich zu den skalaren Feldern auch Eichfelder, sodass die Lagrangedichte insgesamt invariant ist unter lokalen $U(1)$-Eichtransformationen

$$\phi'(x) = e^{-i\alpha(x)q} \phi(x),$$
$$A'_\mu(x) = A_\mu(x) + \partial_\mu \alpha(x). \tag{9.47}$$

Das Potenzial $V(\phi)$ ist gegenüber dem letzten Abschnitt unverändert, und wir diskutieren den nichttrivialen Fall mit $m^2 < 0$, wobei wir wiederum die Polarparametrisierung (9.42) für das Skalarfeld verwenden und nur die führenden Terme in der Entwicklung in ρ/v und φ/v mitnehmen. Die Lagrangedichte lautet dann

$$\mathscr{L} = \frac{1}{2} \partial_\mu \rho(x) \partial^\mu \rho(x) + \frac{1}{2} \partial_\mu \varphi(x) \partial^\mu \varphi(x) + qv A_\mu(x) \partial^\mu \varphi(x) - \frac{1}{4} F^{\mu\nu}(x) F_{\mu\nu}(x)$$

$$- \lambda v^2 \rho^2(x) - \lambda v(\rho^3(x) + \rho(x)\varphi^2(x)) - \frac{\lambda}{4}(\rho^2(x) + \varphi^2(x))^2$$

$$+ \frac{1}{2} q^2 v^2 A_\mu(x) A^\mu(x). \tag{9.48}$$

Wir haben nun einen Massenterm für das Eichboson,

$$m_A = qv. \tag{9.49}$$

Die spontane Symmetriebrechung im Potenzial des Skalarfelds führt demnach zum Auftreten eines massiven Photons. Allerdings gibt es noch einen Mischterm in den Feldern A_μ und $\partial_\mu \varphi$, der schwer zu interpretieren ist. Wir erinnern uns daran, dass uns eine Eichsymmetrie die Freiheit gibt, die Eichung zu fixieren, ohne die Physik zu verändern. Da der Winkelanteil in der Polardarstellung des Skalarfeldes ein $U(1)$-Element darstellt, können wir eine lokale Eichtransformation so wählen, dass die Eichparameter an jedem Raumzeitpunkt gerade dem Feld $\varphi(x)/v$ entsprechen. Diese Wahl der Eichung nennt man unitäre Eichung. Die zugehörigen Transformationen lauten

$$\phi'(x) = e^{-i\frac{\varphi(x)}{v}} \phi(x) = \frac{1}{\sqrt{2}}(v + \rho(x)),$$

$$A'_\mu(x) = A_\mu(x) + \frac{1}{qv}\partial_\mu \varphi(x). \tag{9.50}$$

Wir sehen, dass das Feld $\varphi(x)$ durch diese Transformation „weggeeicht" wurde, es tritt im transformierten Skalarfeld nicht mehr auf. Da Eichtransformationen aber die physikalischen Felder unverändert lassen, schließen wir, dass es sich in einer lokalen Eichtheorie bei $\varphi(x)$ um einen unphysikalischen Freiheitsgrad handelt. Man erkennt dies auch an der Mischung mit dem Eichfeld, das ja gerade solche unphysikalischen Freiheitsgrade enthält. In unitärer Eichung verschwinden die unphysikalischen Freiheitsgrade und damit auch der gemischte kinetische Term aus der Lagrangedichte,

$$\mathscr{L} = \frac{1}{2}\partial_\mu \rho(x)\partial^\mu \rho(x) - \lambda v^2 \rho^2(x) - \lambda v \rho^3(x) - \frac{\lambda}{4}\rho^4(x)$$

$$-\frac{1}{4}F'^{\mu\nu}(x)F'_{\mu\nu}(x) + \frac{1}{2}q^2 v^2 A'_\mu(x)A'^\mu(x). \tag{9.51}$$

Aus dem Goldstoneboson bei der spontanen Brechung einer globalen Symmetrie ist im Higgsmechanismus einer lokalen Symmetrie ein unphysikalisches, sogenanntes „Would-be-Goldstoneboson" geworden. Wir haben nun eine Theorie mit einem massiven skalaren Higgsboson und einem massiven Eichboson.

Man sollte sich an dieser Stelle klarmachen, dass es sich bei Symmetriebrechung und Eichfixierung nicht um irgendwelche dynamischen Prozesse handelt, sondern lediglich um Umparametrisierungen, die die Theorie insgesamt völlig äquivalent lassen und nur ihren physikalischen Inhalt besser sichtbar machen. Man überzeugt sich hiervon am besten, indem man die Freiheitsgrade der Theorie in den verschiedenen Parametrisierungen abzählt. Wir haben mit einem komplexen Skalarfeld begonnen, das zwei reelle Feldfreiheitsgrade besitzt, sowie einem masselosen Eichfeld, das ebenfalls zwei physikalische Freiheitsgrade besitzt. Nach der Umparametrisierung haben wir nur noch einen skalaren Freiheitsgrad, das Higgsfeld, und ein massives Eichboson, das drei Polarisationszustände besitzt, sodass die Anzahl der Freiheitsgrade dieselbe ist.

9.4 Das nichtabelsche Higgsmodell

Wir betrachten nun ein nichtabelsches Higgsmodell analog Abschn. 9.1, für den konkreten Fall eines skalaren $SU(2)$-Dubletts

$$\phi = \begin{pmatrix} \phi_1 \\ \phi_2 \end{pmatrix}, \quad \phi_1, \phi_2 \in \mathbb{C}, \quad D_\mu \phi = (\partial_\mu - ig T^a A_\mu^a)\phi, \tag{9.52}$$

mit der Lagrangedichte

$$\mathcal{L} = (D_\mu \phi)^\dagger D^\mu \phi - V(\phi) - \frac{1}{2}\mathrm{Tr}(F_{\mu\nu} F^{\mu\nu}),$$
$$V(\phi) = m^2 \phi^\dagger \phi + \lambda(\phi^\dagger \phi)^2. \tag{9.53}$$

Wieder interessieren wir uns für den Fall mit $m^2 < 0$, für den wir einen nichtverschwindenden Vakuumerwartungswert finden,

$$\langle 0|\phi^\dagger \phi|0\rangle = \frac{v^2}{2}, \quad v = \sqrt{-\frac{m^2}{\lambda}}. \tag{9.54}$$

Dieser Ausdruck ist offenbar invariant unter Eichtransformationen, im Gegensatz zum Erwartungswert eines einzelnen Skalarfeldes. Wir können jedoch eine Eichung wählen, in der

$$\langle 0|\phi|0\rangle = \frac{1}{\sqrt{2}} \begin{pmatrix} 0 \\ v \end{pmatrix}. \tag{9.55}$$

Wir definieren nun die Fluktuationen des Skalarfeldes um seinen Vakuumerwartungswert als

$$\bar{\phi} \equiv \phi - \langle 0|\phi|0\rangle, \quad \Rightarrow \quad \langle 0|\bar{\phi}|0\rangle = 0. \tag{9.56}$$

Betrachten wir den kinetischen Term der Skalarfelder

$$(D_\mu \phi)^\dagger D^\mu \phi = \left(D_\mu(\bar{\phi} + \langle 0|\phi|0\rangle)\right)^\dagger D^\mu(\bar{\phi} + \langle 0|\phi|0\rangle), \tag{9.57}$$

so sehen wir, dass dieser den Term

$$g^2 \langle 0|\phi|0\rangle^\dagger T^a A_\mu^a T^b A^{b\mu} \langle 0|\phi|0\rangle = \frac{1}{2}\left(\frac{gv}{2}\right)^2 A_\mu^a A^{a\mu} \tag{9.58}$$

enthält, d. h., alle Eichfelder $a = 1, 2, 3$ haben eine Masse

$$m_A = \frac{gv}{2}. \tag{9.59}$$

Die Massen der Skalarfelder lassen sich am einfachsten feststellen, indem wir wieder zu einer Polardarstellung übergehen,

$$\phi(x) = \frac{1}{\sqrt{2}} \begin{pmatrix} 0 \\ v + \rho(x) \end{pmatrix} e^{i \frac{\varphi^a(x)}{v} T^a}, \tag{9.60}$$

mit $\langle 0|\varphi^a|0\rangle = \langle 0|\rho|0\rangle = 0$. Durch die Wahl $\theta^a(x) = \varphi^a(x)/v$ erhalten wir Skalar- und Eichfelder in unitärer Eichung mit der Transformationsmatrix

$$U(x) = e^{-i \frac{\varphi^a(x)}{v} T^a} \tag{9.61}$$

zu

$$\phi'(x) = U(x)\phi(x) = \frac{1}{\sqrt{2}} \begin{pmatrix} 0 \\ v + \rho(x) \end{pmatrix},$$

$$A'_\mu(x) = U(x)A_\mu(x)U^{-1}(x) - \frac{i}{g}(\partial_\mu U(x))U^{-1}(x). \tag{9.62}$$

Die Lagrangedichte in unitärer Eichung lautet dann

$$\begin{aligned}
\mathscr{L} &= (D_\mu\phi)'^\dagger (D^\mu\phi)' - \frac{m^2}{2}(v+\rho)^2 - \frac{\lambda}{4}(v+\rho)^4 - \frac{1}{4}F'^a_{\mu\nu}F'^{a\mu\nu} \\
&= \frac{1}{2}\partial_\mu\rho\,\partial^\mu\rho + \frac{1}{2}\frac{g^2 v^2}{4}\left(1 + \frac{\rho}{v}\right)^2 A'^a_\mu A'^{a\mu} - \frac{1}{4}F'^a_{\mu\nu}F'^{a\mu\nu} \\
&\quad -\lambda v^2 \rho^2 - \lambda v \rho^3 - \frac{\lambda}{4}\rho^4.
\end{aligned} \tag{9.63}$$

Alle drei Phasenfreiheitsgrade $\varphi^a(x)$ wurden weggeeicht und sind daher als unphysikalisch zu betrachten. Es verbleiben ein reelles, massives Skalar- oder Higgsfeld ρ mit der Masse $m_H = \sqrt{2\lambda}v$ und drei massive Eichfelder A'^a_μ mit Masse $m_A = gv/2$.

Spontane Symmetriebrechung begleitet durch Erzeugung einer Vektorbosonmasse tritt beispielsweise auch in der Theorie der Supraleitung auf und wurde für die Anwendung in Rahmen des Standardmodells auf nichtabelsche Eichgruppen übertragen. Wir werden insbesondere bei der Theorie der schwachen Wechselwirkung auf dieses Thema zurückkommen.

Zusammenfassung

- Das Konzept einer Eichtheorie lässt sich auf verschiedene Symmetriegruppen verallgemeinern
- Die $U(1)$-Symmetriegruppe der QED ist eine Untergruppe der nichtabelschen $SU(N)$-Gruppen
- Yang-Mills-Theorien sind reine $SU(N)$-Eichtheorien ohne Materiefelder
- Die Wirkung nichtabelscher Eichtheorien besitzt Wechselwirkungsterme der Eichbosonen
- Bei spontaner Symmetriebrechung hat der Grundzustand einer Theorie weniger Symmetrie als die Wirkung
- Für jeden Erzeuger einer spontan gebrochenen globalen, kontinuierlichen Symmetrie gibt es ein masseloses Goldstoneboson
- Eichtheorien mit skalaren Feldern besitzen einen Parameterbereich mit spontaner Symmetriebrechung
- Bei spontaner Symmetriebrechung in Eichtheorien werden die Eichbosonen massiv

Aufgaben

9.1 Man zeige, dass die Strukturkonstanten der $SU(N)$-Eichgruppe einen vollständig antisymmetrischen Tensor darstellen,

$$f_{abc} = -f_{acb} = -f_{bac} = -f_{cba}.$$

Hinweis: Die Normierung der Erzeuger ist $\mathrm{Tr}(T^a T^b) = \frac{1}{2}\delta^{ab}$.

9.2 Betrachten Sie die Lagrangedichte (9.21) der nichtabelschen reinen Eichtheorie bzw. Yang-Mills-Theorie. Schreiben Sie sie ausgedrückt durch die Vektorfelder $A_\mu^a(x)$ und identifizieren Sie die Wechselwirkungsterme.

9.3 Man zeige, dass ein Massenterm für die nichtabelschen Eichfelder, $\frac{m^2}{2} A^{a\mu}(x) A_\mu^a(x)$, nicht invariant unter $SU(N)$-Eichtransformationen ist.

9.4 Gegeben sei eine $SU(N)$-Matrix in der fundamentalen Darstellung mit Matrixelementen $U_{\alpha\beta}$ und $\alpha, \beta = 1, \ldots, N$. Dann kann die adjungierte Darstellung erhalten werden gemäß

$$D^{ab}(U) = 2\mathrm{Tr}(U^\dagger T^a U T^b), \quad a, b = 1, \ldots, N^2 - 1.$$

Auf welchen Vektorraum wirkt diese Darstellung?
Wie lautet das Transformationsgesetz für einen Vektor?
Man benutze die Vollständigkeit der Erzeugermatrizen, um zu zeigen, dass die adjungierte Darstellung die Gruppeneingenschaft erfüllt,

$$D^{ab}(U)D^{bc}(U') = D^{ac}(UU').$$

9.5 Man betrachte das einkomponentige, reelle Skalarfeld mit der Lagrangedichte

$$\mathscr{L} = \partial_\mu\phi(x)\partial^\mu\phi(x) - \frac{1}{2}m^2\phi^2(x) - \frac{1}{4!}\lambda\phi^4(x).$$

Verifizieren Sie, dass die Theorie invariant ist unter Reflexionen $\phi'(x) = -\phi(x)$. Studieren Sie das Potenzial $V(\phi)$ für die Fälle $m^2 > 0$ und $m^2 < 0$. Gibt es spontane Symmetriebrechung? Gibt es Goldstonebosonen?

Phänomenologie der starken Wechselwirkung

10

Inhaltsverzeichnis

Wir wissen seit den Rutherford'schen Streuexperimenten an Atomkernen, dass die Kernphysik maßgeblich durch andere Wechselwirkungen geprägt ist als die Atomphysik. Während die Kräfte zwischen Atomkern und Elektronenhülle elektromagnetischer Natur sind, muss innerhalb von Kernen eine völlig andere und wesentlich stärkere Art von Kraft wirken. Dies folgt schon aus der Vielzahl von Kernen im Periodensystem der Elemente, die trotz der elektrischen Abstoßung zwischen den auf engstem Raum gepackten Protonen stabile Bindungszustände bilden. Aus diesem Grund sprechen wir von der starken Wechselwirkung. Diese in den Kernen wirkende starke Kraft ist kurzreichweitig, außerhalb der Kerne ist, abgesehen von Zerfällen instabiler Kerne, nichts von ihr zu merken.

Bei Streuexperimenten mit Nukleonen findet man mit zunehmender Energie immer neue Teilchen und produziert den bereits in der Einführung besprochenen Teilchenzoo aus sogenannten Hadronen, die aus der starken Wechselwirkung hervorgehen. In Tab. 10.1 sind die leichten Hadronen mit Massen $m_{Had} \lesssim 1,7$ GeV aufgelistet. In diesem Kapitel wollen wir sehr knapp die wesentlichen Merkmale und Symmetrieeigenschaften dieser Teilchen zusammenfassen, die uns den Weg zur grundlegenden Theorie der starken Wechselwirkung, der Quantenchromodynamik, weisen werden.

© Springer-Verlag GmbH Deutschland, ein Teil von Springer Nature 2018
O. Philipsen, *Quantenfeldtheorie und das Standardmodell der Teilchenphysik*,
https://doi.org/10.1007/978-3-662-57820-9_10

Tab. 10.1 Liste einiger leichter Hadronen mit ihren Spin-Parität-Quantenzahlen und auf ganze Zahlen gerundeten Massen

Meson	J^P	Masse in MeV	Baryon	J^P	Masse in MeV
$\pi^\pm$	0^-	140	p	$\frac{1}{2}^+$	938
π^0	0^-	135	n	$\frac{1}{2}^+$	940
$K^\pm$	0^-	494	Λ^0	$\frac{1}{2}^+$	1116
$K^0, \bar{K}^0$	0^-	498	Σ^+	$\frac{1}{2}^+$	1189
η	0^-	548	Σ^0	$\frac{1}{2}^+$	1193
η'	0^-	958	Σ^-	$\frac{1}{2}^+$	1197
$D^\pm$	0^-	1870	Ξ^0	$\frac{1}{2}^+$	1315
$D^0, \bar{D}^0$	0^-	1865	Ξ^-	$\frac{1}{2}^+$	1322
$B^\pm$	0^-	5279	$\Delta^{++}, \Delta^\pm, \Delta^0$	$\frac{3}{2}^+$	1232
$B^0, \bar{B}^0$	0^-	5279			
$\rho^\pm, \rho^0$	1^-	775			
ω	1^-	783			
$K^{*\pm}$	1^-	892			
$\bar{K}^{*0}, \bar{K}^{*0}$	1^-	895			
Φ	1^-	1019			
J/ψ	1^-	3097			
Υ	1^-	9460			

10.1 Der Isospin

Die Bausteine der Atomkerne sind Protonen und Neutronen. Beide sind Fermionen mit Spin 1/2 und nahezu massenentartet,

$$\frac{m_n - m_p}{m_n + m_p} \simeq 10^{-3}. \tag{10.1}$$

Aus der Kernphysik wissen wir, dass auch die Bindungsenergie pro Nukleon für Protonen und Neutronen nahezu gleich ist. Die starke Wechselwirkung, die die Nukleonen im Kern zusammenhält, ist offenbar ladungsunabhängig. Dieselbe Beobachtung macht man beim Vergleich von Streuexperimenten mit einzelnen Nukleonen. Beispielsweise sind die Wirkungsquerschnitte der Proton-Proton-Streuung in guter Genauigkeit gleich für die beiden Endzustände

$$p + p \longrightarrow p + n + \pi^+, \tag{10.2}$$

$$\longrightarrow p + p + \pi^0. \tag{10.3}$$

Pionen sind instabile Teilchen. Während sie jedoch mit großem Wirkungsquerschnitt mittels der starken Wechselwirkung produziert werden, leben sie „lange" und zerfallen mit wesentlich kleineren Raten als sie produziert werden, z. B. gemäß

$$\pi^+ \longrightarrow \mu^+ + \nu. \tag{10.4}$$

Aus den niedrigen Raten schließt man, dass der Zerfall durch eine andere, eine sehr schwache Wechselwirkung vermittelt wird. Hier interessieren wir uns zunächst nur für die starke Wechselwirkung, für die wir die Pionen als stabile Teilchen behandeln können.

Die annähernde Ununterscheidbarkeit von Protonen und Neutronen hinsichtlich der starken Wechselwirkung bewog bereits Heisenberg zur Einführung des „Isotopen"-Spins als Quantenzahl zur Charakterisierung von Hadronen. Wenn wir die Massenentartung der Nukleonen und die Ladungsunabhängigkeit der starken Wechselwirkung zunächst als exakt idealisieren, dann lassen sich Proton und Neutron als entartete Quantenzustände desselben stark wechselwirkenden Teilchens, des Nukleons, auffassen, analog zu den Spin $\pm 1/2$-Zuständen eines Elektrons in Abwesenheit von Magnetfeldern.

Diese Analogie lässt sich formalisieren. In einer relativistischen Theorie werden Proton und Neutron durch Diracspinoren $\psi_p(x)$ und $\psi_n(x)$ beschrieben. Zur Vereinfachung der Notation schreiben wir

$$p(x) \equiv \psi_p(x), \quad n(x) \equiv \psi_n(x). \tag{10.5}$$

Diese fassen wir nun als Dublett im Isospinraum zusammen, indem wir ein Nukleonfeld definieren als

$$N(x) \equiv \begin{pmatrix} p(x) \\ n(x) \end{pmatrix}. \tag{10.6}$$

Insgesamt hat das Nukleonfeld acht Komponenten, jedoch sind diese auf verschiedene Räume verteilt, den zweidimensionalen Isospinraum und den vierdimensionalen Spinorraum. Deutlicher wird dies in einer Komponentenschreibweise für das Diracfeld des Nukleons, mit separaten Indizes für die Spinor- und Isospinkomponenten,

$$N_{i,\alpha}, \quad i = 1, 2 \, ; \quad \alpha = 1, \ldots, 4. \tag{10.7}$$

Reine Proton- bzw. Neutronfelder entsprechen offensichtlich den speziellen Nukleonfeldern

$$N_p(x) = \begin{pmatrix} p(x) \\ 0 \end{pmatrix}, \quad N_n(x) = \begin{pmatrix} 0 \\ n(x) \end{pmatrix}. \tag{10.8}$$

Nun definieren wir einen Isospinoperator

$$\mathbf{I} \equiv \hbar \frac{\sigma}{2}, \tag{10.9}$$

mit den Paulimatrizen σ^a. Proton- und Neutronfelder sind nun Eigenzustände des Isospinoperators mit

$$\mathbf{I}^2 N_{p,n} = \frac{1}{2} N_{p,n}, \tag{10.10}$$

$$I^3 N_p = +\frac{1}{2} N_p, \tag{10.11}$$

$$I^3 N_n = -\frac{1}{2} N_n. \tag{10.12}$$

Zusammen mit der elektrischen Ladung Q tragen die Nukleonen also folgende Quantenzahlen

	I	I^3	Q
p	$\frac{1}{2}$	$\frac{1}{2}$	1
n	$\frac{1}{2}$	$-\frac{1}{2}$	0

Offenbar können wir die elektrische Ladung der Nukleonen ausdrücken durch den Isospin,

$$Q = \frac{1}{2} + I_3. \tag{10.13}$$

Eine Transformation im Isospinraum lautet in Matrixnotation oder in Komponenten

$$N' = U \cdot N,$$
$$N'_{i\alpha} = U_{ij} \cdot N_{j\alpha}. \tag{10.14}$$

Die Matrix

$$U = e^{-i T^a \theta^a} \in SU(2), \quad a = 1, 2, 3 \tag{10.15}$$

ist in ihrer definierenden fundamentalen Darstellung eine (2×2)-Matrix mit den Erzeugern

$$T^a = \frac{\sigma^a}{2}, \tag{10.16}$$

vgl. Anhang A.5.1. Es sei nochmals betont, dass Spin und Isospin in verschiedenen Räumen leben, d. h., die $SU(2)$-Rotationen des Spins und $SU(2)$-Isospinrotationen sind völlig unabhängig voneinander und operieren auf unterschiedlichen Indizes.

Wenn die starke Wechselwirkung nicht zwischen Protonen und Neutronen unterscheidet, so muss die zugehörige Lagrangedichte invariant sein unter Isospintransformationen, d. h., der Hamiltonoperator muss mit den Erzeugern der Transformation kommutieren,

$$[T^a, H_s] = 0, \quad a = 1, 2, 3. \tag{10.17}$$

Dagegen bricht die elektromagnetische Wechselwirkung die Isospinsymmetrie explizit, da sich Neutron und Proton sehr unterschiedlich in der elektromagnetischen Wechselwirkung verhalten,

$$[T^a, H_{\text{QED}}] \neq 0. \tag{10.18}$$

Da in der Natur die Nukleonmassen nicht exakt entartet sind, kann die Isospinsymmetrie nicht exakt sein. Die empirische Tatsache, dass die Abweichung vom symmetrischen Zustand sehr klein ist, weist erneut darauf hin, dass die elektromagnetische Wechselwirkung wesentlich schwächer sein muss als die starke Wechselwirkung, oder symbolisch ausgedrückt,

$$\text{"}H_{\text{QED}} \ll H_{\text{s}}\text{"}. \tag{10.19}$$

Damit ist gemeint, dass die Matrixelemente von H_{QED} kleine Korrekturen darstellen zu den Matrixelementen von H_{s} zwischen den gleichen Nukleonzuständen.

Wir beobachten hier ein erstes Beispiel für eine „Beinahe-Symmetrie"oder, besser ausgedrückt, eine schwach gebrochene Symmetrie. Dieses Konzept erscheint auf den ersten Blick etwas verwunderlich, da eine Symmetrie doch entweder vorliegt oder eben nicht vorliegt. Im Falle von Isospinrotationen und einigen weiteren Symmetrietransformationen im Standardmodell können wir den Hamiltonoperator (und entsprechend die Lagrangedichte) jedoch zerlegen in einen exakt invarianten bzw. symmetrischen Teil und einen nicht invarianten bzw. symmetriebrechenden Teil,

$$H_{\text{tot}} = H_{\text{sym}} + H_{\text{asym}}, \tag{10.20}$$

wobei der symmetriebrechende zweite Term als kleine Korrektur im Sinne der Störungstheorie aufgefasst werden kann, $H_{\text{asym}} \ll H_{\text{sym}}$.

Das Konzept des Isospins lässt sich auf weitere Hadronen ausdehnen. Im Allgemeinen sind für den Isospin wie für den Spin natürlich alle halbzahligen Werte möglich, $I = 0, \frac{1}{2}, 1, \frac{3}{2}, \ldots$ Kehren wir zurück zur Hadrontabelle Tab. 10.1, so finden wir die leichtesten Hadronen, die Pionen, ebenfalls in guter Näherung massenentartet,

$$\frac{m_{\pi^\pm} - m_{\pi^0}}{m_{\pi^\pm} + m_{\pi^0}} \simeq 10^{-2}. \tag{10.21}$$

Wie bei den Nukleonen liegt der Unterschied zwischen den Pionen in der elektrischen Ladung, gegen die die starke Wechselwirkung blind ist, vgl. den Prozess (10.2, 10.3). Idealisiert massenentartete Pionen können daher in ein Isospintriplett (π^+, π^-, π^0) zusammengefasst werden. Ein Triplett entspricht der Isospin $I = 1$ oder adjungierten Darstellung der $SU(2)$, die Transformationsmatrizen müssen jetzt (3×3)-Matrizen sein. Wir erhalten die adjungierte Darstellung der Transformationsmatrizen gemäß

$$U_{\text{ad}}^{ab} = 2\text{Tr}[U^\dagger T^a U T^b], \quad a, b = 1, 2, 3, \tag{10.22}$$

aus den (2×2)-Matrizen der fundamentalen Darstellung (10.15). Die Transformation eines Tripletts aus Skalarfeldern lautet dann

$$\phi'^a = U_{\text{ad}}^{ab} \phi^b. \tag{10.23}$$

Auf gleiche Weise können andere Hadronen klassifiziert werden, z. B. die $I = \frac{1}{2}$ Dubletts (K^+, K^0), $(\bar{K}^0, K^-)$ und die $I = 1$ Tripletts $(\Sigma^+, \Sigma^0, \Sigma^-)$, (ρ^+, ρ^0, ρ^-).

10.2 Pion-Nukleon-Wechselwirkung

Wir wollen nun am Beispiel des Isospins sehen, wie sich aufgrund solcher in der Natur beobachteter innerer Symmetrien eine Theorie konstruieren lässt. Wir beschränken uns hier der Einfachheit halber auf eine Beschreibung der starken Wechselwirkung zwischen Nukleonen und Pionen, für Reaktionen ähnlich (10.2, 10.3). Wie bisher soll unsere Theorie relativistisch sein, d. h., die Lagrangedichte muss invariant unter Lorentztransformationen sein. Weiterhin beobachtet man experimentell, dass die Reaktionen symmetrisch unter Paritätstransformationen sind, sodass auch die Lagrangedichte diese Symmetrie aufweisen muss. Schließlich verlangen wir als zusätzliche Merkmale der starken Wechselwirkung Baryonzahlerhaltung und Invarianz unter Isospintransformationen.

Die Nukleonen entsprechen Diracspinoren. Als freie Teilchen müssen sie natürlich jeweils durch die bereits bekannte Diractheorie beschrieben werden. Überlegen wir nun, wie wir aus den Nukleondubletts Invarianten unter Isospintransformationen konstruieren können. Eine erste Invariante ist das Skalarprodukt von Nukleonfeldern im Isospinraum

$$N^\dagger N = p^\dagger p + n^\dagger n, \tag{10.24}$$

denn gemäß (10.14) ist

$$N'^\dagger N' = N^\dagger \underbrace{U^\dagger U}_{=1} N = N^\dagger N. \tag{10.25}$$

Weiterhin ist auch

$$N^\dagger \gamma^\mu N = p^\dagger \gamma^\mu p + n^\dagger \gamma^\mu n \tag{10.26}$$

eine Invariante, denn

$$N'^\dagger \gamma^\mu N' = N^\dagger \underbrace{U^\dagger \gamma^\mu}_{=\gamma^\mu U^\dagger} U N = N^\dagger \gamma^\mu N. \tag{10.27}$$

Weil γ^μ im Spinorraum wirkt, U dagegen im Isospinraum, sind die beiden Matrizen völlig unabhängig voneinander und vertauschen. Damit können wir eine isospininvariante Theorie für freie Nukleonen anschreiben als

$$\begin{aligned}
\mathscr{L}_{0,pn} &= \bar{N}\Big(i\gamma^\mu \partial_\mu - m_N\Big)N \\
&= \bar{p}\Big(i\gamma^\mu \partial_\mu - m_N\Big)p + \bar{n}\Big(i\gamma^\mu \partial_\mu - m_N\Big)n, \tag{10.28}
\end{aligned}$$

wobei wir von exakt entarteten Nukleonmassen ausgehen, $m_N = m_p = m_n$. Weiter ist die Theorie invariant unter Transformation der Nukleonfelder mit einer globalen Phase,

$$N' = e^{-i\alpha B} N. \tag{10.29}$$

Diese $U(1)$ ist nicht mit derjenigen aus der QED zu verwechseln. Wir betrachten hier nur die starke Wechselwirkung, und unsere Protonen und Neutronen wissen nichts von elektrischer Ladung. Stattdessen identifizieren wir den Erzeuger B der Transformation, der der für Proton und Neutron gleichermaßen erhaltenen Noetherladung entspricht, mit der Baryonzahl $B(p) = B(n) = 1$.

Das Pion ist ein Pseudoskalar, d. h., wir können es durch Klein-Gordon-Felder beschreiben, wenn wir vereinbaren, diesen eine intrinsische Parität -1 zuzuordnen. Bei der Zusammenfassung der Felder in ein Triplett müssen wir allerdings etwas vorsichtig sein. Die geladenen Pionen $\pi^\pm$ werden durch komplexe Skalarfelder beschrieben, während das neutrale Pion π^0 durch ein reelles Feld beschrieben wird. Eine naive Verteilung dieser Felder in die Komponenten eines Tripletts würde sofort eine Komponente auszeichnen und die gewünschte Symmetrie brechen. Wir umgehen dies, indem wir die Pionfelder durch ein Triplett reeller Skalarfelder ausdrücken, $\phi^a \in \mathbb{R}, a = 1, 2, 3$,

$$\pi^- = \frac{1}{\sqrt{2}}(\phi^1 + i\phi^2), \quad \pi^+ = \frac{1}{\sqrt{2}}(\phi^1 - i\phi^2), \quad \pi^0 = \phi^3. \tag{10.30}$$

Invertieren führt auf

$$\phi^1 = \frac{1}{\sqrt{2}}\left(\pi^+ + \pi^-\right), \quad \phi^2 = \frac{i}{\sqrt{2}}\left(\pi^+ - \pi^-\right), \quad \phi^3 = \pi^0. \tag{10.31}$$

Ein Triplett transformiert wie ein Vektor unter Isospintransformationen. Invarianten erhalten wir also durch Skalarproduktbildung,

$$\boldsymbol{\phi}' \cdot \boldsymbol{\phi}' = \phi^a U_{\mathrm{ad}}^{-1\,ab} U_{\mathrm{ad}}^{bc} \phi^c = \boldsymbol{\phi} \cdot \boldsymbol{\phi}. \tag{10.32}$$

Terme quadratisch in Pseudoskalarfeldern sind außerdem gerade unter Paritätstransformationen, sodass wir eine Lagrangedichte für freie Pionen anschreiben können als

$$\mathscr{L}_{0,\pi} = \frac{1}{2}\partial_\mu \boldsymbol{\phi} \cdot \partial^\mu \boldsymbol{\phi} - \frac{1}{2}m_\pi^2\, \boldsymbol{\phi} \cdot \boldsymbol{\phi}. \tag{10.33}$$

Nun konstruieren wir eine Nukleon-Pion-Wechselwirkung, die ebenso lorentzinvariant, isoinvariant und paritätsinvariant sein soll. Um den offenen Index des Pionisotripletts kontrahieren zu können, benötigen wir ein weiteres Triplett aus Nukleonen, dass darüber hinaus ein Pseudoskalar unter Lorentztransformationen sein muss. Diese beiden Anforderungen werden erfüllt durch das Produkt

$$\bar{N} i\gamma_5\, T^a N. \tag{10.34}$$

Bilden wir das Skalarprodukt mit dem Isotriplett der Skalarfelder, erhalten wir eine Invariante unter allen geforderten Transformationen und damit einen möglichen Wechselwirkungsterm

$$\mathscr{L}_{\text{int}} = \bar{N} i \gamma_5 T^a N \, \phi^a = \bar{N} i \gamma_5 \boldsymbol{T} N \cdot \boldsymbol{\phi}. \tag{10.35}$$

Es sei darauf hingewiesen, dass dieser Wechselwirkungsterm nicht der einzige ist, der die Symmetrieanforderungen erfüllt. Eine Theorie der starken Wechselwirkung für Pionen und Nukleonen lautet damit:

$$
\begin{aligned}
\mathscr{L} &= \mathscr{L}_{0,pn} + \mathscr{L}_{0,\pi} + \mathscr{L}_{\text{int}} \\
&= \bar{N} \left(i \gamma^\mu \partial_\mu - m_N \right) N + \partial_\mu \boldsymbol{\phi} \cdot \partial^\mu \boldsymbol{\phi} - \frac{1}{2} m_\pi^2 \, \boldsymbol{\phi} \cdot \boldsymbol{\phi} \\
&\quad + \underbrace{g \, \bar{N} i \gamma_5 \boldsymbol{T} N \boldsymbol{\phi}}. \\
&= \frac{ig}{2} \bar{N} \gamma_5 \begin{pmatrix} \pi^0 & \sqrt{2}\pi^- \\ \sqrt{2}\pi^+ & -\pi^0 \end{pmatrix} N \\
&= \frac{ig}{2} \left\{ (\bar{p}\gamma_5 p - \bar{n}\gamma_5 n) \, \pi^0 + \sqrt{2}\bar{n}\gamma_5 p \pi^- + \sqrt{2}\bar{p}\gamma_5 n \pi^+ \right\}
\end{aligned} \tag{10.36}
$$

Wir haben in der letzten Zeile noch den Wechselwirkungsterm ausgeschrieben in Proton-, Neutron- und Pionfeldern. Wiederum führt Quantisierung und störungstheoretische Entwicklung der Theorie auf Feynmanregeln zur Berechnung von Streumatrixelementen. Damit erhalten wir Propagatoren für die Pionen und Nukleonen sowie vier Vertizes für die Wechselwirkungen:

10.3   *SU*(3)-Flavoursymmetrie und Quarkmodell

Mit zunehmender Energie in der Proton-Proton- oder Proton-Pion-Streuung treten Λ- und K-Teilchen in den Endzuständen auf,

$$p + p \longrightarrow p + \Lambda^0 + K^+, \tag{10.37}$$

$$\pi^- + p \longrightarrow \Lambda^0 + K^0. \tag{10.38}$$

Diese werden zahlreich, d. h. mit großem Wirkungsquerschnitt produziert und leben „lange"in dem Sinne, dass ihre Produktionsrate wesentlich größer als ihre Zerfallsrate ist. Wir folgern wiederum, dass Zerfälle wie

$$\Lambda^0 \longrightarrow p + \pi^-, \ n + \pi^0, \tag{10.39}$$

$$K^0 \longrightarrow \pi^+ + \pi^- \tag{10.40}$$

durch die schwache Wechselwirkung vermittelt werden. *Nicht* beobachtet werden Produktionsprozesse wie

$$\pi^- + p \longrightarrow K^- + p. \tag{10.41}$$

Dies führt auf die Hypothese einer neuen Quantenzahl S oder „Strangeness", die in Prozessen der starken Wechselwirkung (10.37, 10.38) erhalten, in Prozessen der schwachen Wechselwirkung (10.39, 10.40) aber verletzt ist, wenn man folgende Zuweisungen vornimmt:

	p	π	K^0	Λ^0
S	0	0	1	-1

Analog zur Baryonzahl sollte die Strangeness-Erhaltung in der starken Wechselwirkung einer $U(1)$-Symmetrie entsprechen. Definieren wir die sogenannte Hyperladung als Summe aus Baryonzahl und Strangeness,

$$Y = B + S, \tag{10.42}$$

dann finden wir empirisch, dass sich die elektrische Ladung der Teilchen durch ihre Hyperladung und Isospinkomponente ausdrücken lässt,

$$Q = I_3 + \frac{Y}{2}. \tag{10.43}$$

Wir müssen also die Symmetriegruppe der starken Wechselwirkung vom Isospin erweitern auf

$$SU(2) \times U(1) \quad \subset \quad SU(3) \ . \tag{10.44}$$
$$\uparrow \qquad\quad \uparrow \qquad\qquad \uparrow$$
$$\text{Isospin} \quad\ S \qquad\quad \text{Hypothese}$$

Dabei ist es am einfachsten, eine Erweiterung der Isospinsymmetrie von $SU(2)$ auf $SU(3)$ vorzunehmen, die diese Produktgruppe enthält. Historisch hat man zunächst das $SU(2)$-Dublett durch Hinzufügen des leichtesten Baryons mit Strangeness, dem Lambda, auf ein $SU(3)$-Triplett erweitert, (p, n, Λ^0). Man stellt sofort fest, dass aufgrund der beobachteten Massendifferenzen,

$$\frac{m_\Lambda - m_p}{m_\Lambda + m_p} \simeq 0,2, \tag{10.45}$$

die $SU(3)$-Symmetrie wesentlich stärker gebrochen ist als die Isospinsymmetrie. Die Zusammenfassung von Nukleonen und Lambda als $SU(3)$-Triplett führt jedoch auf keine befriedigende Beschreibung des Massenspektrums der anderen Hadronen.

Da bei höheren Streuenergien immer weitere hadronische Teilchen auftreten, liegt die Vermutung nahe, dass Hadronen nicht elementar sind, sondern Bindungszustände mit gemeinsamer Unterstruktur darstellen. Gell-Mann und Ne'eman postulierten daher 1961 drei verschiedene Quarks als Bestandteile der Hadronen und Einträge eines $SU(3)$-Tripletts gemäß

$$q = \begin{pmatrix} u \\ d \\ s \end{pmatrix}. \tag{10.46}$$

Die drei verschiedenen Sorten „up", „down" und „strange" werden Flavours genannt. Eine Transformation im Flavourraum lautet dann

$$q' = U \cdot q,$$

wobei in diesem Fall

$$U = e^{-iT^a \theta^a} \in SU(3), \quad a = 1, \ldots, 8 \tag{10.47}$$

eine (3×3)-Matrix ist und die Erzeuger durch die Gell-Mann-Matrizen gegeben sind (vgl. Anhang A.5.2),

$$T^a = \frac{\lambda^a}{2}. \tag{10.48}$$

Der Zusammenhang zwischen den Spin- und Flavourquantenzahlen der Quarks und der Hadronen ist ein schönes Beispiel für die Bedeutung der Gruppentheorie in der Teilchenphysik. Die möglichen Spins der Hadronen als Mehrquarkzustände ergeben sich aus den Produktdarstellungen der Quarkspins, ganz analog den Gesamtspins von Mehrelektronenatomen in der Quantenmechanik. Um Baryonen mit halbzahligen Spins darstellen zu können, müssen Quarks notwendig Spin 1/2 tragen. Gemäß der Zerlegung der Produktdarstellung (vgl. Abschn. A.5.1)

$$\frac{1}{2} \otimes \frac{1}{2} \otimes \frac{1}{2} = \frac{1}{2} \oplus \frac{1}{2} \oplus \frac{3}{2} \tag{10.49}$$

lassen sich Baryonen mit Spin 1/2 als Bindungszustand von drei Quarks realiseren, Mesonen dagegen aus zweien,

$$\frac{1}{2} \otimes \frac{1}{2} = 0 \oplus 1.$$ (10.50)

Auf dieselbe Weise ist nun auch eine Klassifikation von Hadronen als Multipletts von $SU(3)$-Produktdarstellungen möglich, wenn wir Baryonen als Dreiquarkzustände und Mesonen als Quark-Antiquarkzustände auffassen. Im Gegensatz zur Spingruppe $SU(2)$ hat die Flavourgruppe $SU(3)$ komplexe Darstellungen, sodass Quarks und Antiquarks jeweils konjugierten Darstellungen entsprechen. Damit erhalten wir für die Produktdarstellungen:

$$\text{Baryonen, } qqq : 3 \otimes 3 \otimes 3 = 1 \oplus 8 \oplus 8 \oplus 10$$ (10.51)

$$\text{Mesonen, } \bar{q}q : 3^* \otimes 3 = 1 \oplus 8$$ (10.52)

Diese Multipletts im Flavourraum lassen sich näherungsweise in den Teilchenspektren wiederfinden, wie die Meson- und Baryonoktette in Abb. 10.1 zeigen. Analog gibt es ein $J^P = 1^-$ Mesonoktett, ein $J^P = \frac{3}{2}^+$ Baryondekuplett etc. Nun müssen wir uns noch überzeugen, dass wir auch die verbleibenden Quantenzahlen wie die elektrische Ladung oder die Baryonzahl der Hadronen durch diejenigen der Quarks darstellen können. Dies gelingt mit den Zuweisungen:

	Q	I	I_3	Y	S	B
u	$\frac{2}{3}$	$\frac{1}{2}$	$\frac{1}{2}$	$\frac{1}{3}$	0	$\frac{1}{3}$
d	$-\frac{1}{3}$	$\frac{1}{2}$	$-\frac{1}{2}$	$\frac{1}{3}$	0	$\frac{1}{3}$
s	$-\frac{1}{3}$	0	0	$-\frac{2}{3}$	-1	$\frac{1}{3}$

Alle Quantenzahlen der Antiquarks entsprechen jeweils dem Negativen derjenigen der Quarks und die Quantenzahlen der Hadronen ergeben sich additiv aus denjenigen ihrer Konstituenten. Insbesondere sind nun die Quarkkombinationen für das abgebildete Mesonoktett

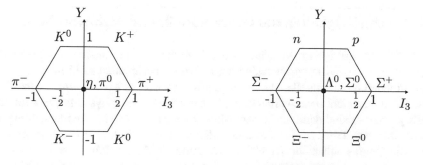

Abb. 10.1 Links: Das $J^P = 0^-$ Mesonoktett. Rechts: Das $J^P = \frac{1}{2}^+$ Baryonoktett

$$K^+ \sim \bar{s}u, \qquad\qquad\qquad\qquad K^0 \sim \bar{s}d,$$
$$\pi^+ \sim \bar{d}u, \qquad\qquad \pi^0 \sim \tfrac{1}{\sqrt{2}}(\bar{u}u - \bar{d}d), \qquad\qquad \pi^- \sim d\bar{u},$$
$$\eta^0 \sim \tfrac{1}{\sqrt{6}}(\bar{u}u + \bar{d}d - 2\bar{s}s),$$
$$\overline{K^0} \sim \bar{d}s, \qquad\qquad\qquad\qquad K^- \sim \bar{u}s,$$

und für das abgebildete Baryonoktett

$$p \sim udu, \qquad\qquad\qquad\qquad n \sim udd,$$
$$\Sigma^+ \sim suu, \qquad\qquad \Sigma^0 \sim \tfrac{1}{\sqrt{2}}s(ud + du), \qquad\qquad \Sigma^- \sim sdd,$$
$$\Lambda^0 \sim \tfrac{1}{\sqrt{2}}s(ud - du),$$
$$\Xi^0 \sim ssu, \qquad\qquad\qquad\qquad \Xi^- \sim ssd.$$

Exakte Invarianz unter $SU(3)$-Flavour-Transformationen würde natürlich wiederum bedeuten, dass alle Teilchen im Multiplett entartet sind, was nur in sehr grober Näherung richtig ist, vgl. (10.45). Im Quarkbild lässt sich diese Symmetriebrechung auf entsprechend nicht entartete Quarkmassen zurückführen. Heute wissen wir, dass

$$m_u \approx 2\,\text{MeV}, \quad m_d \approx 5\,\text{MeV}, \quad m_s \approx 100\,\text{MeV}. \tag{10.53}$$

Gemessen an typischen Hadronmassen von einigen hundert MeV sind die u- und d-Quarks also nahezu entartet, was die Isospinsymmetrie auf Quarkniveau widerspiegelt. Gemäß der Zusammensetzung der Baryonen führt eine $SU(2)$-Rotation zwischen u- und d-Quarks genau zu einer entsprechenden Rotation zwischen Proton und Neutron. Demgegenüber ist das s-Quark deutlich schwerer, was die „schlechtere" $SU(3)$-Symmetrie erklärt. Das Quarkmodell kann nun durch symmetriebrechende Terme ergänzt werden, die im Sinne der Störungstheorie kleine Korrekturen zum Massenspektrum liefern und insbesondere die beobachteten Massenunterschiede innerhalb der Multipletts reproduzieren. Damit haben wir eine erste Erklärung des komplizierten Hadronspektrums durch eine systematische Unterstruktur aus Quarks.

10.4 Schwierigkeiten des Quarkmodells und Farbhypothese

Trotz etlicher Erfolge im Verständnis der Struktur des Hadronspektrums oder für Verhältnisse von Wirkungsquerschnitten in Streuexperimenten stößt man mit dem Quarkmodell recht schnell an Grenzen. Zunächst wirft das Modell einige neue Fragen auf, die es nicht beantworten kann: Haben Quarks eine physikalische Realität? Falls ja, warum sind dann nur höhere Multipletts der $SU(3)$-Produktdarstellungen, nicht aber die Tripletts der fundamentalen und ihrer konjugierten Darstellung, also die Quarks selbst, in der Natur beobachtbar? Warum gibt es nur qqq oder $\bar{q}q$ als Hadronzustände, nicht aber qq- oder $qqqq$-Zustände, obwohl deren Massen in vergleichbaren Bereichen wie die der anderen Hadronen liegen würden?

Neben diesen unbeantworteten Fragen treten bei wiederum höheren Energien auch Widersprüche auf. Zunächst ist die hier Entdeckung des J/ψ-Mesons zu nennen. Mit diesem tritt eine neue, in der starken Wechselwirkung erhaltene Quantenzahl, die „Charmness", auf. Das Meson entspricht einem $\bar{c}c$-Bindungszustand aus „charm"-Quarks. Mit $m_c \approx 1,5$ GeV ist das c-Quark so schwer, dass eine weitere Ausdehnung der Flavoursymmetrie von $SU(3)$ auf $SU(4)$ nicht sinnvoll ist. Die Massenunterschiede zwischen der symmetrischen und der symmetriegebrochenen Theorie betrügen dann mehrere hundert Prozent und könnten nicht als Korrektur im Sinne einer Störungstheorie aufgefasst werden. Ein weiteres Problem für das Quarkmodell ist das doppelt geladene $J^P = \frac{3}{2}^+$ Baryon $N^{*++} \sim uuu$. Es entspricht dem Grundzustand eines gebundenen Systems dreier u-Quarks ohne Bahndrehimpuls. Demzufolge müssen alle drei Spins im selben $s^3 = +1/2$ Zustand sein, was dem Pauliprinzip widerspricht.

Insbesondere diese letzte Überlegung führt auf das Postulat einer zusätzlichen verborgenen Quantenzahl, genannt „Farbe", in der sich die drei Quarks des N^{*++} voneinander unterscheiden können, die aber experimentell nicht feststellbar ist. Letzteres bedeutet, dass beobachtbare physikalische Zustände ausnahmslos Skalare bzw. Singuletts unter der zugehörigen Symmetrietransformation sein müssen. Die Notwendigkeit für drei verschiedene Werte der zusätzlichen Quantenzahl, die sich zum Singulett kombinieren, führt auf die Wahl der $SU(3)$ als Farbgruppe. Demnach gibt es für die Farbquantenzahl drei Werte (rot, grün, blau), sodass die Quarks *jedes* Flavours je ein $SU(3)$-Triplett im Farbraum darstellen,

$$
\begin{aligned}
u &= (u_r, u_g, u_b) \\
d &= (d_r, d_g, d_b) \\
s &= (s_r, s_g, s_b) \\
&\cdots
\end{aligned}
\tag{10.54}
$$

Betrachten wir nun, welche erlaubten Farbquantenzahlen sich aus den Produktdarstellungen der Farbtripletts in Hadronen ergeben:

$$
\text{Mesonen}: \quad 3 \otimes 3^* = 1 \oplus 8 \tag{10.55}
$$
$$
\text{Baryonen}: 3 \otimes 3 \otimes 3 = 1 \oplus 8 \oplus 8 \oplus 10 \tag{10.56}
$$

Tatsächlich enthalten mesonische und baryonische Kombinationen jeweils eine Eins, d. h., die mesonischen und baryonischen Quarkkombinationen können Farbsinguletts bilden, wie gefordert. Dieselbe Überlegung liefert auch eine Erklärung, warum andere Quarkkombinationen und insbesondere einzelne Quarks als physikalische Zustände verboten sind, denn Letztere tragen immer Farbladung. Eine Kombination aus zwei Farbtripletts ergibt

$$
3 \otimes 3 = 3^* \oplus 6, \tag{10.57}
$$

enthält also kein Farbsingulett und ist somit verboten. Gleiches gilt für $\bar{q}\bar{q}$, $qqqq$ etc.

Fassen wir zusammen: Die starke Wechselwirkung und das Spektrum der leichten Hadronen weisen eine nahezu vollständige $SU(2)$-Isospinsymmetrie und eine grob genäherte $SU(3)$-Flavoursymmetrie auf. Diese lassen sich durch das Quarkmodell reproduzieren, wonach Hadronen Bindungszustände aus Quarks verschiedener Flavours darstellen. Die Einhaltung des Pauliprinzips für höhere Baryonzustände verlangt im Quarkbild die Einführung einer neuen Quantenzahl, der Farbe. Die Zusammensetzung von Baryonen aus drei Quarks kombiniert mit der Erfahrungstatsache, dass nur Farbsinguletts beobachtet werden, führt auf die Wahl der Farbgruppe $SU(3)$, die auch als Erklärung dafür betrachtet werden kann, dass beispielsweise keine qq- und $qqqq$-Zustände in der Natur auftreten. Die Nichtbeobachtbarkeit von Quarks und ihr Einschluss in Farbsingulettzustände wird auch als „Confinement" bezeichnet. Aufgrund der Nichtbeobachtbarkeit von Farbladungen muss die $SU(3)$-Farbsymmetrie eine exakte Eichsymmetrie sein. Die Quantenchromodynamik realisiert all diese Aspekte in einer einheitlichen Theorie der starken Wechselwirkung.

Zusammenfassung

- Die starke Wechselwirkung ist in guter Näherung symmetrisch unter $SU(2)$-Isospin-Transformationen (Verletzung einige %)
- Die starke Wechselwirkung ist in grober Näherung symmetrisch unter $SU(3)$-Flavour-Transformationen (Verletzung einige 10 %)
- Im $SU(3)$-Quarkmodell können beide genäherten Symmetrien realisiert werden, die Hadronen sind danach aus Quarks dreier Flavours, u, d, s, sowie ihren Antiquarks zusammengesetzt
- Das Quarkmodell kann die schweren Quarks c, b, t nicht beschreiben und ist für einige Zustände inkonsistent mit dem Pauliprinzip
- Die zusätzliche, verborgene $SU(3)$-Quantenzahl Farbe, verbunden mit dem Postulat physikalischer Zustände als farbloser $SU(3)$-Singuletts, ist konsistent mit dem Pauliprinzip und erklärt darüber hinaus die in Baryonen und Mesonen auftretenden Quark-Antiquark-Kombinationen.

Aufgaben

10.1 Das Deuteron ist ein Isospin-Singulett, $I = 0$. Man zeige, dass mit den bekannten Isospinquantenzahlen der Pionen unter der Annahme von Isospininvarianz folgt:

$$\frac{\sigma(p + p \rightarrow \pi^+ + d)}{\sigma(n + p \rightarrow \pi^0 + d)} = 2$$

10.2 Man zeige, dass der Wechselwirkungsterm (10.35) invariant unter Isospintransformationen ist. Konstruieren Sie eine weitere Wechselwirkung, die invariant ist unter Lorentz-, Paritäts-, U(1)-Baryon- und Isospintransformationen.

Quantenchromodynamik

11

Inhaltsverzeichnis

Mit dem Überblick über die in der starken Wechselwirkung exakt oder näherungsweise realisierten Symmetrien sind wir nun in der Lage, eine fundamentale Theorie zu formulieren, die mit diesen phänomenologischen Symmetrievorgaben konsistent ist. Zunächst konstruieren wir die Lagrangedichte der Quantenchromodynamik und diskutieren ausführlich ihre Symmetrien in Abhängigkeit ihrer Parameter. Danach geben wir die Feynmanregeln für eine perturbative Behandlung der QCD an und besprechen die Unterschiede zur QED. Etliche grundlegende Aspekte der QCD, wie die asymptotische Freiheit oder das Confinement-Problem, erfordern fortgeschrittene und nichtperturbative Methoden, die über den Stoff dieses Buches hinausgehen. Wir wollen sie aber zumindest qualitativ diskutieren und schließen mit einigen experimentellen Nachweisen, die die QCD überall dort, wo kontrollierte theoretische Vorhersagen möglich sind, vollständig bestätigen.

© Springer-Verlag GmbH Deutschland, ein Teil von Springer Nature 2018
O. Philipsen, *Quantenfeldtheorie und das Standardmodell der Teilchenphysik*,
https://doi.org/10.1007/978-3-662-57820-9_11

11.1 Lagrangedichte und Symmetrien

Zur Konstruktion einer fundamentalen Theorie der starken Wechselwirkung gehen wir von Quarks als den elementaren, fermionischen Freiheitsgraden aus. Insgesamt sind uns sechs sogenannte Flavours von Quarks bekannt, von denen jeder in drei Farben auftritt:

Anzahl Quark Flavours : $N_f = 6$ up, down, strange, charm, bottom, top

Anzahl Farben : $N_c = 3$ rot, blau, grün

Dementsprechend werden die Quarkfelder durch Diracspinoren beschrieben, die wir im Folgenden mit $q(x)$ bezeichnen wollen. Neben dem Spinorindex α tragen die Quarkfelder zwei weitere Indizes zur Bezeichnung ihres Flavours und ihrer Farbe,

$$q_{\alpha f c}, \quad \alpha = 1, \ldots, 4, \quad f = 1, \ldots, N_f, \quad c = 1, \ldots, N_c. \tag{11.1}$$

Zum Studium und Verständnis der allgemeinen Struktur und Eigenschaften einer Theorie ist es oft nützlich, verschiedene Werte für Parameter wie N_f, N_c oder m_f zu betrachten, auch wenn diese für eine realistische Theorie natürlich durch die Natur festgelegt sind.

Wenn wir die Diracindizes in gewohnter Weise unterdrücken, haben wir als Lagrangedichte für freie Quarkfelder die Summe der bekannten Diracterme für jede Kombination von Flavour und Farbe,

$$\mathscr{L}_{q0} = \sum_{c=1}^{N_c} \sum_{f=1}^{N_f} \bar{q}_{fc}(i\gamma^\mu \partial_\mu - m_f)q_{fc}. \tag{11.2}$$

Bisher gibt es noch keine Wechselwirkung zwischen den Quarks. Nach der Phänomenologie der Hadronphysik sind die Farbladungen der Quarks (und damit die Quarks selbst) experimentell unbeobachtbar und immer zu Farbsinguletts in Hadronen eingeschlossen. Dies wird auch als Confinement-Hypothese bezeichnet. Demnach muss die zwischen den Quarks wirkende Kraft farbabhängig sein, was ihre Übertragung durch ein geladenes Austauschteilchen nahelegt. Wie wir aus Abschn. 9.1 wissen, führt eine lokale $SU(N)$-Symmetrie gerade zu einer Wechselwirkung, bei der die kraftvermittelnden Austauschteilchen selber Ladung tragen. Für die Theorie der starken Wechselwirkungen fordern wir daher *lokale $SU(3)$-Farbinvarianz*. Dazu ersetzen wir in den kinetischen Termen die partiellen Ableitungen durch kovariante Ableitungen,

$$\partial_\mu \rightarrow D_\mu = \partial_\mu - ig A_\mu^a T^a, \quad T^a = \frac{\lambda^a}{2}. \tag{11.3}$$

Dabei bezeichnen die λ^a die Gell-Mann-Matrizen, die Erzeuger der $SU(3)$-Farbgruppe, vgl. Anhang A.5.2. Die durch die kovariante Ableitung eingeführten

$N_c^2 - 1 = 8$ Eichfelder $A_\mu^a(x)$ bezeichnen wir als Gluonfelder, die zugehörigen Austauschteilchen der quantisierten Theorie als Gluonen. Um die Gluonfelder dynamisch zu machen, definieren wir ihren Feldstärketensor durch

$$F_{\mu\nu}^a = \partial_\mu A_\nu^a - \partial_\nu A_\mu^a + g\,f_{abc}\,A_\mu^b\,A_\nu^c \tag{11.4}$$

und addieren den zugehörigen Yang-Mills-Term zur Lagrangedichte der Quarks. Dies führt auf die vollständige Lagrangedichte der Quantenchromodynamik, einer $SU(3)$-Eichtheorie für Quarks und Gluonen,

$$\mathscr{L}_{\text{QCD}} = \sum_{c=1}^{N_c} \sum_{f=1}^{N_f} \bar{q}_{fc}\,(i\gamma^\mu D_\mu - m_f)q_{fc} - \tfrac{1}{4}\,F_{\mu\nu}^a\,F^{a\mu\nu}. \tag{11.5}$$

Die formale Ähnlichkeit mit der QED ist auffallend. Beide Theorien beschreiben Fermionen und Vektorbosonen in einer lokalen Eichtheorie, lediglich die Eichgruppen sind unterschiedlich. Wir werden jedoch sogleich sehen, dass sich dieser Unterschied auch qualitativ auswirkt, sodass wir in der QCD teilweise ganz andere Phänomene erhalten.

Machen wir uns zunächst klar, welche Symmetrien diese Lagrangedichte aufweist.

• $U(1)$-Baryon
Völlig analog zur freien Lagrangedichte (8.1) bei der Konstruktion der QED haben wir eine Invarianz unter globalen $U(1)$-Phasentransformationen mit zugehörigem Noetherstrom,

$$q'(x) = e^{-i\frac{B}{3}\alpha}q(x), \tag{11.6}$$

$$j^\mu(x) = \sum_f \bar{q}_f(x)\,\gamma^\mu\,q_f(x). \tag{11.7}$$

Man beachte jedoch die unterschiedliche Interpretation dieses Stroms und der zugehörigen erhaltenen Ladung. Wir sprechen hier ausschließlich von der starken Wechselwirkung, die blind ist gegenüber der elektrischen Ladung, d.h., wir können unsere Quarks in diesem Zusammenhang als neutral behandeln. (Die Kopplung der elektrischen Ladung der Quarks an die Felder der schwachen und elektromagnetischen Wechselwirkung besprechen wir ausführlich in Abschn. 13.6.) Somit gibt uns $j^\mu(x)$ schlicht den Quarkstrom und die zugehörige erhaltene Ladung die Quarkzahl an. Da ein Baryon aus drei Quarks besteht, entspricht die Quarkzahl gerade einem Drittel der Baryonzahl, so dass wir identifizieren

$$\frac{B}{3} = \int d^3x\, j^0(x). \tag{11.8}$$

Die $U(1)$-Baryon ist exakt.

- $SU(N_{fe})$-Flavour
  Für den Fall, dass unter den N_f Quarkmassen N_{fe} entartet sind,

$$\underbrace{m_i = m_j = \cdots = m_k}_{N_{fe}}, \tag{11.9}$$

können diese in ein $SU(N_{fe})$-Multiplett zusammengefasst werden, und die Lagrangedichte ist invariant unter den globalen $SU(N_{fe})$-Transformationen

$$q'_{f'} = U_{f'f} q_f, \qquad U = e^{-i\theta^a T^a} \in SU(N_{fe}). \tag{11.10}$$

Dieser Invarianz entspricht der Noetherstrom

$$j^{a\mu}(x) = \sum_{f,f'} \bar{q}_f(x)\,\gamma^\mu\, T^a_{ff'}\, q_{f'}(x), \quad a = 1, \ldots, N^2_{fe} - 1, \tag{11.11}$$

der jetzt einen zusätzlichen Index für die $SU(N_{fe})$-Ladung trägt. In der Natur sind alle Quarkmassen verschieden, und diese Flavoursymmetrie ist gebrochen. Gemessen an hadronischen Massenskalen von einigen Hundert MeV sind die u- und d-Quarks jedoch in guter Näherung massenentartet, $m_u \approx m_d$, d.h. $N_{fe} = 2$. Die entsprechende $SU(2)$-Symmetrie identifizieren wir mit dem Isospin. In einer wesentlich gröberen Näherung lassen sich auch $m_u \approx m_d \sim m_s$ als entartet auffassen, was dann der $SU(3)$-Flavoursymmetrie des Quarkmodells entspricht.

- $U(1)$-Flavour
  Für die s, c, b, t-Quarks gibt es jeweils eine separate $U(1)$-Symmetrie (d.h. eine Phasentransformation für die entsprechenden Flavours), deren erhaltene Ladung die Quarkzahl des zugehörigen Flavours, bzw. die zugehörige Flavourquantenzahl ist. Diese Symmetrien sind exakt.

- axiale $U(1)$
  Für jeden masselosen Quark Flavour, $m_f = 0$, ist die Theorie invariant unter Phasentransformationen

$$q'(x) = e^{-i\alpha\gamma_5}\, q(x). \tag{11.12}$$

Man beachte, dass bei dieser Transformation gegenüber der oben diskutierten zusätzlich eine γ_5-Matrix im Exponenten steht, die auf die Spinoren wirkt. Die kinetischen Terme sind aufgrund $\{\gamma^\mu, \gamma_5\} = 0$ invariant, die Massenterme hingegen nicht. Im masselosen Spezialfall gibt es den axialen Noetherstrom

$$j^\mu_5(x) = \bar{q}(x)\,\gamma^\mu\gamma_5\, q(x). \tag{11.13}$$

Die axiale $U(1)$ unterscheidet sich von den anderen hier besprochenen Symmetrien, indem sie von Quanteneffekten gebrochen wird und somit nur eine Symmetrie der klassischen Theorie darstellt. Eine durch Quanteneffekte gebrochene Symmetrie heißt anomal.

- axiale $SU(N_{f0})$
  Wenn N_{f0} Quarkmassen verschwinden,

$$\underbrace{m_i = m_j = \cdots = m_k = 0,}_{N_{f0}} \qquad (11.14)$$

so sind sie auch entartet. In diesem Fall lassen sich die entsprechenden Flavours wiederum in ein $SU(N_{f0})$-Multiplett zusammenfassen und sind invariant unter axialen Flavourtransformationen mit dem zugehörigen Noetherstrom,

$$q'(x) = e^{-i\omega^a T^a \gamma_5} q(x), \qquad (11.15)$$

$$j_5^{a\mu}(x) = \sum_{f,f'} \bar{q}_f(x) \gamma^\mu \gamma_5 (T^a)_{ff'} q_{f'}(x). \qquad (11.16)$$

In der Natur sind alle Quarkmassen von null verschieden und die axialen Symmetrien sind gebrochen. Gemessen an den typischen Hadronmassen von einigen Hundert MeV lassen sich das u- und d-Quark jedoch als nahezu masselos auffassen, $m_u \approx m_d \approx 0$, d.h. $N_{f0} = 2$.

- $SU(3)$-Farbe
  Die Lagrangedichte der QCD ist per Konstruktion invariant unter lokalen $SU(3)$-Farbtransformationen,

$$q'_{c'} = U_{c'c} q_c, \qquad U = e^{-i\theta^a(x)T^a} \in SU(3), \qquad (11.17)$$

$$j^{a\mu}(x) = \sum_{c,c'} \bar{q}_c(x) \gamma^\mu T^a_{cc'} q_{c'}(x), \quad a = 1, \ldots, 8. \qquad (11.18)$$

Man beachte, dass die entsprechenden $SU(3)$-Matrizen im Farbraum wirken und völlig unabhängig von den im Flavourraum wirkenden Matrizen sind.

Im masselosen Grenzfall $m_u = m_d = 0$ für die leichten Quarks haben wir also insgesamt eine globale Symmetrie

$$SU(2)_V \times SU(2)_A \times U(1)_V, \qquad (11.19)$$

wobei die Indizes darauf hinweisen, dass es sich bei den erhaltenen Strömen um Vektor- bzw. Axialvektorströme handelt. Der $U(1)$-Faktor entspricht dabei der Baryonzahl. Aufgrund der Leichtigkeit der u- und d-Quarks sind auch die Flavoursymmetrien in der QCD in guter Näherung realisiert. Weil die Erzeuger der axialen

Flavourtransformation unter sich keine geschlossene Algebra bilden und mit denjenigen der vektoriellen Transformationen mischen, bildet man chirale Linearkombinationen, die auf zwei geschlossene und entkoppelte Algebren für die linkshändigen und rechtshändigen Anteile führen [6]. Man spricht daher von der globalen chiralen Symmetrie

$$SU(2)_L \times SU(2)_R. \tag{11.20}$$

Der Vakuumzustand bricht diese Symmetrie spontan zu

$$SU(2)_L \times SU(2)_R \rightarrow SU(2)_V, \tag{11.21}$$

was gemäß dem Goldstonetheorem, Abschn. 9.2, drei masselose Goldstonebosonen zur Folge hat, die wir mit den Pionen identifizieren. Die kleinen, endlichen Massen der tatsächlichen Pionen lassen sich als Korrektur zu dieser Situation aufgrund der schwachen expliziten Symmetriebrechung durch die Quarkmasse verstehen. Die spontane Brechung der näherungsweisen chiralen Symmetrie ist somit der Grund dafür, dass die Pionen so viel leichter sind als die anderen Hadronen. Die verbleibende vektorielle Flavoursymmetrie ist die Isospinsymmetrie.

11.2 Störungstheorie und Feynmanregeln

Die Theorie kann nun quantisiert werden. Dabei fällt uns jedoch sofort eine eigentümliche Schwierigkeit der QCD ins Auge. Für freie Quark- und Gluonzustände als Basis für einen Fockraum der zugehörigen Quantentheorie gibt es aufgrund des Confinement keinerlei physikalische Entsprechung, *auch nicht* als asymptotische Zustände lange vor und nach einem Streuprozess wie in Abschn. 6.2 formuliert. Die experimentell kontrollierbaren asymptotischen Zustände in Beschleunigern und Detektoren sind natürlich Hadronen. Wie wir sehen werden, ist eine störungstheoretische Behandlung der QCD generell nur für hochenergetische, virtuelle Zwischenzustände von physikalischen Streuprozessen möglich. In diesen Zwischenzuständen ist die physikalische Streuung als Prozess zwischen Quarks und Gluonen ausgedrückt. Wie zahllose erfolgreiche Beispiele belegen ist es erstaunlicherweise möglich, in den Matrixelementen solcher Prozesse die ein- und auslaufenden Quark- und Gluonlinien formal als frei zu behandeln und die Störungstheorie vollkommen analog dem bisher besprochenen Verfahren zu organisieren. Dies führt wiederum auf einen Satz von Feynmanregeln, von denen wir hier nur die QCD-spezifischen Aspekte angeben, Abb. 11.1.

Die Propagatoren sowie der Quark-Gluon-Vertex sind vollkommen analog ihrer QED-Entsprechungen, modifiziert lediglich durch unterschiedliche gruppentheoretische Faktoren bzw. Indizes. Die weiteren Regeln stellen jedoch einen gravierenden Unterschied zur QED dar. Aufgrund ihrer nichtabelschen Natur tragen die Gluonen Farbladung und wechselwirken untereinander über einen 3-Gluon- und einen

Quark-Propagator

$i \longrightarrow j$ $\dfrac{i\,\delta^{ij}}{\not{p} - m + i\varepsilon}$

Gluon-Propagator

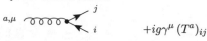 $a,\mu \quad b,\nu$ $\dfrac{-i\,\delta^{ab}}{p^2 + i\varepsilon}\left[g^{\mu\nu} + (\xi - 1)\dfrac{p^\mu p^\nu}{p^2}\right]$

Quark-Gluon-Vertex

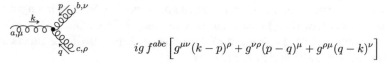 $a,\mu \qquad j \atop i$ $+ig\gamma^\mu\,(T^a)_{ij}$

3-Gluon-Kopplung

$ig\,f^{abc}\left[g^{\mu\nu}(k - p)^\rho + g^{\nu\rho}(p - q)^\mu + g^{\rho\mu}(q - k)^\nu\right]$

4-Gluon-Kopplung

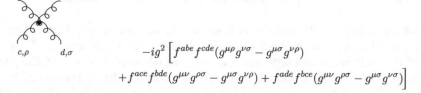

$-ig^2\left[f^{abe}f^{cde}(g^{\mu\rho}g^{\nu\sigma} - g^{\mu\sigma}g^{\nu\rho})\right.$
$\left. + f^{ace}f^{bde}(g^{\mu\nu}g^{\rho\sigma} - g^{\mu\sigma}g^{\nu\rho}) + f^{ade}f^{bce}(g^{\mu\nu}g^{\rho\sigma} - g^{\mu\sigma}g^{\nu\sigma})\right]$

Abb. 11.1 Feynmanregeln der QCD

4-Gluon-Vertex. Diese Selbstwechselwirkung führt zu teilweise fundamental verschiedenen Phänomenen der beiden Theorien.

Wir können nun völlig analog zur QED Streumatrixelemente zwischen den fundamentalen QCD-Teilchen definieren und Ordnung für Ordnung in Störungstheorie berechnen. Einige Diagramme zur Quark-Quark-Streuung im s-Kanal sind in
Abb. 11.2 dargestellt. Wiederum organisiert sich die Störungsreihe für Matrixelemte
als Reihe in

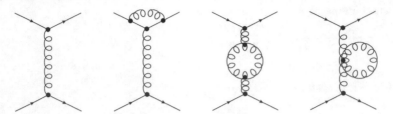

Abb. 11.2 Beiträge zur Quark-Quark-Streuung in der QCD. Die ersten beiden Diagramme sind analog den in der QED auftretenden, die letzten beiden beruhen auf der Selbstwechselwirkung der Gluonen und können nur in nichtabelschen Theorien auftreten

$$\alpha_s \equiv \frac{g^2}{4\pi},\tag{11.22}$$

dem QCD-Analogon der Feinstrukturkonstante aus der QED. Während sich die ersten beiden Diagramme aus Abb. 11.2 von den entsprechenden QED-Diagrammen lediglich durch gruppentheoretische Faktoren unterscheiden, haben wir aufgrund der Gluonselbstwechselwirkung zusätzliche Diagramme, die in der QED nicht auftreten. Es ist diese Selbstwechselwirkung, die für grundlegende physikalische Unterschiede zwischen den beiden Theorien verantwortlich ist.

11.3 Laufende Kopplung und asymptotische Freiheit

Es wird an dieser Stelle nicht mehr überraschen, dass wir bei der Auswertung von Feynmandiagrammen ab dem Einschleifenniveau auf die bereits aus der ϕ^4-Theorie und der QED bekannten divergenten Impulsintegrale treffen. Wie die QED gehört jedoch auch die QCD zu den störungstheoretisch renormierbaren Theorien, d. h., wir können die auftretenden Divergenzen Ordnung für Ordnung in den nicht beobachtbaren nackten Parametern (Eichkopplung und Quarkmassen) sowie den Feldnormierungsfaktoren absorbieren, ohne die Struktur der Theorie verändern zu müssen. Wie für die anderen Theorien führt das Renormierungsverfahren zur Vorhersage, dass die physikalische Kopplung in einem Streuprozess vom Viererimpulsquadrat abhängt, das diesen Prozess charakterisiert. Das Laufen der Kopplung als Funktion des logarithmischen Viererimpulsquadrats definiert die sogenannte Betafunktion, die eine charakteristische Eigenschaft einer jeden Quantenfeldtheorie darstellt,

$$\frac{\partial \alpha_s(Q^2)}{\partial \ln Q^2} \equiv \beta_{\mathrm{QCD}}\left(\alpha_s(Q^2)\right).\tag{11.23}$$

Durch Auswertung der Beta-Funktion zu führender Ordnung in Störungsentwicklung findet man

$$\alpha_s(Q^2) = \frac{4\pi}{\left(11 - \frac{2}{3}N_f\right)\ln\frac{Q^2}{\Lambda_{\mathrm{QCD}}^2}}.\tag{11.24}$$

In diesem Ausdruck bezeichnet Λ_{QCD} den sogenannten QCD-Skalenparameter, der aus der Renormierungsgruppe und dem Experiment zu bestimmen ist. Sein konkreter Wert ist vom gewählten Renormierungsschema abhängig, liegt aber in der Größenordnung $\Lambda_{QCD} \simeq 200 - 400$ MeV und kennzeichnet die Skala hadronischer Physik.

Die Analyse dieses Ergebnisses ist faszinierend. Zunächst stellen wir fest, dass der Nenner aus zwei Termen mit unterschiedlichen Vorzeichen besteht. Insbesondere ist

$$\beta_{QCD}(\alpha_s) < 0 \qquad \text{1. für alle } SU(N_c)\text{Yang-Mills-Theorien}, \qquad (11.25)$$
$$\text{2. für QCD mit } N_f < 17.$$

Das Laufen der QCD-Kopplung ist also genau umgekehrt zu derjenigen der QED. Mit wachsender Energie wird die Kopplung im Limes $Q^2 \to \infty$ beliebig schwach, d. h., die störungstheoretische Vorhersage dieses Effekts wird selbstkonsistent immer genauer. Dieser Effekt wird als „asymptotische Freiheit" oder UV-Freiheit der QCD bezeichnet, seine theoretische Entdeckung durch Gross, Wilczek und Politzer im Jahre 1973 wurde 2004 mit dem Nobelpreis ausgezeichnet. Demgegenüber steigt die Kopplung für kleine Q^2 und divergiert für $Q^2 = \Lambda_{QCD}$, d. h. bei hadronischen Energieskalen. Dies wird auch als „Infrarotsklaverei" bezeichnet, weil es die Anwendung der Störungstheorie verbietet, die in diesem Bereich nicht konvergierende und physikalisch sinnlose Ergebnisse liefert. Somit ist insbesondere das Hadronspektrum in der QCD perturbativ nicht berechenbar. Andererseits ist eine bei niedrigen Energien immer stärker werdende Kopplung natürlich eine Bestätigung für die Confinement-Hypothese, nach der Quarks als freie Teilchen unbeobachtbar sind und nur innerhalb von Hadronen existieren.

Wie kommt es zur Umkehrung der Laufrichtung der QCD-Kopplung gegenüber der QED? Zunächst sehen wir an der Betafunktion, dass die Änderung der Kopplung mit der Impulsskala vom Teilcheninhalt der Theorie abhängt. Dies ist sehr plausibel, wenn wir das physikalische Vakuum wie in der QED wieder als fluktuierendes Medium auffassen, das aus ständig entstehenden und wieder verschwindenden virtuellen Quark-Antiquark-Paaren besteht. Je mehr Quarkfamilien vorhanden sind, umso stärker ist dieser Effekt, was durch das N_f im zweiten Term des Nenners zum Ausdruck kommt. Der erste Term im Nenner kommt von den Gluonschleifen und fehlt in der QED, er ist der Selbstwechselwirkung der Eichbosonen geschuldet. Neben den Quark-Antiquark-Paaren produziert das QCD-Vakuum auch virtuelle Gluonpaare wie in den beiden rechten Diagrammen in Abb. 11.2. Der wesentliche Unterschied ist, dass Gluonen in der adjungierten (Oktett-) Darstellung der Gruppe leben (d. h., es gibt keine entgegengesetzt geladenen Antigluonen) und virtuelle Gluonpaare somit keine polarisierbaren Dipole bilden können. Ganz im Gegenteil verstärkt eine virtuelle Gluonwolke vorhandene Farbladungen mit wachsendem Abstand. Diese Eigenschaft des QCD-Vakuums ist für die nichtperturbative Natur der starken Wechselwirkungen bei kurzen Abständen verantwortlich und verlangt nach grundsätzlich anderen Lösungsmethoden.

11.4 Confinement und Hadronisierung

Die theoretische Überprüfung der Confinement-Hypothese und die Berechnung von physikalischen Observablen im hadronischen Niederenergiebereich der QCD sind grundsätzlich nichtstörungstheoretische Probleme. Bis heute gibt es keinen strengen, mathematischen Beweis für das Confinement in der QCD. Mittlerweile sind jedoch numerische Simulationen der Gitter-QCD so weit fortgeschritten, dass es am Auftreten dieses Phänomens keine Zweifel mehr gibt. Während eine angemessene Behandlung dieser Themen in diesem Rahmen nicht möglich ist, wollen wir uns wenigstens einen qualitativen Überblick über das Verhalten der QCD in diesem Regime verschaffen.

Confinement wird am einfachsten in einer in der Natur so nicht auftretenden Situation mit hypothetischen, unendlich schweren Quarks illustriert. Wie in der Elektrodynamik betrachten wir zwei gegennamige Ladungen bei festem Abstand r: Analog zum elektrischen Feld in der QED bildet sich ein „farbelektrisches" Feld $E_i^a(x)$ mit den zugehörigen Feldlinien um die Ladungen. Wir fragen nun nach der potenziellen Energie zwischen den Ladungen und der daraus resultierenden Kraft

$$F(r) = -\frac{\partial V(r)}{\partial r}. \tag{11.26}$$

Bei kurzen Abständen (hohen Impulsen) verhält sich QCD perturbativ, und wir können das Potenzial in Störungsrechnung bestimmen. Entsprechend den Feynmanregeln findet man das zur QED analoge Resultat eines Coulombpotenzials, modifiziert durch einen gruppentheoretischen Faktor. Bei größeren Abständen (niedrigen Impulsen) erhält man jedoch nichtperturbativ ein linear ansteigendes Potenzial (Abb. 11.3), d. h. insgesamt

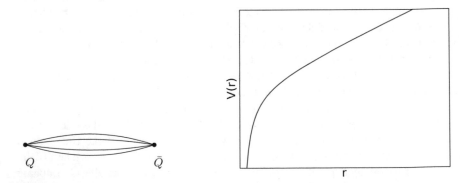

Abb. 11.3 Zwischen einem statischen Quark-Antiquark-Paar bildet sich eine Röhre farbelektrischen Feldflusses mit einer anziehenden Kraft. Bei kurzen Abständen ist diese coulombartig, wie in der QED, bei großen Abständen wächst das Potenzial linear, die Kraft bleibt konstant. In einer reinen Eichtheorie ohne dynamische Quarks setzt sich dieses Verhalten ins Unendliche fort

$$V \sim \frac{a}{r} \qquad + \qquad \sigma \cdot r \qquad . \qquad (11.27)$$

↑
Coulombanteil
bei kurzenAbständen

Confinement-
↑
Potenzial

Dieser lineare Term ist für das Confinement verantwortlich. Mit zunehmender Entfernung der Ladungen wächst die potenzielle Energie, d. h., die Kraft zwischen den Quarks bleibt konstant. Man kontrastiere dies mit dem Verhalten in QED, wo die Kraft zwischen Ladungen mit wachsendem Abstand abnimmt! In einer reinen Yang-Mills-Theorie, also in Abwesenheit leichter Quarks, gilt dieses Verhalten für beliebig große Abstände. Es ist demnach unmöglich (kostet unendlich viel Energie) die beiden Ladungen zu trennen. Die farbelektrischen Flusslinien werden, ähnlich einem gedehnten Gummiband, bei großen Abständen zu einem saitenartigen „Flussschlauch" oder String zusammengezogen. Der Koeffizient σ im Potenzial gibt die Stringspannung an und ist charakteristisch für die Confinementeigenschaften einer $SU(N_c)$-Eichtheorie.

Enthält die Theorie dagegen auch leichte Quarks, wie sie in der Natur realisiert sind, so bilden diese einen Teil der Vakuumfluktuationen. Sobald der String oberhalb eines kritischen Abstandes genug Energie enthält, um ein Quark-Antiquark-Paar zu erzeugen, können die Flusslinien der Ladungsquellen auf den leichten Quarks enden, was zum Reißen der Saite, dem sogenannten „String Breaking" führt. Der Zustand nach diesem Vorgang besteht aus zwei Mesonen aus jeweils einem leichten und einem schweren Quark, die Farbladungen der schweren Quarks sind nun voreinander abgeschirmt, und es kostet keine weitere Energie, die beiden zu trennen (Abb. 11.4). Das resultierende Potenzial saturiert bei den Ruhemassen der beiden entstandenen Schwer-Leicht-Bindungszustände.

Man beachte, dass das beschriebene Bild eines Potenzials bei festen Abständen ein nichtrelativistisches Konzept ist, das unendlich schwere Ladungsquellen voraussetzt. Das Phänomen des String-Breakings findet jedoch in ähnlicher Form auch statt, wenn ausschließlich leichte Quarks beteiligt sind. Als Beispiel betrachten wir die

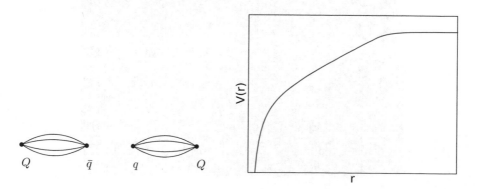

Abb. 11.4 In der QCD saturiert das Anwachsen des statischen Potenzials durch Paarproduktion leichter Quarks. Der farbelektrische Fluss befindet sich nun innerhalb zweier statisch-leichten Mesonen, die untereinander keine Farbkraft mehr spüren

Quark-Quark-Streuung aus Abb. 11.2. Auslaufende Quark- oder Gluonlinien können im Einklang mit der Confinement-Hypothese keine asymptotischen Teilchenzustände bezeichnen, die in einem Detektor nachgewiesen werden könnten, selbst
wenn sie hohe Energien haben. Stattdessen „holen sich" die auslaufenden Quarks
oder Gluonen aus den Vakuumfluktuationen Partner, mit denen sie hadronische Bindungszustände eingehen. Was man in Streuexperimenten tatsächlich beobachtet, sind
sogenannte „Jets", d. h. eine Anzahl von Hadronen, die aus jeweils einem Quark-
oder Gluon hervorgehen, wie in Abb. 11.5. Jets sind gut identifizierbar, weil die
Impulse der Hadronen gemäß Energie-Impulserhaltung innerhalb eines Kegels um
den ursprünglichen Quark- oder Gluonimpuls liegen. Ein Beispiel von hadronischen
Teilchenspuren, die sich als Jets identifizieren lassen, ist in Abb. 11.6 gezeigt.

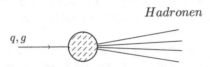

Abb. 11.5 Hadronisierung: Hochenergetische, aus einem Streuprozess kommende Quarks oder
Gluonen gehen mit Quark-Antiquark-Paaren aus dem Vakuum Bindungszustände ein, die als
Hadronjet in einem Kegel um den ursprünglichen Impuls $\mathbf{p}_{q,g}$ indentifizierbar sind

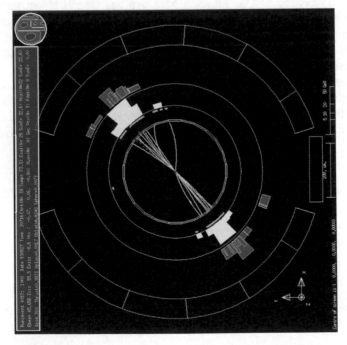

Abb. 11.6 Beispiel für ein Zwei-Jet-Ereignis aus dem Querschnitt des OPAL-Detektors am CERN
[23]

Abb. 11.7 Tief inelastische Elektron-Proton-Streuung: Bei hinreichend großer Energie streut das Elektron an einem einzelnen Quark des Protons, das fragmentiert. Danach hadronisieren das gestreute wie die ungestreuten Quarks wieder zu Jets

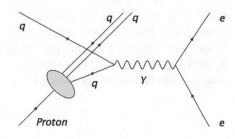

Ganz analog kommen auch die Quarks für die einlaufenden Linien in hochenergetischen Streuprozessen aus Hadronen. Abb. 11.7 zeigt als Beispiel einen Prozess der Elektron-Proton-Streuung in QED. Bei niedrigen Energien streut das Elektron am Coulombpotenzial des Protons als Ganzem. Bei hohen Energien jedoch wird die Unterstruktur des Protons aufgelöst. Ist die Wellenlänge des Elektrons klein genug, so „sieht es" einzelne Quarks und streut an einem von diesen. Dabei wird das Proton zerstört, man spricht von inelastischer Streuung. Die Übergänge zwischen hadronischen und Quark- oder Gluonfreiheitsgraden sind nichtperturbative Prozesse und theoretisch nur wenig verstanden. Die Anwendbarkeit von Störungstheorie und Feynmandiagrammen beschränkt sich auf die hochenergetischen Unterprozesse, in denen ein- und auslaufende Quarklinien näherungsweise wie freie Teilchen behandelt werden können.

Das Confinement-Phänomen ist also für einen qualitativen Unterschied der QCD gegenüber der QED verantwortlich. Die Freiheitsgrade, in denen die Lagrangedichte formuliert ist, entsprechen unter keinen experimentellen Umständen asymptotisch freien und beobachtbaren Teilchenzuständen, sondern den Konstituenten, aus denen sich alle hadronische Materie zusammensetzt.

11.5 Experimentelle Evidenz für die QCD

Wegen der Confinement-Eigenschaft ist die niederenergetische QCD nichtperturbativ, was die Herleitung theoretischer Vorhersagen und deren experimentelle Überprüfung wesentlich komplizierter macht als in der QED. Daher überzeugen wir uns von der Gültigkeit der Theorie am einfachsten in hochenergetischen Streuprozessen, wo wir Störungstheorie zur Anwendung bringen können. Generell findet man gute Übereinstimmung von Rechnung und Experiment bei hohen Energien. Im Folgenden betrachten wir einige Beispiele, die spezifische Aspekte der QCD verifizieren.

11.5.1 e^+e^--Vernichtung in Hadronen

Da die Lagrangedichte der QCD keine frei existierenden Teilchen beschreibt, müssen wir uns zunächst einmal vom Teilcheninhalt der Theorie überzeugen und die

Quark- und Farbhypothesen testen. Dies lässt sich unter Umgehung aller Schwierigkeiten der starken Wechselwirkung sehr elegant durch einen QED-Prozess erreichen. Dabei nutzt man aus, dass Quarks auch elektrische Ladung tragen und somit ebenso an der QED teilnehmen und an Photonen koppeln wie die bereits diskutierten Leptonen. Konkret betrachten wir die Hadronproduktion in Elektron-Positron-Streuung,

$$e^- + e^+ \longrightarrow q + \bar{q} \longrightarrow 2 \text{ Jets}. \tag{11.28}$$

Bis zur Hadronisierung ist dies ein rein elektromagnetischer Prozess im s-Kanal mit dem Feynmandiagramm führender Ordnung:

Die Quarks im Endzustand hadronisieren und gehen als Hadronjets in die Detektoren. Offenbar ist dieser Prozess völlig analog dem bereits in Abschn. 8.5.5 besprochenen QED-Prozess, und wir vergleichen ihn hier konkret mit der Myon-Paarproduktion,

$$e^- + e^+ \longrightarrow \mu^- + \mu^+. \tag{11.29}$$

Wir müssen lediglich die Ladungen der Endzustandsteilchen modifizieren, indem der obere Vertex einen zusätzlichen Faktor Q_f erhält, der Vorzeichen und Ladungsbruchzahl für die Quarkladung des Flavours f angibt. Ansonsten können wir die QED-Rechnung übernehmen. Für die Betragsquadrate der Matrixelemente für Myon-Paarproduktion und Quark-Antiquark-Produktion eines bestimmten Flavours gilt dann

$$|M_{fi}(e^- + e^+ \to q + \bar{q})|^2 = Q_f^2 \, |M_{fi}(e^- + e^+ \to \mu^- + \mu^+)|^2. \tag{11.30}$$

Nun sind die Quarks aber nicht direkt beobachtbar, sondern hadronisieren. Wir summieren im Endzustand also über alle Quarkflavours, die wir mit der zur Verfügung stehenden Schwerpunktsenergie paarproduzieren können. Weiter tragen die Quarks eine Farbladung, die ebenfalls nicht gemessen wird, sodass über die drei möglichen Farbladungen der Quarks zu summieren ist. Insgesamt erhalten wir damit für den Vergleich des totalen Wirkungsquerschnitts der Myon- und der Quark-Paarerzeugung

$$\sigma(e^+ + e^- \to \mu^+ + \mu^-) = \frac{4\pi\alpha^2}{3s}, \tag{11.31}$$

$$\sigma(e^+ + e^- \to 2 \text{ Jets}) = \frac{4\pi\alpha^2}{3s} \cdot N_c \cdot \sum_{f=1}^{N_f} Q_f^2. \tag{11.32}$$

Das Verhältnis der beiden Wirkungsquerschnitte,

$$R = \frac{\sigma(e^+ + e^- \to 2\,\text{Jets})}{\sigma(e^+ + e^- \to \mu^+ + \mu^-)}, \tag{11.33}$$

liefert damit einen direkten Test für die Anzahl der aktiven Quarkflavours und die Anzahl der Farben. Durch verschiedene Schwerpunktsenergien können wir die beiden Zahlen noch separieren. Konkret haben wir bei Anregung von 3, 4 oder 5 Quarkflavours die Werte

$$R(u,d,s) = 3 \cdot \left(\frac{4}{9} + \frac{1}{9} + \frac{1}{9}\right) = 2, \tag{11.34}$$

$$R(u,d,s,c) = 3 \cdot \left(\frac{4}{9} + \frac{1}{9} + \frac{1}{9} + \frac{4}{9}\right) = \frac{10}{3}, \tag{11.35}$$

$$R(u,d,s,c,b) = 3 \cdot \left(\frac{4}{9} + \frac{1}{9} + \frac{1}{9} + \frac{4}{9} + \frac{1}{9}\right) = \frac{11}{3}. \tag{11.36}$$

Experimentelle Daten für dieses Verhältnis als Funktion der Schwerpunktsenergie sind in Abb. 11.8 gezeigt, in der die Massenschwellen für die Aktivierung von c- und b-Quarkpaaren überschritten werden. In unmittelbarer Nachbarschaft der Schwellenenergien werden die Prozesse durch die starke Wechselwirkung kompliziert, indem hadronische Resonanzen (kurzlebige Bindungszustände) mit hohen Wirkungsquerschnitten auftreten. Abseits dieser Resonanzen jedoch ergibt sich das erwartete einfache Bild. Das Verhalten der Wirkungsquerschnitte $\sim s^{-1}$ bestätigt die Interpretation der Quarks als Punktteilchen analog der Leptonen. Die durch das Teilchen- und Ladungsspektrum der QCD vorhergesagten Werte für R sind somit glänzend bestätigt. Man beachte insbesondere, dass die theoretische Vorhersage ohne Farbladungen um einen Faktor drei zu niedrig wäre!

Aus demselben Streuprozess lässt sich auch auf den Spin der Quarks schließen. Wie besprochen bilden die Quarks des Endzustands bei hohen Energien Jets, die im Schwerpunktsystem in entgegengesetzter Richtung auslaufen. Man kann nun die Winkelverteilung der Jets gegen die Strahlachse und somit den differenziellen Wirkungsquerschnitt der Streuung in ein Quark-Antiquark-Paar messen. Gemäß unserer Theorie ist dieser gegenüber dem myonischen Prozess wiederum nur durch die Ladungsfaktoren modifiziert und somit proportional zu

$$\frac{d\sigma}{d\Omega} \sim (1 + \cos^2\theta). \tag{11.37}$$

Die experimentelle Bestätigung dieses Verhaltens wie in Abb. 11.9 zeigt uns daher, dass Quarks denselben Spin wie Myonen haben.

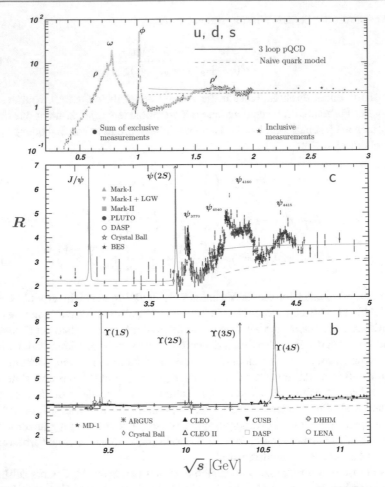

Abb. 11.8 Das Verhältnis (11.33) gemessen in verschiedenen Experimenten als Funktion der Schwerpunktsenergie, gesammelt von der Particle Data Group. Ebenso gezeigt ist das Ergebnis einer Dreischleifenrechnung in QCD (aus [24])

11.5.2 Verhältnis von 2-Jet- zu 3-Jet-Ereignissen

Wir können den Prozess im vorigen Abschnitt abwandeln, indem wir auch einen Endzustand mit drei Hadronjets betrachten. Solche Endzustände kommen zustande, indem eines der Quarks vor der Hadronisierung ein Gluon abstrahlt, das dann seinerseits hadronisiert. Die Gluonemission ist nun allerdings ein echter QCD-Prozess und wir müssen uns auf hinreichend hochenergetische Quarks bzw. Jets beschränken, sodass die starke Kopplung klein genug ist, um eine störungstheoretische Behandlung zu erlauben. Dann werden 3-Jet-Ereignisse in führender Ordnung durch zwei Diagramme beschrieben:

Abb. 11.9 Winkelverteilung der 2-Jet-Ereignisse gemessen im TASSO-Detektor bei DESY mit $W = \sqrt{s}$ [25]. Die durchgezogene Linie ist proportional $\sim (1 + \cos^2 \theta)$

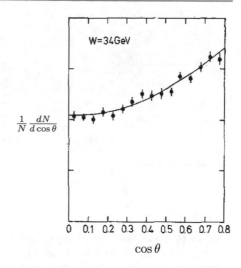

Verglichen mit dem 2-Jet-Diagramm ohne Gluonemission weisen diese Diagramme einen zusätzlichen QCD-Vertex und somit einen Faktor g der starken Kopplung auf. Folglich gilt in führender Ordnung für das Betragsquadrat der Matrixelemente und damit die Wirkungsquerschnitte

$$\sigma(e^- + e^+ \rightarrow 3 \text{ Jets}) = \alpha_s \cdot \sigma(e^- + e^+ \rightarrow 2 \text{ Jets}). \tag{11.38}$$

Damit können wir aus dem Verhältnis dieser Wirkungsquerschnitte den Wert der starken Kopplungskonstante und ihre Abhängigkeit von der Schwerpunktsenergie extrahieren.

11.5.3 Winkelverteilung in 3-Jet-Ereignissen

Misst man die Winkelverteilungen in 3-Jet-Ereignissen, so lässt sich verifizieren, dass das Gluon Spin 1 trägt. Dazu klassifiziert man die Energie der einzelnen Jets nach dem Bruchteil der Schwerpunktsenergie der Kollision, $x_i = E_i/\sqrt{s}$, und ordnet $x_1 \geq x_2 \geq x_3$. Danach transformiert man jedes Ereignis ins Schwerpunktsystem der jeweiligen Jets 2 und 3, sodass nur noch ein nichttrivialer Winkel $\tilde{\theta}$ auftritt. Der entsprechende differenzielle Wirkungsquerschnitt wird in Abb. 11.10 mit Rechnungen unter Verwendung eines Vektor-Gluons $A^{a\mu}(x)$ oder eines skalaren Gluons $\phi^a(x)$ bei

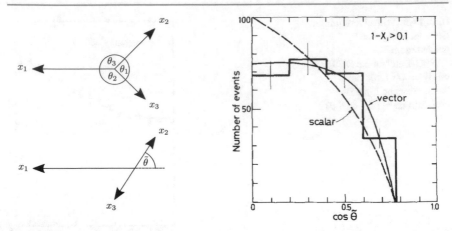

Abb. 11.10 Links: Winkelverteilung eines 3-Jet-Ereignisses im Laborsystem (oben) und im Schwerpunktsystem von Jet 2 und 3 (unten). Rechts: Am TASSO-Detektor gemessene Winkelverteilung im Vergleich mit theoretischen Vorhersagen für vektorielle (Spin 1) oder skalare (Spin 0) Gluonen [26]

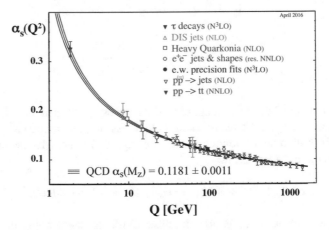

Abb. 11.11 Messwerte für α_s als Funktion des Energieübertrags aus verschiedenen Prozessen im Vergleich mit dem theoretisch vorhergesagten Laufen der Kopplung (aus [22])

sonst gleicher Kopplung verglichen. Die Übereinstimmung mit der QCD-Vorhersage ist evident.

11.5.4 Asymptotische Freiheit

Eine zentrale Vorhersage der QCD ist die asymptotische Freiheit, also die Abnahme der starken Kopplung als Funktion des Energieübertrags bei einer Wechselwirkung. In Abschn. 11.5.2 haben wir eine Möglichkeit besprochen, die starke

Kopplungskonstante α_s aus der Elektron-Positron-Streuung bei verschiedenen Energien zu bestimmen. Natürlich gibt es etliche weitere Möglichkeiten bei Prozessen in der tief inelastischen Streuung von Protonen und Antiprotonen an Hadronbeschleunigern, aus Strahlungskorrekturen zu elektroschwachen Prozessen oder auch Bindungszuständen schwerer Quarks. Auf diese Weise kann dieselbe Kopplung aus einem breiten Spektrum verschiedenster physikalischer Prozesse über einen Energiebereich von mittlerweile mehreren Größenordnungen extrahiert werden.

Die Ergebnisse solcher Experimente sind in Abb. 11.11 dargestellt und mit der Theorie verglichen. Man beachte, dass nur ein Datenpunkt als Input benötigt wird, um den Wert von α_s bei der entsprechenden Energie festzulegen. Damit ist die theoretische Vorhersage der QCD fixiert und die Lage alle anderen Datenpunkte korrekt vorhergesagt. Wir entnehmen der Abbildung weiter die Anwendbarkeit von Störungstheorie für Energieskalen oberhalb einiger GeV, während das starke Anwachsen der Kopplung darunter den nichtperturbativen Sektor der QCD kennzeichnet.

11.5.5 Das Spektrum leichter Hadronen

Auch wenn nichtperturbative Methoden für den Niedrigenergiesektor über den Rahmen dieses Kurses hinausgehen, wollen wir der Vollständigkeit halber erwähnen, dass es im Rahmen der Gitter-QCD möglich ist, mithilfe von numerischen Simulationen kontrollierte Ergebnisse zum Hadronspektrum zu erhalten. Ein Beispiel ist in Abb. 11.12 gezeigt, in dem die u- und d-Quarks (und damit die Nukleonen) als streng entartet behandelt werden und die schweren c, b und t-Quarks vernachlässigt werden (sie spielen für die Massen der leichten Hadronen kaum eine Rolle).

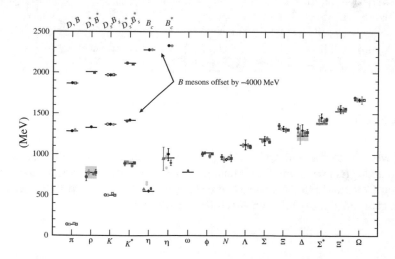

Abb. 11.12 Das Spektrum der leichten Hadronen berechnet durch Simulationen der Gitter-QCD. Querbalken geben die experimentellen Werte an (aus [27])

Drei Hadronmassen dienen als Input, um die Quarkmassen und die starke Kopplung festzulegen, die anderen Hadronmassen sind Vorhersagen. Es muss betont werden, dass solche Rechnungen sowohl konzeptionell als auch numerisch sehr aufwendig sind und dementsprechend für realistische Parameterwerte erst seit einigen Jahren auf den größten Supercomputern realisiert werden können. Damit ist die QCD auch für die niederenergetische starke Wechselwirkung als korrekte Theorie bestätigt.

Zusammenfassung

- Die QCD ist analog der QED als Eichtheorie mit der Eichgruppe $SU(3)$ konstruiert
- Es gibt acht Eichbosonen, die Gluonen
- Gluonen tragen selbst Farbladung und wechselwirken bereits klassisch über Dreipunkt- und Vierpunktvertizes
- Die QCD ist exakt symmetrisch unter lokalen $SU(3)$- (Farbe) und globalen $U(1)$- (Baryonzahl) Transformationen
- Die QCD weist in guter Näherung eine $SU(2)$-Isospin und in grober Näherung eine $SU(3)$-Flavoursymmetrie auf
- Die QCD besitzt eine näherungsweise $SU(2)_L \times SU(2)_R$ chirale Symmetrie
- Die QCD zeigt Confinement: Quarks und Gluonen können nicht einzeln beobachtet werden, sondern nur zu farbneutralen Bindungszuständen kombiniert
- Die QCD ist asymptotisch frei: bei hohen Energien wird die Kopplung schwach, bei niedrigen Energien stark
- Bei Energien oberhalb einiger GeV sind Streuprozesse der Konstituenten störungstheoretisch behandelbar
- Die Beschreibung des Niederenergieverhaltens und insbesondere des Hadronspektrums erfordert nichtperturbative Methoden.

Aufgaben

11.1 Man betrachte die QCD mit nur einem Quarkflavour und zeichne die Feynmandiagramme führender Ordnung in der starken Kopplungskonstanten für den zur Comptonstreuung analogen Prozess $q + g \longrightarrow q + g$. Mithilfe der Feynmanregeln sind die zugehörigen Ausdrücke anzugeben.

11.2 Man löse die Differenzialgleichung für die laufende Kopplung α_s zu führender Ordnung,

$$Q^2 \frac{d\alpha_s(Q^2)}{dQ^2} = -\beta_0 \alpha_s^2(Q^2) + O(\alpha_s^3), \quad \text{mit} \quad \beta_0 = \frac{11N_c - 2N_f}{12\pi},$$

d. h. unter Vernachlässigung von Termen der Ordnung $\sim \alpha_s^3$ und höher. Die freie Integrationskonstante kann durch den experimentell bestimmten Wert der Kopplung bei der Masse des Z-Bosons, $\alpha_s(M_Z^2) = 0,12$, festgelegt werden. Daraus ist der Wert der Kopplung bei $Q = 10$ GeV zu bestimmen. (Man benutze $N_f = 5$ und $M_Z = 91,1$ GeV.)

11.3 Man betrachte die Hadronproduktion in Elektron-Positron-Streuung mittels der Prozesse

$$e^- + e^+ \longrightarrow q + \bar{q} + g + g,$$
$$e^- + e^+ \longrightarrow q + \bar{q} + Q + \bar{Q},$$
$$e^- + e^+ \longrightarrow q + \bar{q} + q + \bar{q},$$

wobei $Q \neq q$. Zeichnen Sie die Feynmandiagramme führender Ordnung und bestimmen Sie die relativen Vorzeichen entsprechend der Bose- bzw. Fermistatistik der beteiligten Teilchen.

11.4 Quarks tragen sowohl elektrische als auch Farbladung und wechselwirken daher ebenso elektromagnetisch wie stark.

a) Man zeichne alle Feynmandiagramme zu führender Ordnung für den Streuprozess

$$u + \bar{d} \longrightarrow u + \bar{d},$$

sowohl in QED als auch in QCD.

b) Man benutze die Feynmanregeln, um die Streuamplituden iM_{em} und iM_s zu führender Ordnung anzuschreiben.

c) Berechnen Sie $\overline{|M_s|^2}$ durch Mittelung über Anfangszustandsspins und -farben und Summation über die Endzustandsspins und -farben und drücken Sie das Ergebnis aus als

$$\overline{|M_s|^2} = R \, \overline{|M_{em}|^2}.$$

Was ist der Wert von R?

Hinweis: Für näherungsweise masselose Quarks mit Spins s und Farben c, c' gilt $\sum_s u_s^c(p) \bar{u}_s^{c'}(p) = p\!\!\!/\, \delta_{cc'}$.

d) Sind die Prozesse experimentell (direkt oder indirekt) beobachtbar?

Phänomenologie der schwachen Wechselwirkung

12

Inhaltsverzeichnis

Als Nächstes wenden wir uns der schwachen Wechselwirkung zu. In diesem Kapitel wollen wir wieder sehr knapp die phänomenologischen Hauptmerkmale und die verschiedenen Entwicklungsstufen beschreiben, die den Weg zur heute gültigen Theorie der schwachen Wechselwirkung im nächsten Kapitel weisen. Dazu gehen wir von der historischen Fermitheorie mit Vier-Fermion-Wechselwirkung aus, erweitern sie um die beobachteten Phänomene der Paritätsverletzung und Mischung verschiedener Quark-Flavours, bevor wir die Limitierung einer Vier-Fermion-Wechselwirkung und ihre Interpretation als Grenzfall einer Eichtheorie bei niedrigen Energien diskutieren. Dabei gehen wir zunächst von masselosen Neutrinos aus.

12.1 Die verschiedenen Kategorien der schwachen Wechselwirkung

Die Prozesse der schwachen Wechselwirkung lassen sich in drei Kategorien unterteilen, die durch die beteiligten Teilchen gekennzeichnet sind:

© Springer-Verlag GmbH Deutschland, ein Teil von Springer Nature 2018
O. Philipsen, *Quantenfeldtheorie und das Standardmodell der Teilchenphysik,*
https://doi.org/10.1007/978-3-662-57820-9_12

- Leptonische Prozesse:

$$\mu^- \rightarrow e^- + \bar{\nu}_e + \nu_\mu \tag{12.1}$$

$$e^- + \nu_\mu \rightarrow \mu^- + \nu_e \tag{12.2}$$

$$\ldots$$

- Semi-leptonische Prozesse:

$$n \rightarrow p + e^- + \bar{\nu}_e \tag{12.3}$$

$$\pi^- \rightarrow \mu^- + \bar{\nu}_\mu \tag{12.4}$$

$$\pi^- \rightarrow e^- + \bar{\nu}_e \tag{12.5}$$

$$K^+ \rightarrow e^+ + \nu_e, \ \mu^+ + \nu_\mu \tag{12.6}$$

$$\ldots$$

- Nicht-leptonische bzw. hadronische Prozesse:

$$\Lambda \rightarrow p + \pi^- \tag{12.7}$$

$$K^- \rightarrow \pi^- + \pi^0 \tag{12.8}$$

$$\ldots$$

Sowohl die instabilen schwereren Leptonen als auch eine Vielzahl an Hadronen zerfallen über die schwache Wechselwirkung. Unter den Hadronzerfällen fallen besonders die Prozesse (12.6, 12.7) und (12.8) auf, weil sie die Strangeness verletzen, die doch in den starken und elektromagnetischen Wechselwirkungen erhalten ist. Der Neutronzerfall (12.3) ist der am längsten bekannte Prozess der schwachen Wechselwirkung, der für den β-Zerfall instabiler Kerne verantwortlich ist und zu dessen Erklärung Pauli die Existenz von Neutrinos postulierte. Ähnlich wie bei der starken Wechselwirkung beobachten wir eine Vielfalt an unterschiedlichen Prozessen, deren Gemeinsamkeiten und Unterschiede wir nun zusammenstellen wollen, um zu einer einheitlichen theoretischen Beschreibung zu gelangen.

12.2 Die Fermitheorie

Zur Erklärung des β-Zerfalls formulierte Fermi bereits Anfang der 1930er Jahre eine einfache Theorie mit jeweils einem Diracterm für alle teilnehmenden Fermionen und der Vierpunktwechselwirkung

$$\mathscr{L}_w = -\frac{G_F}{\sqrt{2}} \left(\bar{e}(x)\gamma^\mu \nu_e(x) \right)\left(\bar{p}(x)\gamma_\mu n(x) \right). \tag{12.9}$$

Dabei notieren wir wieder der Kürze halber die Diracspinoren für Elektronen als $e(x) \equiv \psi_e(x)$ und analog für die anderen Teilchen. Die Klammern zeigen jeweils einen leptonischen und hadronischen Strom, die wie die Fermionströme in der QED als Vierervektor transformieren. Als Strom-Strom-Kopplung ist die Fermiwechselwirkung dementsprechend lorentzinvariant. Im Unterschied zur QED sind hier jedoch verschiedene Teilchen mit unterschiedlicher Ladung in einem Strom zusammengefasst, d. h., bei der Wechselwirkung wird elektrische Ladung abgegeben oder aufgenommen. Man spricht daher auch von geladenen Strömen. Die Kopplungskonstante zur Charakterisierung der Wechselwirkungsstärke ist die Fermikonstante

$$G_F \sim 10^{-5} \, \text{GeV}^{-2}. \tag{12.10}$$

Im Unterschied zu den Kopplungen der QED und QCD ist sie dimensionsbehaftet.

Nun stellt sich aufgrund der seither beobachteten Fülle an schwachen Zerfällen die Frage, inwieweit die Fermitheorie eine allgemeine Beschreibung leisten kann, ohne neue Vierpunktwechselwirkungen für sämtliche auftretenden Teilchenkombinationen einführen zu müssen. Eine gewisse Universalität im hadronischen Sektor erreichen wir, indem wir zum Quarkbild übergehen, das wir ja in QED und QCD überzeugend bestätigt sehen. Demnach ist das Proton ein uud-Zustand und das Neutron ein udd-Zustand, sodass wir den β-Zerfall herunterbrechen können auf

$$d \to u + e^- + \bar{\nu}_e. \tag{12.11}$$

Da es sich beim negativ geladenen Pion um einen $\bar{u}d$-Zustand handelt, kann nun beispielsweise auch der Zerfall (12.5) durch denselben Elementarprozess beschrieben werden. Weiter beobachtet man empirisch, dass die Fermikonstante G_F für leptonische und Quarkströme nahezu aber nicht exakt gleich ist,

$$\frac{G_F(\beta - \text{Zerfall})}{G_F(\mu - \text{Zerfall})} \approx 0.98. \tag{12.12}$$

Quarks und Leptonen koppeln also in nahezu gleicher Weise an die schwache Wechselwirkung.

Aus der Tatsache, dass Neutrinos nahezu masselos sind, ergibt sich sofort die Notwendigkeit einer Korrektur der Fermitheorie. Wie wir aus Abschn. 3.10 wissen, sind masselose Neutrinos immer linkshändig und Antineutrinos immer rechtshändig polarisiert. (Die leichten, aber nicht masselosen Elektronen und Positronen sind vorzugsweise, aber nicht vollständig links- und rechtspolarisiert.) Das Auftreten von Neutrinos in schwachen Zerfällen deutet also darauf hin, dass die schwache Kopplung eine Händigkeit der Fermionströme auszeichnet und damit die Parität verletzt. Die Paritätsverletzung der schwachen Wechselwirkung konnte erstmals 1956 von Lee und Yang im Kaonzerfall und 1957 von Wu im β-Zerfall von ^{60}Co direkt nachgewiesen werden. Demgegenüber ist die Fermiwechselwirkung (12.9) invariant unter Paritätstransformationen und steht damit im Widerspruch zum experimentellen Befund.

12.3 Die V-A-Theorie

Wir erinnern uns an Abschn. 3.10, nach dem wir jeden Diracspinor in einen links-
und rechtshändigen Anteil zerlegen und somit für freie Fermion schreiben können

$$\bar{\psi}\left(i\gamma^\mu\partial_\mu - m\right)\psi = \bar{\psi}_L i\gamma_\mu\partial_\mu\psi_L + \bar{\psi}_R i\gamma^\mu\partial_\mu\psi_R - m\left(\bar{\psi}_L\psi_R + \bar{\psi}_R\psi_L\right).$$
(12.13)

Für masselose Fermionen entkoppeln die links- und rechtshändigen Anteile. Eine
paritätsverletzende Wechselwirkung erhalten wir offenbar, indem wir links- und
rechtshändige Felder unterschiedlich koppeln. Das Auftreten der bis dahin für exakt
masselos gehaltenen Neutrinos in der schwachen Wechselwirkung bewog Gell-Mann
und Feynman 1958 zu einer Modifikation der Fermitheorie, wonach ausschließlich
die linkshändigen Felder an die schwache Wechselwirkung koppeln. Erinnern wir
uns weiter an die Projektionsoperatoren

$$\psi_{L,R} = P_{L,R}\psi = \frac{1}{2}(1 - \gamma_5)\psi,$$
(12.14)

so können wir beispielsweise den leptonischen Strom der Fermitheorie leicht so
anpassen, dass die Neutrinos immer linkshändig sind,

$$\begin{aligned}
\bar{e}(x)\gamma_\mu\nu_e(x) &\to \bar{e}(x)\gamma_\mu\frac{1}{2}(1 - \gamma_5)\nu_e(x) \\
&= \bar{e}_L(x)\gamma_\mu\nu_{eL}(x) \\
&= \frac{1}{2}\bar{e}(x)\gamma_\mu\nu_e(x) - \frac{1}{2}\bar{e}(x)\gamma_\mu\gamma_5\nu_e(x).
\end{aligned}$$
(12.15)

In dieser Form besteht der Leptonstrom aus zwei Termen, von denen der erste einen
Vektorstrom und der zweite einen Axialvektorstrom unter Lorentztransformationen
darstellt. Daher sprechen wir von einer V-A-Theorie. Aufgrund der beobachteten
Universalität der schwachen Wechselwirkung behandeln wir die anderen Leptonen
und die Quarks gleich, wobei wir uns zunächst auf u und d-Quarks beschränken.
Dann definieren wir einen leptonischen und einen hadronischen Strom sowie ihre
Summe gemäß

$$J_\mu^{(l)}(x) = 2\bar{e}_L(x)\gamma_\mu\nu_{eL}(x) + 2\bar{\mu}_L(x)\gamma_\mu\nu_{\mu L} + 2\bar{\tau}_L(x)\gamma_\mu\,\nu_{\tau L}(x),$$
(12.16)

$$J_\mu^{(h)}(x) = 2\bar{u}_L(x)\gamma_\mu d_L(x),$$
(12.17)

$$J_\mu(x) = J_\mu^{(l)}(x) + J_\mu^{(h)}(x).$$
(12.18)

Damit erhalten wir eine für u und d-Quarks sowie alle Leptonen universelle Erweiterung der Fermitheorie, die der Masselosigkeit der Neutrinos und der Paritätsverletzung der schwachen Wechselwirkung Rechnung trägt,

$$\mathcal{L}_w = \frac{G_F}{\sqrt{2}}\,J_\mu(x)J^{\mu\dagger}(x).$$
(12.19)

Nach Ausmultiplizieren der Strom-Strom-Kopplung ergeben die verschiedenen Terme gerade die beobachteten drei Kategorien von schwachen Prozessen:

$$J_\mu^{(l)} J^{(l)\mu\dagger} \qquad \text{leptonisch} \tag{12.20}$$

$$J_\mu^{(l)} J^{(h)\mu\dagger} + J_\mu^{(h)} J^{(l)\mu\dagger} \quad \text{semi-leptonisch} \tag{12.21}$$

$$J_\mu^{(h)} J^{(h)\mu\dagger} \qquad \text{nicht-leptonisch} \tag{12.22}$$

Nun benötigen wir noch einige Modifikationen, um die Theorie an die detaillierten experimentellen Ergebnisse anzupassen. Zunächst sind die Kopplungen für die Nukleonströme und die Leptonströme gemäß (12.12) eben nicht exakt, sondern nur annähernd gleich. Das korrekte Verhältnis lässt sich erreichen, indem man im hadronischen Strom einen zusätzlichen Faktor einführt, auf den wir hier wegen der Vorläufigkeit der V-A-Theorie nicht näher eingehen wollen.

Die Erweiterung auf zusätzliche Quark-Flavours legt nahe, analog den leptonischen und hadronischen Strömen (12.16, 12.17) einen Term $2\bar{c}_L\gamma_\mu s_L$ für die nächsten beiden Flavours zum bisherigen hadronischen Strom zu addieren. Die strangeness-verletzenden Prozesse (12.6, 12.7, 12.8) verlangen jedoch ein qualitativ neues Vorgehen. Da Kaonen und Lambda-Teilchen neben s-Quarks die leichteren u und d-Quarks, aber keine c-Quarks enthalten, benötigen die strangeness-verletzenden Prozesse Quark-Ströme aus u- bzw. d- und s-Quarks. Dies ist nur möglich, wenn die Flavours geeignet mischen. Hierzu definieren wir gestrichene Spinoren,

$$d' = d \cdot \cos\theta_c + s \cdot \sin\theta_c, \tag{12.23}$$

$$s' = s \cdot \cos\theta_c - d \cdot \sin\theta_c. \tag{12.24}$$

Schreiben wir nun den hadronischen Strom als

$$J_\mu^{(h)} = 2\bar{u}_L\gamma_\mu d'_L + 2\bar{c}_L\gamma_\mu s'_L, \tag{12.25}$$

so erhalten wir die beobachteten strangeness-verletzenden Prozesse. Der die Mischung charakterisierende Cabbibowinkel wird durch das Experiment festgelegt zu

$$\theta_c = 13{,}02°. \tag{12.26}$$

Die so eingestellte V-A-Theorie liefert eine erfolgreiche Beschreibung für zahlreiche Prozesse der schwachen Wechselwirkung bei niedrigen Energien.

Mit zunehmender Verfügbarkeit hoher Neutrinoflüsse aus z. B. Kernreaktoren wurden zusätzliche Streureaktionen wie

$$\bar{\nu}_\mu + e^- \rightarrow \bar{\nu}_\mu + e^-, \tag{12.27}$$

$$\nu_\mu + N \rightarrow \nu_\mu + \text{Hadronen} \tag{12.28}$$

beobachtet, die einen weiteren Aspekt der schwachen Wechselwirkung aufzeigen: der Existenz von neutralen Strömen. Während in den bisher besprochenen Prozessen

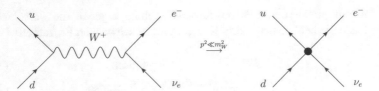

Abb. 12.1 Der Austausch von schweren W-Bosonen sieht bei niedrigen Energien effektiv wie eine Vier-Fermion-Wechselwirkung aus

entlang den Fermionströmen stets ein Ladungswechsel stattfindet, ist dies in den obigen Prozessen nicht der Fall, sodass wir weitere Wechselwirkungsterme konstruieren müssen.

Während das Auftreten neutraler Ströme zunächst lediglich eine Komplikation darstellt, hat die V-A-Theorie bei höheren Energien jedoch grundsätzliche quantenfeldtheoretische Probleme. Erstens sind Wechselwirkungen vom Typ (12.19) nicht renormierbar. Zweitens verhalten sich die damit berechneten Wirkungsquerschnitte mit zunehmender Schwerpunktsenergie wie

$$\sigma \sim G_F^2 s, \tag{12.29}$$

d. h., die quantenmechanische Übergangswahrscheinlichkeit wächst mit der Schwerpunktsenergie grenzenlos, was die Unitarität der Streumatrix und damit die Erhaltung der Wahrscheinlichkeit verletzt. Damit ist die V-A-Theorie als fundamentale Theorie ausgeschlossen.

Bei der Suche nach einer geeigneten Modifikation liegt es nahe, sich an den renormierbaren Theorien QED und QCD zu orientieren, die ja ein korrektes Hochenergieverhalten ohne Verletzung der Unitarität aufweisen. In beiden Theorien koppeln in fermionischen Vierpunktfunktionen jeweils zwei Fermionströme aneinander, jedoch im Gegensatz zur V-A-Theorie indirekt über ein Austauschteilchen, das Photon bzw. Gluon. Der dabei auftretende Eichbosonpropagator ergibt einen zusätzlichen Faktor $\sim 1/q^2$ (mit $q^2 = s$ im s-Kanal), der ein akzeptables Hochenergieverhalten sichert. Diese Beobachtung legt es nahe, dass auch die schwache Wechselwirkung durch ein intermediäres Vektorboson vermittelt wird. Nun hat aber die QED, die durch einen Photonpropagator der Form $1/q^2$ vermittelt wird, unendliche Reichweite. In der QCD ist dies nur deswegen nicht der Fall, weil die Wechselwirkung über große Abstände durch den besprochenen Fragmentationsprozess abgeschirmt wird. Um eine schwache Kopplung mit kurzer Reichweite zu erhalten, benötigen wir daher im Gegensatz zur QED und QCD massive Eichbosonen. Die entsprechenden Propagatoren,

$$\frac{i}{p^2 - m^2} \left(-g^{\mu\nu} + \frac{p^\mu p^\nu}{m^2} \right), \tag{12.30}$$

sorgen dann bei kleinen q^2, d.h. großen Abständen, für eine Unterdrückung der Wechselwirkung. Darüber hinaus ist der Bosonpropagator im Niederenergiebereich annähernd konstant, sodass die Fermionströme effektiv wie in der Fermitheorie koppeln, siehe Abb. 12.1.

Für die geladenen Ströme müssen die Vektorbosonen elektrische Ladung tragen, für die neutralen Ströme entsprechend neutral sein. Eine Realisierung der schwachen Wechselwirkung über Austauschteilchen erfordert also zwei gegensätzlich geladene und ein neutrales Vektorboson, wobei alle drei massiv sein müssen.

12.4   Massive Eichbosonen und Renormierbarkeit

Die Forderung nach massiven Vektorbosonen führt sofort auf ein neues Problem. Aus der Renormierungstheorie kennen wir eine notwendige Voraussetzung für die Renormierbarkeit der Theorie: für große Impulse $p \to \infty$ müssen Propagatoren mindestens wie $\sim p^{-2}$ verschwinden, sonst ist die Theorie unrenormierbar. Ein massiver Vektorbosonpropagator ist jedoch von der Form (12.30) und geht im Limes $p \to \infty$ gegen eine Konstante. Man beachte, dass sowohl in der abelschen QED als auch in der nichtabelschen QCD die jeweilige Eichsymmetrie einen Massenterm für die Eichbosonen verbietet und somit die Renormierbarkeit der Theorie schützt. Die einzige bekannte Art, eine Eichtheorie mit massiven Eichbosonen zu formulieren, ist mithilfe eines zusätzlichen Skalarfelds und des Higgsmechanismus, vgl. Abschn. 9.4.

Zusammenfassung

- Die schwache Wechselwirkung wird unterteilt in leptonische, semileptonische und hadronische Prozesse
- Die schwache Wechselwirkung verletzt die Parität, indem sie nur an die linkshändigen Anteile der Fermionströme koppelt
- Die schwache Wechselwirkung mischt die Quark-Flavours
- Die Vier-Fermion-Wechselwirkung der Fermitheorie entspricht einer Strom-Strom-Kontaktwechselwirkung ohne Eichboson. Sie ist nicht renormierbar und verletzt die Unitarität der S-Matrix.
- Eine Formulierung mit Austauschteilchen benötigt ein neutrales und zwei geladene, jeweils massive Vektorbosonen
- Eine Eichtheorie mit massiven Eichbosonen kann mit einem zusätzlichen Skalarfeld über den Higgsmechanismus formuliert werden

Aufgaben

12.1 Ausgehend von der Procagleichung (4.61) und der zugehörigen Greenfunktion für massive Vektorbosonen leite man die Form (12.30) des massiven Vektorboson-propagators her.

Das Glashow-Salam-Weinberg-Modell der elektroschwachen Wechselwirkung

13

Inhaltsverzeichnis

Um sämtliche phänomenologischen Vorgaben mit den Anforderungen an eine fundamentale Theorie (Unitarität und der Renormierbarkeit) zu kombinieren, wollen wir nun die schwache Wechselwirkung als Eichtheorie formulieren. Wie wir sehen werden, mischt diese aufgrund der Zuweisung der Quantenzahlen nichttrivial mit der QED, sodass wir eine vereinheitlichte, sogenannte elektroschwache Theorie erhalten. Bei der Konstruktion gehen wir schrittweise vor und formulieren die Theorie zunächst für eine Fermionfamilie, wobei wir von masselosen Neutrinos ausgehen. Nach der Besprechung der Teilchenmassen und der Wechselwirkungsterme übertragen wir die Konstruktion auf die erste Quarkfamilie. Schließlich bauen wir die anderen Quarkfamilien unter Berücksichtigung ihrer nichttrivialen Mischungsphänomene ein. Abschließend diskutieren wir einige experimentelle Tests der grundlegenden Eigenschaften der Theorie. Auf die Neutrinomassen kommen wir schließlich im letzten Kapitel zurück.

© Springer-Verlag GmbH Deutschland, ein Teil von Springer Nature 2018
O. Philipsen, *Quantenfeldtheorie und das Standardmodell der Teilchenphysik*,
https://doi.org/10.1007/978-3-662-57820-9_13

13.1 Wahl der Symmetriegruppe

Rekapitulieren wir nochmals die Forderungen, die unsere neue Theorie zur gleichzeitigen Beschreibung der elektromagnetischen und schwachen Wechselwirkung erfüllen muss: Wir benötigen vier Eichbosonen, W_μ^+, W_μ^-, Z_μ^0 und γ, von denen drei massiv sein sollen, $m_W, m_Z > 0$, und ein masseloses Photon, $m_A = 0$. Massive Vektorbosonen erhalten wir im Rahmen einer Eichtheorie über den Higgsmechanismus. Für drei massive Eichbosonen muss die spontane Brechung einer Symmetrie mit drei Erzeugern vorliegen. Die einfachste Wahl entspricht also einer $SU(2)$, wie in Abschn. 9.4. Die gesamte Eichgruppe muss darüber hinaus eine $U(1)$ für die QED enthalten.

Wie wir bereits besprochen haben, koppeln Leptonen und Quarks in gleicher Weise an die elektromagnetische wie auch die schwache Wechselwirkung, wenn auch mit unterschiedlicher Kopplungsstärke. Die $SU(2)$-Symmetriegruppe bezeichnen wir in Analogie zum Isospin der starken Wechselwirkung als „schwachen Isospin" mit Quantenzahlen I, I_3, die Quantenzahl der $U(1)$ nennen wir Hyperladung Y. Während der Isospin der starken Wechselwirkung eine globale Symmetrie darstellt, wollen wir den schwachen Isospin jedoch eichen. Als gesamte Eichgruppe für die elektroschwache Wechselwirkung wählen wir also

$$SU(2) \times U(1)_Y.$$

Die elektrische Ladung aller Quarks und Leptonen setzt sich dann zusammen wie

$$\underset{\substack{\uparrow \\ \text{e.m. Ladung}}}{Q} \quad = \quad \underset{\substack{\uparrow \\ \text{schw. Isospin}}}{I_3} \quad + \quad \underset{\substack{\uparrow \\ \text{Hyperladung}}}{\frac{Y}{2}} \quad . \tag{13.1}$$

13.2 Das elektroschwache Modell für eine Leptonfamilie

Zur Konstruktion der elektroschwachen Theorie beginnen wir der Einfachheit halber mit nur einer Leptonfamilie und betrachten Neutrinos als masselos. Zwar wissen wir heute, dass die Neutrinomassen von null verschieden sind, aber die Absolutwerte sind bislang unmessbar klein, sodass sie in Streuexperimenten keinerlei Rolle spielen. Darüber hinaus gibt es verschiedene Möglichkeiten, Massenterme für Neutrinos zu realiseren. Wir werden auf den Einbau von Neutrinomassen ausführlich in Kap. 15 zurückkommen.

Das Elektron und das Elektronneutrino sollen gemäß unserer phänomenologischen Vorgaben jeweils über ein $SU(2)$-Eichboson an die schwache Wechselwirkung koppeln, sind also als schwaches Isospindublett mit den Quantenzahlen $I = \frac{1}{2}$ und $I_3 = \pm\frac{1}{2}$ aufzufassen. Wir bezeichnen Leptonspinoren mit l und ν_l, wobei $l \in \{e, \mu, \tau\}$. Um die V-A-Kopplung zu realisieren, besteht das schwache Isodublett, das wir mit Großbuchstaben bezeichnen, wie besprochen nur aus den linkshändigen Anteilen,

$$L_L(x) \equiv \begin{pmatrix} \nu_e \\ e \end{pmatrix}_L = \frac{1}{2}(1 - \gamma_5) \begin{pmatrix} \nu_e \\ e \end{pmatrix}. \qquad (13.2)$$

Man beachte, dass die Komponenteneinträge jeweils Diracspinoren darstellen. Für die elektromagnetische Wechselwirkung benötigen wir auch die rechtshändige Komponente e_R der Elektronen. Diese nimmt gemäß der V-A-Theorie jedoch nicht an der schwachen Wechselwirkung teil und ist dementsprechend unter schwachem Isospin ein Singulett, $I = 0$, $I_3 = 0$. Die Quantenzahlen für die schwache $U(1)_Y$-Hyperladung legen wir dementsprechend so fest, dass sich die richtige elektromagnetische Ladung ergibt:

	ν_e	e_L	e_R
I_3	$\frac{1}{2}$	$-\frac{1}{2}$	0
Y	-1	-1	-2
Q	0	-1	-1

Das Transformationsverhalten der Felder unter der schwachen $SU(2)$ und der $U(1)_Y$ ist:

$$SU(2) : e_R{}'(x) = e_R(x) \qquad (13.3)$$
$$L_L{}'(x) = e^{-i\,\theta^a(x)T^a} L_L(x) \qquad (13.4)$$
$$U(1)_Y : \psi'(x) = e^{-i\alpha(x)Y(\psi)} \psi(x) \qquad (13.5)$$
$$\psi \in \{e_L, \nu_{eL}, e_R\}$$

Weiter definieren wir die zu den lokalen Symmetrien gehörenden Eichfelder und Feldstärken als

$$SU(2) : W_\mu^a, \quad \text{Feldstärke } W_{\mu\nu}^a = \partial_\mu W_\nu^a - \partial_\nu W_\mu^a + g\varepsilon^{abc} W_\mu^b W_\nu^c, \quad (13.6)$$
$$U(1)_Y : B_\mu, \quad \text{Feldstärke } B_{\mu\nu} = \partial_\mu B_\nu - \partial_\nu B_\mu. \qquad (13.7)$$

Damit können wir eine Theorie für Elektronen, Positronen, Neutrinos und Antineutrinos sowie vier Eichbosonen mit einer lokalen $SU(2) \times U(1)_Y$-Symmetrie anschreiben, indem wir die entsprechenden kovarianten Ableitungen verwenden. Der fermionische Teil der Theorie ist dann

$$\mathscr{L}_f = \bar{L}_L \, i\gamma^\mu \left(\partial_\mu - i\frac{g'}{2} Y B_\mu - igT^a W_\mu^a \right) L_L$$

$$+ \bar{e}_R \, i\gamma^\mu \left(\partial_\mu - i\frac{g'}{2} Y B_\mu \right) e_R$$

$$\equiv \bar{L}_L \, i\gamma^\mu \tilde{D}_\mu L_L + \bar{e}_R i\gamma^\mu D_\mu e_R. \qquad (13.8)$$

$$\underset{SU(2)\times U(1)_Y}{\uparrow} \qquad \underset{U(1)_Y}{\uparrow}$$

Man beachte, dass die kovariante Ableitung der linkshändigen Fermionen die Kopplung an *beide* Eichfelder der Produktgruppe enthält, während die kovariante Ableitung des rechtshändigen Elektrons nur an das $U(1)_Y$-Feld koppelt. Die Lagrangedichte für die zugehörigen Eichfelder ist

$$\mathscr{L}_g = -\frac{1}{4}\, W^{a\mu\nu}\, W^a_{\mu\nu} - \frac{1}{4}\, B^{\mu\nu} B_{\mu\nu}. \tag{13.9}$$

Bisher sind alle Felder masselos. Hinzufügen eines expliziten Massenterms für die $SU(2)$-Eichfelder würde die Eichsymmetrie brechen. Dasselbe gilt nun aber auch für einen Diracmassenterm für das Elektron, denn

$$m_e(\bar{e}_L e_R + \bar{e}_R e_L) \tag{13.10}$$

wäre nicht invariant unter den $SU(2)$-Transformationen (13.4). Um die phänomenologisch erforderlichen Massen in Einklang mit der Eichsymmetrie zu bringen, benutzen wir den Higgsmechanismus aus Abschn. 9.4. Wir definieren ein $SU(2)$-Dublett komplexer Skalarfelder

$$\phi(x) = \begin{pmatrix} \phi^+(x) \\ \phi^0(x) \end{pmatrix} = \frac{1}{\sqrt{2}} \begin{pmatrix} \phi_1(x) + i\phi_2(x) \\ \phi_3(x) + i\phi_4(x) \end{pmatrix}, \tag{13.11}$$

mit den schwachen Isospinquantenzahlen $I = \frac{1}{2}$ und $I_3 = \pm 1/2$. Weiter weisen wir den Skalarfeldern die Hyperladung $Y = 1$ zu, sodass die obere Komponente positive elektromagnetische Ladung trägt, die untere dagegen neutral ist. Nun konstruieren wir die Lagrangedichte für dass skalare Dublett analog Abschn. 9.4 mit der kovarianten Ableitung

$$\tilde{D}_\mu \phi = \left(\partial_\mu - i\frac{g'}{2}\, Y B_\mu - i g\, T^a W^a_\mu \right) \phi. \tag{13.12}$$

Für die Lagrangedichte der skalaren Higgsfelder schreiben wir

$$\mathscr{L}_H = (\tilde{D}_\mu \phi)^\dagger (\tilde{D}^\mu \phi) - \mu^2 \phi^\dagger \phi - \lambda(\phi^\dagger \phi)^2, \qquad \lambda > 0, \mu^2 < 0. \tag{13.13}$$

Die Lagrangedichte für das bisherige elektroschwache Modell mit einer Leptonfamilie ist nun

$$\mathscr{L}_{ew} = \mathscr{L}_g + \mathscr{L}_f + \mathscr{L}_H. \tag{13.14}$$

Aufgrund der Parameterwahl im Potenzial der Skalarfelder findet der Higgsmechanismus statt, und wir erwarten drei massive Eichbosonen.

13.3 Das bosonische Massenspektrum

Um die physikalischen Freiheitsgrade und ihr Massenspektrum zu sehen, gehen wir wieder in unitäre Eichung,

$$\phi(x) \to \phi(x) = \frac{1}{\sqrt{2}} \begin{pmatrix} 0 \\ \upsilon + \rho(x) \end{pmatrix}, \quad \text{mit} \quad \upsilon^2 = -\frac{\mu^2}{\lambda}. \tag{13.15}$$

In dieser Eichung nimmt die Lagrangedichte des Higgsfeldes folgende Form an:

$$\mathscr{L}_H = \frac{1}{2}(\partial_\mu \rho)^2 - \frac{1}{2} m_\rho^2 \rho^2 - \lambda \upsilon \rho^3 - \frac{\lambda}{4} \rho^4$$

$$+ \frac{1}{2} m_W^2 (W_\mu^1 W^{1\mu} + W_\mu^2 W^{2\mu}) + \frac{\upsilon^2}{8}(g' B_\mu - g W_\mu^3)(g' B^\mu - g W^{3\mu})$$

$$+ \text{Wechselwirkungsterme} \tag{13.16}$$

Wie in Abschn. 9.4 besprochen sind die unphysikalischen Winkelfreiheitsgrade des skalaren Dubletts weggeeicht, während wir mit $\rho(x)$ ein massives neutrales Higgsfeld mit $m_\rho^2 = 2\lambda\upsilon^2$ und Ladung $Q = I_3 + Y/2 = -\frac{1}{2} + \frac{1}{2} = 0$ haben. Weiterhin gibt es offenbar eine Masse $m_W = g\upsilon/2$ für alle W-Felder. Die W^3-Komponente mischt jedoch mit dem B-Feld, sodass wir nichtdiagonale quadratische Terme haben. Wir gehen daher zu einer neuen Basis an Eichfeldern über. Zunächst ersetzen wir die reellen $W^{1,2}$-Komponenten durch komplexe Linearkombinationen,

$$W_\mu^1 W^{1\mu} + W_\mu^2 W^{2\mu} = 2 W_\mu^+ W^{-\mu} \tag{13.17}$$

$$\text{mit} \quad W_\mu^\pm \equiv \frac{1}{\sqrt{2}}(W_\mu^1 \mp i W_\mu^2). \tag{13.18}$$

Die komplexen Felder beschreiben nun geladene Eichbosonen, wie wir sie für die geladenen Ströme benötigen. Schließlich diagonalisieren wir die verbleibende quadratische Form durch den Übergang zu den neuen Feldern

$$Z_\mu \equiv \frac{g W_\mu^3 - g' B_\mu}{\sqrt{g^2 + g'^2}}, \quad A_\mu = \frac{g' W_\mu^3 + g B_\mu}{\sqrt{g^2 + g'^2}}. \tag{13.19}$$

In Diagonalform lautet der bisherige Mischterm

$$\frac{\upsilon^2}{8}(g' B_\mu - g W_\mu^3)(g' B^\mu - g W^{3\mu}) = \frac{1}{2} m_Z^2 Z_\mu Z^\mu. \tag{13.20}$$

In dieser Form haben wir zwei reelle Felder, d. h. neutrale Eichbosonen, von denen eines massiv und eines masselos ist, nämlich das Z-Boson und das Photon,

$$m_Z = \frac{1}{2}\upsilon \sqrt{g'^2 + g^2}, \tag{13.21}$$

$$m_A = 0. \tag{13.22}$$

Um die Mischung zwischen den ursprünglichen Feldfreiheitsgraden zu charakterisieren, führt man den Weinbergwinkel ein,

$$\tan\theta_W \equiv \frac{g'}{g}. \tag{13.23}$$

Die neutralen Feldfreiheitsgrade lassen sich dann ausdrücken als

$$Z_\mu = \cos\theta_W\, W_\mu^3 - \sin\theta_W\, B_\mu, \tag{13.24}$$

$$A_\mu = \cos\theta_W\, B_\mu + \sin\theta_W\, W_\mu^3. \tag{13.25}$$

Die unterschiedlichen Massen der W- und Z-Bosonen lassen sich ebenfalls über den Weinbergwinkel ausdrücken, dem damit auch eine phänomenologische Bedeutung zukommt,

$$\frac{m_W}{m_Z} = \cos\theta_W. \tag{13.26}$$

Der Higgsmechanismus betrifft die Erzeuger der schwachen $SU(2)$, während eine $U(1)$-Symmetrie ungebrochen bleibt. Aufgrund der Mischung zwischen den B- und W^3-Feldern ist dies nicht die ursprüngliche $U(1)_Y$, sondern die zum masselosen Photon gehörende $U(1)_{\mathrm{em}}$ der elektromagnetischen Wechselwirkung. Die spontane Symmetriebrechung fassen wir zusammen als

$$SU(2) \times U(1)_Y \to U(1)_{\mathrm{em}}. \tag{13.27}$$

13.4   Die elektroschwachen Vertizes

Wie in der QED und der QCD sind die Wechselwirkungen zwischen Fermionen und Vektorfeldern nun durch die Eichinvarianz festgelegt und in den kovarianten Ableitungen enthalten. Um die schwache Wechselwirkung ablesen zu können, schreiben wir die $SU(2)$-Struktur der Eichboson-Lepton-Kopplung in Komponentenfeldern aus,

$$\begin{aligned}
\mathscr{L}_f &= \bar{e}_L i\gamma^\mu \partial_\mu e_L + \bar{\nu}_{eL} i\gamma^\mu \partial_\mu \nu_{eL} + \bar{e}_R i\gamma^\mu \partial_\mu e_R \\
&\quad + \frac{g}{2}\, (\bar{\nu}_{eL}, \bar{e}_L)\, \gamma^\mu \left[\begin{pmatrix} W_\mu^3 & \sqrt{2}W_\mu^+ \\ \sqrt{2}W_\mu^- & -W_\mu^3 \end{pmatrix} - \tan\theta_W\, B_\mu \right] \begin{pmatrix} \nu_{eL} \\ e_L \end{pmatrix} \\
&\quad - g\,\tan\theta_W\, \bar{e}_R\, \gamma^\mu B_\mu\, e_R \\
&= \bar{e}_L i\gamma^\mu \partial_\mu e_L + \bar{\nu}_{eL} i\gamma^\mu \partial_\mu \nu_{eL} + \bar{e}_R i\gamma^\mu \partial_\mu e_R + \mathscr{L}_{CC} + \mathscr{L}_{NC}. \tag{13.28}
\end{aligned}$$

Die Matrix im ersten Term der eckigen Klammer stellt dabei die Summe $T^a W^a$ dar. Da die Erzeuger der $SU(2)$ die Paulimatrizen sind, steht auf den Nebendiagonalen genau die Linearkombination der Komponenten für die geladenen Eichfelder.

Nun ersetzen wir noch die W_μ^3, B_μ durch die massendiagonalen Felder Z_μ und A_μ und sortieren im Ergebnis die Wechselwirkungsterme nach CC für „charged currents" oder geladene Ströme und NC für „neutral currents" oder neutrale Ströme. Im Einzelnen haben wir:

$$\mathscr{L}_{CC} = \frac{g}{2\sqrt{2}}\, \bar{\nu}_e\, \gamma^\mu (1 - \gamma_5) e\, W_\mu^+ \quad + \text{hermitesch konjugiert} \qquad (13.29)$$

Dies entspricht einem V-A-Leptonstrom mit Ladungsänderung, es handelt sich also um den geladenen Strom der schwachen Wechselwirkung.

$$\mathscr{L}_{NC} = -g \sin\theta_W\, \bar{e}\gamma^\mu e\, A_\mu \qquad (13.30)$$

Der Elektronspinor $e = e_L + e_R$ koppelt in reiner Vektorkopplung. Wir erkennen diesen Term als QED-Vertex wieder und identifizieren

$$e \equiv g \sin\theta_W \qquad (13.31)$$

als elektrische Ladung.

$$+ \frac{g}{4\cos\theta_W}\, \bar{\nu}_e\gamma^\mu (1 - \gamma_5)\, \nu_e Z_\mu \qquad (13.32)$$

Es handelt sich um eine V-A-Kopplung ohne Ladungsänderung, entsprechend dem neutralen Strom der schwachen Wechselwirkung.

$$- \frac{g}{4\cos\theta_W}\bar{e}\left(\gamma^\mu (1 - \gamma_5) - 4\sin^2\theta_W\gamma^\mu\right) e Z_\mu \qquad (13.33)$$

Beim ersten Term handelt es sich wieder um eine V-A-Kopplung und somit einen neutralen Strom der schwachen Wechselwirkung. Der zweite Term dagegen stellt eine reine Vektorkopplung in Analogie zur elektromagnetischen Kopplung des Photons dar.

Damit haben wir eine Eichtheorie mit massiven Vektorbosonen für geladene und neutrale Ströme der schwachen Wechselwirkung sowie einem masselosen Photon für die elektromagnetische Wechselwirkung für eine Leptonfamilie konstruiert. Eine experimentell überprüfbare Vorhersage dieser Theorie ist der aufgrund der Mischung zwischen den Eichgruppen auftretende zusätzliche Beitrag zur elektromagnetischen Wechselwirkung: Für jedes Diagramm mit γ-Austausch zwischen Leptonen gibt es ein weiteres Diagramm mit Z-Austausch, z. B. bei der Myonpaarproduktion in Elektron-Positron-Streuung:

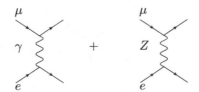

Das zweite Diagramm ist durch die Masse im Z-Bosonpropagator unterdrückt, und sein Beitrag wird daher erst bei hohen Energien sichtbar.

Die Konstruktion für die beiden anderen Leptonfamilien ist vollkommen analog, d. h., wir fügen die entsprechenden Terme für die Myon- und Tau-Familie hinzu, mit den linkshändigen Neutrinos und Leptonen im $SU(2)$-Dublett und den rechtshändigen Leptonen als $SU(2)$-Singulett. Ein rein leptonischer Prozess wie der Myonzerfall wird dann in führender Ordnung beschrieben durch das Diagramm:

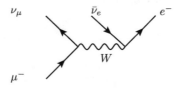

Durch Vergleich des geladenen Stroms mit der Fermitheorie lesen wir ab, wie die dimensionsbehaftete Fermikopplung mit den Parametern der elektroschwachen Theorie zusammenhängt,

$$\frac{G_F}{\sqrt{2}} = \frac{g^2}{8m_W^2} = \frac{1}{2v^2}. \tag{13.34}$$

Die Fermikonstante ist also aufgrund der W-Masse dimensionsbehaftet und klein. Darüber hinaus ließ sich historisch aus der experimentellen Bestimmung der Fermikonstanten der Vakuumerwartungswert $v \simeq 246$ GeV bestimmen und durch Messung von g aus Streuprozessen eine Vorhersage für die W-Masse ableiten. Diese wurde durch die Entdeckung des W-Bosons 1983 spektakulär bestätigt. In der Natur beobachten wir die Werte

$$\sin^2 \theta_W = 0{,}231, \tag{13.35}$$

$$m_W = 80{,}42 \, \text{GeV}, \tag{13.36}$$

$$m_Z = 91{,}19 \, \text{GeV}. \tag{13.37}$$

13.5 Das Leptonmassenspektrum

Wie wir bei der Konstruktion der elektroschwachen Theorie besprochen haben, verbietet die Eichinvarianz die bisher bekannten Fermionmassenterme. Wir können das Problem umgehen, indem wir die Fermionmassen ähnlich der Eichbosonmassen über den Vakuumerwartungswert des Higgsfeldes erhalten. Dazu addieren wir zu unserer Theorie einen weiteren Wechselwirkungsterm, der die skalaren Felder an die Leptonen koppelt, eine sogenannte Yukawakopplung. Damit wir eine Fermionmasse bekommen, muss diese sowohl die linkshändigen als auch die rechtshändigen Komponenten der Leptonen enthalten. Dazu multiplizieren wir zunächst das leptonische $SU(2)$-Dublett mit dem skalaren Dublett, das Skalarprodukt stellt ein $SU(2)$-Singulett dar,

$$\bar{L}_L \, \phi = (\bar{\nu}_L, \bar{e}_L) \begin{pmatrix} \phi^+ \\ \phi^0 \end{pmatrix} = \bar{\nu}_L \phi^+ + \bar{e}_L \phi^0. \tag{13.38}$$

Allerdings ist dies noch kein Lorentzskalar. Einen solchen erhalten wir, wenn wir mit dem rechtshändigen $SU(2)$-Singulett multiplizieren. Die Kopplungsstärke wird durch eine Yukawakopplungskonstante G_e parametrisiert,

$$\mathcal{L}_Y = -G_e \, \bar{L}_L \, \phi \, e_R + \text{h.k.} \tag{13.39}$$

Wenn wir nun das Higgsfeld in unitärer Eichung einsetzen,

$$\phi = \frac{1}{\sqrt{2}} \begin{pmatrix} 0 \\ v + \rho(x) \end{pmatrix}, \tag{13.40}$$

so erhalten wir Beiträge für die unteren Komponenten des Fermiondubletts,

$$
\begin{aligned}
\mathscr{L}_Y &= -\frac{G_e}{\sqrt{2}} \, (\bar{v}_{eL}, \bar{e}_L) \begin{pmatrix} 0 \\ v + \rho(x) \end{pmatrix} e_R + \text{h.k.} \\
&= -\frac{G_e}{\sqrt{2}} \left(v \, \bar{e}_L e_R + \bar{e}_L e_R \, \rho(x) \right) + \text{h.k.} \\
&= -\frac{G_e}{\sqrt{2}} \left(v \, \bar{e}e + \rho \bar{e}e \right).
\end{aligned}
\tag{13.41}
$$

Der erste Term stellt den gewünschten Massenterm dar mit der Elektronmasse

$$
m_e = \frac{G_e v}{\sqrt{2}}.
\tag{13.42}
$$

Man beachte, dass der Yukawaterm keine zusätzlichen Parameter einführt, sondern lediglich die Elektronmasse durch die Yukawakopplung ersetzt. Wir können diese also bestimmen aus

$$
G_e = g \frac{m_e}{\sqrt{2} m_W}.
\tag{13.43}
$$

Neben dem Massenterm erhalten wir über diese Konstruktion jedoch zusätzlich einen Lepton-Higgs-Vertex:

Die vollständige elektroschwache Theorie für eine Leptonfamilie lautet also

$$
\mathscr{L}_{ew} = \mathscr{L}_g + \mathscr{L}_f + \mathscr{L}_H + \mathscr{L}_Y.
\tag{13.44}
$$

Die anderen Leptonfamilien werden völlig analog behandelt, mit zwei weiteren Yukawakopplungen G_μ und G_τ für die Massen m_μ und m_τ.

13.6 Das elektroschwache Modell für eine Quarkfamilie

Im nächsten Schritt konstruieren wir die analoge Theorie für die erste Quarkfamilie, wobei wir die Zuordnung zum schwachen Isospin, der Hyperladung und der entsprechenden Quantenzahlen völlig analog zu den Leptonen durchführen. Weil sowohl die elektromagnetische als auch die schwache Wechselwirkung blind gegenüber der Farbe der Quarks sind, lassen wir in diesem Kapitel die Farbindizes weg. Zur Kopplung an die $SU(2)$-Eichbosonen bilden die linkshändigen Anteile wiederum ein $SU(2)$-Dublett mit den Quantenzahlen

$$Q_L \equiv \begin{pmatrix} u \\ d \end{pmatrix}_L, \quad I = \frac{1}{2}, \ I_3 = \pm\frac{1}{2}. \tag{13.45}$$

Dagegen sind die rechtshändigen Anteile $SU(2)$-Singuletts,

$$u_R, d_R, \quad I = 0. \tag{13.46}$$

Die Quantenzahlen für die Hyperladung Y folgen wieder aus dem Zusammenhang $Q = I_3 + Y/2$. Insgesamt haben wir:

	u_L	d_L	u_R	d_R
I_3	$\frac{1}{2}$	$-\frac{1}{2}$	0	0
Y	$\frac{1}{3}$	$\frac{1}{3}$	$\frac{4}{3}$	$-\frac{2}{3}$
Q	$\frac{2}{3}$	$-\frac{1}{3}$	$\frac{2}{3}$	$-\frac{1}{3}$

Die fermionische Lagrangedichte für die Quarks ist dann

$$\mathscr{L}_f = \bar{Q}_L \gamma^\mu \tilde{D}_\mu Q_L + \bar{u}_R \gamma^\mu D_\mu u_R + \bar{d}_R \gamma^\mu D_\mu d_R. \tag{13.47}$$

Man beachte, dass wegen der elektrischen Ladung der Quarks die rechtshändigen Anteile beider Flavours an das $U(1)$-Feld koppeln. Wie im Falle der Leptonen entnehmen wir die Wechselwirkungsvertizes den kovarianten Ableitungen und sortieren wiederum nach Beiträgen zu geladenen und neutralen Strömen. Im Einzelnen erhalten wir:

-

$$\mathscr{L}_{CC} = \frac{g}{2\sqrt{2}} \, \bar{u} \, \gamma^\mu (1 - \gamma_5) \, d \, W_\mu^+ + \text{h.k.} \tag{13.48}$$

Dies entspricht einem V-A-Leptonstrom mit Ladungsänderung, es handelt sich also um den geladenen Strom der schwachen Wechselwirkung und den Vertex, der den β-Zerfall vermittelt.

-

$$\mathscr{L}_{NC} = \frac{2}{3} \underbrace{g \sin\theta_W}_{=e} \bar{u}\gamma^\mu u \, A_\mu - \frac{1}{3} \underbrace{g \sin\theta_W}_{=e} \bar{d}\gamma^\mu d \, A_\mu \tag{13.49}$$

Neutrale, reine Vektorströme, die wir mit der elektromagnetischen Wechselwirkung der Quarks identifizieren.

•

$$+ \frac{g}{2\cos\theta_W}\, \bar{q}_i \left(I_3(q_i)\gamma^\mu(1-\gamma_5) - Q(q_i)\sin^2\theta_W\gamma^\mu \right) q_i\, Z_\mu \qquad (13.50)$$

Hier sind $q_1 = u$ und $q_2 = d$ mit den zugehörigen Isospin- und Ladungsquantenzahlen. Der erste Term entspricht einer V-A-Kopplung der Quarks und beschreibt neutrale Ströme der schwachen Wechselwirkung. Der zweite Term ist eine reine Vektorkopplung analog zum Photon und gibt einen Beitrag zur elektromagnetischen Wechselwirkung.

13.7 Das Quarkmassenspektrum

Die Quarkmassen bekommen wir wie die Leptonmassen mithilfe des Vakuumerwartungswerts des Higgsfeldes aus einer Yukawakopplung,

$$\mathscr{L}_{Y,d} = -G_d\,\bar{Q}_L\,\phi\,d_R + \text{h.k.} \qquad (13.51)$$

In unitärer Eichung erhalten wir dann völlig analog wie bei den Leptonen die Masse der unteren Dublettkomponente als

$$m_d = \frac{G_d}{\sqrt{2}}\,\upsilon = \sqrt{2}\,\frac{G_d m_W}{g}. \qquad (13.52)$$

Nun ist aber u als obere Dublettkomponente immer noch masselos wie das Neutrino im leptonischen Sektor. Eine Masse für das u-Quark erhalten wir durch einen abgewandelten zusätzlichen Yukawaterm,

$$\mathscr{L}_{Y,u} = -G_u\,\bar{Q}_L\,\tilde{\phi}\,u_R, \quad \text{mit} \quad \tilde{\phi} = i\tau^2\phi^* \quad Y(\tilde{\phi}) = -1. \qquad (13.53)$$

Durch die Multiplikation mit der Paulimatrix τ^2 werden im skalaren Dublett die oberen und unteren Komponenten vertauscht, sodass in unitärer Eichung die obere Komponenten von null verschieden ist. Dies führt auf die u-Quarkmasse

$$m_u = \frac{G_u}{\sqrt{2}} \, v = \sqrt{2} \, \frac{G_u m_W}{g}. \tag{13.54}$$

13.8 Zwei Quarkfamilien

Als Nächstes bauen wir die zweite Quarkfamilie bestehend aus den c- und s-Quarks in unsere Theorie ein, die wir analog zu u und d als linkhändiges $SU(2)$-Dublett kombinieren und die rechtshändigen Anteile als Singulett,

$$Q_L = \begin{pmatrix} c \\ s \end{pmatrix}_L, \quad c_R, s_R. \tag{13.55}$$

Die Erzeugung der Massen erfolgt über entsprechende Yukawakopplungen. Nun haben wir jedoch einer Komplikation Rechnung zu tragen. Die Eichsymmetrie des elektroschwachen Modells erlaubt auch Yukawaterme, in denen wir das linkshändige Dublett und das rechtshändige Singulett aus verschiedenen Quarkfamilien wählen, wie

$$(\bar{u}, \bar{d})_L \, \phi \, s_R. \tag{13.56}$$

Tatsächlich ist diese Möglichkeit phänomenologisch erwünscht, da wir die experimentell beobachtete Mischung der d- und s-Quarks durch den Cabibbowinkel aus (12.24) reproduzieren müssen. Wir schreiben zu diesem Zweck gestrichene Quarkflavours in die untere Komponente unseres $SU(2)$-Dubletts, die eine Mischung aus den ursprünglichen darstellen, gemäß

$$\begin{pmatrix} u \\ d' \end{pmatrix}_L, \begin{pmatrix} c \\ s' \end{pmatrix}_L, \quad \text{mit} \quad \begin{pmatrix} d' \\ s' \end{pmatrix} = V_C \begin{pmatrix} d \\ s \end{pmatrix}. \tag{13.57}$$

Hierbei ist V_C die unitäre Mischungsmatrix

$$V_C = \begin{pmatrix} \cos\theta_C & \sin\theta_C \\ -\sin\theta_C & \cos\theta_C \end{pmatrix}, \tag{13.58}$$

mit dem Cabibbowinkel θ_C.

Was ändert sich für die bisher erhaltenen Kopplungen? Man kann sich leicht überzeugen, dass Wechselwirkungsterme, die diagonal in den Quarkflavours sind, von der Mischung unbetroffen bleiben. Dies sind alle neutralen Ströme, sodass die Kopplungen $\bar{q}q\gamma$, $\bar{q}qZ$ und $\bar{q}q\rho$ sowie auch die Massenterme gleich bleiben wie bisher diskutiert. Modifiziert werden dagegen alle geladenen Ströme. Diese lauten nun

$$\mathcal{L}_{CC} = \frac{g}{2\sqrt{2}}\, \bar{u}\, (1 - \gamma^5)\, d'\, W_\mu^+ + \frac{g}{2\sqrt{2}}\, \bar{c}\, \gamma^\mu (1 - \gamma^5)\, s'\, W_\mu^+ + \text{h.k.}$$

$$= \frac{g}{2\sqrt{2}}\, (\bar{u}, \bar{c})\, \gamma^\mu (1 - \gamma_5)\, V_C \begin{pmatrix} d \\ s \end{pmatrix}\, W_\mu^+ + \text{h.k.}$$

$$= \frac{g}{2\sqrt{2}} \Big(\cos\theta_C\, \bar{u}\, \gamma^\mu (1 - \gamma_5)d + \sin\theta_C\, \bar{u}\, \gamma^\mu (1 - \gamma_5)s$$

$$+ \cos\theta_C\, \bar{c}\, \gamma^\mu (1 - \gamma_5)\, s - \sin\theta_C\, \bar{c}\, \gamma^\mu (1 - \gamma_5)\, d \Big)\, W_\mu^+$$

$$+ \text{h.k.} \tag{13.59}$$

Wir sehen, dass wir aufgrund der Mischung der Quarkflavours zwei phänomenologische Details reproduzieren können. Zum Einen ist nun die Kopplung der u und d-Quarks an das W-Boson um $\cos\theta_C$ leicht gegenüber dem leptonischen geladenen Strom modifiziert, in Übereinstimmung mit dem Experiment. Zum Anderen beschreibt die Theorie in dieser Form auch die bereits diskutierten strangeness-verletzenden Prozesse wie z. B. den Kaonzerfall $K^- \rightarrow \mu + \bar{\nu}$:

13.9 Drei Quarkfamilien

Nachdem wir die Flavourmischung unter der schwachen Wechselwirkung gemäß der Phänomenlogie einbauen konnten, macht die Erweiterung auf die dritte Quarkfamilie keine weiteren Schwierigkeiten. Es verbleiben noch das b- und das wesentlich schwerere t-Quark einzubauen. Insgesamt haben wir nun drei $SU(2)$-Dubletts, deren untere Komponenten jeweils untereinander mischen können,

$$\begin{pmatrix} u \\ d' \end{pmatrix}_L \begin{pmatrix} c \\ s' \end{pmatrix}_L \begin{pmatrix} t \\ b' \end{pmatrix}_L \quad \text{mit} \quad \begin{pmatrix} d' \\ s' \\ b' \end{pmatrix} = V_{CKM} \begin{pmatrix} d \\ s \\ b \end{pmatrix}. \tag{13.60}$$

Die unitäre (3×3)-Cabbibo-Kobayashi-Maskawa-Matrix

$$V_{CKM} = \begin{pmatrix} V_{ud} & V_{us} & V_{ub} \\ V_{cd} & V_{cs} & V_{cb} \\ V_{td} & V_{ts} & V_{tb} \end{pmatrix} \tag{13.61}$$

enthält den Cabbibowinkel und stellt die Verallgemeinerung der Mischungsmatrix auf drei Quarkfamilien dar. Die Mischung betrifft wiederum nur die geladenen Ströme mit W-Austausch,

$$\mathscr{L}_{CC} = \frac{g}{2\sqrt{2}} \, (\bar{u}, \bar{c}, \bar{t}) \, \gamma^{\mu}(1 - \gamma_5) \, V_{CKM} \begin{pmatrix} d \\ s \\ b \end{pmatrix} W_{\mu}^{\dagger} + \text{h.k.} \qquad (13.62)$$

Die Unitarität der Matrix impliziert eine nichttriviale Beziehung zwischen den komplexen Matrixelementen

$$V_{ud} \, V_{ub}^* + V_{cd} \, V_{cb}^* + V_{td} \, V_{tb}^* = 0. \qquad (13.63)$$

Als unitäre Matrix besitzt V_{CKM} zunächst neun unabhängige reelle Parameter. Im Wechselwirkungsterm der geladenen Ströme sind sechs Fermionen beteiligt. Aufgrund der Invarianz der kinetischen Terme und der Masseterme unter Phasentransformationen können wir jedoch fünf Parameter wegtransformieren, indem wir sie in relative Phasen zwischen den Fermionen absorbieren. Damit verbleiben vier freie Parameter (vergleiche die unitäre Matrix V_C mit nur einem freien Parameter im Fall von zwei Quarkfamilien). Die genaue Form der Parametrisierung ist natürlich nicht eindeutig, wir geben hier die Parametrisierung von Kobayashi und Maskawa an mit drei Mischungswinkeln $\theta_1, \theta_2, \theta_3$ und einer Phase δ,

$$V_{CKM} = \begin{pmatrix} c_1 & s_1 c_3 & s_1 s_3 \\ -s_1 c_2 & c_1 c_2 c_3 - s_2 s_3 \, e^{i\delta} & c_1 c_2 s_3 + s_2 c_3 \, e^{i\delta} \\ -s_1 s_2 & c_1 s_2 c_3 + c_2 s_3 \, e^{i\delta} & c_1 s_2 s_3 - c_2 c_3 \, e^{i\delta} \end{pmatrix}, \qquad (13.64)$$

mit

$$c_i = \cos\theta_i, \quad s_i = \sin\theta_i. \qquad (13.65)$$

Dem als Phase gewählten Parameter kommt eine besondere Bedeutung zu. Nur für $\delta \neq 0$ gibt es komplexe Einträge in der Mischungsmatrix. Ohne das hier im Detail darstellen zu können, stellen wir fest, das diese Einträge für die CP-Verletzung der schwachen Wechselwirkung verantwortlich sind, wie sie in einem System sich ineinander umwandelnder K^0- und $\bar{K}^0$-Mesonen experimentell beobachtet wird.

Da die Matrixelemente direkt in die Kopplungsstärke der geladenen Ströme eingehen, können sie prinzipiell gemessen und die freien Parameter somit festgelegt werden. Man beobachtet ein qualitatives Muster, wonach die Diagonalelemente der Mischungsmatrix von der Ordnung $O(1)$, die Nebendiagonalen dagegen wesentlich kleiner sind. Dies entspricht über die relativen Größen der flavourwechselnden Kopplungen einer dominanten Zerfallskette $t \to b \to c \to s$.

13.10 Experimentelle Tests der elektroschwachen Theorie

Wie im Falle der QED und der QCD wollen wir uns an einigen ausgesuchten Prozessen von der Gültigkeit der elektroschwachen Theorie überzeugen. Die ausgewählten Beispiele beleuchten dabei vor allem die Struktur der Theorie. Alle Rechnungen zur führenden Ordnung der besprochenen Ergebnisse sind analog der Beispiele aus der QED durchführbar und bleiben dem Leser als empfohlene Übung überlassen. Wir skizzieren hier lediglich die Resultate und verweisen auf [28–30] in denen etliche weitere Beispiele für den Erfolg der elektroschwachen Theorie zu finden sind.

13.10.1 Der Myonzerfall

Als erstes betrachten wir den Myonzerfall, Abb. 13.1,

$$\mu^-(p_1) \rightarrow \nu_\mu(p_2) + e^-(p_3) + \bar{\nu}_e(p_4). \tag{13.66}$$

Mit den Feynmanregeln für die schwache Wechselwirkung und in unitärer Eichung lautet das Matrixelement für diesen Prozess

$$M_{fi} = \left(-i\frac{e}{\sqrt{2}\sin\theta_W}\right)^2 \bar{u}(p_2)\frac{1+\gamma_5}{2}\gamma^\mu\frac{1-\gamma_5}{2}u(p_1) \tag{13.67}$$

$$\times \frac{-i}{q^2-m_W^2}\left(g_{\mu\nu}-\frac{q_\mu q_\nu}{m_W^2}\right)\bar{u}(p_3)\frac{1+\gamma_5}{2}\gamma^\nu\frac{1-\gamma_5}{2}\upsilon(p_4).$$

Zur weiteren Auswertung betrachten wir das übertragene Viererimpulsquadrat

$$q^2 = (p_1 - p_2) = m_\mu^2 - 2\,p_1 \cdot p_2$$
$$= m_\mu^2 - E_\mu E_\nu + \mathbf{p}_\mu \cdot \mathbf{p}_\nu \ll m_W^2. \tag{13.68}$$

Da das Neutrino als Zerfallsprodukt nicht mehr Energie als die Masse des zerfallenden Teilchens haben kann, ist der Viererimpulsübertrag stets wesentlich kleiner als die W-Bosonmasse, sodass es sich um einen Niederenergieprozess handelt und wir effektiv die Fermi-Vierpunktwechselwirkung erhalten, vgl. Abb. 12.1. Mit den Ersetzungen

$$G_F(\mu) = \frac{e^2}{8\sin^2\theta_W m_W^2}, \quad \frac{-i}{q^2-m_W^2}\left(g_{\mu\nu}-\frac{q_\mu q_\nu}{m_W^2}\right) \underset{q^2 \ll m_W^2}{\longrightarrow} i\frac{g_{\mu\nu}}{m_W^2} \tag{13.69}$$

Abb. 13.1
Feynmandiagramm für den
Myonzerfall

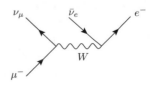

geht das Matrixelement über in

$$M_{fi} \simeq -i\,\frac{G_F(\mu)}{\sqrt{2}}\,\bar{u}(p_2)\,\gamma^\mu\,(1-\gamma_5)\,u(p_1)\,\bar{u}(p_3)\,\gamma_\mu\,(1-\gamma_5)\,\upsilon(p_4). \quad (13.70)$$

Für das spingemittelte Matrixelement findet man unter Vernachlässigung der Elektronmasse

$$\overline{|M_{fi}|^2} = 64\,G_F^2(\mu)(p_1 \cdot p_4)(p_2 \cdot p_3). \quad (13.71)$$

Einsetzen in den allgemeinen Ausdruck für die Zerfallsrate,

$$d\,\Gamma = \frac{1}{2m_\mu}\,(2\pi)^4\,\delta^4(p_1 - p_2 - p_3 - p_4)\,\prod_{i=2}^{4}\frac{d^3 p_i}{(2\pi)^3 2p_i^0}\,|M_{fi}|^2, \quad (13.72)$$

ergibt nach Integration über den Phasenraum das Ergebnis

$$\Gamma\left(\mu^- \to e^- + \bar{\nu}_e + \nu_\mu\right) = \frac{G_F^2(\mu)\,m_\mu^5}{192\,\pi^3}. \quad (13.73)$$

Ohne Rechnung geben wir das Ergebnis mit den führenden Korrekturen in der QED-Kopplung, der Elektronmasse und der W-Bosonmasse an [30],

$$\Gamma = \frac{G_F^2(\mu)\,m_\mu^5}{192\,\pi^3}\left(1 + \frac{\alpha}{2\pi}\left(\frac{25}{4} - \pi^2\right) - 8\,\frac{m_e^2}{m_\mu^2} + \frac{3}{5}\,\frac{m_\mu^2}{m_W^2} + \dots\right). \quad (13.74)$$

Die Korrekturterme sind von der Ordnung $\sim 10^{-3}$, 10^{-4} und 10^{-6}. Die Lebensdauer des Myons ist sehr genau gemessen,

$$\tau_\mu = \Gamma^{-1} = 2,1969811(22) \cdot 10^{-6}\,\text{s}. \quad (13.75)$$

Man benutzt dieses Resultat zur Definition der myonischen Fermikonstanten

$$G_F(\mu) = 1,16639(1) \cdot 10^{-5}\,\text{GeV}^{-2}. \quad (13.76)$$

Einen Test der schwachen Kopplungsstruktur erhält man durch die differenzielle Zerfallsrate für die Energieverteilung des Elektrons, ausgewertet im Ruhesystem des zerfallenden Myons. Die invariante Masse des Neutrinopaares ist

$$\bar{\nu}_e + \nu_\mu: \qquad W^2 = (p_2 + p_4)^2. \quad (13.77)$$

Aus der Viererimpulserhaltung folgt dann die Elektronenergie zu

$$E_e = \frac{m_\mu^2 - W^2}{2m_\mu}. \quad (13.78)$$

Abb. 13.2 Die
Impulsverteilung im
Ruhesystem des Myons im
allgemeinen Fall und für die
Maximalenergie des
Elektrons

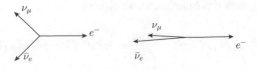

Diese hat offenbar ihr Maximum, wenn die beiden Neutrinoimpulse kollateral demjenigen des Elektrons entgegengesetzt sind (Abb. 13.2). In diesem Fall geht jeweils die Hälfte der Myonmasse in die Elektron- und Neutrinoenergie,

$$\Rightarrow E_{e,\max} = \frac{m_\mu}{2}. \tag{13.79}$$

Nun definieren wir den Bruchteil der Elektronmaximalenergie als

$$x \equiv \frac{E_e}{E_{e,\max}} = \frac{2E_e}{m_\mu}. \tag{13.80}$$

Für die differenzielle Zerfallsrate nach dem Anteil der Elektronenergie erhalten wir dann

$$\frac{1}{\Gamma}\frac{d\Gamma}{dx} = 12x^2\left[1 - x + \frac{2}{3}\varrho\left(\frac{4x}{3} - 1\right)\right], \quad \text{mit } \varrho = \frac{3}{4}. \tag{13.81}$$

Hierbei wurde der Michelparameter ϱ eingeführt, der in der elektroschwachen Theorie 3/4 beträgt und bei Abweichungen von der V-A-Kopplung seinen Wert ändert. Experimentell findet man

$$\varrho = 0{,}74979 \pm 0{,}00026, \tag{13.82}$$

in ausgezeichneter Bestätigung dieser Kopplungsstruktur.

13.10.2 Der Pionzerfall

Ein weiterer interessanter Prozess zum Test der V-A-Struktur sowie der fermionischen Chiralitäten ist der Zerfall von geladenen Pionen in die leichten Leptonen,

$$\pi^- \to l^- + \bar{\nu}_l, \quad \pi^+ \to l^+ + \nu_l. \tag{13.83}$$

Kinematisch ist der Zerfall sowohl in die e- als auch die μ-Familie möglich, wie auch weitere Zerfälle mit zusätzlichen Photonen im Endzustand. Experimentell findet man die folgenden Häufigkeiten für die verschiedenen Zerfallskanäle:

Kanal	Verzweigungsverhältnisse
$\pi^{\pm} \rightarrow \quad \mu^{\pm} + \nu_{\mu}(\bar{\nu}_{\mu})$	~ 1
$e^{\pm} + \nu_e(\bar{\nu}_e)$	$1.230(4)\,10^{-4}$
$\mu^{\pm} + \nu_{\mu}(\bar{\nu}_{\mu}) + \gamma$	10^{-4}

Offenbar ist der Pionzerfall fast vollständig vom myonischen Kanal dominiert. Die Unterdrückung zusätzlicher Photonen im Endzustand ist natürlich den auftretenden zusätzlichen Potenzen von α geschuldet. Die nahezu vollständige Dominanz des myonischen über den elektronischen Zerfallskanal ist dagegen auf den ersten Blick verblüffend: Die Matrixelemente für beide Kanäle unterscheiden sich lediglich durch die Leptonmasse. Da das Myon um einen Faktor ~ 200 schwerer ist als das Elektron, steht beim Zerfall in das leichtere Elektron deutlich mehr Phasenraum (d. h. mehr mögliche Impulszustände) zur Verfügung. Da bei der Berechnung der Zerfallsrate über den Phasenraum integriert wird, würde man nach dieser kinematischen Überlegung ein umgekehrtes Verhältnis erwarten. Die Dominanz des myonischen Zerfallskanals muss also dynamisch durch die Details der Wechselwirkung begründet sein.

Betrachten wir die Vorhersage der elektroschwachen Theorie. Die Berechnung des Matrixelements wird kompliziert durch die Tatsache, dass die Quarks nicht aus einem hochenergetischen Streuprozess stammen, sondern in Form des zerfallenden Teilchens einem niederenergetischen Bindungszustand entsprechen, der durch nichtperturbative QCD beschrieben wird, Abb. 13.3. (Dasselbe Problem tritt natürlich bei der Berechnung beliebiger anderer hadronischer Zerfälle auf.) Im Niederenergiebereich können wir analog zum letzen Abschnitt die schwache Wechselwirkung durch die Vier-Fermi-Wechselwirkung approximieren. Den hadronischen Strom schreiben wir zunächst noch nicht aus, sodass das Matrixelement für den Zerfall lautet:

$$\langle l^- \bar{\nu}_e \mid M \mid \pi^- \rangle = -i\,\frac{G_F(\beta)}{\sqrt{2}}\,V_{ud}\,\bar{u}_l(p_1)\,\gamma^{\mu}(1 - \gamma_5)\,v_{\bar{\nu}_l}(p_2)\,J_{\mu}^{\pi}(p) \quad (13.84)$$

Nun präzisieren wir den hadronischen Strom im Quarkbild. Damit die schwache Wechselwirkung aktiv werden kann, müssen sich die Quarks im Pion sehr nahe beieinander befinden (man beachte: 10^{-18} m $\approx 10^{-3}\cdot$ Piongröße). Die Wahrscheinlichkeitsamplitude hierfür ist durch ein hadronisches Matrixelement gegeben, nämlich

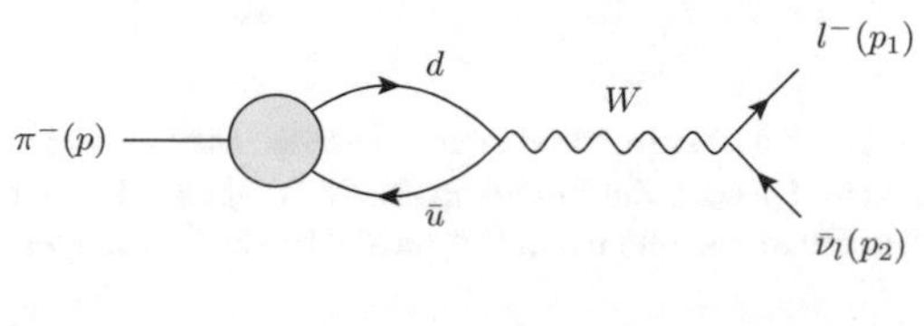

Abb. 13.3 Zerfall eines geladenen Pions in ein Leptonpaar

den Überlapp des Pionzustands mit einem Quarkstrom mit den richtigen Quantenzahlen am Ort $x = 0$,

$$J_\mu^\pi(p) = \langle 0| J_\mu^{\bar{q}q}(x)|\pi^-(p)\rangle = \langle 0|\bar{\psi}_u(0)\,\Gamma_\mu\,\psi_d(0)\,|\pi^-(p)\rangle. \tag{13.85}$$

Da das Pion ungerade Parität hat, ist $\Gamma_\mu = \gamma_\mu\gamma_5$. Dieses Matrixelement ist durch die niederenergetische starke Wechselwirkung festgelegt und deswegen mit unseren Methoden nicht berechenbar. Wir können die unbekannten Details jedoch durch Symmetrieüberlegungen auf eine Konstante reduzieren. Insgesamt muss das Matrixelement wie ein Lorentzvektor transformieren. Der einzige Vierervektor, von dem das Matrixelement abhängt, ist der Viererimpuls des Pions. Wir können also parametrisieren

$$\langle 0|\bar{\psi}_u(0)\,\gamma_\mu\gamma_5\,\psi_d(0)\,|\pi^-(p)\rangle = i\,p_\mu\,f_\pi. \tag{13.86}$$

Im Ruhesystem des Pions ist $p^\mu = (m_\pi, \mathbf{p} = 0)$, und wir erhalten

$$M_{fi} = \frac{G_F(\beta)}{\sqrt{2}}\,V_{ud}\,f_\pi\,m_\pi\,\bar{u}_l(p_1)(1 - \gamma_5)\,\upsilon_{\nu_l}(p_2). \tag{13.87}$$

Bildung des Betragsquadrats und Einsetzen in die Zerfallsrate liefert nach Integration über den Phasenraum

$$\Gamma\left(\pi^- \to l^- + \bar{\nu}_l\right) = (G_F(\beta)\,V_{ud}\,f_\pi)^2\,\frac{m_\pi^2 m_l^2}{8\pi}\left(1 - \frac{m_l^2}{m_\pi^2}\right)^2, \tag{13.88}$$

d. h., die Rate wird mit dem Quadrat der Leptonmassen unterdrückt. Sofern das Mischungsmatrixelement V_{ud} aus einer anderen Messung bekannt ist, erhält man aus der Messung der Pionzerfallsrate die Pionzerfallskonstante zu

$$f_\pi = 0{,}94 m_\pi. \tag{13.89}$$

Für das Verhältnis des Elektron- und Myonkanals lautet dann die theoretische Vorhersage

$$\frac{\Gamma\left(\pi^- \to e^-\bar{\nu}_e\right)}{\Gamma\left(\pi^- \to \mu^-\bar{\nu}_\mu\right)} = \frac{m_e^2}{m_\mu^2}\,\frac{\left(1 - \frac{m_e^2}{m_\pi^2}\right)^2}{\left(1 - \frac{m_\mu^2}{m_\pi^2}\right)^2} = 1{,}284 \cdot 10^{-4}, \tag{13.90}$$

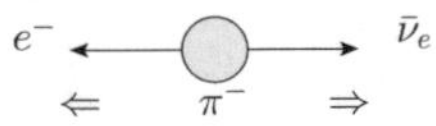

Abb. 13.4 Aufgrund seiner annähernden Masselosigkeit ist die Helizität des Antineutrinos festgelegt und positiv. Zur Erhaltung des Drehimpulses kann in diesem Zerfall daher nur die Komponente des Elektrons mit ebenfalls positiver Helizität beitragen

nahe dem experimentellen Wert aus der Tabelle. Durch Berücksichtigung von Strahlungskorrekturen wird die Übereinstimmung vollständig.

Die Unterdrückung der Zerfallsrate mit dem Quadrat der Leptonmassen lässt sich qualitativ aus der Drehimpulserhaltung verstehen, wie in Abb. 13.4 dargestellt. Da das Antineutrino im Rahmen der auftretenden Energien als masselos betrachtet werden kann, ist seine Helizität positiv. Da das zerfallende Pion aber Spin null hat, muss aus Drehimpulserhaltungsgründen auch die Leptonhelizität positiv sein. Für ein masseloses Lepton wäre dies unmöglich, der Anteil mit positiver Helizität ist umso größer, je schwerer das Lepton ist. Dieser Effekt überwiegt offenbar bei Weitem den umgekehrten Einfluss des zur Verfügung stehenden Phasenraums und ist eine weitere Bestätigung für die V-A-Struktur der geladenen Ströme.

13.10.3   Elektroschwache Interferenz

Ein wichtiger struktureller Aspekt der elektroschwachen Theorie ist die Mischung zwischen der elektromagnetischen und der schwachen Wechselwirkung. Bei der Herleitung der Wechselwirkungsterme haben wir gesehen, dass es nun zu jedem QED-Diagramm mit Photonaustausch ein analoges Diagramm mit Z^0-Austausch gibt. Dies ist eine konkrete Vorhersage der elektroschwachen Theorie, die sich bei hinreichend hohen Energien überprüfen lässt. Als Beispiel betrachten wir die Myonpaarerzeugung in $e^+ e^-$-Streuung. Die Reaktion im s-Kanal kann nun in führender Ordnung über zwei Diagramme vermittelt werden, Abb. 13.5.

Wir können die folgenden Rechnungen deutlich vereinfachen, wenn wir den physikalischen Wert $\sin \theta_W = 0{,}23$ durch $\sin \theta_W \approx 0{,}25$ approximieren. In diesem Fall wird aus der e-Z^0-Kopplung eine reine Axialvektorkopplung unter Wegfall zweier Terme. Für Präzisionsrechnungen müssen diese natürlich mitgenommen werden. Die Matrixelemente für die beiden Diagramme lauten mit unserer Vereinfachung

$$
M_{\text{em}} = i\, e^2\, \frac{1}{s}\, \bar{v}(p_2)\gamma_\mu\, u(p_1)\, \bar{u}(p_3)\gamma^\mu\, v(p_4), \tag{13.91}
$$

$$
M_{\text{weak}} = i \left(\frac{e}{4 \sin \theta_W \cos \theta_W} \right)^2 \frac{1}{s - M_Z^2}\, \bar{v}(p_2)\gamma_\mu\gamma_5\, u(p_1)\, \bar{u}(p_3)\gamma^\mu\gamma_5\, v(p_4). \tag{13.92}
$$

Abb. 13.5 Diagramme
führender Ordnung zur
Myonpaarerzeugung in
e^+e^--Streuung in der
elektroschwachen Theorie

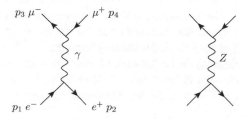

Die Summe beider Diagramme können wir auch schreiben als

$$M_{fi} = M_{\text{e.m}} + M_{\text{weak}} \tag{13.93}$$

$$= i\, e^2\, \frac{1}{s} \Big[\bar{\upsilon}(p_2)\gamma^{\mu}\, u(p_1)\bar{u}(p_3)\gamma^{\mu}\, \upsilon(p_4)$$

$$-A(s)\, \bar{\upsilon}(p_2)\gamma_{\mu}\gamma_5\, u(p_1)\, \bar{u}(p_3)\gamma^{\mu}\gamma_5\, \upsilon(p_4) \Big].$$

Dies beschreibt die Mischung eines Vektorstroms mit einem Axialvektorstrom, parametrisiert durch die Größe

$$A(s) = -\frac{1}{16}\, \frac{1}{\sin^2\theta_W \cos^2\theta_W}\, \frac{s}{s - M_Z^2}. \tag{13.94}$$

Aufgrund der Z-Masse ist der Axialvektorbeitrag stark unterdrückt. Für $\sqrt{s} = 35\,\text{GeV}$ haben wir mit $M_Z \approx 90\,\text{GeV}$ lediglich $A = 0{,}06$. Für den Wirkungsquerschnitt benötigen wir das spingemittelte Betragsquadrat, wobei wir den Term $\sim A^2$ vernachlässigen können. Die Auswertung im Schwerpunktsystem unter Vernachlässigung der Fermionmassen und mit θ als Streuwinkel zwischen Elektron und Myon ergibt einen Ausdruck

$$\overline{|M_{fi}|^2} \sim 2\left(1 + \cos^2\theta - 4A(s)\cos\theta\right). \tag{13.95}$$

Der Term linear in A entspricht dem quantenmechanischen Interferenzterm zwischen dem elektromagnetischen und dem schwachen Diagramm. Aufgrund des winkelabhängigen Vorzeichens führt dieser Term zu einer Vorwärts-Rückwärts-Asymmetrie („Forward-Backward") in der Winkelverteilung,

$$A_{FB} = \frac{\int_0^1 d\cos\theta\, \frac{d\sigma}{d\Omega} - \int_{-1}^0 d\cos\theta\, \frac{d\sigma}{d\Omega}}{\int_{-1}^1 d\cos\theta\, \frac{d\sigma}{d\Omega}} = -\frac{3}{2}A(s). \tag{13.96}$$

Es ist diese Asymmetrie, auf die wir bereits bei der Diskussion der Myonpaarproduktion in der QED bei hohen Energien gestoßen sind, vgl. Abschn. 8.5.3, Abb. 8.2. Für $\sqrt{s} = 35\,\text{GeV}$ erhalten wir $A_{FB} = -0{,}09$, der der Abb. 8.2 entsprechende Messwert ist $-0{,}109(1)$. Wiederum lässt sich nach Verwendung aller genaueren Parameterwerte sowie mit Strahlungskorrekturen vollständige Übereinstimmung feststellen.

Die Vorwärts-Rückwärts-Asymmetrie ist nicht nur sensitiv auf die Schwerpunktsenergie des besprochenen Prozesses, sondern lässt sich auch leicht auf andere Teilchen im Endzustand übertragen, wie Tau-Leptonen oder auch Quarks (d.h. Hadronen) mit bestimmten Flavour-Quantenzahlen. Durch ihre Vermessung erhält man ein sehr differenziertes Bild der Kopplungen verschiedener Endzustandsteilchen an das Z-Boson, das das Standardmodell präzise bestätigt.

Zusammenfassung

- Die schwache und die elektromagnetische Wechselwirkung werden als vereinheitlichte Eichtheorie beschrieben
- Die Symmetriegruppe der elektroschwachen Wechselwirkung ist $SU(2) \times U(1)$
- Die Eichbosonen der schwachen Wechselwirkung koppeln nur an linkshändige Fermionströme
- Die Massen der Fermionen und der Eichbosonen werden unter Wahrung der Eichsymmetrie durch den Higgsmechanismus erzeugt
- Die Massen der $W^{\pm}$ und Z-Bosonen erklären die Dimensionalität der Fermi-Konstanten und die Kurzreichweitigkeit der schwachen Kraft
- Das Z-Boson mischt mit dem Photon in einem Beitrag zur elektromagnetischen Wechselwirkung, mit modifizierter Kopplung und durch seine Masse unterdrückt

Aufgaben

13.1 Betrachten Sie die elektroschwache Lagrangedichte mit einer Leptonfamilie,

$$\mathscr{L}_f = \bar{\ell}_L i \gamma^\mu \widetilde{D}_\mu \ell_L + \bar{e}_R i \gamma^\mu D_\mu e_R,$$

wobei ℓ_L das linkhändige Isospindublett (ν_L, e_L) darstellt und (e_R) das rechtshändige Singulett. Die kovarianten Ableitungen sind

$$(\widetilde{D}_\mu)_{bc} = (\partial_\mu \delta_{bc} - \frac{ig'}{2} Y B_\mu \delta_{bc} - ig T^a_{bc} W^a_\mu), \tag{13.97}$$

$$(D_\mu) = (\partial_\mu - \frac{ig'}{2} Y B_\mu). \tag{13.98}$$

Führen Sie alle Rechenschritte explizit aus, die zur Identifikation der Wechselwirkungsterme zwischen den Leptonen und den physikalischen Eichbosonen $\{W^{\pm}, Z, A\}$ in Abschn. 13.4 führen. Zu welchen Strömen gehören die einzelnen Terme und mit welchen Kopplungen?

Das Standardmodell der Teilchenphysik

14

Inhaltsverzeichnis

Um das vollständige Standardmodell der Teilchenphysik anzuschreiben, bleibt uns nun lediglich, das elektroschwache Glashow-Salam-Weinberg-Modell mit der QCD zusammenzufassen. Dies ist relativ einfach, weil die elektroschwache und die starke Wechselwirkung nicht mischen. Im nächsten Abschnitt konstruieren wir die Lagrangedichte in den bereits diskutierten Multipletts der relevanten Symmetriegruppen, sodass die Symmetriestruktur der Theorie manifest sichtbar ist. In einem weiteren Abschnitt multipilizieren wir die Terme dann in den Feldern aus, die den physikalischen Teilchen entsprechen.

14.1 Die Lagrangedichte mit manifester Eichsymmetrie

Gemäß unserer empirischen Erfahrung koppeln Leptonen nicht an die starke Wechselwirkung. Sämtliche Leptonfelder sind daher Singuletts unter $SU(3)$-Farbtransformationen. Dasselbe trifft für das Higgsfeld zu. Damit können wir den elektroschwachen Teil des Standardmodells direkt aus dem letzten Kapitel übernehmen. Quarks tragen dagegen Farbladung und sind Tripletts unter $SU(3)$-Farbe. Wir notieren die Erzeuger für die Farbgruppe, die durch die Gell-Mann-Matrizen gegeben sind, mit einem Index „s" für die starke Wechselwirkung,

© Springer-Verlag GmbH Deutschland, ein Teil von Springer Nature 2018
O. Philipsen, *Quantenfeldtheorie und das Standardmodell der Teilchenphysik*,
https://doi.org/10.1007/978-3-662-57820-9_14

$$T_s^a = \frac{\lambda^a}{2}, \quad a = 1, \ldots, 8. \tag{14.1}$$

Da die starke Wechselwirkung nicht mit der elektromagnetischen oder schwachen Kraft mischt, wirken ihre Erzeuger lediglich auf Quark- und Gluonfelder und vertauschen mit den Erzeugern der schachen $SU(2)$ sowie der $U(1)_Y$,

$$\left[T^a, T_s^b\right] = \left[T_s^a, Y\right] = 0. \tag{14.2}$$

Die gesamte Eichsymmetrie des Standardmodells ist demnach die Produktgruppe aus der Farbgruppe und der elektroschwachen Symmetriegruppe, die über den Higgsmechanismus spontan bricht, gemäß

$$SU(3) \times SU(2) \times U(1)_Y \rightarrow SU(3) \times U(1)_{\text{em}}. \tag{14.3}$$

Nun schreiben wir die gesamte Lagrangedichte an, die diesen Symmetrievorgaben entspricht. Wir beginnen mit den Eichfeldern für die drei Eichgruppen,

$$\mathscr{L}_g = -\frac{1}{4}\, F^{b\mu\nu}\, F^b_{\mu\nu} - \frac{1}{4}\, W^{a\mu\nu}\, W^a_{\mu\nu} - \frac{1}{4}\, B^{\mu\nu}\, B_{\mu\nu}. \tag{14.4}$$

$$\underset{b=1,\ldots,8;\ SU(3)}{\uparrow} \quad \underset{a=1,\ldots,3;\ SU(2)}{\uparrow} \quad \underset{U(1)_Y}{\uparrow}$$

Als Nächstes fügen wir alle Fermionfelder hinzu. Dabei werden alle linkshändigen Fermionen in schwache $SU(2)$-Dubletts gruppiert und alle rechtshändigen Fermionen sind $SU(2)$-Singuletts,

$$L_L = \begin{pmatrix} \nu_e \\ e \end{pmatrix}_L, \begin{pmatrix} \nu_\mu \\ \mu \end{pmatrix}_L, \begin{pmatrix} \nu_\tau \\ \tau \end{pmatrix}_L, \quad l_R = e_R, \mu_R, \tau_R, \tag{14.5}$$

$$Q_L^c = \begin{pmatrix} u^c \\ d'^c \end{pmatrix}_L, \begin{pmatrix} c^c \\ s'^c \end{pmatrix}_L, \begin{pmatrix} t^c \\ b'^c \end{pmatrix}_L, \quad q_R^c = u_R^c, d_R'^c, c_R^c, s_R'^c, t_R^c, b_R'^c. \tag{14.6}$$

Die gestrichenen Quarkfelder entsprechen gemäß der CKM-Matrix den gemischten Ausdrücken

$$\begin{pmatrix} d' \\ s' \\ b' \end{pmatrix} = V_{\text{CKM}} \begin{pmatrix} d \\ s \\ b \end{pmatrix}. \tag{14.7}$$

In den Diractermen ist darauf zu achten, dass entsprechend der jeweils relevanten Wechselwirkungen die Ableitungen der linkshändigen Quarks kovariant unter der gesamten Eichgruppe sein müssen, die der rechtshändigen kovariant unter der Farb- und Hyperladungsgruppe. Die linkshändigen Leptonen sind kovariant unter der schwachen und Hyperladungsgruppe, die rechtshändigen Leptonen nur unter der Hyperladungsgruppe. Insgesamt erhalten wir dann die Diracterme

$$\mathscr{L}_f = \sum_{L=e,\mu,\tau} \bar{L}_L \, i\gamma^\mu \big(\partial_\mu - i\tfrac{g'}{2} \, Y B_\mu - ig \, T^a W^a\big) L_L \tag{14.8}$$

$$+ \sum_{l=e,\mu,\tau} \bar{l}_R \, i\gamma^\mu \big(\partial_\mu - i\tfrac{g'}{2} \, Y B_\mu\big) l_R$$

$$+ \sum_{Q=u,c,t} \sum_{c,c'} \bar{Q}_L^c \, i\gamma^\mu \big(\partial_\mu - i\tfrac{g'}{2} \, Y B_\mu - ig \, T^a W^a_\mu - ig_s \, T^b_{s_{cc'}} G^b_\mu\big) Q_L^{c'}$$

$$+ \sum_{q=u,d,c,s,t,b} \bar{q}_R^c \, i\gamma^\mu \big(\partial_\mu - i\tfrac{g'}{2} \, Y B_\mu - ig_s \, T^a_{s_{cc'}} G^a\big) q_R^{c'}.$$

Für den Higgsmechanismus im elektroschwachen Sektor übernehmen wir die skalare Lagrangedichte

$$\mathscr{L}_H = (D_\mu \phi)^\dagger \, D^\mu \phi - \mu^2 \, \phi^\dagger \phi - \lambda (\phi^\dagger \phi)^2, \tag{14.9}$$

$$D_\mu \phi = \big(\partial_\mu - i\tfrac{g'}{2} Y B_\mu - ig \, T^a W^a_\mu\big) \phi. \tag{14.10}$$

Die Fermionmassen erhalten wir schließlich durch die Yukawaterme

$$\mathscr{L}_Y = -\sum_{l=\mu,e,\tau} G_l \, \bar{L}_L \, \phi \, l_R - \sum_{q=u,c,t} G_q \, \bar{Q}_L \, \tilde{\phi} \, q_R - \sum_{p=d,s,b} G_p \, \bar{Q}_L \, \phi \, p'_R + h.k., \tag{14.11}$$

wobei der Index p an der Yukawakopplung im letzten Term jeweils den unteren Flavour des Q_L-Dubletts darstellt, also $p = (d, s, b)$. Alles zusammen lautet die Lagrangedichte des Standardmodells der Teilchenphysik damit

$$\mathscr{L}_{SM} = \mathscr{L}_g + \mathscr{L}_f + \mathscr{L}_H + \mathscr{L}_Y. \tag{14.12}$$

14.2 Die Lagrangedichte in physikalischen Feldern

Nun reparametrisieren wir die Felder wieder unter Berücksichtigung des Higgspotenzials mit $\mu^2 < 0$ sowie der Mischung der elektroschwachen Eichfelder und gehen in unitäre Eichung. Damit erhalten wir die Lagrangedichte für die physikalischen Felder und ihre Wechselwirkungen zu

$$\mathscr{L}_{SM} = -\frac{1}{4} F^{a\mu\nu} F^a_{\mu\nu} - \frac{1}{4} W^{a\mu\nu} W^a_{\mu\nu} - \frac{1}{4} B^{\mu\nu} B_{\mu\nu}$$

$$+ m_W^2 \left(1 + \frac{\rho}{\upsilon}\right)^2 W_\mu^+ W^{-\mu} + \frac{1}{2} m_Z^2 Z_\mu Z^\mu \left(1 + \frac{\rho}{\upsilon}\right)^2$$

$$+ \sum_{l=e,\mu,\tau} \left\{ \bar{\nu}_{lL} i \gamma^\mu \partial_\mu \nu_{lL} + \bar{l} \left[i\gamma^\mu \partial_\mu - m_l \left(1 + \frac{\rho}{\upsilon}\right)\right] l \right\}$$

$$+ \sum_{q=u,d,c,s,t,b} \bar{q} \left[i\gamma^\mu \left(\partial_\mu - i g_s F_\mu^a T_s^a\right) - m_q \left(1 + \frac{\rho}{\upsilon}\right)\right] q$$

$$+ \frac{1}{2} \partial_\mu \rho \, \partial^\mu \rho - \frac{1}{2} m_H^2 \rho^2 \left[1 + \frac{\rho}{\upsilon} + \frac{1}{4} \left(\frac{\rho}{\upsilon}\right)^2 \right]$$

$$+ e A_\mu J_{em}^\mu$$

$$+ \frac{g}{4 \cos \theta_W} Z_\mu J_{NC}^\mu$$

$$+ \frac{g}{2\sqrt{2}} \left(W_\mu^+ J_{CC}^\mu + W_\mu^- J_{CC}^{\mu\dagger} \right). \tag{14.13}$$

Dabei sind die elektromagnetischen, schwachen neutralen und schwachen geladenen Ströme

$$J_{em}^\mu = -\sum_{l=e,\mu,\tau} \bar{l} \gamma^\mu l + \sum_{q=u,\dots,b} Q_q \bar{q} \gamma^\mu q, \tag{14.14}$$

$$J_{NC}^\mu = (\bar{\nu}_e, \bar{\nu}_\mu, \bar{\nu}_\tau) \gamma^\mu (1 - \gamma_5) \begin{pmatrix} \nu_e \\ \nu_\mu \\ \nu_\tau \end{pmatrix}$$

$$+ (\bar{e}, \bar{\mu}, \bar{\tau}) \gamma^\mu \left(-(1 - \gamma_5) + 4 \sin^2 \theta_W \right) \begin{pmatrix} e \\ \mu \\ \tau \end{pmatrix}$$

$$+ (\bar{u}, \bar{c}, \bar{t}) \gamma^\mu \left((1 - \gamma_5) - \frac{8}{3} \sin^2 \theta_W \right) \begin{pmatrix} u \\ c \\ t \end{pmatrix}$$

$$+ (\bar{d}, \bar{s}, \bar{b}) \gamma^\mu \left(-(1 - \gamma_5) + \frac{4}{3} \sin^2 \theta_W \right) \begin{pmatrix} d \\ s \\ b \end{pmatrix}, \tag{14.15}$$

$$J_{CC}^\mu = (\bar{\nu}_e, \bar{\nu}_\mu, \bar{\nu}_\tau) \gamma^\mu (1 - \gamma_5) \begin{pmatrix} e \\ \mu \\ \tau \end{pmatrix}$$

$$+ (\bar{u}, \bar{c}, \bar{t}) \gamma^\mu (1 - \gamma_5) V_{CKM} \begin{pmatrix} d \\ s \\ b \end{pmatrix}. \tag{14.16}$$

Aus dieser Form der Lagrangedichte folgen die Feynmanregeln für die physikalischen Felder, die wir bereits bei der Konstruktion der einzelnen Teiltheorien besprochen haben und hier nicht wiederholen. Eine für praktische Rechnungen nützliche und vollständige Liste findet sich in [13].

In Tab. 14.1 sind alle 18 Parameter des Standardmodells zusammengestellt, die durch Messungen festgelegt werden müssen. Dabei sind in der rechten Spalte diejenigen Größen aufgelistet, die experimentell zugänglich sind und direkt mit den zu bestimmenden Parametern zusammenhängen. Wenn wir die Neutrinomassen ebenfalls berücksichtigen, so kommen, abhängig von der Spinornatur der Neutrinos, 7 oder 9 weitere Parameter hinzu, wie wir im nächsten Kapitel besprechen.

Damit sind wir am Ziel angelangt und halten inne, um zurückzublicken, was wir gelernt und verstanden haben. Gewiss mag der Formalismus der Quantenfeldtheorie manchem sehr aufwendig und in Teilen abstrakt oder unanschaulich erscheinen. Ebenso ist die Konstruktion der konkreten Theorien für die verschiedenen Wechselwirkungen nicht immer unmittelbar intuitiv erfassbar, wie im Falle der prinzipiell unbeobachtbaren Quarks und Gluonen, der Mischung der Feldfreiheitsgrade beim Higgsmechanismus oder der Verschränkung der elektrischen mit der schwachen Kraft. Aber wer immer sich mit der vielfältigen und komplexen Phänomenologie der Teilchenphysik beschäftigt, die wir hier nur in gröbsten Zügen umrissen haben, wird doch davon beeindruckt sein, dass sich das ganze mikroskopische „Universum" aller bekannten Wechselwirkungen durch eine Lagrangedichte beschreiben lässt, die selbst in Komponentenfeldern ausgeschrieben auf eine einzige Seite passt!

Tab. 14.1 Oben: Die 18 Parameter des Standardmodells mit masselosen Neutrinos. In der mittleren Spalte stehen die Parameter aus der Lagrangedichte, in der rechten die Messgrößen, durch die sie festgelegt werden können. Unten: Bei Berücksichtigung von Neutrinomassen gibt es, abhängig von der Natur der Massen, 7 oder 9 zusätzliche Parameter, vgl. Kap. 15

Anzahl Parameter	Lagrangedichte	Experimentell messbar
3 Kopplungskonstanten	g, g', g_s	g, g', g_s
2 Parameter Higgspotenzial	μ^2, λ	m_W, m_H
3 Lepton-Yukawa-Kopplungen	G_e, G_μ, G_τ	m_e, m_μ, m_τ
6 Quark-Yukawa-Kopplungen	$G_u \, G_c \, G_t$	m_u, m_c, m_t
	$G_d \, G_s \, G_b$	m_d, m_s, m_b
4 Mischungsparameter	$\theta_1, \theta_2, \theta_3, \delta$	$\theta_1, \theta_2, \theta_3, \delta$
Mit massiven Diracneutrinos:		
3 Neutrino-Yukawa-Kopplungen	$G_{\nu_e}, G_{\nu_\mu}, G_{\nu_\tau}$	
4 Mischungsparameter		
Mit massiven Majorananeutrinos:		
3 Majoranamassen	$m_{B_e}, m_{B_\mu}, m_{B_\tau}$	
6 Mischungsparameter		

14.3 Gültigkeitsbereich des Standardmodells

Das Standardmodell der Teilchenphysik ist eine Quantenfeldtheorie mit spektakulärem Erfolg. Sie liefert nicht nur qualitative Erklärungen für sämtliche an Beschleunigern durchgeführten Experimente, sondern beschreibt diese auch quantitativ mit durch bessere theoretische und experimentelle Techniken immer zunehmender Präzision, die mittlerweile selbst den beteiligten Wissenschaftlern erstaunlich erscheint. Es gibt Stand 2018 keine Experimente, die in ausdrücklichem Widerspruch zu Vorhersagen des Standardmodells stehen. Bei den derzeit erreichten Schwerpunktsenergien von $\sim$ 14 TeV des Large Hadron Collider am CERN bedeutet das eine verifizierte Beschreibung aller beobachteten Wechselwirkungen bis zu einer Längenskala von $\sim 10^{-20}$ m!

Dennoch sind Teilchenphysiker heute überzeugt, dass das Standardmodell keine letztgültige Theorie der fundamentalen Wechselwirkungen sein kann. Ältere (und schwächere) Argumente sind eher ästhetischer Natur: Manchem erscheinen drei Wechselwirkungen mit sehr unterschiedlichen Kopplungsstärken und 25 Parametern als zu komplex für eine wirklich fundamentale Theorie. Die Frage nach der Bedeutung der schwereren Teilchengenerationen für die Natur und dem Ursprung der enormen Massendifferenzen zwischen ihnen kann im Standardmodell, für das die Teilchen und Parameter ja die Bausteine darstellen, gar nicht sinnvoll gestellt werden. Daher wurde bereits während der Konstruktion des Standardmodells über fundamentalere und weiter vereinheitlichte Theorien spekuliert, die die Wechselwirkungen und Parameterwerte des Standardmodells vorhersagen könnten. Weiterhin erscheint nach allem, was wir heute wissen, klar, dass direkt nach dem Urknall des Universums, bei der sogenannten Planckskala, die Stärke der bekannten Wechselwirkungen und der Gravitation vergleichbar werden. Spätestens in diesem Energiebereich sollte dann auch die Gravitation ihre Quantennatur offenbaren.

Neben solchen eher spekulativen Argumenten gibt es heute auch recht handfeste Hinweise auf die Unvollständigkeit des Standardmodells.

- **Dunkle Materie und dunkle Energie**
  Es gibt inzwischen aus experimentellen Daten starke Hinweise auf die Existenz sogenannter dunkler Materie, die nur gravitativ mit der uns bekannten und sichtbaren Materie des Standardmodells wechselwirkt und daher nur indirekt nachweisbar ist. Auf Ansammlungen dunkler Materie lässt sich aus den Rotationskurven benachbarter Galaxien schließen, die mit denjenigen der darin sichtbaren Materie nicht vereinbar sind. Das Standardmodell enthält jedoch keine dunkle Materie in annähernd hinreichender Menge. Aus der Energiedichte des Universums als Ganzem, die wir aus der kosmischen Hintergrundstrahlung im Rahmen des Urknallmodells ablesen können, folgt ein noch verblüffenderer Schluss: demnach besteht das Energiebudget des Universums lediglich zu 4 % aus der bekannten, im Standardmodell beschriebenen Materie, dunkle Materie ist mit 25 % vertreten, und gut 70 % entfallen auf ebenfalls unverstandene dunkle Energie, die nicht einmal an der Gravitation teilnimmt, sondern gleichmäßig im Raum verteilt ist und als Vakuumeigenschaft aufgefasst wird. Dunkle Energie ist im

Rahmen des Urknallmodells die einzige Erklärung für die beobachtete Tatsache, dass sich die Ausdehnung des Universums beschleunigt. Wie wir gesehen haben, ist das Auftreten von Vakuumenergie zwar ein natürliches Konzept einer Quantenfeldtheorie. Im Rahmen des Renormierungsprozesses macht das Standardmodell in seiner derzeitigen Form jedoch keinerlei Vorhersage für die Vakuumenergie des Universums. Für eine ausführlichere Einführung in diese Themen siehe z. B. [31].

- **Die Baryonasymmetrie des Universums**
  Das Standardmodell enthält Materie und Antimaterie in nahezu symmetrischer Weise. Lediglich die schwache Wechselwirkung führt zu einer sehr geringen Verletzung dieser Symmetrie. Diese annähernde Symmetrie ist experimentell bestätigt, indem Teilchen und Antiteilchen stets in gleichen Mengen produziert und wieder vernichtet werden. Auch die schwache Verletzung der C-Symmetrie kann in Kaon-Systemen nachgewiesen werden. Demgegenüber besteht das beobachtbare Universum lediglich aus Materie, Antimaterie sehen wir nur als zwischenzeitliches Produkt von Teilchenkollisionen. Wie kommt es zu dieser Asymmetrie im Universum? In einem Teilchenplasma sehr hoher Temperaturen, wie sie nach dem Urknall geherrscht haben, gibt es im Standardmodell sogenannte Sphaleronprozesse, die Materie in Antimaterie umwandeln können und umgekehrt. Die Physik des Standardmodells allein würde dafür sorgen, dass ein Überschuss an Materie als Anfangsbedingung des Universums während seiner Ausdehnung und Abkühlung abgebaut wäre, lange bevor sich Atomkerne bilden können. Das Standardmodell und das Urknallmodell zusammengenommen sind also inkonsistent mit der Tatsache, dass das Universum einen Überschuss aus Materie gegenüber Antimaterie besitzt. Für eine Einführung in diese Thematik siehe z. B. [32].

Während der erste Punkt lediglich einen Sektor des Universums darstellt, der vom Standardmodell nicht erklärt wird, handelt es sich beim zweiten Punkt um einen echten Widerspruch im aktuellen Theoriengebäude, der den bislang stärksten Hinweis auf Physik jenseits des Standardmodells (oder der allgemeinen Reltativitätstheorie) liefert.

14.4 Jenseits des Standardmodells

Zur Behebung der beschriebenen Defizite des Standardmodells gibt es, teilweise bereits seit einigen Jahrzehnten, alternative theoretische Formulierungen, die das Standardmodell bei Energien $\lesssim O(1\,\text{TeV})$ enthalten und für höhere Energien auf verschiedene Weise erweitern. Einige Möglichkeiten, die schon länger bearbeitet werden, sind:

- Grand Unified Theories (GUT)
  Die laufenden Standardmodellkopplungen werden bei der sogenannten GUT-Skala von $\sim 10^{14}$ GeV vergleichbar. Dies motiviert eine Ausdehnung der Eichsymmetrien auf größere Gruppen (wie z. B $SU(5)$, $SO(10)$, ...), um eine

vereinheitlichte Beschreibung aller Kräfte analog der elektroschwachen im Standardmodell zu erreichen.

- Supersymmetry (SUSY)
  Zusätzliche Symmetrie zwischen Fermionen und Bosonen, d. h. zu jedem Standardmodellteilchen gibt es einen Superpartner gleicher Masse. Da SUSY bis heute nicht beobachtet wird, ist eine beträchtliche Anzahl an Parametern nötig, um die Symmetrie bei niedrigen Energien zu brechen. In einigen supersymmetrischen Theorien findet man eine Verschmelzung der Standardmodellkopplungen bei der GUT-Skala.

- Zusätzliche Raumzeitdimensionen
  Quantenfeldtheorien können in mehr als vier Dimensionen formuliert werden, wobei man sich die zusätzlichen Dimensionen kompaktifiziert vorstellt, d. h., die vollständige Raumzeit entspricht einem Hypertorus. Die Radien der kompaktifizierten Dimensionen müssen so klein sein, dass sie bislang nicht aufgelöst werden konnten.

- Stringtheorien
  sind nicht als Quantenfeldtheorien konstruiert. Vielmehr entsprechen verschiedene Elementarteilchen den unterschiedlichen Schwingungsanregungen von Strings. Insbesondere gibt es auch eine Anregung mit Spin 2, die als Graviton interpretiert werden kann. Stringtheorien sind daher Kandidaten für eine einheitliche Beschreibung aller bekannten Kräfte. Zur konsistenten Formulierung sind jedoch mehr als vier Raumzeitdimensionen erforderlich, abhängig von den Symmetrieeigenschaften der Stringtheorie.

All diese Vorschläge beinhalten weitere schwere, bisher nicht beobachtete Teilchen, von denen einige Kandidaten für dunkle Materie darstellen. Auch das Baryogenese-Problem lässt sich in einigen erweiterten Theorien prinzipiell lösen. Insofern besteht kein Mangel an theoretischen Ideen, aber wir wissen nicht, welches Szenario bei welcher Energie realisiert sein könnte. Generell scheint es nicht einfach zu sein, die präzise Standardmodellphysik in erweitertem Rahmen zu reproduzieren, und die Experimente am LHC liefern immer strengere Schranken an mögliche Parameterwerte von Theorien jenseits des Standardmodells. In diesem faszinierenden Spannungsfeld werden weitere Anstrengungen auch in der Quantenfeldtheorie nötig sein, um durch immer besser werdende Vorhersagen und präzisere Experimente schließlich Hinweise auf die Theorien der Zukunft zu erhalten.

Zusammenfassung

- Die Lagrangedichte des Standardmodells passt auf eine Seite
- Die Theorie besitzt 25 (für Dirac-Neutrinos) oder 27 (für Majorana-Neutrinos) freie Parameter, die durch Messungen festgelegt werden müssen
- Das Standardmodell beschreibt alle bekannten Phänomene der starken, elektromagnetischen und schwachen Wechselwirkungen bis hinunter zu Längenskalen von 10^{-20} m.
- Das Standardmodell macht keine Aussagen über Gravitation, dunkle Materie und dunkle Energie
- Das Standardmodell ist im Rahmen der gängigen Urknallkosmologie inkonsistent mit der beobachteten Baryonasymmetrie des Universums: Es muss Physik jenseits des Standardmodells geben

Neutrinomassen 15

Inhaltsverzeichnis

Seit dem Nachweis von Neutrinooszillationen in den späten 1990er-Jahren wissen wir, dass Neutrinos nichtverschwindende Massen haben müssen. Die Absolutwerte der Massen sind jedoch so klein, dass sie bis jetzt experimentell nicht bestimmt werden konnten. Darüber hinaus ist noch unklar, von welchem Typ die Neutrinospinoren sind, prinzipiell kann es sich neben Diracspinoren wie bei den Quarks und geladenen Leptonen für neutrale Fermionen auch um Majoranaspinoren handeln. In diesem Kapitel wollen wir kurz das Phänomen der Neutrinooszillationen erläutern, gefolgt von einer Einführung in Majoranaspinoren und ihre Massenterme. Schließlich nehmen wir den Einbau des allgemeinsten erlaubten Falles ins Standardmodell vor. Der gemischte Fall von Diracneutrinos und wesentlich schwereren Majorananeutrinos stellt eine minimale Erweiterung des Standardmodells mit Kandidatenteilchen für dunkle Materie dar.

15.1 Neutrinooszillationen

Bereits lange vor ihrem Nachweis wurde über die Existenz von Neutrinooszillationen als einer möglichen Erklärung für das beobachtete Defizit solarer Neutrinos spekuliert, das wir kurz besprechen wollen. Die Sonne fusioniert in einer Kette verschiedener Kernreaktionen Wasserstoff zu Helium. Im ersten Schritt entsteht dabei

© Springer-Verlag GmbH Deutschland, ein Teil von Springer Nature 2018
O. Philipsen, *Quantenfeldtheorie und das Standardmodell der Teilchenphysik,*
https://doi.org/10.1007/978-3-662-57820-9_15

Deuterium aus Protonen unter Freisetzung von Neutrinos,

$$p + p \longrightarrow \underbrace{p + n}_{^2H} + e^+ + \nu_e. \tag{15.1}$$

Auf der Erde lassen sich die extrem selten wechselwirkenden Neutrinos unter schwierigen Bedingungen mit Einfangreaktionen wie

$$\nu_e + {}^{37}\text{Cl} \longrightarrow {}^{37}\text{Ar} + e^-, \tag{15.2}$$
$$(\nu_e + n \longrightarrow p + e^-),$$

nachweisen, indem man die Rate an Elementumwandlungen misst. Der so gemessene Fluss an Elektronneutrinos entspricht aber nur einem Drittel des von der Sonne emittierten Flusses. Sind Neutrinos massiv, so können wie bei den Quarks Mischungen verschiedener Flavours bzw. Familien stattfinden, sodass Neutrinos auf einer langen Reise durch das Vakuum zwischen den verschiedenen Zuständen oszillieren. Nachweisreaktion wie (15.2) sprechen nur auf Elektronneutrinos an und sind blind für den Teil der solaren Neutrinos, der sich zum Zeitpunkt des Nachweises in einem anderen Zustand befindet.

Für eine Mischung von Neutrinospezies schreiben wir die schwachen $SU(2)$-Leptondubletts ähnlich wie bei den Flavourmischungen der Quarks als

$$L_L(x) = \begin{pmatrix} \nu'_e \\ e \end{pmatrix}_L, \begin{pmatrix} \nu'_\mu \\ \mu \end{pmatrix}_L, \begin{pmatrix} \nu'_\tau \\ \tau \end{pmatrix}_L, \tag{15.3}$$

wobei die gestrichenen Neutrinospinoren jetzt Überlagerungen darstellen gemäß

$$\begin{pmatrix} \nu'_e \\ \nu'_\mu \\ \nu'_\tau \end{pmatrix} = V \begin{pmatrix} \nu_e \\ \nu_\mu \\ \nu_\tau \end{pmatrix}. \tag{15.4}$$

Hierbei ist V wieder eine unitäre (3×3)-Mischungsmatrix, deren Parameter natürlich völlig unabhängig derjenigen im Quarksektor sind.

Zunächst stellen wir fest, dass es per Konstruktion der schwachen Dubletts die gestrichenen Neutrinos sind, die in einer Reaktion durch ihre Kopplung an den schwachen Strom produziert werden, während die ungestrichenen Neutrinos den sogenannten Masseneigenzuständen entsprechen, in Analogie zur Situation der Quarks in der schwachen Wechselwirkung. Nehmen wir nun an, zur Zeit $t = 0$ entstehe ein ν'_i mit $i \in \{e, \mu, \tau\}$ und Impuls $\mathbf{p}$. Bei vorhandener Mischung ist dies eine Überlagerung der Masseneigenzustände

$$|\nu'_i(0)\rangle = V_{ik}|\nu_k(0)\rangle. \tag{15.5}$$

Auf ihrer Reise ohne Wechselwirkung ist die Zeitentwicklung der Neutrinozustände durch die Energieeigenwerte der jeweiligen freien Diracgleichung und damit der Masseneigenzustände bestimmt, d. h., $E_i^2 = \mathbf{p}^2 + m_i$. Damit ist

$$|\nu'_i(t)\rangle = V_{ik}\, e^{-iE_k t}|\nu_k(0)\rangle. \tag{15.6}$$

Beim Nachweis eines Neutrinos findet wieder eine schwache Wechselwirkung statt, die an die gestrichenen Zustände koppelt. Verwenden wir auf eins normierte Zustände, so ist die Wahrscheinlichkeitsamplitude, nach einer Zeit t ein Neutrino ν'_j anzutreffen,

$$\langle \nu'_i(0) | \nu'_j(t) \rangle = V^*_{il} V_{jl} e^{-i E_k t}, \tag{15.7}$$

d. h., die Wahrscheinlichkeitsamplitude oszilliert. In der Praxis ist es bequemer, statt Neutrinolaufzeiten die Laufstrecken zu verwenden. Dazu entwickeln wir die Energie-Impuls-Beziehung in der Masse als kleiner Korrektur zum ultrarelativistischen Limes mit $p = \sqrt{\mathbf{p}^2}$,

$$E_i = (p^2 + m_i^2)^{1/2} = p + \frac{m_i^2}{2p} + \cdots, \quad E_i - E_j = \frac{m_i^2 - m_j^2}{2p} + \cdots \tag{15.8}$$

Dann verwenden wir die Laufstrecke $x = t$ (für $c = 1$) und definieren die Oszillationslängen

$$l_{ij} \equiv \frac{2\pi}{|E_i - E_j|} \approx \frac{4\pi p}{|m_i^2 - m_j^2|}. \tag{15.9}$$

Insgesamt erhalten wir damit für die Wahrscheinlichkeit, nach zurückgelegter Distanz x ein ν'_j zu finden,

$$W_{\nu'_i \to \nu'_j} = \sum_k |V_{ik}|^2 |V_{jk}|^2 + \sum_{k,l \neq k} V_{ik} V^*_{jk} V^*_{il} V_{jl} \cos \frac{2\pi x}{l_{ij}}. \tag{15.10}$$

Durch die Messung der Oszillationen bekommen wir also Zugang zu den Mischungswinkeln und den Differenzen der Massenquadrate, nicht aber zu den Absolutwerten der Neutrinomassen. Diese sind direkt nur über z. B. das Elektronspektrum beim β-Zerfall zugänglich oder indirekt aus kosmologischen und astrophysikalischen Experimenten über Massenbeiträge zum Universum insgesamt oder zu Galaxien. Die gegenwärtigen kosmologischen Schranken sind wesentlich schärfer als die direkter Messungen und liegen bei $\sum_i m_{\nu_i} \lesssim 0,25$ eV für die Summe der Massen der bekannten Neutrinos [22].

15.2 Dirac- und Majoranamassenterme

Grundsätzlich sind verschiedene Arten von Massentermen für Neutrinos möglich, wie wir uns nun überzeugen wollen. Zunächst erinnern wir uns an den ladungskonjugierten Diracspinor,

$$\psi^C = i\gamma^2 \gamma^0 \bar{\psi}^T = i\gamma^2 \psi^*, \quad \overline{\psi^C} = \psi^T i\gamma^2 \gamma^0. \tag{15.11}$$

Wir können die Ladungskonjugation auch auf einen linkshändigen Spinor anwenden und erhalten

$$(\psi_L)^{\mathcal{C}} = i\gamma^2\gamma^0\overline{(\psi_L)}^T = \frac{1+\gamma_5}{2}i\gamma^2\psi^* = \frac{1+\gamma_5}{2}\psi^{\mathcal{C}} = (\psi^{\mathcal{C}})_R, \qquad (15.12)$$

d. h. einen rechtshändigen Spinor, genauer den rechtshändigen Anteil des ladungs-konjugierten Spinors. Wie wir sehen, kommt es hier auf die Reihenfolge von La-dungskonjugation und der Projektion auf die chiralen Anteile an. Um die Klammern nicht weiter schreiben zu müssen, definieren wir die Notation

$$\psi_L^{\mathcal{C}} \equiv (\psi_L)^{\mathcal{C}} = (\psi^{\mathcal{C}})_R. \qquad (15.13)$$

Nun überlegen wir, welche generellen Möglichkeiten für Fermionmassen es gibt. Aus der freien Diractheorie wissen wir, dass der Massenterm links- und rechtshändige Anteile der Spinoren mischt,

$$\mathscr{L}_D = -m_D(\bar{\psi}_L\psi_R + \bar{\psi}_R\psi_R) = -m_D\bar{\psi}\psi, \qquad (15.14)$$

wobei der Diracspinor $\psi = \psi_L + \psi_R$ ein Masseneigenzustand ist. In Anbetracht von Gl. (15.12) gibt es jedoch noch weitere Möglichkeiten, linkshändige und rechts-händige Spinoren bilinear zu koppeln, indem wir den jeweils ladungskonjugierten Spinor zum links- oder rechtshändigen Anteil verwenden. Dies führt auf die Majo-ranamassenterme

$$\mathscr{L}_{M,A} = -m_A(\bar{\psi}_L^{\mathcal{C}}\psi_L + \bar{\psi}_L\psi_L^{\mathcal{C}}) = -m_A\bar{\chi}\chi, \qquad (15.15)$$

$$\mathscr{L}_{M,B} = -m_B(\bar{\psi}_R^{\mathcal{C}}\psi_R + \bar{\psi}_R\psi_R^{\mathcal{C}}) = -m_B\bar{\omega}\omega. \qquad (15.16)$$

Die beiden Ausdrücke sind diagonal in den Masseneigenzuständen

$$\chi \equiv \psi_L + \psi_L^{\mathcal{C}}, \qquad (15.17)$$

$$\omega \equiv \psi_R + \psi_R^{\mathcal{C}}. \qquad (15.18)$$

Es ist offensichtlich, dass diese Masseneigenzustände invariant sind unter Ladungs-konjugation, d. h., sie sind mit ihren Antiteilchen identisch,

$$\chi^{\mathcal{C}} = \chi, \quad \omega^{\mathcal{C}} = \omega. \qquad (15.19)$$

Spinoren, die identisch mit ihren Ladungskonjugierten sind, heißen Majoranaspi-noren. Es können also nur neutrale Fermionen wie Neutrinos durch Majoranaspino-ren beschrieben werden, nicht aber geladene Leptonen oder Quarks. Die Wirkung von γ_5 auf Dirac- und Majoranaspinoren ist

$$\begin{pmatrix} \psi' \\ \chi' \\ \omega' \end{pmatrix} = \gamma_5 \begin{pmatrix} \psi \\ \chi \\ \omega \end{pmatrix} = \begin{pmatrix} -\psi_L + \psi_R \\ -\psi_L + \psi_L^{\mathcal{C}} \\ \psi_R - \psi_R^{\mathcal{C}} \end{pmatrix}. \qquad (15.20)$$

Man beachte, dass eine solche Transformation die Vorzeichen in den Massentermen ändert, das aber durch Redefinition der Spinoren durch eine chirale Rotation mit γ_5 absorbiert werden kann. Nun können wir die Definitionsgleichungen invertieren zu

$$\psi_L = \frac{1 - \gamma_5}{2}\chi \ , \quad \psi_L^C = \frac{1 + \gamma_5}{2}\chi, \tag{15.21}$$

$$\psi_R = \frac{1 + \gamma_5}{2}\omega \ , \quad \psi_R^C = \frac{1 - \gamma_5}{2}\omega. \tag{15.22}$$

Der allgemeinste Massenterm für ein neutrales Fermion lässt dann sowohl Dirac- als auch Majoranamassen zu und lautet

$$\begin{aligned}
\mathscr{L}_{DM} &= -m_D \bar{\psi}_L \psi_R - m_A \bar{\psi}_L^C \psi_L - m_B \bar{\psi}_R^C \psi_R + \text{h.k.} \\
&= -\frac{1}{2} m_D (\bar{\chi}\omega - \bar{\omega}\chi) - m_A \bar{\chi}\chi + m_B \bar{\omega}\omega \\
&= -(\bar{\chi}, \bar{\omega}) \begin{pmatrix} m_A & \frac{1}{2}m_D \\ \frac{1}{2}m_D & m_B \end{pmatrix} \begin{pmatrix} \chi \\ \omega \end{pmatrix}.
\end{aligned} \tag{15.23}$$

Wir können wiederum Masseneigenzustände finden, indem wir die Massenmatrix diagonalisieren. Die Eigenwerte sind

$$m_{1,2} = \frac{1}{2}\left\{ (m_A + m_B) \pm \left[(m_A - m_B)^2 + m_D^2 \right]^{1/2} \right\} \tag{15.24}$$

und die zugehörigen Eigenzustände

$$\eta_1 = \cos\theta_M \, \chi - \sin\theta_M \, \omega, \tag{15.25}$$

$$\eta_2 = \sin\theta_M \, \chi + \cos\theta_M \, \omega, \tag{15.26}$$

wobei wir einen Mischungswinkel definiert haben durch

$$\tan 2\theta_M \equiv \frac{m_D}{m_A - m_B}. \tag{15.27}$$

Dann wird

$$\mathscr{L}_{DM} = -(\bar{\eta}_1, \bar{\eta}_2) \begin{pmatrix} m_1 & 0 \\ 0 & m_2 \end{pmatrix} \begin{pmatrix} \eta_1 \\ \eta_2 \end{pmatrix} = -m_1 \bar{\eta}_1 \eta_1 - m_2 \bar{\eta}_2 \eta_2. \tag{15.28}$$

Man beachte, dass es sich bei den Masseneigenzuständen um Majoranaspinoren handelt. Wir können also sagen, dass der allgemeinste Massenterm für ungeladene Fermionen zwei Majoranateilchen mit verschiedenen Massen $m_{1,2}$ beschreibt. Im Limes $m_A, m_B \to 0$ reduziert sich dies auf die bekannte Diracmasse.

15.3 Einbau in das Standardmodell

Nun ist zu überlegen, welche Teile dieser allgemeinsten Neutrinomassenterme mit dem Standardmodell verträglich sind. Dort sind die linkshändigen Neutrinos mit den geladenen Leptonen derselben Familie in ein $SU(2)$-Dublett zusammengefasst. Wir sehen sofort, dass aus diesem Grund ein Majoranaterm $\mathscr{L}_{M,A}$ mit linkshändigen Spinoren (15.15) *nicht* invariant unter $SU(2)$-Transformationen der schwachen Eichgruppe ist. Demnach haben wir im Standardmodell $m_A = 0$. Demgegenüber sind alle rechtshändigen Spinoren im Standardmodell Singuletts unter solchen Transformationen, sodass wir ohne Schwierigkeiten einen rechtshändigen Neutrinospinor und damit auch einen Massenterm $\mathscr{L}_{M,B}$ nach (15.16) hinzunehmen können, ohne die Eichstruktur zu verändern. Für jede Leptonfamilie heißt das, dass wir im Allgemeinen zwei zusätzliche Terme plus ihr hermitesch Konjugiertes haben, die mit den Eichsymmetrien des Standardmodells verträglich sind,

$$\mathscr{L}_{m_\nu} = -G_\nu \bar{L}_L \tilde{\phi} \nu_R - m_B \bar{\nu}_R^{\mathcal{C}} \nu_R + \text{h.k.} \tag{15.29}$$

Man beachte, dass rechtshändige Neutrinos weder an die schwache noch an die starke oder elektromagnetische Wechselwirkung koppeln, man nennt sie deswegen auch „steril". Die Parameter G_ν und m_B sind zunächst beliebig und bis heute nicht bestimmt, sondern lediglich beschränkt.

Bei Betrachtung aller drei Leptonfamilien ist die Mischung gemäß (15.4) zu berücksichtigen, wobei die Mischungsmatrix wiederum verschieden dargestellt werden kann. Insbesondere kann sie analog zur CKM-Matrix durch drei Mischungswinkel und, abhängig von der Natur der Massenterme, ein oder drei Phasen parametrisiert werden.

Folgende drei verschiedenen Szenarien sind möglich:

1. $m_B = 0$: Dies entspricht der minimalen Modifikation des im letzten Kapitel notierten Standardmodells. Neutrinos haben Diracmassen genau wie die Quarks in den oberen Komponenten der $SU(2)$-Dubletts, d.h., wir benötigen drei zusätzliche Yukawakopplungen. Bei Neutrinomischung sind natürlich die Leptonzahlen für die Familien e, μ und τ nicht mehr separat erhalten, lediglich die Gesamtleptonzahl (vgl. Erhaltung der Baryonzahl im Quarksektor anstelle der Erhaltung der einzelnen Flavours). Wie wir bei den Yukawakopplungen der Quarks besprochen haben, ist eine Mischung von Flavours gemäß den Eichsymmetrien erlaubt und muss daher in Abwesenheit einer weiteren Symmetrie, die sie verbieten würde, berücksichtigt werden. Damit haben wir eine Leptonmischungsmatrix mit vier weiteren Parametern, genau wie bei den Quarks. Nun sind der Leptonsektor und der Quarksektor der elektroschwachen Theorie völlig analog konstruiert, was man als theoretisch natürlicher empfinden mag als das Szenario mit strikt masselosen Neutrinos.

2. $G_\nu = 0$: Neutrinos haben Majoranamassen und wir benötigen drei zusätzliche Parameter m_B. Die Betrachtungen zur Mischung zwischen den Familien können auf diesen Fall übertragen werden. Für Majorananeutrinos können jedoch

Abb. 15.1 Neutrinoloser, doppelter β-Zerfall, vermittelt über ein Majorananeutrino

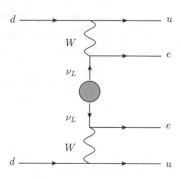

wegen der Bedingung $\nu = \nu^C$ zwei relative Phasen weniger in Redefinitionen der Spinoren absorbiert werden als dies für Diracneutrinos der Fall ist. Daher enthält die Mischungsmatrix in diesem Fall zwei zusätzliche Phasen, also insgesamt sechs Parameter. Neben der Flavourmischung gibt es weitere physikalische Konsequenzen, da die Massenterme (15.15, 15.16) die Leptonzahl jeweils um zwei verletzen. Man kann die Massenterme auch als Zweiervertizes auffassen, an denen das Neutrino seine Händigkeit ändert. Dies führt insbesondere zur Möglichkeit des neutrinolosen doppelten β-Zerfalls in Abb. 15.1. Dieser Prozess ist durch zwei W-Massen und zusätzlich durch die Masse des Majorananeutrinos stark unterdrückt und konnte bisher nicht beobachtet werden.

3. $m_B \neq 0$, $G_\nu \neq 0$: Dieser gemischte Fall ist der allgemeinste, erfordert aber zusätzliche Neutrinos. Ein besonders interessantes Szenario ergibt sich, wenn wir annehmen, dass $m_D \ll m_B$, was mit der bisherigen Unbeobachtbarkeit dieser Neutrinos wie auch einer zusätzlichen Unterdrückung des doppelten β-Zerfalls konsistent ist. Dann können wir mit $m_A = 0$ die beiden Massen in (15.24) umschreiben,

$$
\begin{aligned}
m_{1,2} &= \frac{m_B}{2} \pm \frac{m_B}{2} \left(1 + \frac{m_D^2}{m_B^2} \right)^{1/2} \\
&= \frac{m_B}{2} \pm \frac{m_B}{2} \left(1 + \frac{m_D^2}{2m_B^2} + \dots \right),
\end{aligned} \tag{15.30}
$$

sodass

$$
m_1 \approx \frac{m_D^2}{4m_B} , \quad m_2 \approx m_B, \tag{15.31}
$$

wobei ein Minuszeichen in m_2 durch eine chirale Rotation mit γ_5 absorbiert werden kann. In diesem Fall hätten wir ein leichtes und ein schweres Majorananeutrino und eine Antwort auf die Frage, warum die Massen der bekannten Neutrinos so viel kleiner sind als die anderen Fermionmassen. Tatsächlich könnte dann die Diracmasse m_D von derselben Größenordnung sein wie die der anderen Leptonen oder Quarks. Ein sehr schweres rechtshändiges Majorananeutrino

wäre dann der Grund für die winzigen Massen der uns bekannten Neutrinos.
Die in den schwachen Dubletts und Singuletts auftauchenden Zustände sind in
diesem Fall

$$\psi_L = \frac{1 - \gamma_5}{2} \chi = \frac{1 - \gamma_5}{2} (\cos\theta_M \, \eta_1 - \sin\theta_M \, \eta_2), \qquad (15.32)$$

$$\psi_R = \frac{1 - \gamma_5}{2} \omega = \frac{1 + \gamma_5}{2} (\sin\theta_M \, \eta_1 + \cos\theta_M \, \eta_2). \qquad (15.33)$$

Für $m_A = 0$, $m_D \ll m_B$ ist der Mischungswinkel klein und das an der schwachen Wechselwirkung teilnehmende ψ_L vorwiegend leicht, mit kleiner Beimi-
schung des schweren Masseneigenzustands, bei ψ_R ist es umgekehrt. Aufgrund
seiner Sterilität nimmt das rechtshändige Majorananeutrino nicht an den Wechselwirkungen der anderen Materie im Standardmodell teil und ist somit nur indirekt über den stark unterdrückten doppelten β-Zerfall nachweisbar. Aus diesem
Grund ist ein schweres Majorananeutrino auch ein Kandidat für dunkle Materie.

Zusammenfassung

- Neutrinooszillationen beweisen nichtverschwindende Neutrinomassen, de-
  ren Absolutwerte sind bislang nicht messbar
- Majoranaspinoren sind mit ihren Antispinoren identisch
- Neutrinos können Dirac- oder Majorananatur mit unterschiedlichen Mas-
  sentermen haben
- Ihr Einbau ins Standardmodell geschieht ohne Veränderung der Eichsym-
  metrien
- Neutrinomassen implizieren die Mischung der Leptonfamilien wie im
  Quarksektor
- Die Existenz eines schweren Majorananeutrinos könnte die winzigen Mas-
  sen der leichten Neutrinos erklären
- Ein schweres Majorananeutrino wäre ein Kandidat für dunkle Materie

Elementare Gruppentheorie

Symmetrien und ihre mathematische Formulierung spielen in der Physik eine tragende Rolle für die Konstruktion von Theorien. Wir wollen uns daher mit einigen elementaren Aspekten der Gruppentheorie und den für das Standardmodell wichtigsten Symmetriegruppen vertraut machen. Dabei beschränken wir uns auf die für unsere Anwendungen nötigsten Begriffe und Zusammenhänge. Die Einführung und Vorstellung der Liegruppen folgen im Wesentlichen der Darstellung in [13], die Besprechung der Lorentz- und Poincarégruppen derjenigen in [7] und [33]. Für ausführlichere Texte zur Gruppentheorie und ihrer Anwendungen in der Physik siehe [34–36].

A.1 Definitionen

Eine Gruppe $\mathcal{G}$ ist eine Menge von Elementen, $\{a, b, c, \ldots\}$, auf der eine Multiplikation definiert ist mit den folgenden Eigenschaften:

1. Geschlossenheit: für $a, b \in \mathcal{G}$ ist auch $c = ab \in \mathcal{G}$
2. Assoziativität: $a(bc) = (ab)c$
3. Einheitselement: $\exists e$, sodass $ea = ae = a$ für jedes $a \in \mathcal{G}$
4. Inverses: zu jedem $a \in \mathcal{G} \; \exists a^{-1}$, sodass $aa^{-1} = a^{-1}a = e$

Falls die Multiplikation für alle $a, b \in \mathcal{G}$ vertauscht, $ab = ba$, heißt die Gruppe abelsch, andernfalls nichtabelsch. Eine Gruppe $\mathcal{G}$ mit einer endlichen Anzahl von Elementen heißt endliche Gruppe. Eine Untergruppe ist eine Teilmenge von $\mathcal{G}$, die ebenfalls eine Gruppe bildet.

© Springer-Verlag GmbH Deutschland, ein Teil von Springer Nature 2018
O. Philipsen, *Quantenfeldtheorie und das Standardmodell der Teilchenphysik*,
https://doi.org/10.1007/978-3-662-57820-9

Beispiele

- Zyklische Gruppe der Ordnung N, $Z(N)$:
  $a, a^2, a^3, \ldots a^N$ mit $a^N = e$
  Die Gruppe ist endlich und abelsch.
- Die ganzen Zahlen $\mathbb{Z}$ mit der Addition als Gruppenmultiplikation:
  $e = 0, a^{-1} = -a$
  Die Gruppe ist abelsch.
- Permutationsgruppe (die Menge aller Permutationen von n Objekten) S_n:

$$S_3 : e = \begin{pmatrix} 1\,2\,3 \\ 1\,2\,3 \end{pmatrix} \quad a = \begin{pmatrix} 1\,2\,3 \\ 3\,1\,2 \end{pmatrix} \quad b = \begin{pmatrix} 1\,2\,3 \\ 2\,3\,1 \end{pmatrix} \text{ (zyklisch)}$$

$$c = \begin{pmatrix} 1\,2\,3 \\ 1\,3\,2 \end{pmatrix} \quad d = \begin{pmatrix} 1\,2\,3 \\ 3\,2\,1 \end{pmatrix} \quad f = \begin{pmatrix} 1\,2\,3 \\ 2\,1\,3 \end{pmatrix}$$

Die Multiplikation ist definiert als Verkettung zweier Permutationsoperationen, $ab \equiv b \circ a$. Die Gruppe ist endlich und nichtabelsch, wie man sich anhand der Multiplikationstafel überzeugt:

$$
\begin{array}{c|cccccc}
 & \multicolumn{6}{c}{\text{2. Op}} \\
 & e & a & b & c & d & f \\
\hline
\text{1. Op} \quad e & e & a & b & c & d & f \\
a & a & b & e & d & f & c \\
b & b & e & a & ① & c & d \\
c & c & f & ④ & e & b & a \\
d & d & c & f & a & e & b \\
f & f & d & c & b & a & e \\
\end{array}
$$

$\rightarrow f = c \circ b = bc$

$\rightarrow d = b \circ c = cb$

- Unitäre Gruppe $U(N)$: Die Menge aller unitären $N \times N$ Matrizen U,

$$U^\dagger U = U U^\dagger = \mathbb{1}.$$

Im Spezialfall $N = 1$: $U = e^{i\delta}, \delta \in \mathbb{R}$ ist die Gruppe abelsch, für $N > 1$ nichtabelsch.

- Speziell unitäre Gruppe $SU(N)$:
  unitäre Matrizen mit Determinante 1
- Orthogonale Gruppe $O(N)$:
  Orthogonale Matrizen $A \cdot A^T = A^T \cdot A = 1$
- speziell orthogonale Gruppe $SO(N)$:
  Orthogonale Matrizen mit Determinante 1
  Beispiel $SO(3)$: Drehungen im Raum

Gegeben seien zwei Gruppen $\mathscr{G} = \{g_1, g_2, \dots\}$ und $\mathscr{H} = \{h_1, h_2, \dots\}$. Dann gibt es eine direkte Produktgruppe $\mathscr{G} \times \mathscr{H} = \{g_i h_j\}$ mit $g_i h_j = h_j g_i$ (d. h., die Faktoren sind voneinander unabhängig). Beispiele:

$$SU(2) \times U(1) \quad (::)\, e^{i\delta}, \dots$$
$$SU(2) \times SU(2) \quad (::)\,(::), \dots$$

Invariante Untergruppe $\mathscr{N} \subset \mathscr{G}$:
Für jedes $t \in \mathscr{N}$ und beliebiges $r \in \mathscr{G}$ ist $r\,t\,r^{-1} \in \mathscr{N}$.
Beispiele: invariante Untergruppen von S_3 sind $\{e\}$, $\{e, a, b\}$. Jeder Faktor einer direkten Produktgruppe ist eine invariante Untergruppe.

Gruppen, die keine nichttriviale, invariante Untergruppe besitzen (d. h. die nicht als direkte Produktgruppe geschrieben werden können), heißen einfach.
Beispiel: $SU(N)$ ist einfach, aber nicht $U(N) \Leftrightarrow SU(N) \times U(1)$.

Eine Gruppe, die ein direktes Produkt aus einfachen Grupen ist, heißt halbeinfach.

A.2 Darstellungen

Eine Darstellung $D(a)$ ist eine spezifische Realisierung der Gruppenelemente a durch lineare Operatoren oder Matrizen, sodass

$$ab = c \quad \Rightarrow \quad D(a)D(b) = D(c). \tag{A.1}$$

In der Regel gibt es zu einer Gruppe mehr als eine Darstellung. Die Gruppen $U(N)$, $SU(N)$, $SO(N)$ usw. sind Spezialfälle, deren Gruppenelemente über ihre fundamentale Darstellung definiert bzw. mit dieser äquivalent sind.

Allgemeinere Fälle:

- $n \in \mathbb{Z}$ mit Addition: $D(n) = e^{in\Theta}$, $D(n)D(m) = D(n + m)$
- S_3 mit drei Objekten im Spaltenvektor:

$$D(e) = \begin{pmatrix} 1 & & \\ & 1 & \\ & & 1 \end{pmatrix}, \; D(a) = \begin{pmatrix} 0 & 1 & 0 \\ 0 & 0 & 1 \\ 1 & 0 & 0 \end{pmatrix}, \; \dots$$

Zwei Darstellungen D_1 und D_2 sind äquivalent, falls es eine Ähnlichkeitstransformation S gibt, sodass

$$D_2(a) = S\, D_1(a) S^{-1} \quad \text{für alle} \quad a \in \mathscr{G}. \tag{A.2}$$

Eine Darstellung heißt reduzibel, falls sie äquivalent ist zu einer Darstellung in blockdiagonaler Gestalt, d. h.,

$$\exists\, S, \;\; \text{sodass}\;\; D'(a) = S\, D(a) S^{-1} = \begin{pmatrix} D_1(a) & 0 \\ 0 & D_2(a) \end{pmatrix} \tag{A.3}$$

für alle $a \in \mathcal{G}$. Man schreibt dann

$$D(a) = D_1(a) \oplus D_2(a), \tag{A.4}$$

sonst heißt $D(a)$ irreduzibel. Für reduzibles $D(a)$ zerfällt der Vektorraum in orthogonale Unterräume, die durch $D'(a)$ auf sich selbst abgebildet werden.

Die Dimension einer Darstellung ist die Dimension des Vektorraums, auf den die Darstellungsmatrizen wirken, mit der orthonormalen Basis $|i\rangle$, $i = 1, 2, \ldots n$:

$$(D(a))_{ij} = \langle i|D(a)|j\rangle \tag{A.5}$$

$$D(a)|i\rangle = \sum_j |j\rangle\langle j|D(a)|i\rangle = |j\rangle\,(D(a))_{ij} \tag{A.6}$$

$D(a)$ wirkt also wie eine Symmetrietransformation auf den zu den Darstellungsmatrizen gehörenden Vektorraum. Auf diesem Zusammenhang basiert die Bedeutung der Gruppentheorie für die Physik quantenmechanischer Systeme: Identifiziert man die Vektoren mit Zuständen eines physikalischen Systems, so bilden diese ein Multiplett (den Vektorraum), dessen Mitglieder durch die Symmetrietransformation $D(a)$ ineinander abgebildet werden. In physikalischen Anwendungen bezieht sich der Begriff „Darstellung"daher sowohl auf die konkrete Form der Darstellungsmatrizen als auch auf den Vektorraum von Zuständen bzw. ein Multiplett.

Die irreduzible Darstellung mit der kleinsten Dimension heißt fundamentale Darstellung der Gruppe.

A.3 Liegruppen und Lie-Algebren

Unter Liegruppen versteht man „kontinuierliche Gruppen", in denen die Gruppenelemente durch kontinuierliche Parameter charakterisiert sind, wie beispielsweise die Eulerwinkel in der Drehgruppe. Wir schreiben allgemein die Gruppenelemente, abhängig von n Parametern, als

$$a(\boldsymbol{\theta}) = a(\theta_1, \theta_2, \ldots, \theta_n) \;\; \text{mit}\;\; e = a(0). \tag{A.7}$$

Die Gruppenmultiplikation ist dann

$$a(\boldsymbol{\theta})\, a(\boldsymbol{\varphi}) = a(\boldsymbol{\xi}). \tag{A.8}$$

Dies entspricht einer vektorwertigen Abbildung

$$f : \mathbb{R}^n \rightarrow \mathbb{R}^n, \quad f(\boldsymbol{\theta}, \boldsymbol{\varphi}) = \boldsymbol{\xi}. \tag{A.9}$$

Aufgrund der Gruppeneigenschaften erfüllt diese

$$f(0, \boldsymbol{\theta}) = \boldsymbol{\theta}, \quad f\Big(\boldsymbol{\theta}, f(\boldsymbol{\varphi}, \boldsymbol{\xi})\Big) = f\Big(f(\boldsymbol{\theta}, \boldsymbol{\varphi}), \boldsymbol{\xi}\Big). \tag{A.10}$$

Für die Physik sind Liegruppen mit unitären Darstellungen von besonderem Interesse. Zunächst schreiben wir die Gruppenelemente im Sinne einer Reihe als

$$a(\boldsymbol{\theta}) = e^{i\boldsymbol{\theta}\cdot\boldsymbol{X}} = a(0) + i\theta^i X^i + \dots \tag{A.11}$$

Die partiellen Ableitungen nach den Parametern,

$$X^i = -i\frac{\partial a}{\partial \theta^i}, \tag{A.12}$$

heißen Erzeuger der Liegruppe. Für unitäre Guppenelemente a müssen die X^i hermitesch sein.

Beispiel
Rotationsgruppe in $2d$, $SO(2)$

Drehungen in der Ebene sind charakterisiert durch einen reellen Parameter, den Drehwinkel θ. Wir schreiben die Drehung als Vektortransformation

$$\mathbf{r} = U(\theta)\,\mathbf{r}', \tag{A.13}$$

mit der Matrix

$$U(\theta) = \begin{pmatrix} \cos\theta & +\sin\theta \\ -\sin\theta & \cos\theta \end{pmatrix} = \cos\theta\,\mathbf{1} + \sin\theta \begin{pmatrix} 0 & 1 \\ -1 & 0 \end{pmatrix}$$
$$= \cos\theta + i\sigma^2 \sin\theta = e^{+i\theta\sigma^2} \tag{A.14}$$

und der Paulimatrix

$$\sigma^2 = \begin{pmatrix} 0 & -i \\ i & 0 \end{pmatrix}.$$

Die Paulimatrix σ^2 ist also Erzeuger der $2d$-Rotationen. Im allgemeinen, höherdimensionalen Fall bilden die Erzeuger wiederum einen Vektorraum, der nicht mit demjenigen zu verwechseln ist, auf den die Darstellung wirkt.

Die Erzeuger einer Liegruppe erfüllen eine Algebra von Vertauschungsrelationen, die durch die Gruppenmultiplikation festgelegt ist. Um dies zu sehen, betrachten wir das Produkt

$$a(\boldsymbol{\theta})\, a(\boldsymbol{\varphi})\, a(\boldsymbol{\theta})^{-1}\, a(\boldsymbol{\varphi})^{-1} = e^{i\boldsymbol{\theta}\cdot X}\, e^{i\boldsymbol{\varphi}\cdot X}\, e^{-i\boldsymbol{\theta}\cdot X}\, e^{-i\boldsymbol{\varphi}\cdot X}$$

und entwickeln in infinitesimalen Parametern bis zu quadratischer Ordnung,

$$
\begin{aligned}
&= \left(1 + i\,\boldsymbol{\theta}\cdot X - \frac{1}{2}(\boldsymbol{\theta}\cdot X)^2 + \dots\right)\left(1 + i\,\boldsymbol{\varphi}\cdot X - \frac{1}{2}(\boldsymbol{\varphi}\cdot X)^2 + \dots\right)\\
&\quad \left(1 - i\,\boldsymbol{\theta}\cdot X - \frac{1}{2}(\boldsymbol{\theta}\cdot X)^2 + \dots\right)\left(1 - i\,\boldsymbol{\varphi}\cdot X - \frac{1}{2}(\boldsymbol{\varphi}\cdot X)^2 + \dots\right)\\
&= 1 - \boldsymbol{\theta}\cdot X\,\boldsymbol{\varphi}\cdot X + (\boldsymbol{\theta}\cdot X)^2 + \boldsymbol{\theta}\cdot X\,\boldsymbol{\varphi}\cdot X + \boldsymbol{\varphi}\cdot X\,\boldsymbol{\theta}\cdot X\\
&\quad + (\boldsymbol{\varphi}\cdot X)^2 - \boldsymbol{\theta}\cdot X\,\boldsymbol{\varphi}\cdot X - (\boldsymbol{\theta}\cdot X)^2 - (\boldsymbol{\varphi}\cdot X)^2 + \cdots\\
&= 1 + \boldsymbol{\varphi}\cdot X\,\boldsymbol{\theta}\cdot X - \boldsymbol{\theta}\cdot X\,\boldsymbol{\varphi}\cdot X + \cdots\\
&= 1 + \left[X^a, X^b\right]\varphi^a\theta^b + \cdots
\end{aligned}
$$
(A.15)

Andererseits entspricht dieses Produkt wiederum einem Gruppenelement, das wir entwickeln können,

$$a(\boldsymbol{\theta})\, a(\boldsymbol{\varphi})\, a(\boldsymbol{\theta})^{-1}\, a(\boldsymbol{\varphi})^{-1} = a(\boldsymbol{\xi}) = 1 + i\xi^c X^c + \dots \tag{A.16}$$

Wir können durch Vergleich ablesen

$$\left[X^a, X^b\right]\varphi^a\theta^b = i\xi^c X^c. \tag{A.17}$$

Wegen (A.9) sind aber die ξ^a Funktionen der θ^a und φ^a, die wir ebenfalls entwickeln können,

$$
\begin{aligned}
\xi^a &= f^a(\boldsymbol{\theta}, \boldsymbol{\varphi})\\
&= d_a + e_{aj}\theta^j + e'_{aj}\varphi^j + f_{ajk}\theta^j\varphi^k + f'_{ajk}\theta^j\theta^k + f''_{ajk}\varphi^j\varphi^k + \dots
\end{aligned}
\tag{A.18}
$$

Aus den Gruppeneigenschaften (A.10) folgen die Bedingungen

$$\mathbf{f}(0, \boldsymbol{\varphi}) = \mathbf{f}(\boldsymbol{\theta}, 0) = 0, \tag{A.19}$$

sodass fünf der sechs Taylorkoeffizienten aus (A.18) verschwinden müssen,

$$d_a = e_{aj} = e'_{aj} = f'_{ajk} = f''_{ajk} = 0. \tag{A.20}$$

Damit haben wir zu führender Ordnung

$$\xi^a = f_{ajk}\theta^j\varphi^k + \dots \tag{A.21}$$

und können die Parameter aus (A.17) eliminieren, sodass wir einen allgemeinen Zusammenhang für die Erzeuger erhalten,

$$\left[X^a, X^b \right] = i \, f_{cab} \, X^c. \tag{A.22}$$

Dies ist eine sogenannte Lie-Algebra. Die Entwicklungskoeffizienten f_{cab} heißen Strukturkonstanten und sind offenbar antisymmetrisch,

$$f_{cab} = -f_{cba}. \tag{A.23}$$

Die Strukturkonstanten entsprechen einem Satz reeller Zahlen, der durch die Gruppenmultiplikation festgelegt und für die jeweilige Gruppe charakteristisch ist.

Unsere bisherige Diskussion der Eigenschaften von Liegruppenelementen lässt sich direkt auf deren Darstellungen übertragen. Insbesondere erhalten wir durch Vergleich der Taylorreihen eine Darstellung für die Erzeuger,

$$a(\theta) = e^{i\boldsymbol{\theta} \cdot \boldsymbol{X}} = a(0) + i\theta^k X^k + \cdots, \tag{A.24}$$

$$D(a(\theta)) = D(a(0)) + i\theta^k \underbrace{D(X^k)}_{\equiv \, T^k} + \cdots, \tag{A.25}$$

die dieselbe Lie-Algebra erfüllen wie die Erzeuger selbst,

$$\left[T^a, T^b \right] = i f_{abc} T^c. \tag{A.26}$$

Damit können wir die Darstellungen schreiben als

$$D\left(a(\theta)\right) = e^{i\boldsymbol{\theta} \cdot \boldsymbol{T}}. \tag{A.27}$$

Zu einer gegebenen Darstellung lässt sich die komplex konjugierte Darstellung $D^*(a)$ definieren. Diese erhält die Eigenschaften der Gruppenmultiplikation

$$D^*(a_1)D^*(a_2) = D^*(a_1 a_2). \tag{A.28}$$

Offenbar bilden die $-T^{j*}$ die komplex konjugierte Darstellung der Erzeuger. Sind T^j und $-T^{j*}$ äquivalente Darstellungen im Sinne von (A.2), so heißt T^j eine reelle Darstellung.

Eine weitere Darstellung lässt sich aus den Strukturkonstanten gewinnen. Definieren wir Matrixelemente als

$$(T^c)_{ab} \equiv -i f_{cab}, \tag{A.29}$$

so überprüft man leicht, dass die Matrizen T^c der Lie-Algebra genügen und somit ebenfalls einer Darstellung entsprechen, der adjungierten Darstellung. Die Dimension der adjungierten Darstellung entspricht der Anzahl der reellen Parameter zur

Bestimmung eines Gruppenelements und unterscheidet sich im Allgemeinen von der Dimension der fundamentalen Darstellung.

Für halbeinfache Gruppen lassen sich die Darstellungsmatrizen der Erzeuger normieren auf

$$\text{Tr}(T^i T^j) = \lambda\, \delta_{ij}, \tag{A.30}$$

mit beliebigem λ. Grund ist, dass $\text{Tr}(T_i T_j)$ eine reell symmetrische Matrix darstellt und somit diagonalisierbar ist, sodass

$$\text{Tr}(T^i T^j) = \lambda_i \delta_{ij} \quad \text{(keine Summe über Indizes).} \tag{A.31}$$

Eigenvektoren sind aber beliebig reskalierbar (sie sind dann nicht mehr gleich normiert), für halbeinfache Gruppen sind alle $\lambda_i > 0$. Insbesondere für die $SU(N)$-Gruppen wählen wir $\lambda = 1/2$.

Damit folgt aus der Lie-Algebra

$$i f_{abc} \text{Tr}(T^c T^d) = \text{Tr}\left(T^d [T^a, T^b]\right), \tag{A.32}$$

$$f_{abc} = \frac{-i}{\lambda} \text{Tr}\left(T^c [T^a, T^b]\right). \tag{A.33}$$

Die Strukturkonstanten f_{abc} sind also vollständig antisymmetrisch in allen Indizes. Als weitere Eigenschaft folgt die Jacobi-Identität für die Erzeuger (ebenso für ihre Darstellungen T^j) aus der Lie-Algebra,

$$\left[X^a, [X^b, X^c]\right] + \left[X^b, [X^c, X^a]\right] + \left[X^c, [X^a, X^b]\right] = 0. \tag{A.34}$$

Aus der adjungierten Darstellung lässt sich die Beziehung auf die Strukturkonstanten übertragen,

$$f_{bcd} f_{ade} + f_{abd} f_{cde} + f_{cad} f_{bde} = 0. \tag{A.35}$$

A.4 Produktdarstellungen

Gegeben seien zwei Darstellungen D_1 mit n Dimensionen und D_2 mit m Dimensionen. Zwei Möglichkeiten, von diesen zu einer neuen Darstellung zu gelangen, sind:

1. Direkte Summe mit Dimension $(n + m)$

$$D_1 \oplus D_2 = \begin{pmatrix} D_1 & 0 \\ 0 & D_2 \end{pmatrix} \tag{A.36}$$

Die Bildung der direkten Summe entspricht der gegenteiligen Operation zur Reduktion einer Darstellung.

2. Produktdarstellung mit Dimension $n \times m$

   Seien $|i\rangle$, $i = 1, \ldots, n$ und $|\alpha\rangle$, $\alpha = 1, \ldots, m$ orthonormale Basen für D_1 und D_2. Nun betrachten wir den direkten Produktraum $\{|i\rangle|\alpha\rangle\}$. Die direkte Produktdarstellung eines Gruppenelements ist im Allgemeinen reduzibel und wirkt auf den Produktraum

$$D_1 \otimes D_2(a)\{|i\rangle|\alpha\rangle\} = \{D_1(a)|i\rangle D_2(a)|\alpha\rangle\}. \tag{A.37}$$

Die zugehörigen Matrixelemente der Darstellungen und der Erzeuger von Liegruppen lauten

$$(D_1 \otimes D_2(a))_{i\alpha, j\beta} = (D_1(a))_{ij}\ (D_2(a))_{\alpha\beta}\,,$$
$$\left(T^a_{D_1 \otimes D_2}\right)_{i\alpha, j\beta} = \left(T^a_{D_1}\right)_{ij} \delta_{\alpha\beta} + \left(T^a_{D_1}\right)_{\alpha\beta} \delta_{ij}. \tag{A.38}$$

A.5 SU(N)

Für die Teilchenphysik besonders wichtige Liegruppen sind die Gruppen der speziell unitären $(N \times N)$-Matrizen, $SU(N)$. Drücken wir sie durch die fundamentale Darstellung aus,

$$U = e^{-i\boldsymbol{\theta}\cdot\mathbf{T}}, \tag{A.39}$$

so folgt aus der Unitarität, dass die Erzeuger hermitesch sind,

$$UU^\dagger = 1 \quad \Rightarrow \quad T^a = T^{a\dagger}. \tag{A.40}$$

Determinante eins erfordert darüber hinaus die Spurlosigkeit der Erzeuger,

$$1 = \det[\exp(A)] = \exp \mathrm{Tr}(A) \quad \Rightarrow \quad \mathrm{Tr}T^a = 0. \tag{A.41}$$

Es gibt $N^2 - 1$ linear unabhängige $(N \times N)$-Matrizen mit verschwindender Spur, sodass

$$\boldsymbol{\theta} \cdot \mathbf{T} = \theta^a T^a, \quad a = 1, \ldots N^2 - 1. \tag{A.42}$$

Von diesen können höchstens $N - 1$ diagonal sein, man nennt dies den Rang der Gruppe. Die Erzeuger erfüllen die Vollständigkeitsrelation

$$T^a_{ij} T^a_{kl} = \frac{1}{2} \left(\delta_{il}\delta_{jk} - \frac{1}{N}\delta_{ij}\delta_{kl} \right). \tag{A.43}$$

A.5.1 $SU(2)$

Die Gruppe $SU(2)$ hat drei Erzeuger, die sich durch die Paulimatrizen darstellen lassen,

$$
T^a = \frac{\sigma^a}{2}, \quad \sigma^1 = \begin{pmatrix} 0 & 1 \\ 1 & 0 \end{pmatrix}, \quad \sigma^2 = \begin{pmatrix} 0 & -i \\ i & 0 \end{pmatrix}, \quad \sigma^2 = \begin{pmatrix} 1 & 0 \\ 0 & -1 \end{pmatrix}. \tag{A.44}
$$

Die Erzeugermatrizen erfüllen die Vertauschungsrelationen

$$
[T^a, T^b] = i\varepsilon_{abc}T^c, \tag{A.45}
$$

die wir als Lie-Algebra identifizieren. Es gibt eine diagonale Erzeugermatrix, die Gruppe ist damit vom Rang 1. Die Strukturkonstanten der $SU(2)$ entsprechen den Komponenten des vollständig anti-symmetrischen Einheitstensors in drei Dimensionen, $f_{abc} = \varepsilon_{abc}$. Die $SU(2)$ hat dieselbe Algebra wie die $SO(3)$, die Drehungen im dreidimensionalen euklidischen Raum beschreibt. Man sagt, die $SU(2)$ ist isomorph zur $SO(3)$,

$$
SU(2) \simeq SO(3). \tag{A.46}
$$

Hieraus folgt die Bedeutung der $SU(2)$ als Drehgruppe in der Quantenmechanik, nachdem man die Erzeuger mit den Drehimpulsoperatoren identifiziert hat,

$$
J^a = \hbar\, T^a. \tag{A.47}
$$

Konventionellerweise werden die Generatoren der $SU(2)$ daher stets mit J bezeichnet.

Irreduzible Darstellungen der $SU(2)$

Die Konstruktion der irreduziblen Darstellungen der $SU(2)$ ist aus der Quantenmechanik bekannt. Man beginnt mit der Konstruktion von sogenannten Casimiroperatoren, die mit allen Erzeugern vertauschen. In der $SU(2)$ gibt es einen Casimiroperator

$$
C \equiv \mathbf{J}^2 = J^a J^a, \quad [C, J^a] = 0, \quad a = 1, 2, 3. \tag{A.48}
$$

Da $\mathbf{J}^2$ und J^3 vertauschen, sind sie gleichzeitig diagonalisierbar und es gibt ein gemeinsames System von Eigenzuständen mit

$$
\mathbf{J}^2|\lambda, m\rangle = \lambda|\lambda, m\rangle, \tag{A.49}
$$

$$
J^3|\lambda, m\rangle = m|\lambda, m\rangle. \tag{A.50}
$$

Um die Eigenzustände und Eigenwerte zu konstruieren, definieren wir die Operatoren

$$
J_\pm \equiv J^1 \pm i J^2, \tag{A.51}
$$

die folgende Vertauschungsrelationen erfüllen,

$$[J_+, J_-] = 2J^3, \quad [J_\pm, J^3] = \mp J_\pm, \quad [\mathbf{J}^2, J_\pm] = 0. \tag{A.52}$$

Daher ist

$$\mp J_\pm |\lambda, m\rangle = J_\pm J^3 |\lambda, m\rangle - J^3 J_\pm |\lambda, m\rangle$$
$$= m J_\pm |\lambda, m\rangle - J^3 J_\pm |\lambda, m\rangle, \tag{A.53}$$
$$\Rightarrow J^3 J_\pm |\lambda, m\rangle = (m \pm 1) J_\pm |\lambda, m\rangle, \tag{A.54}$$

und

$$\mathbf{J}^2 J_\pm |\lambda, m\rangle = \lambda J_\pm |\lambda, m\rangle, \tag{A.55}$$

d.h., die $J_\pm$ wirken wie Leiteroperatoren auf die Zustände $|\lambda, m\rangle$, deren m sie um eins vergrößern bzw. verkleinern, während sie λ unberührt lassen. Wir können also schreiben

$$J_\pm |\lambda, m\rangle = f_\pm(\lambda, m) |\lambda, m\rangle, \tag{A.56}$$

mit Funktionen der Eigenwerte $f_\pm(\lambda, m)$.

Nun muss es zu gegebenem λ einen maximalen Eigenwert m geben, denn wegen der Hermitezität der Erzeuger ist

$$\left(\mathbf{J}^2 - (J^3)^2\right) |\lambda, m\rangle = (\lambda - m^2) |\lambda, m\rangle = (J^1)^2 + (J^2)^2 |\lambda, m\rangle > 0, \tag{A.57}$$

und damit $(\lambda - m^2) > 0$. Nennen wir diesen maximalen Eigenwert $m_{\max} = j$, dann muss gelten

$$J_+ |\lambda, j\rangle = 0. \tag{A.58}$$

Mit

$$\mathbf{J}^2 = \frac{1}{2} (J_+ J_- + J_- J_+) + \left(J^3\right)^2$$
$$= \frac{1}{2} \left([J_+, J_-] + 2J_- J_+ \right) + \left(J^3\right)^2 = J^3 + J_- J_+ + \left(J^3\right)^2 \tag{A.59}$$

folgt daraus

$$0 = J_- J_+ |\lambda, j\rangle = (\mathbf{J}^2 - (J^3)^2 - J^3) |\lambda, j\rangle = (\lambda - j^2 - j) |\lambda, j\rangle = 0, \tag{A.60}$$

sodass $\lambda = j(j+1)$. Ebenso muss es zu gegebenem λ einen kleinsten Eigenwert von m geben, den wir $m_{\min} = j'$ nennen, mit $J_- |\lambda, j'\rangle = 0$, woraus folgt $\lambda = j'(j'-1)$. Also ist $j(j+1) = j'(j'-1)$ mit der Lösung $j' = -j$. Somit haben wir

$$-j \le m \le j. \tag{A.61}$$

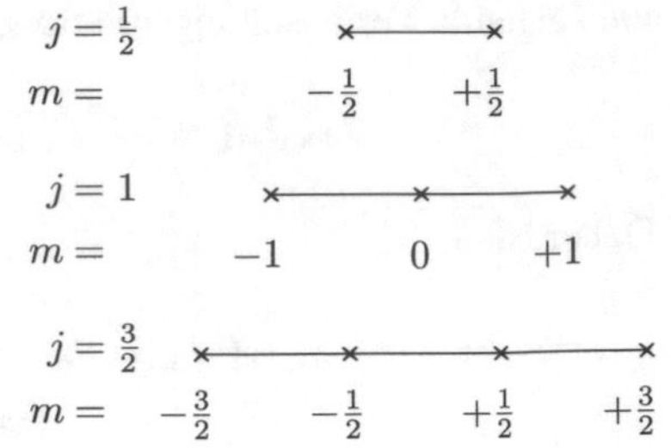

Abb. A.1 Die niedrigsten nichttrivialen Darstellungen der $SU(2)$. Durch Anwendung der Leiteroperatoren $J_\pm$ gelangt man von einem Zustand innerhalb einer Darstellung zum benachbarten Zustand rechts bzw. links

$$j = \tfrac{1}{2}$$
$$m = \qquad -\tfrac{1}{2} \quad +\tfrac{1}{2}$$

$$j = 1$$
$$m = \qquad -1 \qquad 0 \qquad +1$$

$$j = \tfrac{3}{2}$$
$$m = \qquad -\tfrac{3}{2} \quad -\tfrac{1}{2} \quad +\tfrac{1}{2} \quad +\tfrac{3}{2}$$

Da m durch Wirken der Leiteroperatoren um eins verändert wird, gibt es insgesamt $2j + 1$ Werte und $2j$ ist ganzzahlig, sodass j ganz- oder halbzahlig sein kann.

Nun sind noch die Funktionen $f_\pm(\lambda, m)$ festzulegen. Wegen $J_- = J_+^\dagger$ ist

$$\langle \lambda, m | J_- = \langle \lambda, m + 1 | f_+^*(\lambda, m) \tag{A.62}$$

und daher

$$\langle \lambda, m | J_- J_+ | \lambda, m \rangle = |f_+(\lambda, m)|^2 = j(j+1) - m^2 - m, \tag{A.63}$$

$$f_+(\lambda, m) = \sqrt{j(j+1) - m(m+1)}$$
$$= \sqrt{(j-m)(j+m+1)}, \tag{A.64}$$

$$f_-(\lambda, m) = \sqrt{(j+m)(j-m+1)}. \tag{A.65}$$

Insgesamt haben wir also

$$\mathbf{J}^2 | j, m \rangle = j(j+1) | j, m \rangle, \tag{A.66}$$

$$J^3 | j, m \rangle = m | j, m \rangle, \tag{A.67}$$

$$J_\pm | j, m \rangle = \sqrt{(j \mp m)(j \pm m + 1)} | j, m \pm 1 \rangle. \tag{A.68}$$

Damit haben wir ein vollständiges System von Eigenzuständen zu den Operatoren $\mathbf{J}^2, J^3$.

Die $SU(2)$-Darstellungen werden üblicherweise durch j gekennzeichnet und die Zustände innerhalb einer Darstellung durch m. Die j-Darstellung ist demnach $2j+1$-dimensional und lässt sich durch einen eindimensionalen Graphen skizzieren, wie in Abb. A.1.

Um explizite Darstellungsmatrizen aus der Algebra zu konstruieren, beginnen wir zur Übung mit der $j = 1/2$ oder fundamentalen Darstellung, obwohl uns diese schon bekannt ist. Die möglichen m-Werte sind $\pm 1/2$, d. h.

$$J_3 \left| \tfrac{1}{2}, \pm \tfrac{1}{2} \right\rangle = \pm \tfrac{1}{2} \left| \tfrac{1}{2}, \pm \tfrac{1}{2} \right\rangle. \tag{A.69}$$

Nun wählen wir als Basisvektoren

$$\left| \tfrac{1}{2}, \tfrac{1}{2} \right\rangle = \begin{pmatrix} 1 \\ 0 \end{pmatrix}, \quad \left| \tfrac{1}{2}, -\tfrac{1}{2} \right\rangle = \begin{pmatrix} 0 \\ 1 \end{pmatrix} \tag{A.70}$$

und berechnen die Matrixelemente

$$J_3 = \begin{pmatrix} \langle \frac{1}{2}, \frac{1}{2} | J_3 | \frac{1}{2}, \frac{1}{2} \rangle & \langle \frac{1}{2}, \frac{1}{2} | J_3 | \frac{1}{2}, -\frac{1}{2} \rangle \\ \langle \frac{1}{2}, -\frac{1}{2} | J_3 | \frac{1}{2}, \frac{1}{2} \rangle & \langle \frac{1}{2}, -\frac{1}{2} | J_3 | \frac{1}{2}, -\frac{1}{2} \rangle \end{pmatrix} = \frac{1}{2} \begin{pmatrix} 1 & 0 \\ 0 & -1 \end{pmatrix}. \tag{A.71}$$

Analog finden wir für die Matrixelemente der Leiteroperatoren

$$J_+ = \begin{pmatrix} 0 & 1 \\ 0 & 0 \end{pmatrix}, \quad J_- = \begin{pmatrix} 0 & 0 \\ 1 & 0 \end{pmatrix} \tag{A.72}$$

und durch lineare Superposition

$$J^1 = \frac{1}{2}(J_+ + J_-) = \frac{1}{2} \begin{pmatrix} 0 & 1 \\ 1 & 0 \end{pmatrix}, \quad J^2 = \frac{1}{2i}(J_+ - J_-) = \frac{1}{2} \begin{pmatrix} 0 & -i \\ i & 0 \end{pmatrix}. \tag{A.73}$$

Damit haben wir umgekehrt die Paulimatrizen als fundamentale oder ($j = 1/2$)-Darstellung der $SU(2)$-Lie-Algebra hergeleitet.

Für die ($j = 1$)-Darstellung benötigen wir dreidimensionale Basisvektoren und wählen

$$|1, 1\rangle = \begin{pmatrix} 1 \\ 0 \\ 0 \end{pmatrix}, \quad |1, 0\rangle = \begin{pmatrix} 0 \\ 1 \\ 0 \end{pmatrix}, \quad |1, -1\rangle = \begin{pmatrix} 0 \\ 0 \\ 1 \end{pmatrix}. \tag{A.74}$$

Ganz analog zum vorigen Fall findet man durch explizite Berechnung der Matrixelemente

$$J^3 = \begin{pmatrix} 1 & 0 & 0 \\ 0 & 0 & 0 \\ 0 & 0 & -1 \end{pmatrix}, \quad J_+ = \sqrt{2} \begin{pmatrix} 0 & 1 & 0 \\ 0 & 0 & 1 \\ 0 & 0 & 0 \end{pmatrix}, \quad J_- = \sqrt{2} \begin{pmatrix} 0 & 0 & 0 \\ 1 & 0 & 0 \\ 0 & 1 & 0 \end{pmatrix},$$

$$J_1 = \frac{1}{\sqrt{2}} \begin{pmatrix} 0 & 1 & 0 \\ 1 & 0 & 1 \\ 0 & 1 & 0 \end{pmatrix}, \quad J_2 = \frac{1}{\sqrt{2}} \begin{pmatrix} 0 & -i & 0 \\ i & 0 & -i \\ 0 & i & 0 \end{pmatrix}. \tag{A.75}$$

Produktdarstellungen

Abschließend konstruieren wir noch eine Produktdarstellung. Als Beispiel betrachten wir zwei Spin-$\frac{1}{2}$-Teilchen und fragen uns nach dem Spin der Produktwellenfunktion. Seien $\mathbf{r}$ und $\mathbf{s}$ die Zweierspinoren der beiden Teilchen (d. h. r_1 und s_1 bezeichnen die Wellenfunktionen mit Spin $+\frac{1}{2}$, r_2 und s_2 diejenigen mit Spin $-\frac{1}{2}$). Eine $SU(2)$-Transformation wirkt auf die Spinoren wie

$$r_i' = U_{ij} r_j, \quad s_i' = U_{ij} s_j. \tag{A.76}$$

Der Produktzustand transformiert wie

$$\left(r_i' s_k' \right) = (U \otimes U)_{ik,jl} \left(r_j s_l \right) = U_{ij} U_{kl} \left(r_j s_l \right). \tag{A.77}$$

Im Allgemeinen ist $(U \otimes U)_{ik,jl}$ reduzibel. Zur Reduktion auf die irreduziblen Anteile arbeiten wir wieder direkt mit den Erzeugern und betrachten zu diesem Zweck infinitesimale Transformationen, $\theta^a \ll 1$,

$$r'_i = \left(1 + i\theta^a J^a_{(1)} + \cdots \right)_{ij} r_j, \quad s'_i = \left(1 + i\theta^a J^a_{(2)} + \cdots \right)_{ij} s_j. \qquad \text{(A.78)}$$

In diesen Ausdrücken ist $\mathbf{J}_{(1)}$ der Drehimpuls des ersten Teilchens und wirkt nur auf $\mathbf{r}$. $\mathbf{J}_{(2)}$ wirkt dementsprechend nur auf $\mathbf{s}$. Der Gesamtdrehimpuls des Produktzustands ist natürlich

$$\mathbf{J} = \mathbf{J}_{(1)} + \mathbf{J}_{(2)}. \qquad \text{(A.79)}$$

Die möglichen Zustände für die Zweiteilchenwellenfunktion sind

$$|\tfrac{1}{2}, \tfrac{1}{2}\rangle|\tfrac{1}{2}, \tfrac{1}{2}\rangle, \ |\tfrac{1}{2}, \tfrac{1}{2}\rangle|\tfrac{1}{2}, -\tfrac{1}{2}\rangle, \ |\tfrac{1}{2}, -\tfrac{1}{2}\rangle|\tfrac{1}{2}, -\tfrac{1}{2}\rangle, \ |\tfrac{1}{2}, -\tfrac{1}{2}\rangle|\tfrac{1}{2}, -\tfrac{1}{2}\rangle. \qquad \text{(A.80)}$$

Wir berechnen die Wirkung des Drehimpulsoperators auf den ersten Zustand,

$$\begin{aligned}
J^3 |\tfrac{1}{2}, \tfrac{1}{2}\rangle \, |\tfrac{1}{2}, \tfrac{1}{2}\rangle &= (J^3_{(1)} |\tfrac{1}{2}, \tfrac{1}{2}\rangle) |\tfrac{1}{2}, \tfrac{1}{2}\rangle + |\tfrac{1}{2}, \tfrac{1}{2}\rangle J^3_{(2)} |\tfrac{1}{2}, \tfrac{1}{2}\rangle \\
&= |\tfrac{1}{2}, \tfrac{1}{2}\rangle \, |\tfrac{1}{2}, \tfrac{1}{2}\rangle,
\end{aligned} \qquad \text{(A.81)}$$

der offenbar einem Eigenzustand des Gesamtspins mit M = 1 ist. Weiter drücken wir das Quadrat des Gesamtspins durch die Quadrate und Leiteroperatoren der einzelnen Spins aus,

$$\begin{aligned}
\mathbf{J}^2 &= \mathbf{J}^2_{(1)} + \mathbf{J}^2_{(2)} + 2\mathbf{J}_{(1)} \cdot \mathbf{J}_{(2)} \\
&= \mathbf{J}^2_{(1)} + \mathbf{J}^2_{(2)} + 2\left[\frac{1}{2}(J_{(1)+}J_{(2)-} + J_{(1)-}J_{(2)+}) + J^3_{(1)}J^3_{(2)}\right]. \qquad \text{(A.82)}
\end{aligned}$$

Die Wirkung auf den ersten der Produktzustände ist

$$\begin{aligned}
\mathbf{J}^2 |\tfrac{1}{2}, \tfrac{1}{2}\rangle \, |\tfrac{1}{2}, \tfrac{1}{2}\rangle &= \left(\frac{3}{4} + \frac{3}{4}\right) |\tfrac{1}{2}, \tfrac{1}{2}\rangle \, |\tfrac{1}{2}, \tfrac{1}{2}\rangle + 2\left(0 + 0 + \frac{1}{4}\right) |\tfrac{1}{2}, \tfrac{1}{2}\rangle \, |\tfrac{1}{2}, \tfrac{1}{2}\rangle \\
&= 2 |\tfrac{1}{2}, \tfrac{1}{2}\rangle \, |\tfrac{1}{2}, \tfrac{1}{2}\rangle \\
&= J(J+1) |\tfrac{1}{2}, \tfrac{1}{2}\rangle \, |\tfrac{1}{2}, \tfrac{1}{2}\rangle. \qquad \text{(A.83)}
\end{aligned}$$

Wir identifizieren demnach den ersten Zustand aus der Liste (A.80) als Eigenzustand zum Gesamtdrehimpulsoperator mit Gesamtspin $J = 1$ und $M = 1$,

$$|1, 1\rangle = |\tfrac{1}{2}, \tfrac{1}{2}\rangle \, |\tfrac{1}{2}, \tfrac{1}{2}\rangle. \qquad \text{(A.84)}$$

Die anderen Zustände der $(J = 1)$-Darstellung erhalten wir analog der Einteilchenzustände durch Verwendung der Leiteroperatoren

$$J_\pm = J_{(1)\pm} + J_{(2)\pm}. \qquad \text{(A.85)}$$

Anwendung auf den Produktzustand ergibt

$$J_-|\tfrac{1}{2},\tfrac{1}{2}\rangle\,|\tfrac{1}{2},\tfrac{1}{2}\rangle = |\tfrac{1}{2},-\tfrac{1}{2}\rangle\,|\tfrac{1}{2},\tfrac{1}{2}\rangle + |\tfrac{1}{2},\tfrac{1}{2}\rangle\,|\tfrac{1}{2},-\tfrac{1}{2}\rangle\,, \tag{A.86}$$

während andererseits

$$J_-|1,1\rangle = \sqrt{2}|1,0\rangle. \tag{A.87}$$

Wir schließen daraus, dass

$$|1,0\rangle = \frac{1}{\sqrt{2}}\,|\tfrac{1}{2},-\tfrac{1}{2}\rangle\,|\tfrac{1}{2},\tfrac{1}{2}\rangle + \frac{1}{\sqrt{2}}\,|\tfrac{1}{2},\tfrac{1}{2}\rangle\,|\tfrac{1}{2},-\tfrac{1}{2}\rangle\,. \tag{A.88}$$

Definieren wir

$$|j_1,m_1; j_2,m_2\rangle \equiv |j_1,m_1\rangle\,|j_2,m_2\rangle\,, \tag{A.89}$$

so lässt sich allgemein die Linearkombination von Produktzuständen zu Gesamtspinzuständen schreiben als

$$|J,M\rangle = \sum_{m_1,m_2} \langle j_1,m_1; j_2,m_2|J,M\rangle\,|j_1,m_1; j_2,m_2\rangle\,. \tag{A.90}$$

Die Gewichtsfaktoren $\langle j_1,m_1; j_2,m_2|J,M\rangle$ heißen Klebsch-Gordan-Koeffizienten.

Die Darstellungsmatrizen für die Produktdarstellungen werden wie oben durch Wahl einer Basis und explizite Berechnung der Matrixelemente in dieser Basis berechnet. Mit der Wahl

$$|1,1\rangle = \begin{pmatrix}1\\0\\0\\0\end{pmatrix},\quad |1,0\rangle = \begin{pmatrix}0\\1\\0\\0\end{pmatrix},\quad |1,-1\rangle = \begin{pmatrix}0\\0\\1\\0\end{pmatrix},\quad |0,0\rangle = \begin{pmatrix}0\\0\\0\\1\end{pmatrix} \tag{A.91}$$

erhalten wir für die Darstellungsmatrizen

$$J_- = \sqrt{2}\begin{pmatrix}0&0&0&0\\1&0&0&0\\0&1&0&0\\0&0&0&0\end{pmatrix},\quad J_+ = \sqrt{2}\begin{pmatrix}0&1&0&0\\0&0&1&0\\0&0&0&0\\0&0&0&0\end{pmatrix}, \tag{A.92}$$

$$J^1 = \frac{1}{\sqrt{2}}\begin{pmatrix}0&1&0&0\\1&0&1&0\\0&1&0&0\\0&0&0&0\end{pmatrix},\quad J^2 = \frac{1}{\sqrt{2}}\begin{pmatrix}1&0&0&0\\0&0&0&0\\0&0&-1&0\\0&0&0&0\end{pmatrix},\quad J^3 = \begin{pmatrix}1&0&0&0\\0&0&0&0\\0&0&-1&0\\0&0&0&0\end{pmatrix}.$$

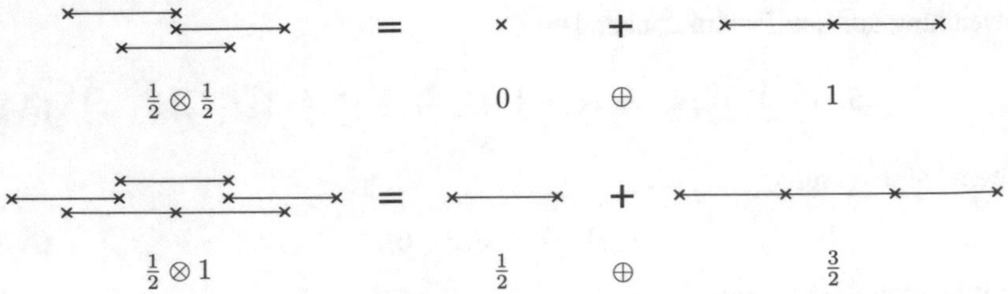

$$\tfrac{1}{2} \otimes \tfrac{1}{2} \qquad\qquad 0 \qquad \oplus \qquad 1$$

$$\tfrac{1}{2} \otimes 1 \qquad\qquad \tfrac{1}{2} \qquad \oplus \qquad \tfrac{3}{2}$$

Abb. A.2 Grafische Symbolisierung von Produktdarstellungen der $SU(2)$

Wir erkennen, dass die J^i blockdiagonal und reduzibel sind. Sie lassen sich schreiben als $D(1) \oplus D(0)$, also als Summe der irreduziblen (3×3)-Blöcke der $(j = 1)$-Darstellung und der trivialen (1×1)-$(j = 0)$-Darstellung. Damit können wir unsere Produktdarstellung ausdrücken durch irreduzible Bestandteile:

$$\frac{1}{2} \otimes \frac{1}{2} = 1 \oplus 0 \tag{A.93}$$

Für einige Anwendungen genügt die allgemeine Form der Produktzustände (A.90), und wir benötigen die ausdrücklichen Darstellungsmatrizen gar nicht. Eine einfache Art, die möglichen Zustände einer Produktdarstellung zu bestimmen, beruht auf den grafischen Symbolen der Darstellungen aus Abb. A.1 und ist in Abb. A.2 gezeigt. Dazu zeichnen wir einen Faktor des Produkts als Basislinie und positionieren die Mitte des anderen Faktors jeweils über alle Zustände des Basisfaktors. Die Positionen der sich daraus ergebenden neuen Zustände verbinden wir mit den bekannten Symbolen und erhalten die möglichen Multipletts der Produktzustände.

A.5.2 *SU*(3)

Die Gruppenelemente sind über ihre fundamentale Darstellung definiert wie in (A.39), in diesem Fall aber mit $3^2 - 1 = 8$ Erzeugern, für die wir die Gell-Mann-Matrizen wählen,

$$T^a = \frac{\lambda^a}{2}, \tag{A.94}$$

Tab. A.1 Nichtverschwindende Strukturkonstanten aus den Vertauschungs- und Antivertauschungsrelationen (A.97)

abc	123	147	156	246	257	345	367	458	678
f_{abc}	1	$\frac{1}{2}$	$-\frac{1}{2}$	$\frac{1}{2}$	$\frac{1}{2}$	$\frac{1}{2}$	$-\frac{1}{2}$	$\frac{\sqrt{3}}{2}$	$\frac{\sqrt{3}}{2}$
abc	118	146	157	228	247	256	338	344	355
d_{abc}	$\frac{1}{\sqrt{3}}$	$\frac{1}{2}$	$\frac{1}{2}$	$\frac{1}{\sqrt{3}}$	$-\frac{1}{2}$	$\frac{1}{2}$	$\frac{1}{\sqrt{3}}$	$\frac{1}{2}$	$\frac{1}{2}$
abc	366	377	448	558	668	778	888		
d_{abc}	$-\frac{1}{2}$	$-\frac{1}{2}$	$-\frac{1}{2\sqrt{3}}$	$-\frac{1}{2\sqrt{3}}$	$-\frac{1}{2\sqrt{3}}$	$-\frac{1}{2\sqrt{3}}$	$-\frac{1}{\sqrt{3}}$		

mit

$$\lambda_1 = \begin{pmatrix} 0 & 1 & 0 \\ 1 & 0 & 0 \\ 0 & 0 & 0 \end{pmatrix}, \quad \lambda_2 = \begin{pmatrix} 0 & -i & 0 \\ i & 0 & 0 \\ 0 & 0 & 0 \end{pmatrix}, \quad \lambda_3 = \begin{pmatrix} 1 & 0 & 0 \\ 0 & -1 & 0 \\ 0 & 0 & 0 \end{pmatrix},$$

$$\lambda_4 = \begin{pmatrix} 0 & 0 & 1 \\ 0 & 0 & 0 \\ 1 & 0 & 0 \end{pmatrix}, \quad \lambda_5 = \begin{pmatrix} 0 & 0 & -i \\ 0 & 0 & 0 \\ i & 0 & 0 \end{pmatrix}, \quad \lambda_6 = \begin{pmatrix} 0 & 0 & 0 \\ 0 & 0 & 1 \\ 0 & 1 & 0 \end{pmatrix},$$

$$\lambda_7 = \begin{pmatrix} 0 & 0 & 0 \\ 0 & 0 & -i \\ 0 & i & 0 \end{pmatrix}, \quad \lambda_8 = \frac{1}{\sqrt{2}} \begin{pmatrix} 1 & 0 & 0 \\ 0 & 1 & 0 \\ 0 & 0 & -2 \end{pmatrix}. \tag{A.95}$$

Neben der Lie-Algebra genügen diese auch Antivertauschungsrelationen,

$$[T^a, T^b] = i f_{abc} T^c, \tag{A.96}$$

$$\{T^a, T^b\} = \frac{1}{2}\delta_{ab} + d_{abc} T^c. \tag{A.97}$$

Dabei sind die Konstanten d_{abc} vollständig symmetrisch in den Indizes. Die nichtverschwindenden Elemente der Strukturkontanten sind in Tab. A.1 aufgelistet. Es ist unmittelbar offensichtlich, dass $\{T^1, T^2, T^3\}$ eine $SU(2)$-Untergruppe erzeugen, dasselbe ist für $\{T^2, T^5, T^7\}$ der Fall. Die Gruppe besitzt zwei diagonale Erzeuger T^3 und T^8 und ist vom Rang zwei.

Irreduzible Darstellungen der $SU(3)$

Zur Konstruktion der irreduziblen Darstellungen beginnt man wieder mit der Identifikation der Casimiroperatoren, von denen es in diesem Fall zwei gibt,

$$C_1 = \mathbf{T}^2 \quad C_2 = d_{abc} T^a T^b T^c, \quad [C_i, T^j] = 0. \tag{A.98}$$

Da es zwei diagonale Erzeuger $T^3, T^8 \sim Y$ gibt, haben wir also einen Satz von vier miteinander vertauschenden Operatoren, deren Eigenwerte die gleichzeitigen

Eigenzustände vollständig festlegen,

$$C_1|c_1, c_2, t_3, t_8\rangle = c_1|c_1, c_2, t_3, t_8\rangle, \tag{A.99}$$

$$C_2|c_1, c_2, t_3, t_8\rangle = c_2|c_1, c_2, t_3, t_8\rangle, \tag{A.100}$$

$$T^3|c_1, c_2, t_3, t_8\rangle = t_3|c_1, c_2, t_3, t_8\rangle, \tag{A.101}$$

$$T^8|c_1, c_2, t_3, t_8\rangle = t_8|c_1, c_2, t_3, t_8\rangle. \tag{A.102}$$

In der $SU(2)$ sind die Darstellungen durch die Eigenwerte des Casimiroperators gekennzeichnet und die Komponenten einer Darstellung durch diejenigen von J^3. Im gegenwärtigen Fall haben wir aber zwei gleichzeitig diagonalisierbare Erzeuger, sodass die Zustände innerhalb einer Darstellung durch zwei Eigenwerte t_3 und y charakterisiert werden. Demzufolge können wir in verschiedenen „Richtungen"die Quantenzahlen erhöhen oder erniedrigen. Hierzu definieren wir Leiteroperatoren

$$T_\pm \equiv T^1 + iT^2, \quad U_\pm \equiv T^6 + iT^7, \quad V_\pm \equiv T^4 + iT^5 \tag{A.103}$$

und normieren den letzten Erzeuger um,

$$Y \equiv \frac{2}{\sqrt{3}}T^8. \tag{A.104}$$

Direkte Berechnung liefert folgende Vertauschungsrelationen:

$$[T_+, T_-] = 2T_3 \tag{A.105}$$

$$[U_+, U_-] = \frac{3}{2}Y - T^3 \equiv U_3 \tag{A.106}$$

$$[V_+, V_-] = \frac{3}{2}Y + T^3 \equiv V_3 \tag{A.107}$$

$$[T^3, T_\pm] = \pm T_\pm \quad [Y, T_\pm] = 0 \tag{A.108}$$

$$[T^3, U_\pm] = \mp\frac{1}{2}U_\pm \quad [Y, U_\pm] = \pm U_\pm \tag{A.109}$$

$$[T^3, V_\pm] = \pm\frac{1}{2}V_\pm \quad [Y, V_\pm] = \pm V_\pm \tag{A.110}$$

$$[T_+, V_+] = -U_- \quad [T_+, U_+] = V_+ \tag{A.111}$$

$$[T_+, V_-] = T_- \quad [T_3, Y] = 0 \tag{A.112}$$

$$[T_+, V_+] = [T_+, U_-] = [U_+, V_+] = 0 \tag{A.113}$$

Abb. A.3 Wirkung der
Leiteroperatoren auf
Zustände innerhalb einer
$SU(3)$-Darstellung

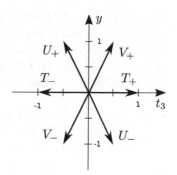

Nun etabliert man leicht die Wirkung der Leiteroperatoren auf die Zustände, z. B.

$$T^3 T_\pm |c_1, c_2, t_3, y\rangle = T_\pm T^3 |c_1, c_2, t_3, y\rangle + \left[T^3, T_\pm\right] |c_1, c_2, t_3, y\rangle \quad \text{(A.114)}$$

$$= (t_3 \pm 1) T_\pm |c_1, c_2, t_3, y\rangle, \quad \text{(A.115)}$$

d. h., $T_\pm |c_1, c_2, t_3, y\rangle$ ist Eigenvektor zu T^3 mit einem um ± 1 veränderten Eigenwert t_3 gegenüber $|c_1, c_2, t_3, y\rangle$. Durch ähnliche Gleichungen zu den anderen Leiteroperatoren erhalten wir insgesamt:

- $T_\pm$ vergrößert/verringert t_3 um 1 und lässt y unverändert
- $U_\pm$ verringert/vergrößert t_3 um $1/2$ und vergrößert/verringert y um 1
- $V_\pm$ vergrößert/verringert t_3 um $1/2$ und y um 1

Die Wirkungsweise dieser Operatoren ist grafisch in Abb. A.3 dargestellt. Bei geeigneter Skalierung der t_3- und y-Achsen liegen die Zustände einer Darstellung offenbar auf den Punkten eines hexagonalen Gitters.

Wie schon erwähnt wurde, bilden die T^1, T^2, T^3 eine $SU(2)$-Unteralgebra, auch die Vertauschungsrelationen von T^3 und $T_\pm$ sind völlig analog zu denjenigen der $SU(2)$. Weitere $SU(2)$-Unteralgebren für Leiteroperatoren identifiziert man leicht in U^3, $U_\pm$ und V^3, $V_\pm$ Dementsprechend gibt es in jeder Darstellung auch einen Zustand mit maximalem t_3, den wir $|\psi_m\rangle = |c_1, c_2, t_{3\,\text{max}}, y\rangle$ nennen, sodass

$$T_+ |\psi_m\rangle = V_+ |\psi_m\rangle = U_- |\psi_m\rangle = 0. \quad \text{(A.116)}$$

Auf die grafische Darstellung übertragen heißt das, dass es keinen Zustand rechts von $t_{3\,\text{max}}$ gibt. Auf diesen Zustand wenden wir nun wiederholt V_- an, bis nach dem p-ten Schritt der niedrigste Zustand von y erreicht ist, sodass

$$(V_-)^{p+1} |\psi_m\rangle = 0. \quad \text{(A.117)}$$

Die durch diese Schritte aus $|\psi_m\rangle$ erreichten Zustände bilden den rechten Rand einer Darstellung. Nun wenden wir wiederholt T_- an, bis nach dem q-ten Schritt der niedrigste Wert von t_3 erreicht ist,

$$(T_-)^{q+1}(V_-)^p |c_1, c_2, t_{3\,\text{max}}, y\rangle = 0. \quad \text{(A.118)}$$

Diese q Zustände bilden den unteren Rand der Darstellung. Nun können wir p-mal den Aufsteigeoperator U_+, q-mal den Aufsteigeoperator V_+ und wieder p-mal den Aufsteigeoperator T_+ anwenden, um den Rand zu vervollständigen und zum Ausgangspunkt $|\psi_m\rangle$ zurückzukommen.

Anhand dieses Verfahrens lässt sich allgemein zeigen:

• Der Rand eines Darstellungsdiagramms ist stets konvex und bildet im Allgemeinen ein Hexagon, dessen Seitenlängen durch (p, q) gekennzeichnet sind. In den Spezialfällen $q = 0$ und $p = 0$ reduziert sich das Hexagon jeweils auf ein Dreieck:

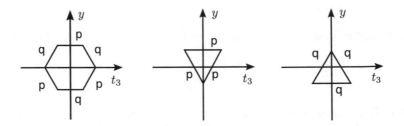

• Der Rand eines Darstellungsdiagramms ist symmetrisch unter Reflexion an der y-Achse.
• Es gibt jeweils einen Zustand für jeden Punkt auf der Randlinie, jeweils zwei Zustände für die nächste Schale im Inneren, drei für die dritte Schale usw. bis ein Dreieck erreicht ist, jenseits dessen die Multiplizität konstant bleibt. Diese maximale Multiplizität beträgt $q + 1$ für $p > q$ und $p + 1$ für $q > p$. Als Beispiel betrachten wir die Darstellung $(p, q) = (5, 1)$, deren äußere Punkte jeweils einem Zustand und die inneren großen Punkte jeweils zwei Zuständen entsprechen:

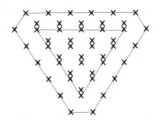

Grund für diese Multiplizitäten ist die Tatsache, dass die inneren Punkte ausgehend vom Rand durch Anwenden der Leiteroperatoren auf verschiedenen Wegen erreicht werden können, die zu jeweils linear unabhängigen Zuständen führen.

Die Anzahl ihrer Zustände ergibt die Dimension d einer Darstellung, die in diesem Fall von (p, q) abhängt, $d = d(p, q)$. Wir bestimmen sie, indem wir die Zustände innerhalb der Schalen abzählen. Eine Darstellung besitzt insgesamt $q + 1$ Schichten für $p \geqslant q$ und $p + 1$ Schichten für $p < q$. Die Seitenlänge der Dreiecksschale, ab der die Multiplizität konstant bleibt, beträgt $q - p$ für $q > p$ und $p - q$ für $q < p$. Nehmen wir für das Folgende $p > q$ an. Die Anzahl der Punkte im inneren Dreieck ist, wenn wir die Zählung an der Spitze beginnen, eine Gaußreihe über natürliche Zahlen,

$$\sum_{l=1}^{p-q+1} l = \frac{1}{2}(p - q + 1)(p - q + 2),\qquad\qquad(A.119)$$

jeweils mit Multiplizität $q + 1$. Die nächste Schale hat dann $3\times$ Seitenlänge $= 3(p - q + 2)$ Punkte mit jeweils q Zuständen, die übernächste $3(p - q + 4)$ Punkte mit Multiplizität $q - 1$ usw. Insgesamt erhalten wir somit

$$d(p, q) = \frac{1}{2}(q + 1)(p - q + 1)(p - q + 2) + \sum_{n=0}^{q} 3(q - n)(p - q + 2n + 2)$$

$$= \frac{1}{2}(p + 1)(q + 1)(p + q + 2).\qquad\qquad(A.120)$$

Dieser Ausdruck ist symmetrisch in p, q und daher auch für $p < q$ gültig.

Damit kann eine $SU(3)$-Darstellung anstelle des Paares (p, q) auch durch d gekennzeichnet werden, was die in der Teilchenphysik verbreitetere Konvention ist. Zu beachten ist, dass die Darstellungen der $SU(3)$ im Gegensatz zur $SU(2)$ nicht reell sind und es somit zu jeder d-Darstellung eine konjugierte d^*-Darstellung gibt. Einige Beispiele sind in Abb. A.4 gezeigt. Die Konstruktion von expliziten Darstellungsmatrizen ist aufgrund der größeren Anzahl von Leiteroperatoren deutlich aufwendiger als für die $SU(2)$. Da wir sie sie für unsere Zwecke nicht benötigen, verzichten wir auf diesen Schritt.

Abb. A.4 Einige Beispiele
für $SU(3)$ Darstellungen

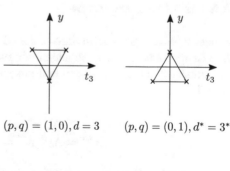

$(p, q) = (1, 0), d = 3$ $(p, q) = (0, 1), d^* = 3^*$

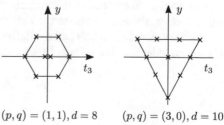

$(p, q) = (1, 1), d = 8$ $(p, q) = (3, 0), d = 10$

Abb. A.5 Einige Beispiele
für $SU(3)$
Produktdarstellungen

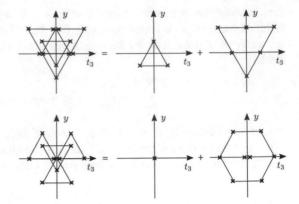

Abschließend geben wir noch analog zur $SU(2)$ ein grafisches Verfahren an,
die möglichen Produktdarstellungen zweier Faktoren festzustellen. Wie in Abb. A.5
gezeigt platzieren wir wiederum den Mittelpunkt eines Darstellungsdiagramms über
jeden Zustand der anderen Darstellung und erhalten aus der daraus entstehenden
Verteilung der Zustände die Multipletts der Produktzustände. Die beiden Zeilen der
Abb. A.5 illustrieren die Produkte

$$3 \otimes 3 = 3^* \oplus 6, \tag{A.121}$$

$$3 \otimes 3^* = 1 \oplus 8. \tag{A.122}$$

A.6   Die Lorentzgruppe

Zunächst überzeugen wir uns davon, dass die Menge aller Lorentztransformationen
eine Gruppe bildet. Dazu betrachten wir zwei aufeinanderfolgende Transformatio-
nen, zunächst mit Λ_1 von einem Inertialsystem Σ nach Σ' und dann mit Λ_2 von Σ'
nach Σ'',

$$x'^\mu = \Lambda_1{}^\mu{}_\nu x^\nu, \tag{A.123}$$

$$x''^\mu = \Lambda_2{}^\mu{}_\nu x'^\nu = \Lambda_2{}^\mu{}_\nu \Lambda_1{}^\nu{}_\rho x^\rho. \tag{A.124}$$

Aus der zweiten Zeile lesen wir sofort ab, dass $\Lambda_2 \cdot \Lambda_1$ eine Transformation von Σ
nach Σ'' darstellt. Man verifiziert leicht, dass mit Λ_1, Λ_2 auch die Produktmatrix
$\Lambda_2 \cdot \Lambda_1$ Viererabstände erhält und die definierende Eigenschaft (2.47) erfüllt. Weiter
existiert zu jedem Λ eine inverse Matrix mit

$$\Lambda^{-1} \cdot \Lambda = 1, \tag{A.125}$$

die wegen (2.47) durch die transponierte Matrix gegeben ist,

$$\Lambda^{-1\mu}_{\nu} = \Lambda^{\nu}_{\mu}, \tag{A.126}$$

und die Transformation in umgekehrter Richtung darstellt. Die Existenz eines Einselements ist trivial, sodass alle Gruppeneigenschaften vorliegen.

Nun betrachten wir eine infinitesimale Lorentztransformation

$$\Lambda^{\mu}_{\nu} = \delta^{\mu}_{\nu} + \delta\omega^{\mu}_{\nu}, \tag{A.127}$$

mit $|\delta\omega^{\mu}_{\nu}| \ll 1$. Einsetzen in die Bedingung (2.47) und Entwickeln zu $O(\delta\omega)$ liefert für die Transformationsparameter

$$\delta\omega_{\mu\nu} = -\delta\omega_{\nu\mu}. \tag{A.128}$$

Als antisymmetrischer Tensor hat $\delta\omega_{\mu\nu}$ sechs unabhängige Einträge, entsprechend den sechs freien Parametern einer Lorentztransformation (drei Winkel für Rotationen und drei Geschwindigkeitskomponenten für Lorentz-Boosts).

Das Transformationsgesetz der Koordinaten lässt sich auch schreiben als

$$x'^{\mu} = x^{\mu} + \delta\omega^{\mu}_{\nu}x^{\nu} = \left(1 - \frac{i}{2}\delta\omega^{\rho\sigma}M_{\rho\sigma}\right)^{\mu}_{\nu} x^{\nu}, \tag{A.129}$$

wenn wir definieren

$$(M_{\rho\sigma})^{\mu}_{\nu} \equiv i(\delta^{\mu}_{\rho}g_{\sigma\nu} - \delta^{\mu}_{\sigma}g_{\rho\nu}). \tag{A.130}$$

Offenbar ist $M_{\rho\sigma} = -M_{\sigma\rho}$. In dieser Notation erkennen wir in (A.129) die führenden Terme einer Potentzreihenentwicklung in den infinitesimalen Transformationsparametern $\delta\omega_{\mu\nu}$. Eine endliche Lorentztransformation lautet damit

$$\Lambda = \exp\left(-\frac{i}{2}\omega^{\rho\sigma}M_{\rho\sigma}\right). \tag{A.131}$$

Nun hat Λ die Form eines Elements einer Liegruppe, mit sechs unabhängigen Erzeugern $M_{\rho\sigma}$. Der konkrete Ausdruck (A.130) mit zwei weiteren Indizes entspricht dabei einer bestimmten Darstellung der $M_{\rho\sigma}$, nämlich derjenigen, die auf Vierervektoren wirkt. Die Lie-Algebra, die die Erzeuger erfüllen, ist unabhängig von der Darstellung und wird durch direktes Ausrechnen gefunden,

$$\left[M_{\mu\nu}, M_{\rho\sigma}\right] = -i(g_{\mu\rho}M_{\nu\sigma} - g_{\nu\rho}M_{\mu\sigma} - g_{\mu\sigma}M_{\nu\rho} + g_{\nu\sigma}M_{\mu\rho}). \tag{A.132}$$

Dies ist die Lie-Algebra der Gruppe $SO(3, 1)$. Wir können im Hinblick auf physikalische Anwendungen auch schreiben

$$M_{\mu\nu} = L_{\mu\nu} + S_{\mu\nu}, \quad \text{mit} \quad L_{\mu\nu} = i(x_{\mu}\partial_{\nu} - x_{\nu}\partial_{\mu}), \tag{A.133}$$

wobei $L_{\mu\nu}$ und $S_{\mu\nu}$ separat die Algebra (A.132) erfüllen und miteinander kommutieren.

Wir wollen uns nun davon überzeugen, dass Felder mit wohldefiniertem Transformationsverhalten unter Lorentztransformationen nichts anderes sind als Darstellungen der Lorentzgruppe, i.e. die Zustände des Vektorraums (A.6), auf den die Darstellungsmatrizen wirken. Für ein beliebiges, mehrkomponentiges Feld $\phi_i(x)$, $i = 1, \ldots, N$ hat die Lorentztransformationsregel die allgemeine Form

$$\phi_i'(x') = D(\Lambda)_{ij}\phi_j(x), \tag{A.134}$$

wobei $D(\lambda)$ eine $(N \times N)$-Matrix ist. Nun betrachten wir zwei aufeinanderfolgende Transformationen von einem Inertialsystem Σ nach Σ' und dann von Σ' nach Σ'',

$$x''^\mu = \Lambda_2{}^\mu{}_\nu x'^\nu = \Lambda_2{}^\mu{}_\nu \Lambda_1{}^\nu{}_\rho x^\rho. \tag{A.135}$$

Für die Felder bedeutet das

$$\phi''(x'') = D(\Lambda_2)\phi'(x') = D(\Lambda_2)D(\Lambda_1)\phi(x). \tag{A.136}$$

Wenn wir stattdessen direkt von Σ nach Σ'' transformieren, so ist offenbar

$$D(\Lambda_2\Lambda_1) = D(\Lambda_2)D(\Lambda_1), \tag{A.137}$$

d. h., die Transformationsmatrizen, die auf die Felder wirken, haben genau die Eigenschaften von Darstellungsmatrizen der Gruppenelemente, Gl. (A.1). Verschiedene Arten von Feldern entsprechen also verschiedenen Darstellungen der Lorentzgruppe, und die Zahl N der Feldkomponenten der jeweiligen Dimension der Darstellung.

Irreduzible Darstellungen der Lorentzgruppe
Als nächstes betrachten wir die räumlichen Komponenten der Algebra (A.132) separat,

$$\left[M_{ij}, M_{kl}\right] = i\delta_{ik}M_{jl} - i\delta_{jk}M_{il} - i\delta_{il}M_{jk} + i\delta_{jl}M_{ik}. \tag{A.138}$$

Nun definieren wir

$$J_i \equiv \frac{1}{2}\varepsilon_{ijk}M_{jk} \tag{A.139}$$

und verifizieren, dass

$$\left[J_i, J_j\right] = i\varepsilon_{ijk}J_k. \tag{A.140}$$

Dies ist die $SU(2)$-Drehimpulsalgebra für räumliche Drehungen, die Erzeuger J_i setzen sich gemäß (A.133) aus einem Bahn- und einem Spinanteil zusammen.

Dementsprechend sind die Erzeuger für Lorentz-Boosts

$$K_i \equiv M_{0i}. \tag{A.141}$$

Aus den entsprechenden Komponenten der Lie-Algebra (A.132) folgt damit

$$[K_i, K_j] = -\varepsilon_{ijk} J_k, \tag{A.142}$$

$$[J_i, K_j] = i\varepsilon_{ijk} K_k. \tag{A.143}$$

Sowohl die J_i als auch die K_i sind hermitesch. Wir haben somit die Lie-Algebra (A.132) durch die gekoppelten Algebren (A.140) und (A.142, A.143) ersetzt. Durch eine geeignete Linearkombination

$$N_i \equiv \frac{1}{2}(J_i + i K_i) \tag{A.144}$$

lassen sich die Algebren entkoppeln gemäß

$$\left[N_i, N_j^\dagger\right] = 0, \tag{A.145}$$

$$[N_i, N_j] = i\varepsilon_{ijk} N_k, \tag{A.146}$$

$$\left[N_i^\dagger, N_j^\dagger\right] = i\varepsilon_{ijk} N_k^\dagger. \tag{A.147}$$

Zwar sind die N_i und $N_i^\dagger$ nicht hermitesch, sie genügen aber zwei unabhängigen $SU(2)$-Algebren, sodass wir die bekannte Darstellungstheorie der $SU(2)$ übernehmen können. Insbesondere besitzt $\mathbf{N}^2$ die Eigenwerte $n(n+1)$ und $\mathbf{N}^{\dagger 2}$ die Eigenwerte $m(m+1)$ mit $n, m = 0, 1/2, 1, 3/2, \ldots$ Somit können wir die Darstellungen der Lorentz-Gruppe durch das Paar (n, m) kennzeichnen, während die Zustände innerhalb einer Darstellung durch die Eigenwerte von N_3, $N_3^\dagger$ unterschieden sind, die jeweils $2n+1$ bzw. $2m+1$ Werte durchlaufen. Daher hat die (n, m)-Darstellung $(2n+1)(2m+1)$ Dimensionen und das zugehörige Feld ebensoviele Komponenten. Wegen

$$J_i = N_i + N_i^\dagger \tag{A.148}$$

trägt die Darstellung (n, m) den Spin $(n + m)$.

Die für uns relevanten Beispiele sind:

- $(0, 0)$ oder triviale Darstellung mit Spin 0 und $N = 1$ Feldkomponente, sie entspricht dem Skalarfeld.
- $\left(\frac{1}{2}, 0\right)$ hat Spin $\frac{1}{2}$ und $N = 2$ Feldkomponenten, sie entspricht einem linkshändigen (Konvention) Weyl-Spinor.
- $\left(0, \frac{1}{2}\right)$ hat Spin $\frac{1}{2}$ und $N = 2$ Feldkomponenten, sie entspricht einem rechtshändigen Weyl-Spinor.
- $\left(\frac{1}{2}, 0\right) \oplus \left(0, \frac{1}{2}\right)$ entspricht einer Linearkombination mit Spin $\frac{1}{2}$ und $N = 4$ Feldkomponenten, d.h. einem Dirac-Spinor.
- $\left(\frac{1}{2}, 0\right) \otimes \left(0, \frac{1}{2}\right) = \left(\frac{1}{2}, \frac{1}{2}\right)$ hat Spin 1, $N = 4$ Feldkomponenten und entspricht dem Vektorfeld.

Für die explizite Konstruktion der Darstellungen bzw. Felder siehe z. B. [7] oder [33].

A.7 Die Poincarégruppe

Lorentztransformationen umfassen dreidimensionale Rotationen, Lorentz-Boosts sowie die Spezialfälle der Paritäts- und Zeitumkehrtransformation. Ein weiteres fundamentales Prinzip der Naturgesetze ist ihre Invarianz unter konstanten Translationen in Raum und Zeit. Die entsprechende Transformation ist eine Verschiebung von Vierervektoren um eine Konstante

$$x'^{\mu} = x^{\mu} + a^{\mu}. \tag{A.149}$$

Die Menge aller Lorentztransformationen kombiniert mit der Menge aller konstanten Translationen bildet die inhomegene Lorentzgruppe oder Poincarégruppe, deren Transformationen lauten

$$x'^{\mu} = \Lambda^{\mu}{}_{\nu} x^{\nu} + a^{\mu}. \tag{A.150}$$

Eine Poincarétransformation wird also durch zehn Parameter spezifiziert. Die Gruppeneigenschaften sind mit ähnlichen Schritten wie oben leicht zu beweisen.

Nun betrachten wir eine infinitesimale Translation und schreiben sie in der Form

$$x'^{\mu} = x^{\mu} + \delta a^{\mu} = x^{\mu} + i \delta a^{\nu} P_{\nu} x^{\mu}, \tag{A.151}$$

wobei wir die vier hermiteschen Erzeuger der Transformation definieren als

$$P_{\nu} \equiv -i \partial_{\nu}. \tag{A.152}$$

Man findet für die insgesamt zehn Erzeuger der Translationen und der Lorentztransformationen die Kommutatoren

$$[P_{\mu}, P_{\nu}] = 0, \qquad [M_{\mu\nu}, P_{\rho}] = -i g_{\mu\rho} P_{\nu} + i g_{\nu\rho} P_{\mu}. \tag{A.153}$$

Zusammen mit (A.132) bilden diese die Algebra der Poincarégruppe.

Zur Kennzeichnung der Darstellungen definiert man den Pauli-Lubanski-Vierervektor als

$$W_{\mu} = \frac{1}{2} \varepsilon_{\mu\nu\rho\sigma} M^{\nu\rho} P^{\sigma}, \tag{A.154}$$

mit den zeitlichen und räumlichen Komponenten

$$W^0 = \mathbf{J} \cdot \mathbf{P}, \quad \mathbf{W} = P^0 \mathbf{J} - \mathbf{P} \times \mathbf{K}. \tag{A.155}$$

Die Poincarégruppe hat zwei Casimiroperatoren mit Eigenwerten

$$P^{\mu}P_{\mu} = -m^2 \quad \text{und} \quad W^{\mu}W_{\mu} = -m^2 s(s+1), \qquad (A.156)$$

die der Masse m und dem Spin s freier Teilchen entsprechen. Die für die Teilchenphysik relevanten Darstellungen bzw. Felder der Poincarégruppe entsprechen im Wesentlichen denjenigen der Lorentzgruppe und sind zusätzlich durch die Eigenwerte von $P_{\mu}P^{\mu}$ und $W_{\mu}W^{\mu}$ gekennzeichnet. Insbesondere folgt aus der Darstellungstheorie, dass masselose Teilchen mit nichtverschwindendem Spin nur zwei Polarisationszustände besitzen.

Zusammenfassung

- Gruppentheorie bietet einen mathematischen Rahmen zum allgemeinen Studium von Symmetrieeigenschaften
- Darstellungstheorie systematisiert die Betrachtung von Symmetrietransformationen und ihrer Auswirkungen
- Liegruppen sind durch kontinuierliche Parameter charakterisiert
- Die Felder in Quantenfeldtheorien entsprechen Darstellungen der Poincarégruppe

Aufgaben

A.1 Bestimmen Sie die (3×3)-Darstellungsmatrizen für alle Elemente der Permutationsgruppe S_3 in (A.2). Verifizieren Sie die Multiplikationstafel und identifizieren Sie eine abelsche Untergruppe.

A.2 Verifizieren Sie durch explizite Rechnung für die Gruppe $SU(2)$ die adjungierte Darstellung in (A.75) sowie die $(J = 1)$-Darstellung des Produkts $\frac{1}{2} \otimes \frac{1}{2}$ in (A.92).

A.3 Man zeige unter Benutzung bekannter Beziehungen trigonometrischer und hyperbolischer Funktionen, dass die Matrizen R und L für dreidimensionale Rotationen und Lorentz-Boosts die folgenden Gruppenprodukte ergeben,

$$R(\theta_1)R(\theta_2) = R(\theta_1 + \theta_2), \qquad L(\eta_1)L(\eta_2) = L(\eta_1 + \eta_2),$$

wobei die Rapidität eines Boosts definiert ist durch $\tanh \eta = v/c$.

A.4 Zeigen Sie, dass Poincarétransformationen (A.150) alle Gruppeneigenschaften besitzen.

A.5 Man beweise, dass für $P^\rho P_\rho = -m^2$ mit $m^2 > 0$ folgt $W^\mu W_\mu = -m^2 s(s+1)$. Hinweis: Man argumentiere für das Ruhesystem eines Teilchens und begründe, warum das zulässig ist.

Literatur

1. Bjorken JD, Drell SD (1965) Relativistische Quantenmechanik. BI Hochschultaschenbücher, Mannheim
2. Goldstein H, Poole C, Safko JL (2006) Klassische Mechanik. Wiley, Weinheim
3. Streater RF, Wightman AS (1980) PCT, Spin, Statistics and All That. Princeton University Press, Princeton
4. Bjorken JD, Drell SD (1967) Relativistische Quantenfeldtheorie. BI Hochschultaschenbücher, Mannheim
5. Itzykson C, Zuber J-B (2005) Quantum field theory. Dover Publications, Mineola
6. Peskin ME, Schroeder DV (1995) Quantum field theory. Westview, Boulder
7. Ramond P (1990) Field theory: a modern primer. Westview, Boulder
8. Zinn-Justin J (2002) Quantum field theory and critical phenomena. Clarendon, Oxford
9. Swanson ES (2010) A primer on functional methods and the Schwinger-Dyson equations. AIP Conf Proc 1296:75
10. Rothe HJ (2005) Lattice Gauge theories. World Scientific, Singapur
11. Montvay I, Münster G (1997) Quantum fields on a lattice. Cambridge University Press, Cambridge
12. Gattringer C, Lang CB (2009) Quantum chromodynamics on the lattice. Springer, Heidelberg
13. Cheng T-P, Li L-F (1984) Gauge theory of elementary particle physics. Clarendon, Oxford
14. Duncan A (2012) Conceptual framework of quantum field theory. Oxford University Press, Oxford
15. Reed M, Simon B (1979) Methods of modern mathematical physics III. Academic, Cambridge
16. Naroska B (1987) e^+e^--physics with the JADE detector at PETRA. Phys Rept 148:67
17. Bartel W (1983) [JADE Collaboration], measurement of the processes $e^+e^- \rightarrow e^+e^-$ and $e^+e^- \rightarrow \gamma\gamma$ at PETRA. Z Phys C 19:197
18. Abbiendi G (2006) [OPAL Collaboration], measurement of the running of the QED coupling in small-angle Bhabha scattering at LEP. Eur Phys J C 45:1
19. Aaboud M et al (2017) [ATLAS Collaboration]. Nature Phys 13(9):852
20. http://cds.cern.ch/record/2281914
21. Aoyama T, Hayakawa M, Kinoshita T, Nio M (2012) Complete tenth-order QED contribution to the muon g-2. Phys Rev Lett 109:111808
22. Patrignani C (2016) Particle data group. Chin Phys C 40:100001
23. https://www.cern.ch/Opal/events/opalpics.html
24. Olive KA (2014) Particle data group. Chin Phys C 38:090001

© Springer-Verlag GmbH Deutschland, ein Teil von Springer Nature 2018
O. Philipsen, *Quantenfeldtheorie und das Standardmodell der Teilchenphysik*,
https://doi.org/10.1007/978-3-662-57820-9

25. Althoff M (1984) [TASSO Collaboration], Jet production and fragmentation in e^+e^--annihilation at 12-GeV to 43-GeV. Z Phys C 22:307
26. Brandelik R (1980) [TASSO Collaboration], evidence for a spin one gluon in three jet events. Phys Lett 97B:453
27. Tanabashi M (2018) Particle data group. Phys Rev D 98:030001
28. Nachtmann O (1986) Elementarteilchenphysik – Phänomene und Konzepte. Vieweg, Braunschweig
29. Schmüser P (1988) Feynman-Graphen und Eichtheorien für Experimentalphysiker. Springer, Heidelberg
30. Donoghue JF, Golowich E, Holstein BR (1992) Dynamics of the standard model. Cambridge University Press, Cambridge
31. Kamionkowski M (2007) Dark matter and dark energy. arXiv:0706.2986 [astro-ph]
32. Cline JM (2006) Baryogenesis, hep-ph/0609145
33. Kugo T (1997) Eichtheorie. Springer, Heidelberg
34. Georgi H (1999) Lie algebras in particle physics. From isospin to unified theories, Westview, Boulder
35. Cornwell JF (1987) Group theory in physics. Academic, Cambridge
36. Böhm M (2011) Lie-Gruppen und Lie-Algebren in der Physik. Springer, Heidelberg

Sachverzeichnis

© Springer-Verlag GmbH Deutschland, ein Teil von Springer Nature 2018   319
O. Philipsen, *Quantenfeldtheorie und das Standardmodell der Teilchenphysik,*
https://doi.org/10.1007/978-3-662-57820-9

Printed in the United States
By Bookmasters